画法几何及工程制图

王子茹　贾艾晨　主编

人民交通出版社

内 容 提 要

本书分两部分，第一部分为画法几何，系统阐述了画法几何的基本理论。第二部分为工程制图，详细介绍了工程制图及计算机制图的基本知识。本书可作为高等工科院校土建类各专业教材，也可供函授大学、电视大学、职工大学及自学考试的学员选用，也可作为工程技术人员的参考书。

图书在版编目（CIP）数据

画法几何及工程制图/王子茹，贾艾晨主编．—北京：人民交通出版社，2001.7(重印 2009.9)
ISBN 978-7-114-04013-9

Ⅰ.画... Ⅱ.①王...②贾... Ⅲ.①画法几何—高等学校—教材②工程制图—高等学校—教材
Ⅳ.TB23

中国版本图书馆 CIP 数据核字(2001)第 050077 号

Huafa Jihe Ji Gongcheng Zhitu
画法几何及工程制图
王子茹 贾艾晨 主编
人民交通出版社出版发行
（100011 北京市朝阳区安定门外外馆斜街 3 号）
各地新华书店经销
北京市密东印刷有限公司印刷
开本：787×1092 1/16 印张：16.25 插页：1 字数：398 千
2001 年 9 月 第 1 版
2018 年 8 月 第 8 次印刷
印数：14001–15000 册 定价：26.00 元
ISBN 978-7-114-04013-9

前　　言

本书是根据国家教委1995年印发的高等学校《画法几何及土木建筑制图课程教学基本要求》(土建、水利类专业适用,参考学时为70学时),并遵照国家发布的《技术制图标准GB/T17451、17452、17453—1998》及现行《房屋建筑制图统一标准》(1986)等国家有关标准,在我校自编教材的基础上编写而成的。同时编写了与之配套的《画法几何及工程制图习题集》。本书可作为高等工科院校土木类各专业教材,也可供函授大学、电视大学、职工大学和自学考试等有关专业选用。

本书立足于面向21世纪对未来人才培养的需要,结合目前高等学校优化课程(知识)结构的要求,对教材内容体系进行了系统改革,以适应按大类培养人才的教育思想,在加强基本理论的前提下,将传统的手工制图能力与现代的计算机绘图相结合,使学生掌握计算机制图技术,同时注意对学生空间逻辑思维和形象思维能力以及创新能力的培养。

本书分为两部分共十九章,详细介绍了画法几何与工程制图的基础知识。在教学过程中,画法几何部分与工程制图部分可适当穿插进行,以期望在学时减少的情况下,通过学习本书能有效地获得绘制和阅读本专业工程图的基本知识与能力。另外,目录中标有*号的内容,可在学时允许的情况下选用。

本书编写时参考了国内外有关书籍,采用了个别图例,在此一并表示谢意!

本书由大连理工大学王子茹、贾艾晨主编,参加编写的有:王子茹(第一、五、六、七、八、九、十、十一、十二、十三、十四、十五、十七、十八章)、贾艾晨(第二、三、四、十六章)、王卓(第十九章)。

本书由大连理工大学眭庆曦教授主审。

由于编写时间仓促,书中的缺点错误在所难免,恳切希望读者不吝指正。

编者
于大连理工大学
2001.6

目　　录

第一章　绪论 …… 1
　第一节　引言 …… 1
　第二节　工程制图发展简述 …… 2
第二章　投影法的基本知识 …… 3
　第一节　投影法概述 …… 3
　第二节　正投影的一些基本性质 …… 5
　第三节　三面正投影图 …… 6
第三章　点的投影 …… 10
　第一节　点的三面投影 …… 10
　第二节　点的空间位置 …… 13
第四章　直线的投影 …… 16
　第一节　直线的投影 …… 16
　第二节　直线与投影面的相对位置 …… 16
　第三节　线段的实长及其对投影面的倾角 …… 19
　第四节　直线上的点 …… 21
　第五节　两直线的相对位置 …… 23
　第六节　垂直两直线的投影 …… 26
第五章　平面的投影 …… 28
　第一节　平面的表示法 …… 28
　第二节　平面的空间位置 …… 29
　第三节　平面内的直线和点 …… 32
第六章　直线与平面、平面与平面的相对关系 …… 36
　第一节　直线与平面平行、平面与平面平行 …… 36
　第二节　直线与平面相交、平面与平面相交 …… 38
　第三节　直线与平面垂直、两平面互相垂直 …… 42
第七章　投影变换 …… 47
　第一节　概述 …… 47
　第二节　变换投影面法 …… 48
第八章　平面形体的视图 …… 57
　第一节　基本几何形体的视图 …… 57
　第二节　基本几何形体的切割 …… 59
　第三节　平面组合体的视图 …… 60
第九章　曲线和曲面体的投影 …… 66
　第一节　曲线 …… 66

第二节　曲面体的投影 …………………………………………………………………… 69
第三节　平螺旋面 ……………………………………………………………………… 84
第十章　轴测投影 …………………………………………………………………… 89
第一节　概述 …………………………………………………………………………… 89
第二节　正轴测投影 …………………………………………………………………… 91
第三节　斜轴测投影 …………………………………………………………………… 98
第四节　轴测投影图的选择……………………………………………………………… 101
第十一章　直线与立体表面相交、立体与立体表面相交 ……………………………… 104
第一节　直线与立体表面相交…………………………………………………………… 104
第二节　立体与立体表面相交…………………………………………………………… 105
***第十二章　标高投影**…………………………………………………………………… 114
第一节　概述……………………………………………………………………………… 114
第二节　直线和平面的标高投影………………………………………………………… 115
第三节　曲面的标高投影………………………………………………………………… 120
第四节　建筑物与地面相交……………………………………………………………… 122
***第十三章　立体表面的展开**…………………………………………………………… 129
第一节　概述……………………………………………………………………………… 129
第二节　平面体与曲面体的展开………………………………………………………… 129
第三节　曲面的近似展开………………………………………………………………… 135
第十四章　制图基础……………………………………………………………………… 138
第一节　制图标准………………………………………………………………………… 138
第二节　制图设备及使用方法…………………………………………………………… 148
第三节　几何制图………………………………………………………………………… 153
第四节　徒手草图………………………………………………………………………… 157
第十五章　剖视图、断面图和简化画法 ………………………………………………… 159
第一节　剖视图的概念…………………………………………………………………… 159
第二节　剖视图的规则与表达方式……………………………………………………… 159
第三节　断面图的规则与表达方式……………………………………………………… 169
第四节　视图的简化画法………………………………………………………………… 172
第十六章　房屋建筑图…………………………………………………………………… 174
第一节　概述……………………………………………………………………………… 174
第二节　建筑施工图……………………………………………………………………… 177
第三节　建筑结构图……………………………………………………………………… 194
第四节　房屋建筑施工图的绘制………………………………………………………… 198
第十七章　钢筋混凝土结构图…………………………………………………………… 200
第一节　钢筋混凝土结构的基本知识…………………………………………………… 200
第二节　钢筋混凝土结构施工图的图示特点和一般规定……………………………… 202
第三节　配筋图的阅读…………………………………………………………………… 204
第十八章　钢结构图……………………………………………………………………… 211
第一节　钢结构图阅读基本知识………………………………………………………… 211

第二节　钢结构图的尺寸标注 …… 218
第三节　钢屋架结构施工图的阅读 …… 220
第十九章　计算机绘图 …… 229
第一节　AutoCAD 简介 …… 229
第二节　AutoCAD 使用简介 …… 229
第三节　基本图形元素的绘制 …… 230
第四节　图形编辑命令 …… 235
第五节　图形显示控制 …… 240
第六节　作业工具 …… 241
第七节　图层管理 …… 241
第八节　尺寸标注 …… 243
第九节　AutoCAD 的文字 …… 245
第十节　填充 …… 247
第十一节　图块操作 …… 248
参考文献 …… 249

第一章 绪 论

第一节 引 言

一、画法几何及工程制图

画法几何学研究的是：第一，研究空间各种几何要素和空间形体，在平面上的各种表示方法及其原理；第二，研究在平面上用投影作图的方法来解决空间问题。所以，画法几何学是一门研究空间几何问题的图示法和图解法的科学。

工程制图是研究绘制和阅读工程图样的学科，是应用画法几何的基本理论和方法，把工程建筑物用图形表达在二维平面（图纸）上，成为工程图样。这种工程图样能够准确地表示物体的几何量度。因为任何建筑工程和机器，都必须按照图样进行建造，所以在工程界的任何生产部门中，工程图样是工程设计和施工的重要技术文件，被比喻为工程界的语言。而画法几何则是这种语言的文法。

二、画法几何及工程制图课程

由于工程图样在工程技术中具有重要作用，所以要求从事工程建设的每个工程技术人员，都必须具备绘制和阅读工程图样的基本能力。因此，高等工科院校的各工程专业的教学计划中，都设置了《画法几何及工程制图》这门必修的技术基础课，同时把计算机绘图也列为必修内容，为学生的绘图和读图能力打下理论与实践基础，并为后继课程的学习和进行规划、设计施工、科研工作提供图示及图解的必需能力。

本课程的主要任务是：

1. 学习投影法的基本理论及应用。
2. 学习、贯彻制图国家标准和有关的基本规定。
3. 培养对三维形体及其相关关系的空间逻辑思维和形象思维能力。
4. 培养空间问题的图解能力。
5. 培养绘制和阅读工程图样的基本技能。
6. 培养利用计算机绘制图形的能力。
7. 培养认真负责的工作态度和一丝不苟的工作作风。

三、画法几何及工程制图课的学习方法

本课程是一门实践性较强的课程，要想掌握课程的基本内容、知识和技能，得针对本门课程的特点有一套良好的学习方法。这门课程的核心问题是从空间形体到平面图纸，再从平面图纸到空间形体（包括空间想象的形体）之间的转换，前者是画图过程，后者是看图（用图）过程，要在画图和看图的交错循环过程中，自觉地培养和发展空间想象力。所以，学习本课程时，要注意以下几个问题：

1. 从几何形体模型入手，根据模型画出投影图，再根据投影图想象出模型的空间情况，经过一段时间的练习，就能习惯于不用模型，也能在空间形体的投影图上进行作业，根据二维图

形很快想出三维形状。

2. 要掌握正确的分析问题和解决问题的方法。一般属于几何范畴的课程都有这样一个特点:听课明白,做题难。为了解决这个问题,学习时,一定要把空间最基本的几何元素之间的各种关系、相对位置弄清楚,比如,平行、垂直、相交等等,然后,完成一系列由浅入深,由简到繁的题目。每作一道题都要经过以下几个步骤:①空间分析,在弄清题意的基础上,分析题目所给的条件,综合分析所求的几何元素与已知的几何元素之间的从属关系和相对位置;②拟定空间解题步骤,每一个解题步骤都对应画法几何里边的某一个基本作图方法;③将空间的解题步骤落实到投影作图上,一步一步地来完成,最后求出正确的答案。切忌一拿到题目不经分析就盲目动手作题。

3. 在学习中培养耐心细致的工作作风。图纸是施工的依据,图纸上的字和线都应按规范写好,画法,要有严肃、认真、负责的态度才能学好这门课。

第二节　工程制图发展简述

我国是历史文化悠久的国家,在绘图技术方面有着辉煌的成就。根据史料可知,早在春秋战国时代的著作《周礼考工记》中,已有关于制图工具如规、矩、绳、墨等的记载,其中规就是圆规,矩是直角尺,绳是木工画法的墨绳;在汉代《周髀算经》里已有“勾三股四弦五”正确绘制直角的方法;宋代李诫(字仲明)所著《营造法式》(1103 年刊行),是我国历史上较早的一部建筑技术经典著作,书中印有大量的建筑图样,与用近代投影法所作图样比较,基本相似。尔后,明、宋应星编《天工开物》(1637 年)以及其他技术书籍,也有大量图样的记载。

国际上,自从法国科学家加斯帕·蒙日(Gaspard Monge,1746 ~ 1818 年)于 1795 年发表了多面正投影法的著作《画法几何》以后,画法几何形成了一门独立的学科,为工程制图奠定了图示和图解的理论基础。

随着科学技术的不断发展,我国在 20 世纪 50 年代,开始建立制图国家标准,如 1956 年,国家建设委员会批准的《单色建筑图例标准》、1965 年建筑工程部颁布的《建筑制图标准》(GBJ9—65)等,之后,又陆续颁布了有关机械制图、建筑制图等国家标准。随着改革开放,国际间技术和经济交流的需要,制图标准仍在不断增加内容或修订,如最近国家质量技术监督局发表的《技术制图标准》(GB/T17451、17452、17453—1998),可使技术图样用视图表示规则与国际上一致。

在自动绘图仪方面,自从 50 年代以来,美国波音公司生产的世界第一台平台式绘图机的诞生,以至后来研制出的滚筒式绘图机,使用机器代替手工绘图,提高绘图速度和质量的愿望成为现实。经典的画法几何及工程制图也具有了新的内涵,工程制图进入了一个崭新的时代,并且正在迅猛发展,成为计算机应用科学的一个重要分支。目前它已成为科学研究、教学、生产和管理部门的一种有力工具,被广泛应用在工程设计等方面。

计算机绘图是适应现代化建设的新技术,也是本门课程发展的一个重要方向。因此,本书将计算机绘图的内容放到工程制图里边,要求学生掌握一种绘图软件,来绘制工程图样,为较好地掌握现代化绘图技术和学习计算机辅助设计打下基础。

第二章　投影法的基本知识

第一节　投影法概述

一、投影的概念和分类

在平面上用图形表示空间形体时,首先要解决的问题是如何把空间形体表示到平面上去。投影原理为这个问题的解决提供了理论和方法。

日常生活中常看到一些投影现象。如图 2-1a)灯光照射三棱维体,会在地面产生影子。但影子只反映了三棱锥体的外形轮廓,而表达不出其形状。假设灯光发出的光线能够透过形体而将各顶点及各棱线都在地面上投落它们的影,这些点和线的影将组成一个能够反映出形体形状的图形(图 2-1b))。这个图形即为形体的投影。

图 2-1b)中,光源 S 称为投影中心,承受投影的面 H 称为投影面;经过三棱锥体各点的光线称为投射线,如 SA、SB 等。通过一点的投射线与投影面的交点称为该点在投影面上的投影(如 a、b 等)。把相应各顶点的投影连接起来;即得三棱锥体的投影。这种做出形体投影的方法称为投影法。

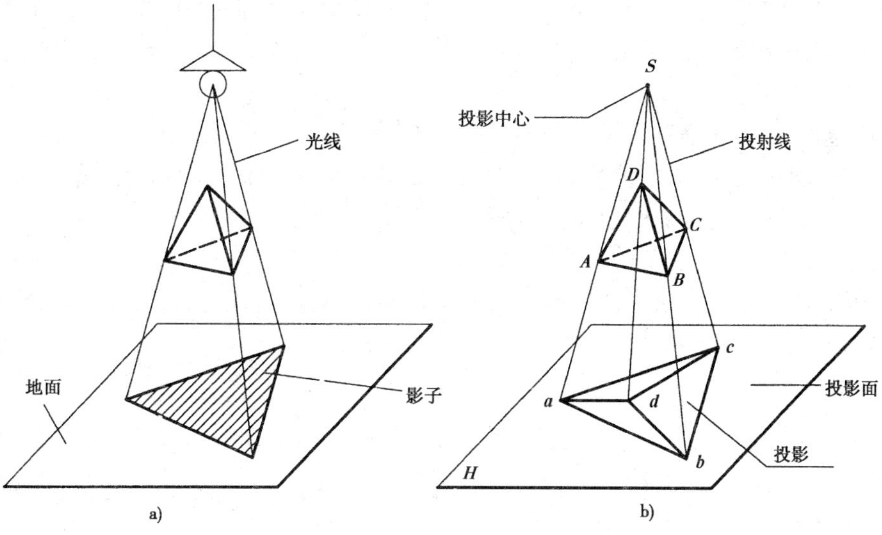

图 2-1　三棱锥体的影子和投影

常用的标记方法是:空间点用大写字母如 A、B、C 等标记,其投影用小写字母如 a、b、c 等标记。

投影法分为中心投影法和平行投影法两大类。

1. 中心投影法

当投影中心距投影面在有限的距离内,所有投射线都会发自一点,呈放射状,这种投影法称为中心投影法,如图 2-2a),用这种方法得到的投影为中心投影。

2. 平行投影法

当投影中心距投影面为无限远时，所有投射线将依一定的方向平行投射下来，这种投影法称为平行投影法，如图 2-2b)、图 2-2c)，平行投影法作出的投影称为平行投影。

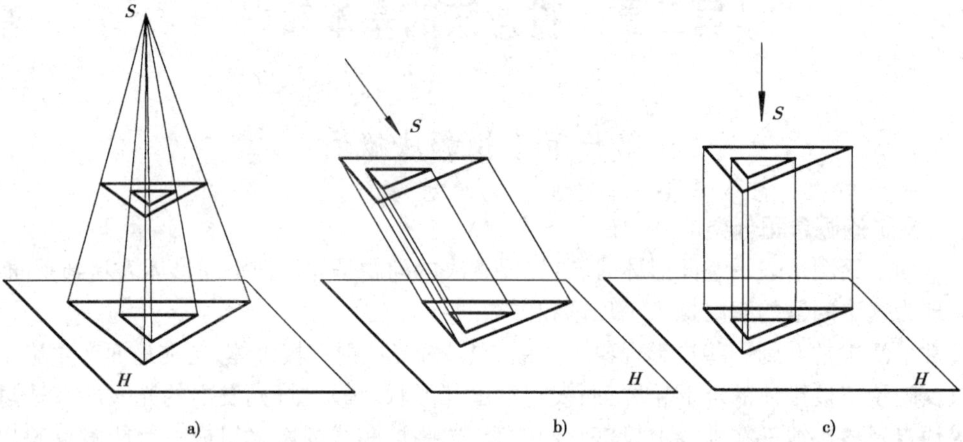

图 2-2　中心投影与平行投影

平行投影又分两种：

(1)斜投影：投影方向倾斜于投影面时所做的投影称为斜投影(图 2-2b))。

(2)正投影：投影方向垂直于投影面时所做的投影称为正投影(图 2-2c))。

二、工程上常用的四种投影图

工程上常用的图示方法有：多面正投影法、轴测投影法、标高投影法及透视投影法。与四种方法相对应，得出四种投影图，简单介绍如下：

1. 多面正投影图

把物体向几个相互垂直的投影面进行的正投影所得的图样称为多面正投影图，简称为正投影图。这种图作图简便，度量性好，是工程图法定的表达方法。常用的形式为三面正投影图(图 2-3)，在建筑图表达方法中也用到六面正投影图(见第十六章第一节)。

2. 轴测投影图

轴测投影图是用平行投影法绘制成的。这种图直观性强，在一定条件下能直接量度，工程中常用作辅助图样(图 2-4)。

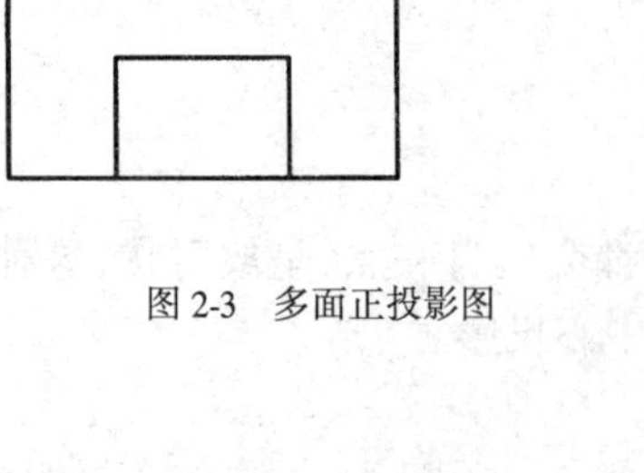
图 2-3　多面正投影图

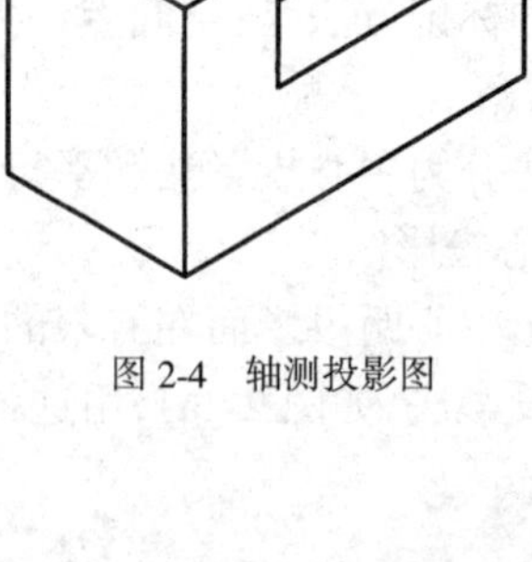
图 2-4　轴测投影图

3.透视投影图

透视图是按中心投影法绘制的。其形象逼真，效果如同摄影的照片(图 2-5)。

4.标高投影图

标高投影图是一种单面正投影图。图 2-6a)是图 2-6b)所示的小山丘的标高投影图。

标高投影图是在一个投影面上表达物体不同高度的形状，所以常用它来表达复杂的曲面和地面。

正投影法在工程上应用最广。本章主要介绍正投影法。

图 2-5　透视投影图

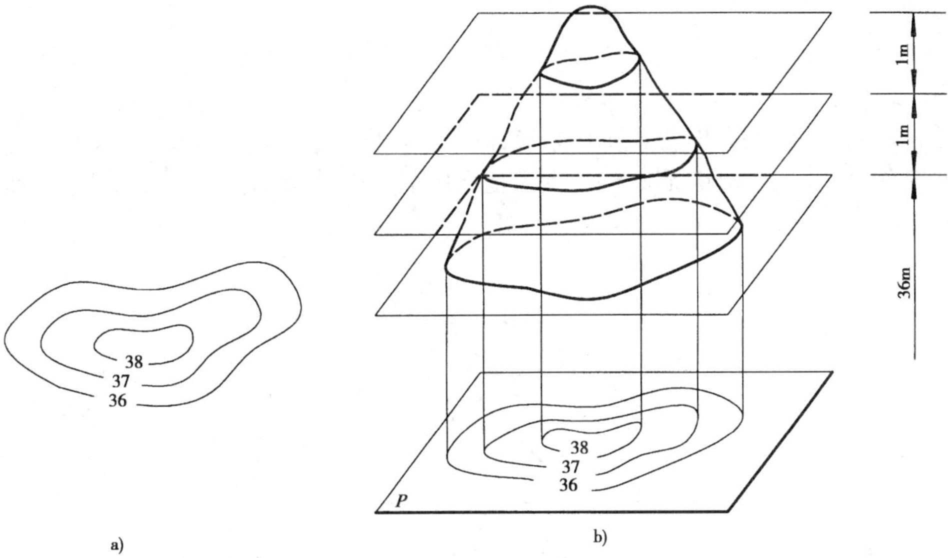

图 2-6　标高投影图

第二节　正投影的一些基本性质

正投影是平行投影的特殊情况，所以它也具有平行投影的性质，如全等性、积聚性、类似性等。

一、全等性

我们把一三角块放在投影面的前面，如图 2-7 所示，并使三角块的前表面 ABC 平行于该投影面，将三角块向投影面进行正投影，即投射线与投影面正交，可得一三角形图形。a、b、c 为空间点 A、B、C 的正投影。因 AB 平行于投影面，投影又是正投影，所以 $Aa = Bb$，四边形 $ABba$ 为一矩形，所以 $ab = AB$。同理，$bc = BC$，$ca = CA$，则$\triangle abc \cong \triangle ABC$，由此可得：平行于投影面的直线段或平面图形，在该投影面上的投影反映线段实长或平面图形的实形。这种投影性质称为投影的全等性。

二、积聚性

如图 2-8 所示，$ABED$ 是三角块的顶面，因它与投影方向平行，所以平面 $ABED$ 在投影面上的投影重合为一直线。直线 AD 也与投影方向平行，它的投影重合为一点。由此可得：平行于投影方向的直线或平面，在投影面上的投影积聚成一点或一直线。这种投影性质称为投影的积聚性。

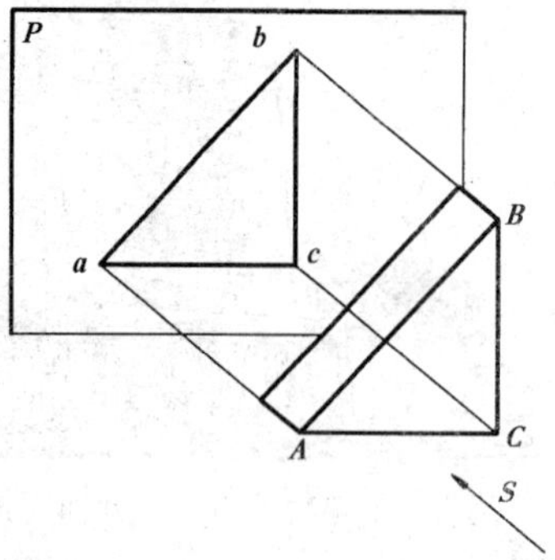

图 2-7 全等性

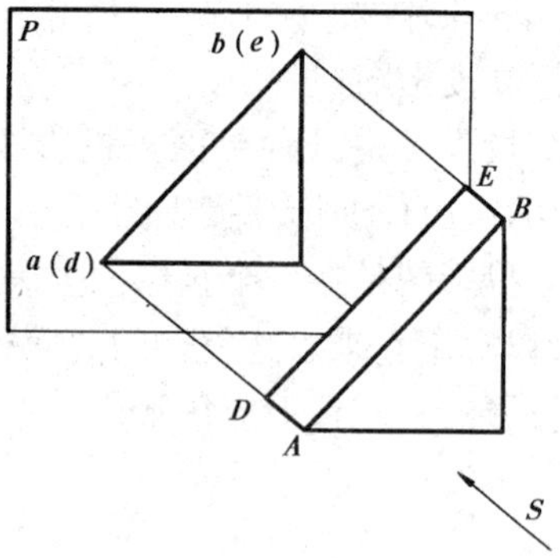

图 2-8 积聚性

三、类似性

图 2-9 中，平面 *ABED* 对投影面 *H* 来说，既不平行也不垂直而是倾斜的，这时它在该投影面上的投影既不反映实形也无积聚性，而是比原形小，与原形类似的图形。这种投影性质称为投影的类似性。

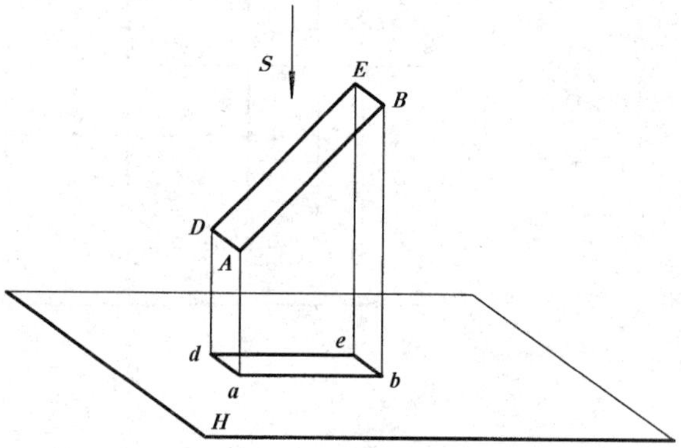

图 2-9 类似性

第三节 三面正投影图

一、三面投影图的形成

如图 2-10 所示一物体，如何把它的形状和大小确切而全面地表达出来呢？我们先在物体的后面放一正立的投影面 *V*，使物体的一个端面平行于 *V* 面，将物体向 *V* 面作正投影，得一图形。但这个图形只反映了物体的长度和高度，反映不了宽度。为了将物体的长、宽、高三个方向的尺寸都反映出来，我们在物体的下方垂直于 *V* 面加一水平的投影面 *H*，将物体向 *H* 面投影，得到的图形反映了物体长和宽方向的尺寸(图 2-11)。

一般说来，两面投影可以确定物体的形状。但如图 2-12 所示的两个不同形状的物体，它们在 *V*、*H* 面上的同投影面上的投影都是相同的，因此光有两面投影还不能确定它们的空间形状。为此在物体的右面增加侧立投影面 *W*，使其同时与 *V*、*H* 面垂直，将物体向 *W* 面投影，得到的图形反映物体高和宽方向的尺寸，如图 2-13a)。有了物体的 *V*、*H*、*W* 三个投影图，就能确切而全面地表达出该物体的形状和大小了。

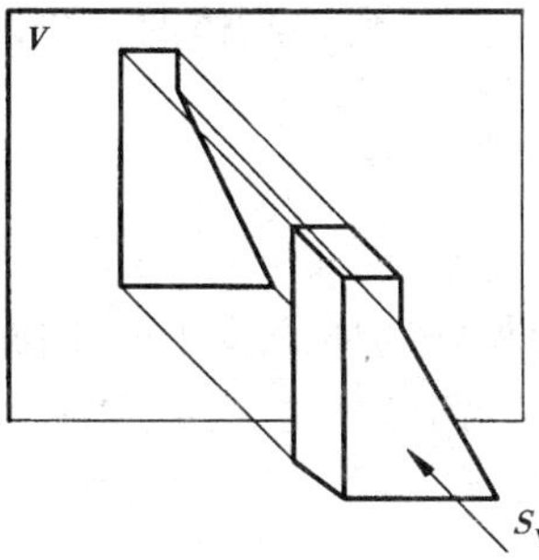

图 2-10　物体在一个投影面的投影

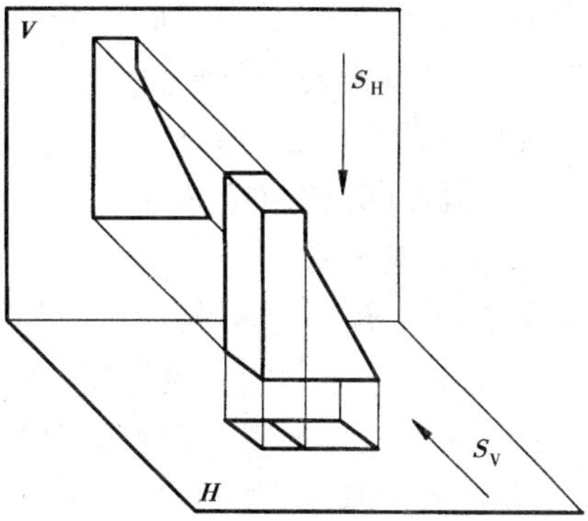

图 2-11　物体在两个投影面的投影

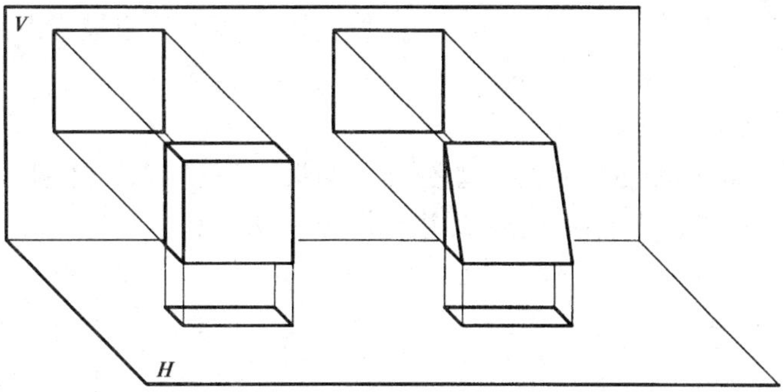

图 2-12　两面投影的不足

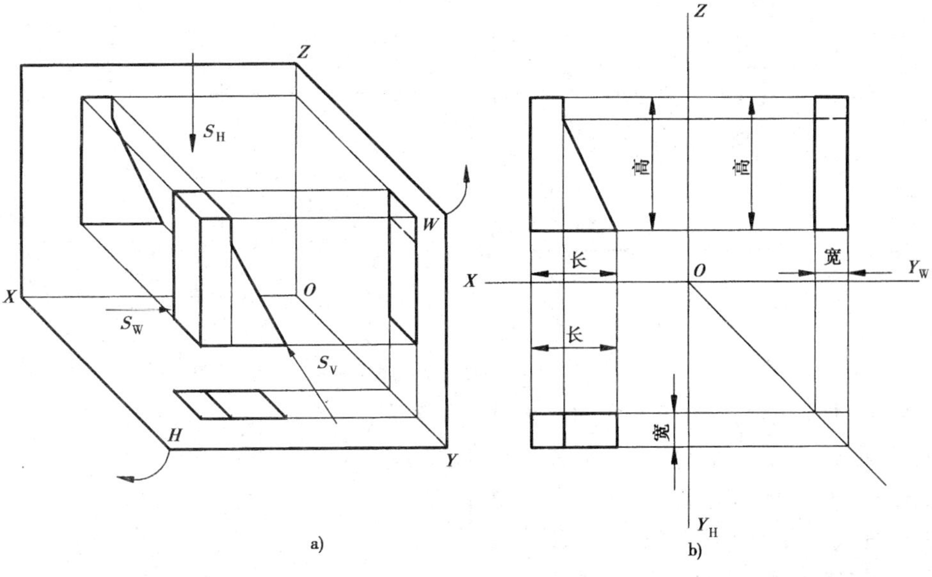

图 2-13　三面投影图

V、*H*、*W* 面两两互相垂直，形成一个三面体系。我们把正立投影图 *V* 称为正面，水平投影 *H* 称为水平面，侧立投影面 *W* 称为侧面。*V* 面与 *H* 面的交线称为 *OX* 轴，*V* 面与 *W* 面的交线称为 *OZ* 轴，*H* 面与 *W* 面的交线称为 *OY* 轴。物体在 3 个投影面上的投影分别称为正面投影、

水平投影、侧面投影。由于3个投影是分别在3个不同的投影面上的，而实际作图只能在同一个平面的图纸上，所以必须把它们摊开成一个平面。为此我们固定 V 面，让 H 面和 W 面分别绕 OX 轴和 OZ 轴旋转到与 V 面重合的位置。在实际作图时，只需画出物体的三个投影而不需画出投影面的边框(图 2-13b))。

二、三面投影图的对应关系

1. 度量对应关系

由图 2-13 可知：正面投影反映物体的长和高；水平投影反映物体的长和宽；侧面投影反映物体的宽和高。由于每两个投影反映物体的长、宽、高三个方向的尺寸，并且每两个投影中就有一个共同的尺寸。故得三面投影图的度量对应关系如下：

(1)正面投影和水平投影的长度相等，并且互相对正；

(2)正面投影和侧面投影的高度相等，并且互相平齐；

(3)水平投影和侧面投影的宽度相等。

简单地说就是：长对正、高平齐、宽相等，这种关系常称为三面投影图的投影规律，简称为三等规律。

2. 位置对应关系

物体的三个投影图的相对位置必须如图 2-14b)那样摆放，不可颠倒，一定是：水平投影在正面投影之下，侧面投影在正面投影之右，并且符合三等原则。

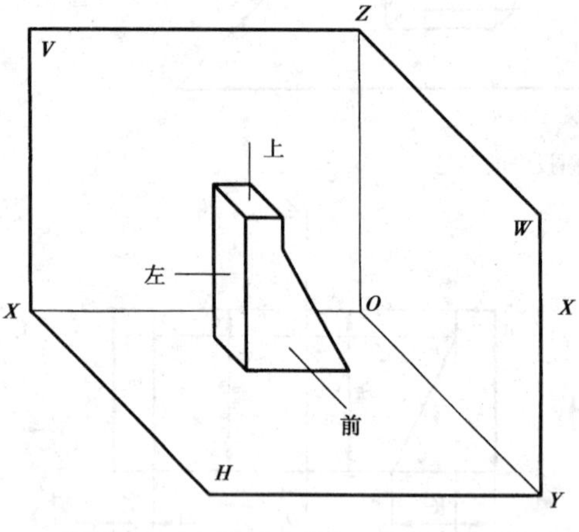

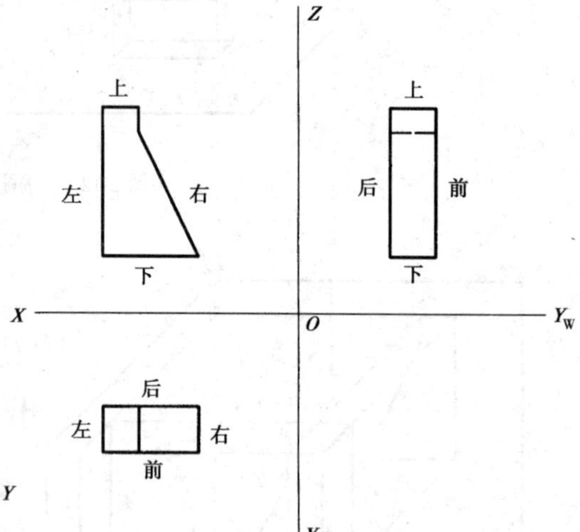

图 2-14 投影图和物体的位置对应关系

物体的三面投影图与物体之间的位置对应关系为：

(1)正面投影反映了物体的上、下和左、右位置；

(2)水平投影反映了物体的前、后和左、右位置；

(3)侧面投影反映了物体的上、下和前、后位置。

三、由物体模型画三面视图

为了加深理解三面投影图(工程制图中称视图)的形成，让我们先做一个练习：由物体模型画三面视图。当我们拿到模型时，首先要考虑选定物体的位置。摆放模型时应满足以下几个条件：

1. 使物体处于正常的工作状态，物体放置平稳，端面应与投影面平行；

2. 正面投影图(正视图)应显示物体的特征;

3. 各投影面投影的虚线应尽可能地少。

图 2-15 所示模型,对照上面几个条件,我们可看出 a)的位置比较好。

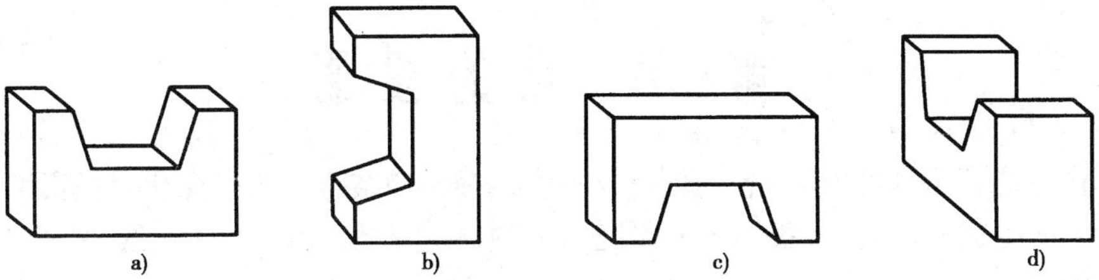

图 2-15 模型位置的选择

选好模型的位置后,就将模型放置不动,向三个投影面进行投影。物体的三面视图一定要符合三等原则。如图 2-16。

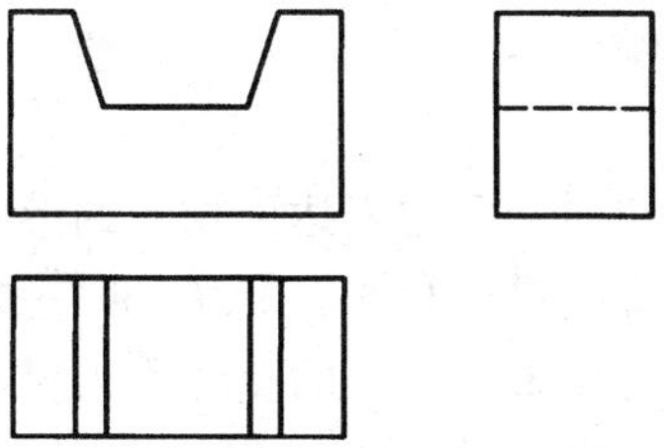

图 2-16 模型的三面视图

第三章　点的投影

任何物体的表面都可以看成是顶点(或棱线,或面)的结合。为了深化对投影图的认识,为了解决复杂的空间几何问题,我们先来研究组成物体的基本几何元素点、线、面的表示方法及其投影性质。

第一节　点的三面投影

一、三面体系及点的三面投影

1. 三面体系

我们在上一章讲过,若要确切而全面地表达出物体的形状和大小,须画出物体的三面投影图,即把物体向 V、H、W 三个投影面进行投影。V、H、W 三个投影面两两互相垂直,组成了一个三面体系。如图 3-1。投影面与投影面之间的交线称为投影轴(OX 轴、OY 轴、OZ 轴)。

相互垂直的三个投影面把空间分成八个部分,每一部分称为一个分角。如图 3-1,左、上、前部分为第一分角(Ⅰ),左、上、后部分为第二分角(Ⅱ),以此顺序有Ⅲ、Ⅳ、Ⅴ、Ⅵ、Ⅶ、Ⅷ八个分角。我国现规定采用第一分角,即把物体放在第一分角内,向三个投影面进行投影。

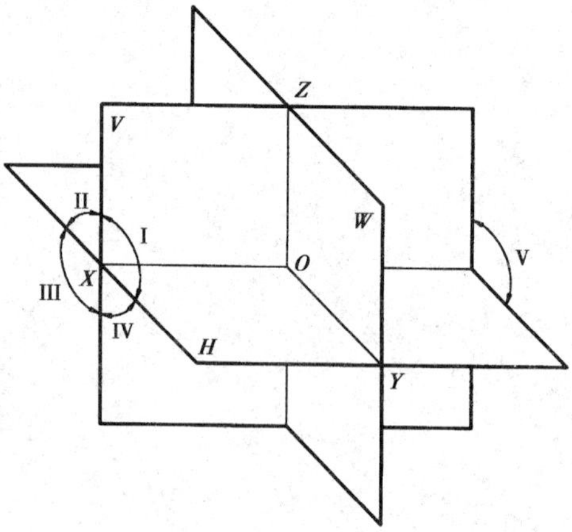

图 3-1　三面体系

2. 点的三面投影

点的投影,为过点的投射线与投影面的交点。设第一分角内有一点 A(图 3-2a))。

将 A 点分别向三个投影面作正投影,即自 A 分别向 H、V 和 W 面作垂直的投射线,得到交点 a、a' 和 a''。a 称为点 A 的水平投影。a' 称为点 A 的正面投影,a'' 称为点 A 的侧面投影。

我们规定:空间的点用大写字母 A、B、C……表示;点在 H 面上的投影用相应的小写字母 a、b、c……表示;点在 V 面上的投影用小写字母加一撇 a'、b'、c'……表示;点在 W 面上的投影用小写字母加两撇 a''、b''、c''……表示。

同前一章所叙述的一样,为了将点的三个投影画在一张图纸上,须将三个投影面摊平,V 面不动,H 面绕 OX 轴向下旋转 90°,W 面则绕 OZ 轴向右旋转 90°。OY 轴被分为两处:随 H 面旋转的为 OY_H;随 W 面旋转的为 OY_W。这样,我们就得到点的三面投影图(图 3-2b))。

二、点的三面投影规律

为了找出点的三面投影的投影规律,我们过 Aa、Aa' 作平面,此平面与 OX 轴交于 a_x(图 3-3a))。因平面 Aa_xa' 同时垂直于 H 面和 V 面,所以 OX 轴垂直 Aa_xa'(若相交两平面垂直于第三平面,则其交线也垂直于第三平面),因而有 $OX \perp aa_x$;$OX \perp a'a_x$。

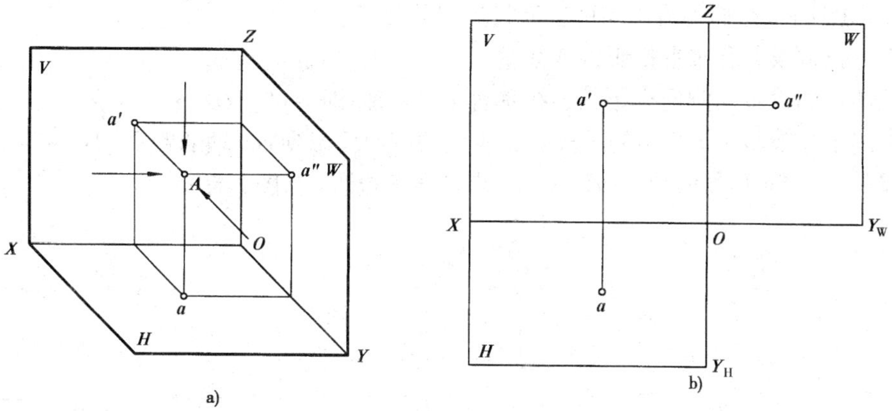

图 3-2　点的三面投影图

当 H 面绕 OX 轴向下转 90°后与 V 面重合时，OX 轴与 aa_x 的垂直关系不变，即 $\angle aa_xX=90°$，$\angle a'a_xX=90°$，故 $a'a_xa$ 为一垂直于 OX 轴的直线（图 3-3b)），即：$a'a \perp OX$。

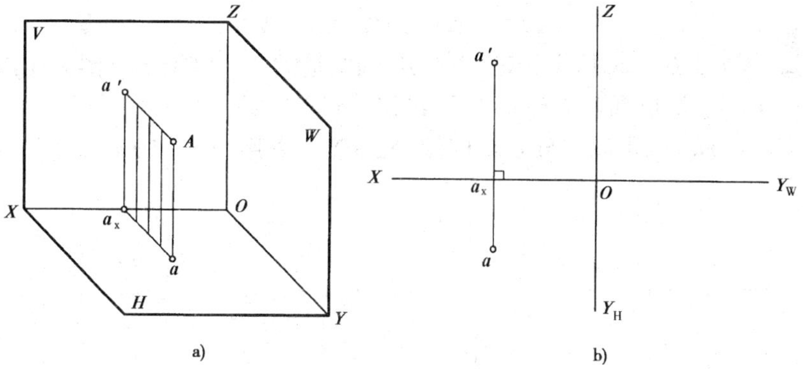

图 3-3　点的三面投影规律（一）

同理，我们再过 Aa'、Aa'' 作平面，交 OZ 轴于 a_z（图 3-4a)），因平面 $Aa'a_za'' \perp OZ$ 轴，得到 $OZ \perp a'a_z$；$OZ \perp a''a_z$。当 W 面绕 OZ 轴向右转 90°与 V 面重合时，我们又得到关系：$a'a'' \perp OZ$（见图 3-4b)）。

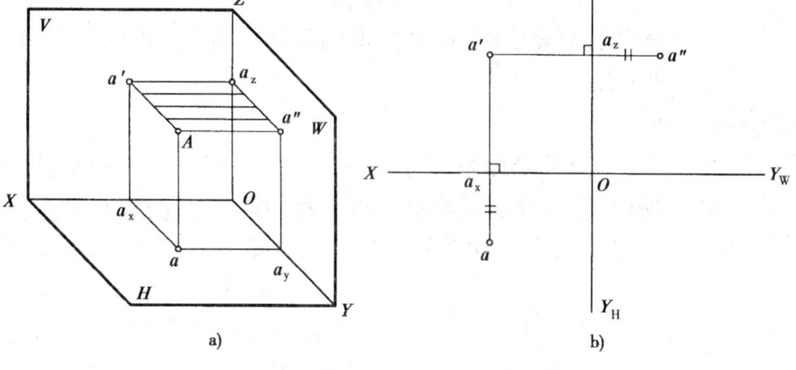

图 3-4　点的三面投影规律（二）

因为平面 Aa_xa' 和平面 $Aa'a_za''$ 都为矩形，矩形的对边相等，所以我们又得出：$aa_x=Aa'=a''a_z$，即：$aa_x=a''a_z$。

总结以上所述，我们可得出点的三面投影规律如下：

1．点的正面投影和水平投影的连线垂直于 OX 轴（即 $a'a \perp OX$）；

2．点的正面投影和侧面投影的连线垂直于 OZ 轴（即 $a'a'' \perp OZ$）；

3．点的水平投影到 OX 轴的距离等于该点的侧面投影到 OZ 轴的距离（即 $aa_x = a''a_z$）。

〔**例 3-1**〕 已知 B 点的两个投影 b、b'，求作第三投影 b''（图 3-5a））。

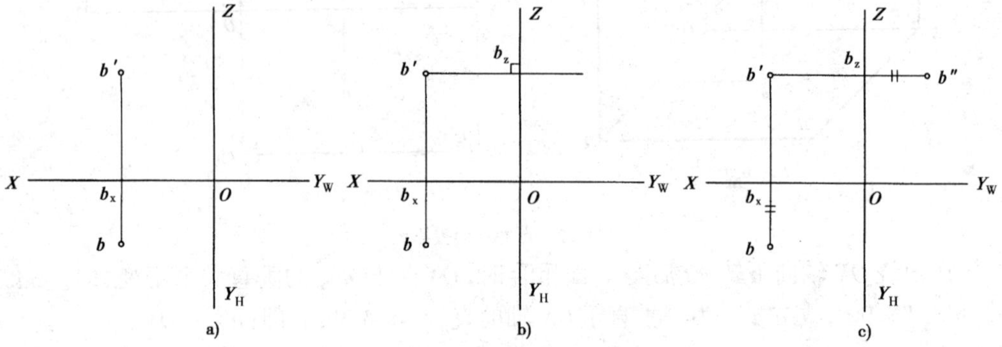

图 3-5 已知点的两投影求第三投影

解 （1）因 $b'b'' \perp OZ$ 轴，所以先过 b' 作 OZ 轴的垂线交 OZ 轴于 b_z（图 3-5b））；

（2）因 $bb_x = b''b_z$，所以截取 $b''b_z = bb_x$ 而得到 b''（图 3-5c））。

在截取 $b''b_z = bb_x$ 时，可以用分规直接量取，也可以采用图 3-6 所示的任何一种方法来完成。

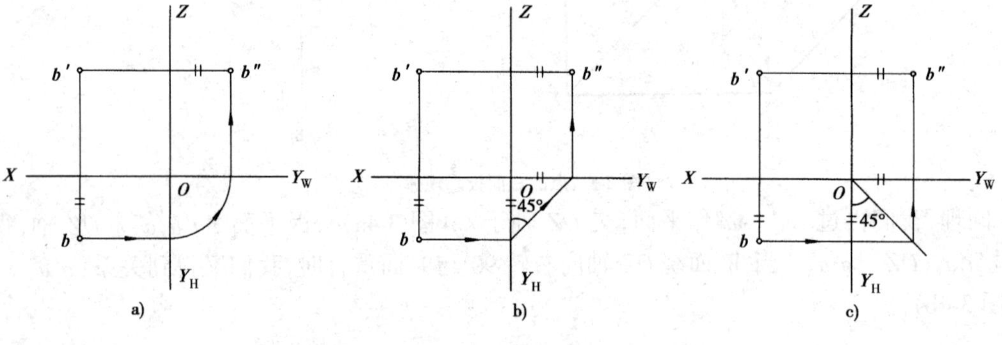

图 3-6 量取宽相等的方法

由例 3-1 可看出，已知点的两面投影，可求出唯一的第三投影，也即，由一点的两面投影，可唯一地确定一点的空间位置。

三、点的投影与坐标

若将三面体系当作笛卡尔直角坐标系，则投影面 V、H、W 相当于坐标面，投影轴 OX、OY、OZ 相当于 X、Y、Z 轴，三轴的交点 O 就是坐标原点。我们规定 X 轴从 O 向左为正，Y 轴从 O 向前为正，Z 轴从 O 向上为正。这样三面体系中的第一分角内点的 X、Y、Z 值均大于或等于零。

由图 3-7a）可看出，空间一点 A 到 W、V、H 三个投影面的距离分别为该点的 x、y、z 三个坐标。点 A 的投影 a、a'、a'' 与该点的坐标 x、y、z 之间的关系为：

$$x = Aa'' = aa_y = a'a_z$$

$$y = Aa' = aa_x = a''a_z$$

$$z = Aa = a'a_x = a''a_y$$

A 点的坐标表示形式为 $A(x, y, z)$。

由图 3-7b)可看出 a 的位置由 x、y 决定；a' 由 x、z 决定；a'' 由 y、z 决定。已知一点的三个坐标值，就可唯一确定此点的空间位置及其三面投影。

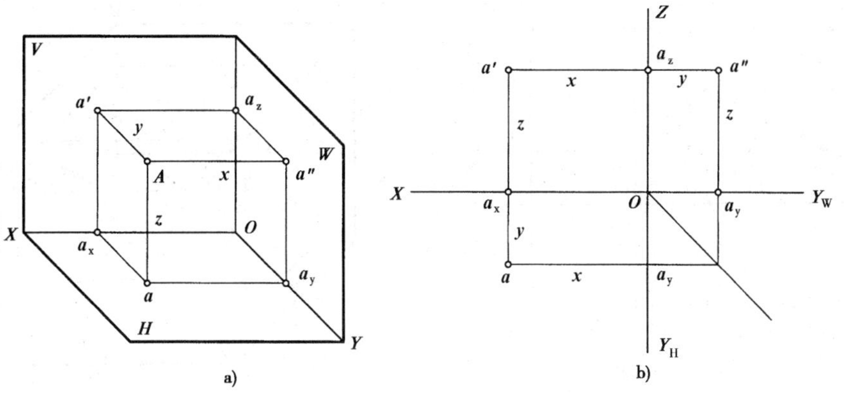

图 3-7　点的投影与坐标

〔**例 3-2**〕　已知点 $A(20,15,10)$，求作其三面投影图。

解　(1)在 OX、OZ 轴上分别取 $x=20$ 和 $z=10$，得 a_x 和 a_z(图 3-8a))；

(2)过 a_x 和 a_z 分别作 OX 和 OZ 的垂线，二垂线交得 a'(图 3-8b))；

(3)在二垂线上自 a_x 和 a_z 分别向下和向右量取相同的长度 $y=15$，得 a 和 a''(图 3-8c))。

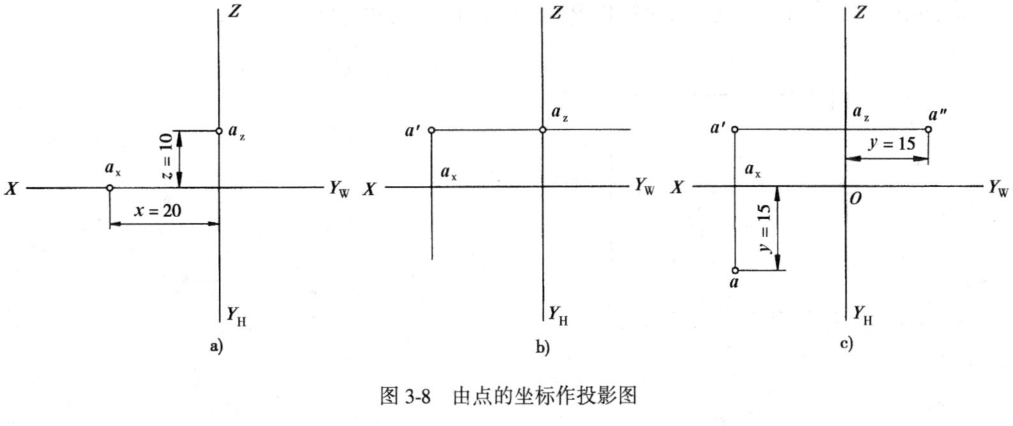

图 3-8　由点的坐标作投影图

第二节　点的空间位置

一、两点相对位置的判别和确定

两点的相对位置是指空间两点之间平行于投影轴 X、Y、Z 方向上的左右、前后和上下的相对位置关系。

空间两点的相对位置可根据两点的同面投影(在同一投影面上的投影称为同面投影)的坐标关系来判别。如图 3-9，已知 A 点和 B 点的三面投影。我们可看出，$x_A > x_B$ 表示 A 点在 B 点之左；$y_A > y_B$ 表示 A 点在 B 点之前；$z_A > z_B$ 表示 A 点在 B 点之上，即 A 点在 B 点的左、前、上方。若要知道其确切位置则可用两点的坐标差(即两点在三个方向上分别对各投影面的距离差)来确定。图 3-9 中，A 点在 B 点左方 $x_A - x_B$ 处；A 点在 B 点前方 $y_A - y_B$ 处；A 点在 B 点

上方 $z_A - z_B$ 处。由于 A、B 两点的坐标差已确定，这两点的相对位置就完全确定了。图 3-9b)为其直观图。

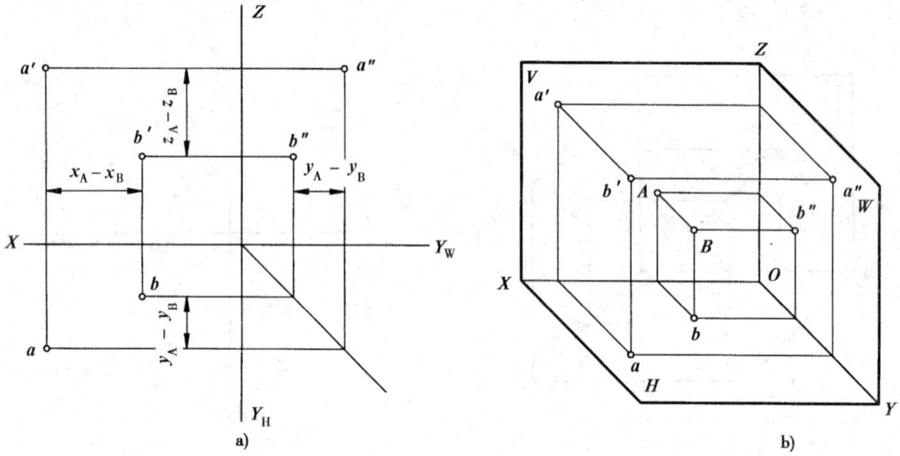

图 3-9　两点的相对位置

二、重影点及其可见性

位于某一投影面的同一条投射线（投影面垂直线）上的两点，在该投影面上的投影重合于一点，则称这两点为对该投影面的重影点。如图 3-10a)，A、B 两点位于同一条 V 面投射线上，它们在 V 面的投影重合于一点，则称 A、B 两点为对 V 面的重影点。

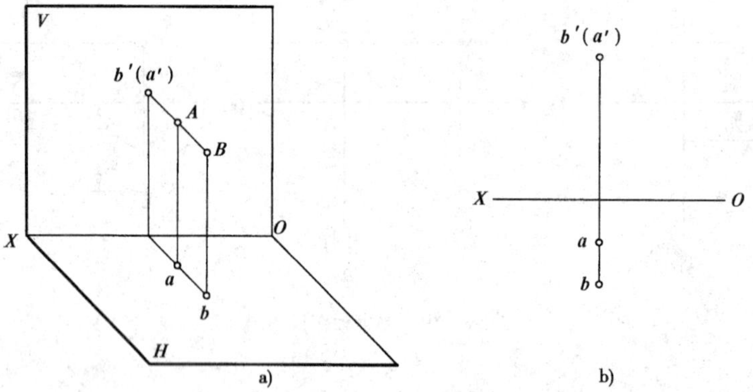

图 3-10　重影点及其可见性

因重影点位于某一投影面的同一投射线上，必有一点遮住另一点，因此遇到重影点时，须判别其可见性。由图 3-10 可看出，我们沿 V 面投射线方向看去，可看见 B 点，A 点被 B 点遮住，因此 B 点的 V 面投影为可见，A 点的 V 面投影为不可见。我们规定，点的某一投影不可见时，加括号表示。A、B 两点的 H 面投影中，因 B 点在前、可见，B 点的 y 值大于 A 点的 y 值。由此可见，判别重影点的可见性，可根据它们不重合的同面投影来判别，坐标值大的为可见，坐标值小的为不可见。如图 3-11，C、D 两点位于 W 面的同一投射线上，为对 W 面的重影点。因 $x_C > x_D$，所以 c'' 为可见，d'' 为不可见，应加括号。

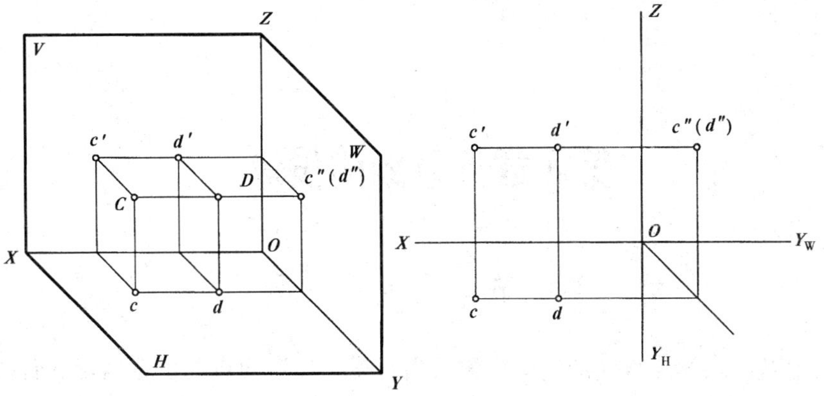

a)　　　　　　b)

图 3-11　重影点与可见性

第四章　直线的投影

第一节　直线的投影

直线的长度是无限的。直线的空间位置可由直线上任意两点的位置确定。直线上两点之间的一段,称为线段。线段有一定的长度,用它的两个端点作标记。

直线在某一投影面上的投影,是通过该直线的投射平面与该投影面的交线。由于两平面的交线必然是一直线,所以直线的投影仍为直线,如图 4-1a),ab 为直线段 AB 的投影。只有当直线垂直于投影面时,在该投影面的投影才成为一点,如图 4-1a)中的直线段 CD。

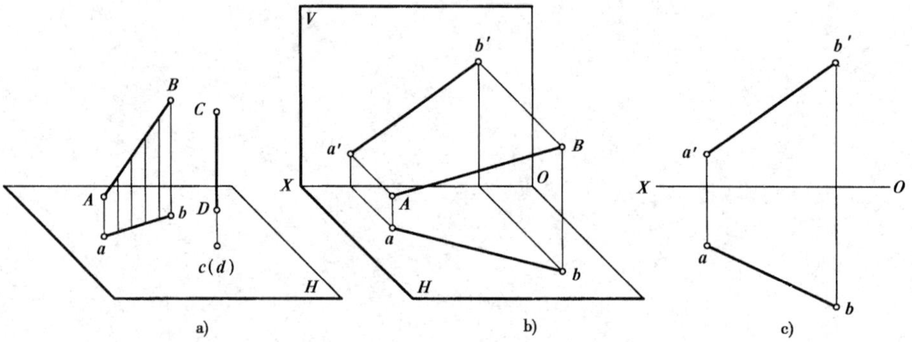

图 4-1　直线的投影

因为直线可由直线上两点所确定,所以直线的投影可由直线上两点的同面投影所确定。如果要作出直线段 AB 的投影,只要分别作出 A、B 的同面投影 a'、b'、a、b,然后同面投影相连即得 AB 的投影 $a'b'$、ab,见图 4-1b)、c)。

第二节　直线与投影面的相对位置

在三面体系中,根据直线与投影面的相对位置不同,直线可分为一般位置直线、投影面平行直线和投影面垂直线三种。后两种直线又总称为特殊位置直线。

一、一般位置直线

对三个投影面都处于倾斜(既不平行也不垂直)位置的直线称为一般位置直线。如图 4-2a)所示,直线 AB 同时倾斜于 H、V、W 三个投影面。直线与投影面所成的夹角,称为直线的倾角。直线对 H、V、W 面的倾角,分别用小写希腊字母 α、β、γ 表示。

一般位置直线的各投影均倾斜于投影轴,没有积聚性,也不反映直线的真实长度(图 4-2b))。直线的投影与投影轴的夹角不反映空间直线与任何投影面的倾角。至于 α、β、γ 的求法,将在下一节中讨论。

二、投影面平行线

平行于某一个投影面而与其它两个投影面倾斜的直线称为投影面平行线。平行于 H 面的直线称为水平线；平行于 V 面的直线称为正平线；平行于 W 面的直线称为侧平线。

下面以水平线为例说明投影面平行线的投影特性(见表 4-1 中水平线一栏)。

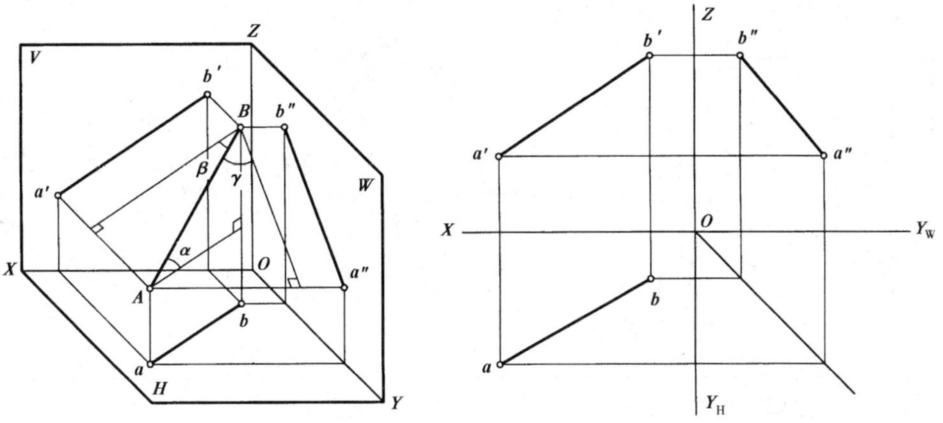

a) b)

图 4-2 一般位置直线

从表中可知，直线 $AB /\!/ H$ 面，根据正投影的投影特点，图中 $ABba$ 为一矩形，所以 $ab = AB$，即 AB 的水平投影反映该线段的实长。又因 AB 倾斜于其它两投影面，该直线的水平投影与投影轴的夹角 β、γ 反映空间直线与 V 面和 W 面的倾角，由于 $AB /\!/ H$，所以 $a'a_x = A_a = Bb = b'b_x$，即 $a'b' /\!/ OX$，同理 $a''b'' /\!/ OY$ 轴。

正平线和侧平线的投影情况详见表 4-1。

投影面平行线的投影特性 表 4-1

	立体图	投影图	投影特性
水平线	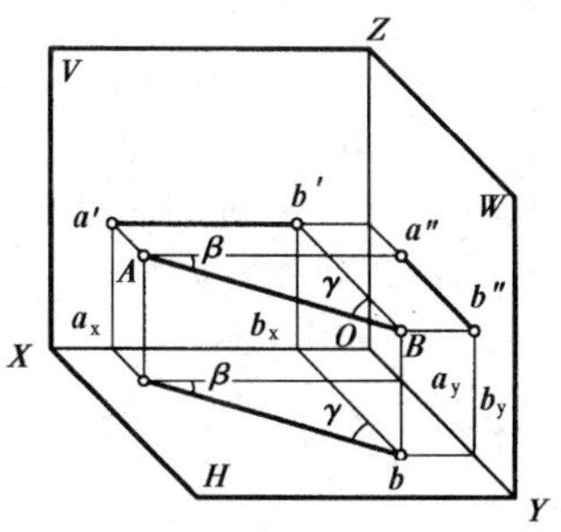	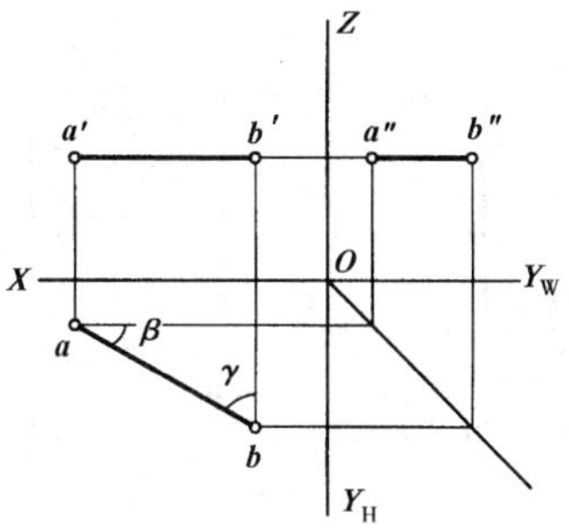	1. 水平投影 ab 反映线段实长，它与 OX、OY_H 轴的夹角即为 β、γ 2. 正面投影 $a'b' /\!/ OX$ 轴 3. 侧面投影 $a''b'' /\!/ OY_W$ 轴
正平线	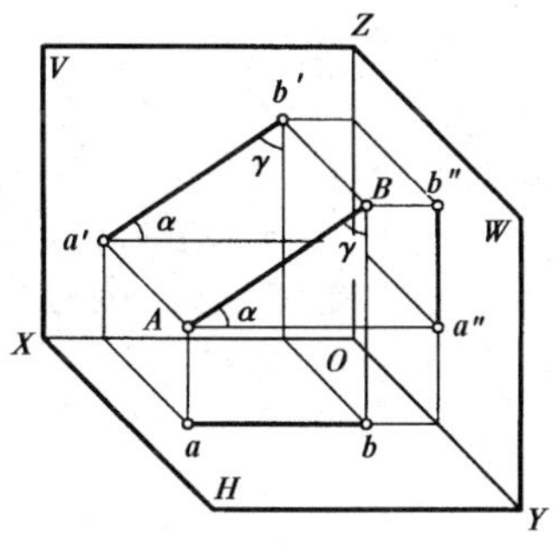	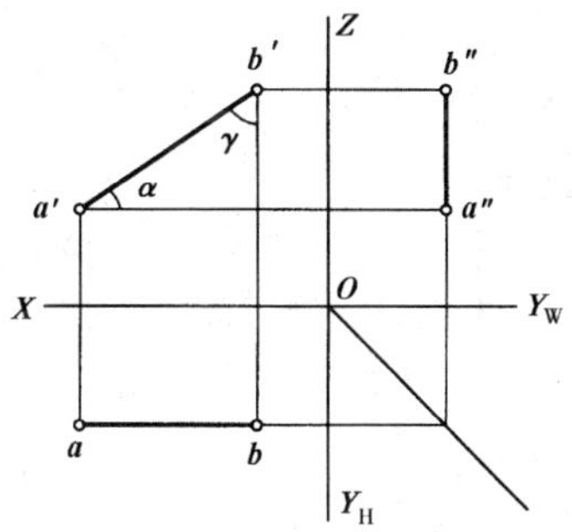	1. 正面投影 $a'b'$ 反映线段实长，它与 OX、OZ 轴的夹角即为 α、γ 2. 水平投影 $ab /\!/ OX$ 轴 3. 侧面投影 $a''b'' /\!/ OZ$ 轴

	立 体 图	投 影 图	投 影 特 性
侧平线	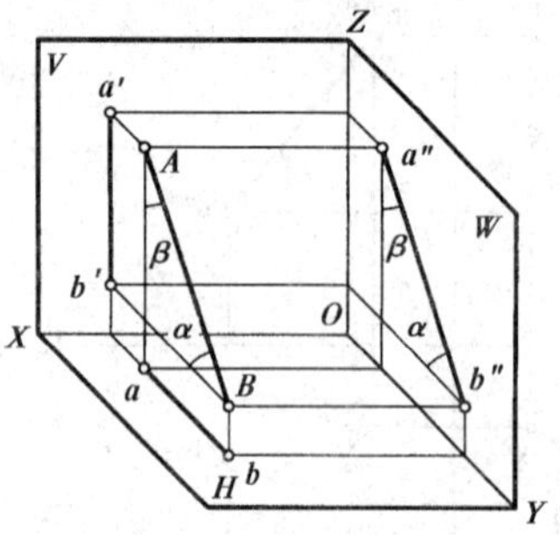	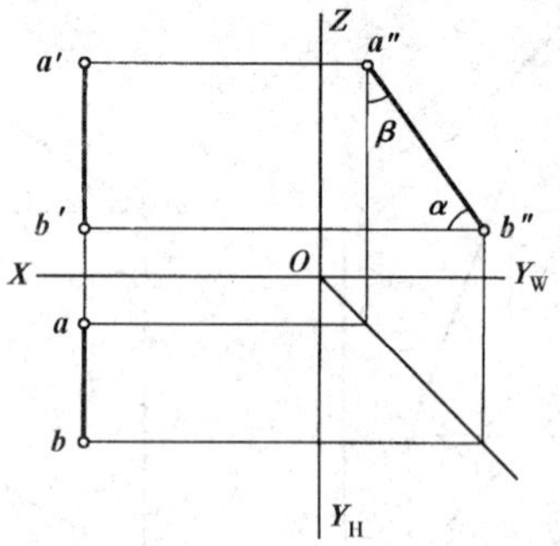	1. 侧面投影 $a''b''$ 反映线段实长,它与 OY_W、OZ 轴的夹角即为 α、β 2. 正面投影 $a'b' /\!/ OZ$ 轴 3. 水平投影 $ab /\!/ OY_H$ 轴

分析表 4-1,可总结出投影面平行线的投影特性如下:

(1)直线在它所平行的投影面上的投影,反映该线段的实长和对其他两投影面的倾角;

(2)直线在其他两个投影面上的投影分别平行于相应的投影轴,但不反映实长。

三、投影面垂直线

垂直于某一个投影面,同时平行于其他两个投影面的直线称为投影面垂直线。垂直于 H 面的直线称为铅垂线;垂直于 V 面的直线称为正垂线;垂直于 W 面的直线称为侧垂线。

下面以铅垂线为例说明投影面垂直线的投影特性(见表 4-2 中铅垂线一栏)。

投影面垂直线的投影特性 表 4-2

	立 体 图	投 影 图	投 影 特 性
铅垂线	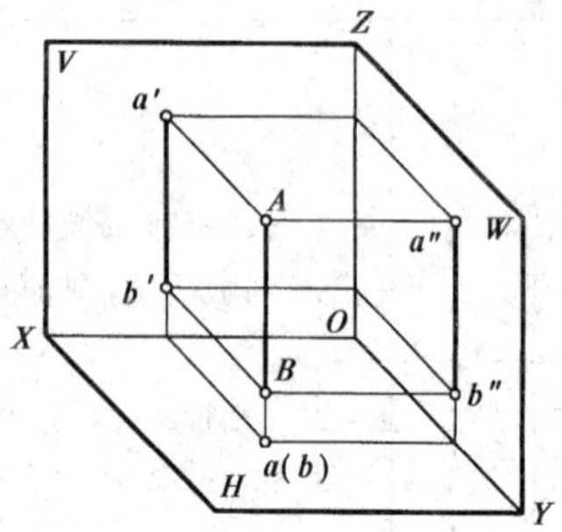	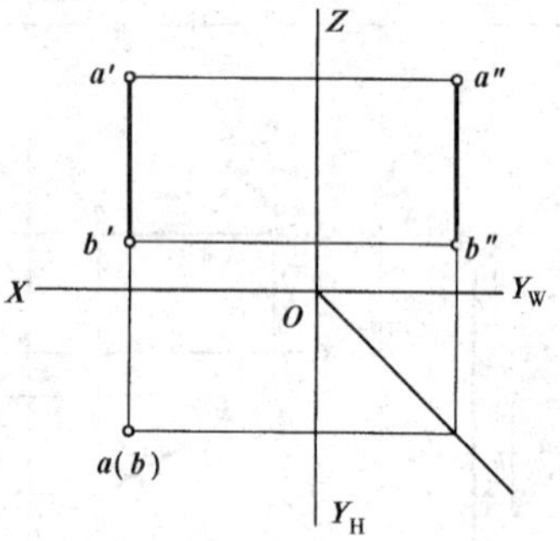	1. 水平投影 $a(b)$ 积聚成一点 2. 正面投影 $a'b' \perp OX$ 轴,侧面投影 $a''b'' \perp OY_W$ 轴,并且都反映线段实长
正垂线	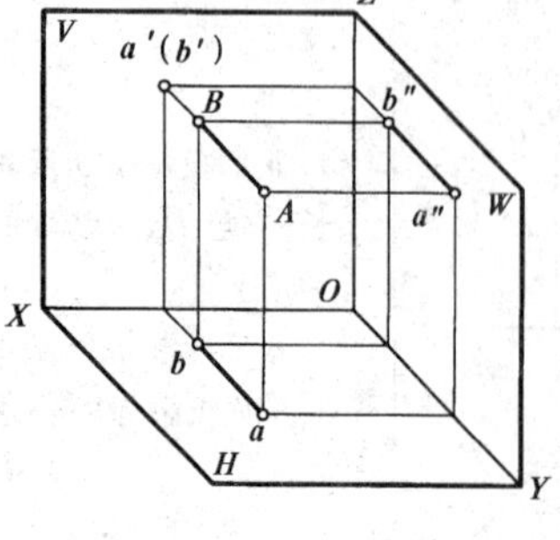	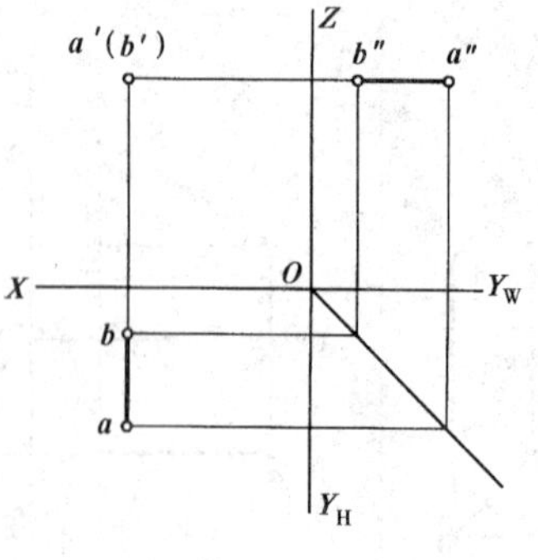	1. 正面投影 $a'(b')$ 积聚成一点 2. 水平投影 $ab \perp OX$ 轴,侧面投影 $a''b'' \perp OZ$ 轴,并且都反映线段实长

续上表

	立　体　图	投　影　图	投　影　特　性
侧垂线	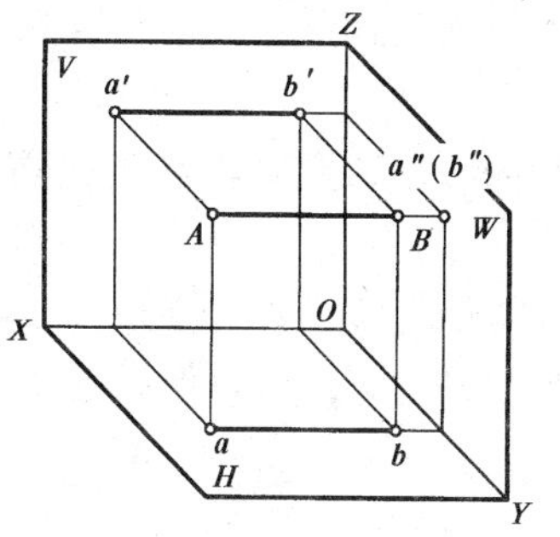	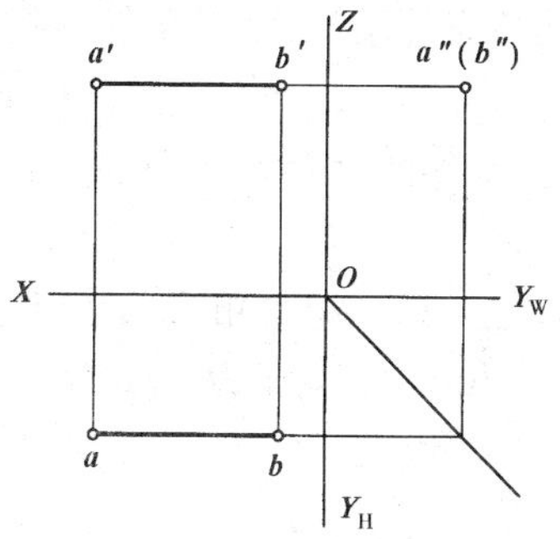	1. 侧面投影 $a''(b'')$ 积聚成一点 2. 正面投影 $a'b' \perp OZ$ 轴，水平投影 $ab \perp OY_H$ 轴，并且都反映线段实长

从表中可知，直线 $AB \perp H$ 面，直线在 H 面的投影积聚为一点。又因直线 AB 平行于 V、W 面，所以 $a'b' \perp OX$，$a''b'' \perp OY_W$ 轴，且 $a'b' = a''b'' = AB$(实长)。

正垂线和侧垂线的投影情况详见表 4-2。

分析表 4-2，可总结出投影面垂直线的投影特性如下：

(1)直线在它所垂直的投影面上的投影积聚成一点；

(2)直线在其他两个投影面上的投影分别垂直于相应的投影轴，且反映该直线段的实长。

第三节　线段的实长及其对投影面的倾角

一般位置直线段的投影不能直接反映其实长和对投影面的倾角。如图 4-3a)，AB 为一般位置直线段，其投影 $a'b'$ 和 ab 都不能反映实长，它们与投影轴的夹角也不反映直线与投影面的倾角，可以利用空间线段及其投影之间的几何关系，用图解的方法求直线段的实长和倾角。

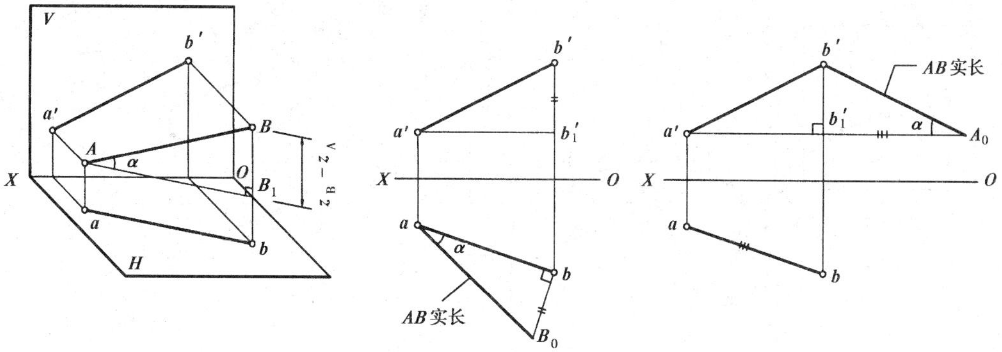

a)　　　　b)　　　　c)

图 4-3　求线段的实长和倾角 α

直线段对 H 面倾角 α 和实长的求法：在图 4-3a)中，过 A 点作 $AB_1 /\!/ ab$，得直角三角形 ABB_1，其中 AB 是它的斜边，也即线段的实长，$\angle B_1AB$ 就是线段 AB 与 H 面的倾角 α，这个直角三角形的一直角边 $AB_1 = ab$，另一直角边 BB_1 等于 B 点和 A 点的端点差(即直线段两端点至相关投影面的距离差)。这个端点差可由 b' 和 a' 到 OX 轴的距离差 $Z_B - Z_A$ 来确定，所以根据线段的投影图就可以作出与 $\triangle AB_1B$ 全等的一个直角三角形，从而求得线段的实长及对 H 投影面的倾角 α。作图方法如图 4-3b)：

(1)过 a' 作 OX 轴的平行线，交 bb' 于 b'_1 则 $bb'_1 = Z_B - Z_A$；

(2)以 ab 为一直角边，过 b 点作 ab 的垂线，并在此垂线上截取 $bB_0 = Z_B - Z_A$；

(3)连接 aB_0，则 aB_0 就是线段 AB 的实长，而$\angle baB_0$ 就是 AB 与 H 面的倾角 α。

求作直线段的实长及其相应的倾角，可以在任一投影面上作图。要点在于正确选定相应的端点和端点差。

图 4-3c)是以 V 面投影 $a'b'$ 作图，作出的$\triangle b'A_0b'_1$ 与图 4-3a)中的直角$\triangle ABB_1$ 全等。

同理倾角 β 的求法：

图 4-4a)中，过 A 点作 $AB_2 /\!/ a'b'$，得直角三角形 AB_2B，其斜边 AB 为线段的实长，$\angle B_2AB$ 是线段与 V 面的倾角β。在直角三角形 AB_2B 中，$AB_2 = a'b'$，$BB_2 = y_B - y_A$，作出这个直角三角形，就可求出线段的实长及 β 角。

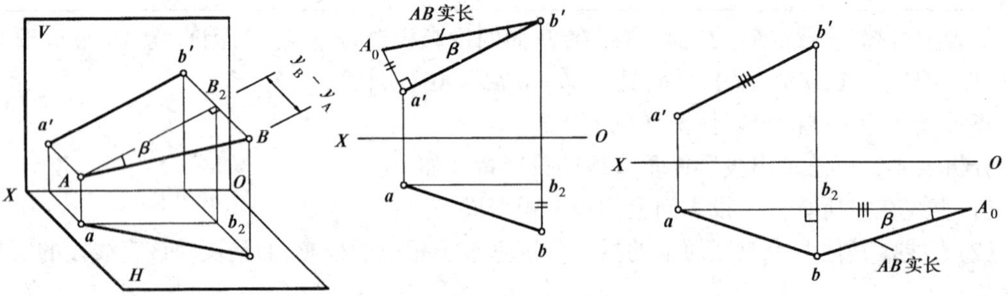

a)　　b)　　c)

图 4-4　求线段的实长及 β 角

图 4-4b)、图 4-4c)　为求线段的实长及 β 角的两种作图方法。

图 4-5 为求线段的实长及与 W 面倾角 γ 的作图方法。

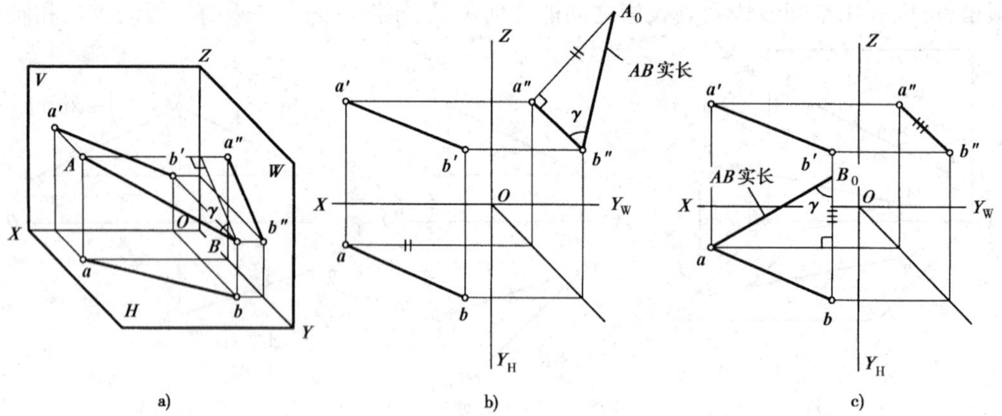

a)　　b)　　c)

图 4-5　求线段的实长及 γ 角

上述求线段实长及其对投影面倾角的方法称为直角三角形法。总结其作图方法如下：

以线段在某一投影面上的投影为一直角边，以线段两端点到该投影面的距离差(即坐标差)为另一直角边，所构成直角三角形的斜边就是线段的实长，而且此斜边与该投影的夹角，就等于该线段对投影面的倾角，如实长与水平投影的夹角就是 α 角，而 α 的对边一定是 Z 坐标差，β 角的对边一定是 y 坐标差，γ 角的对边一定是 x 坐标差。

在直角三角形的四个要素(某投影线段、坐标差、实长及倾角)中，只要知道其中任意两个，就可以作出该直角三角形，即可求出其他两个要素。

〔**例 4-1**〕 已知线段 AB 实长为 L，投影 ab 和 a'，如图 4-6a)所示，求其正面投影 $a'b'$。

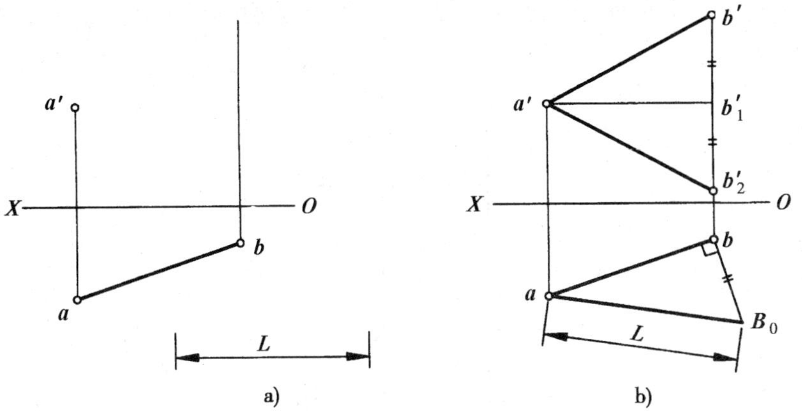

图 4-6 求作 $a'b'$

解 (1)分析：因 ab 为已知，b' 必在自 b 引出的铅直线上；又因 a' 为已知，当知道 $|Z_B-Z_A|$ 后，就可定出 b'。从图 4-3 可知，直角三角形 ABB_1 是由 ab 长、$|Z_B-Z_A|$ 和 AB 实长三个边组成，知其中两个就可求出第三个。现已知 ab 和实长 L，所以 $|Z_B-Z_A|$ 可求。

(2)作图：根据已知的直角边 ab 和斜边(实长) L 作出直角三角形 abB_0，得 $B_0b=|Z_B-Z_A|$。自 b'_1 向上、下各量取长度 B_0b，得 b' 和 b'_2，连接 $a'b'$，$a'b'_2$，都符合题设条件，因此本题有两解。

第四节 直线上的点

一、直线上点的投影

直线上一点的投影必在该直线的同面投影上，且符合点的投影规律。如图 4-7a)，直线 AB 上有一点 C，则 C 点的投射线 Cc 必位于通过 AB 的投射平面 $AabB$ 内，因而 Cc 与 H 面的交点 c，必位于该投射面与 H 面的交线 ab 上。

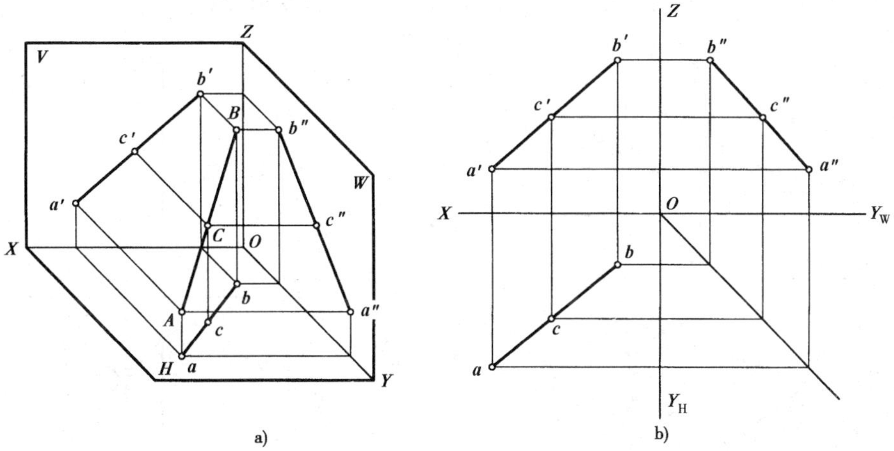

图 4-7 直线上的点的投影

反之，若一点的各投影如在直线的各同面投影上，且符合点的投影规律，则在空间，该点必在直线上。

一般情况下，点是否在直线上，可由它们的任意两个投影来决定。但如果直线平行于某投影面时，还应观察直线所平行的那个投影面上的投影，才能判断点是否在直线上。

〔例 4-2〕 如图 4-8a)，已知 AB 的两投影 ab，$a'b'$ 及 C 点、D 点的两投影 c、d、c'、d'，试判别 C 点、D 点是否在直线 AB 上。

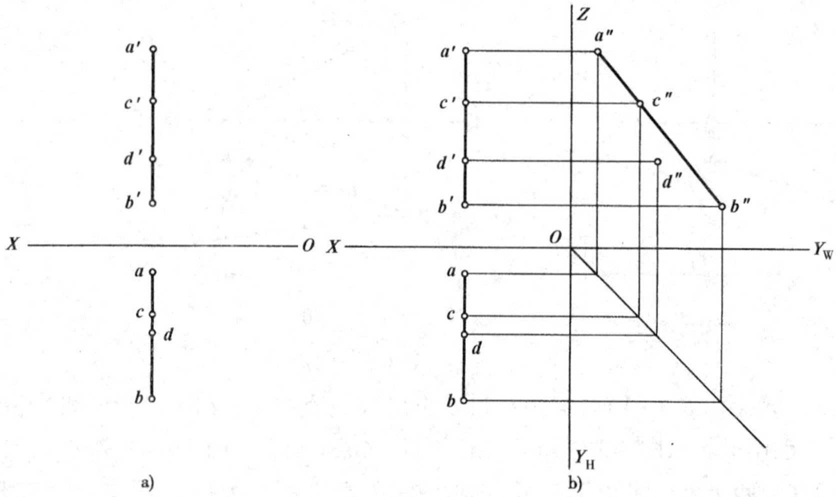

图 4-8 判断点是否在直线上

解 作出 AB、C 点、D 点的 W 面投影(图 4-8b))，由图可看出，C 点的三面投影都在直线的同面投影上，所以 C 点在直线 AB 上，而 d'' 不在 $a''b''$ 上，故 D 点不在直线 AB 上。

二、点分割直线成定比

点分割直线段之比值，投影之后不变。即：点将直线段分成定比，则该点的各个投影必将该线段的同面投影分成相同的比例。这个关系称为定比关系。如图 4-7a)所示，C 点把 AB 分成 AC 和 CB 两段，设这两段长度之比为 $m:n$，由于经各点向一投影面所引出的投射线是互相平行的，即 $Aa // Cc // Bb$，$Aa' // Cc' // Bb'$，$Aa'' // Cc'' // Bb''$，所以 $AC:CB = ac:cb = a'c':c'b' = a''c'':c''b'' = m:n$。

〔例 4-3〕 C 点把线段 AB 按 3:2 分成两段，求 C 点的投影(图 4-9)。

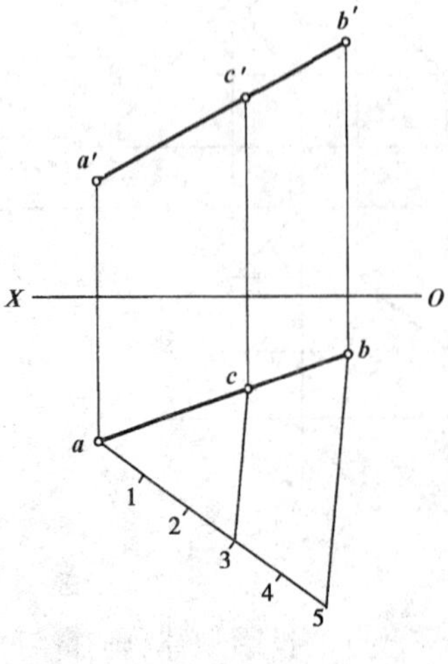

图 4-9 求线段 AB 上的分点 C

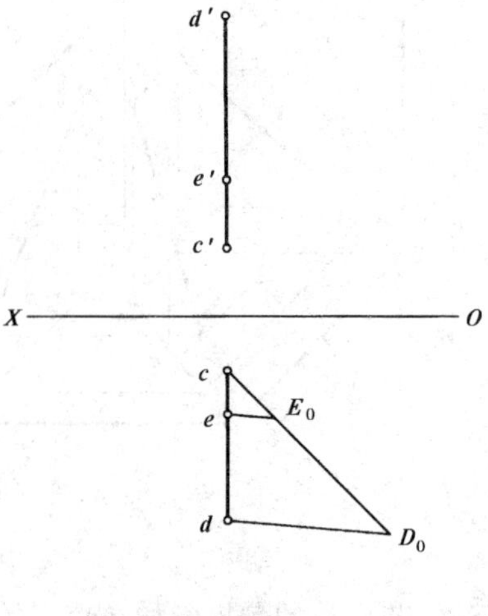

图 4-10 由 e' 求 e

解 过 a 作任意直线 $a5$,以任意长度为单位,在 $a5$ 上由 a 点连续量取五个单位,得点 1、2、3、4、5。作连线 $b5$,过 3 作 $b5$ 的平行线,与 ab 交于 c 点,则 $ac:cb=3:2$。根据点的投影规律可得 c'。

〔例 4-4〕 已知侧平线 CD 上一点 E 的正面投影 e',求 e(图 4-10)。

解 此题可以用求出第三投影的方法求出,类同图 4-8b)。也可用定比关系求得,见图 4-10。由于 $ce:ed=c'e':e'd'$,可在水平投影中经 c 点引任意直线 cD_0,在该线上截取 $cE_0=c'e'$,截取 $E_0D_0=e'd'$,由 E_0 引直线平行于 dD_0,交 cd 于 e 点,即为所求。

第五节　两直线的相对位置

两直线在空间的相对位置有 3 种情况:平行、相交和交叉。分述如下:

一、平行两直线

如果空间两直线互相平行,则此两直线的各同面投影必互相平行。

如图 4-11a)所示,直线 AB 平行 CD,过 AB 和 CD 所作的垂直于 H 面的两个投射平面亦必相互平行,因而与 H 面交得的投影 ab 和 cd 也一定平行。同理,V 面和 W 面的投影 $a'b' \parallel c'd'$ 及 $a''b'' \parallel c''d''$。两面投影图如图 4-11b)所示。

反之,若两直线的各同面投影互相平行,则此两直线在空间一定互相平行。

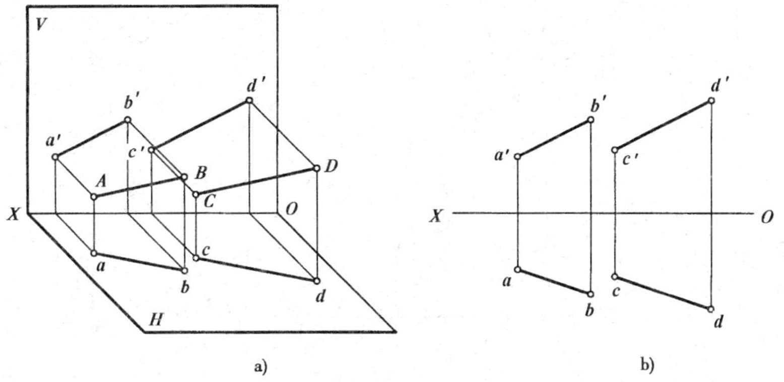

图 4-11　两直线平行

二、相交两直线

如果空间两直线相交,则此两直线的各组同面投影也一定相交,且交点的投影符合点的投影规律。

如图 4-12 所示,空间两直线 AB 和 CD 交于 E 点,E 点为直线 AB 与 CD 的共有点。因直线上一点的各投影在直线的同面投影上,所以 e 点在 ab 上,又在 cd 上,必为 ab 和 cd 的交点。同理 e' 也必为 $a'b'$ 和 $c'd'$ 的交点。又因 e 和 e' 同为 E 点的两个投影,所以在投影图中,$ee' \perp OX$ 轴。

反之,若两直线的各同面投影均相交,且各投影的交点符合点的投影规律,则此两直线在空间一定相交。如图 4-13 所示,AB 和 CD 的水平投影重合,表明 AB 和 CD 处在垂直于 H 面的同一平面内,其 V 面投影相交,所以 AB 和 CD 在空间是相交的,交点为 K。

三、交叉两直线

空间两条直线既不平行,又不相交时,称为交叉直线(或异面直线)在投影图上,凡是不符

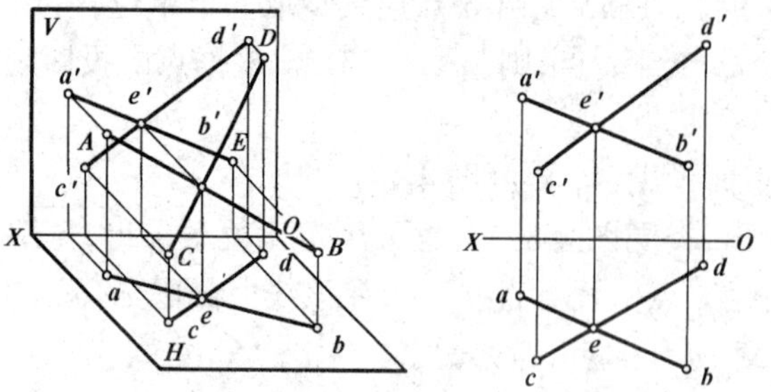

a)　　b)

图 4-12　两直线相交

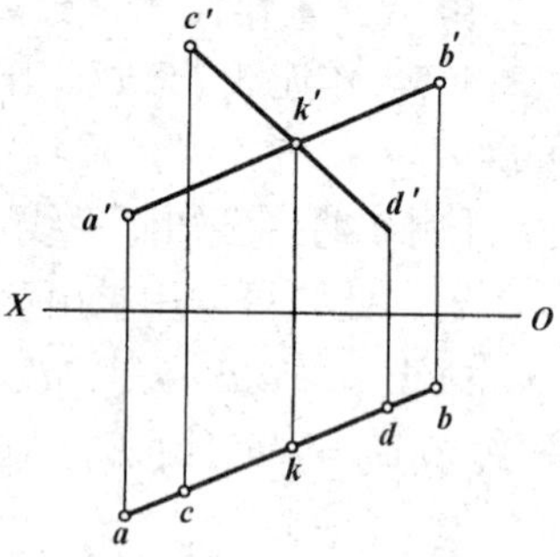

图 4-13　*AB* 与 *CD* 相交

合平行或相交条件的两直线都是交叉两直线。

当两条直线交叉时，它们的各组同面投影不会都平行；若其同面投影都相交，交点也不会符合点的投影规律，因为它们不是空间同一点的投影，而是处于同一投射线的重影点。如图 4-14 所示，直线 *AB* 和 *CD* 的 *V* 面投影 $a'b'$ 和 $c'd'$ 的交点 $1'(2')$ 为 *CD* 上Ⅰ点和 *AB* 上Ⅱ点在 *V* 面上的重合投影；*ab* 和 *cd* 的交点 3(4)，为 *AB* 上Ⅲ点和 *CD* 上Ⅳ点在 *H* 面的重合投影。*V* 面投影交点与 *H* 面投影交点不符合点的投影规律，因而 *AB* 和 *CD* 为交叉两直线。

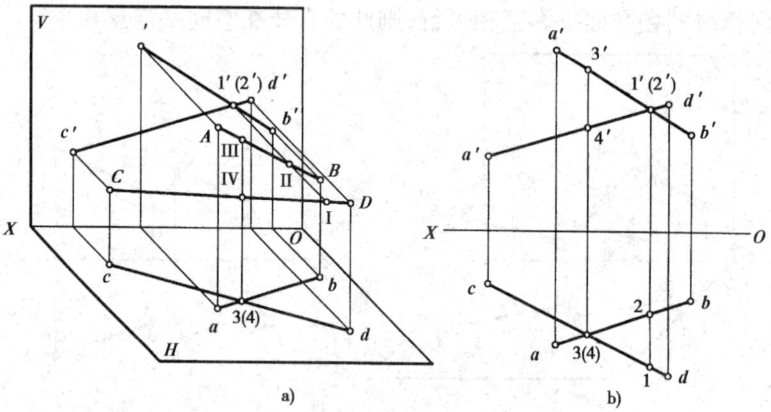

a)　　b)

图 4-14　交叉两直线

对于交叉直线的重影点，须判别其可见性。如图 4-14b）所示，Ⅰ、Ⅱ两点为对 *V* 面的重影点，由于 $y_1 > y_2$，所以向 *V* 面投影，Ⅰ点可见，Ⅱ点不可见，在 *V* 面投影图上，须将 $2'$ 括上括号。同理，Ⅲ、Ⅳ点为对 *H* 面的重影点，因 $Z_3 > Z_4$，所以Ⅲ点可见，Ⅳ点不可见。

当直线为一般位置直线时，只须两面投影即可判别两直线的相对位置。如果直线为特殊位置线，则须观察三面投影情况，方可判别出两直线的相对位置。

〔**例 4-5**〕　直线 *AB* 和 *CD* 都是侧平线，已知其 *V* 面投影和 *H* 面投影，试判别两直线的相对位置(图 4-15a)

解　作出 *AB* 和 *CD* 的 *W* 面投影，可看出，尽管 *AB* 和 *CD* 的正面投影和水平投影互相平行，但其侧面投影不平行，所以 *AB* 不平行于 *CD*，*AB* 和 *CD* 为交叉两直线(图 4-15b))。

〔**例 4-6**〕　图 4-16a)，试判别 *AB* 与 *CD* 是否相交。

解　尽管 *AB* 和 *CD* 的 *V* 面、*W* 面投影都相交，且交点连线⊥*OZ* 轴，但因 *AB* 为特殊位置直线，须观察第三个投影图。作出其 *H* 面投影图后，可看出，*V* 面和 *H* 面投影的交点不符合点的投影规律。因此 *AB* 和 *CD* 不相交，为交叉两直线。

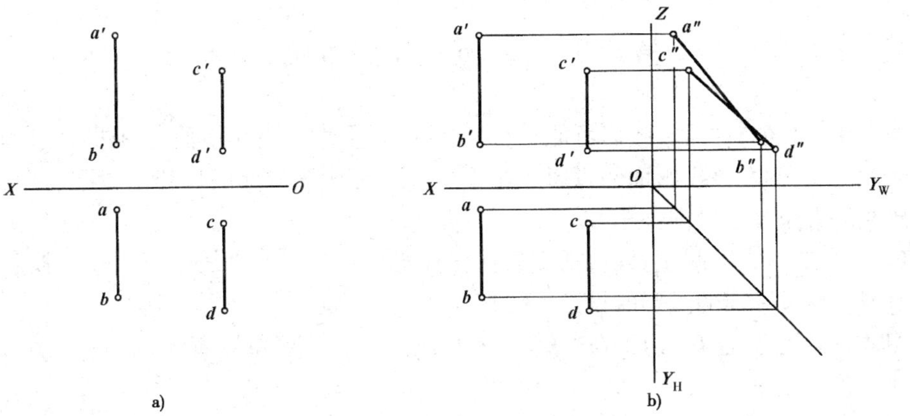

图 4-15 判别两直线的相对位置

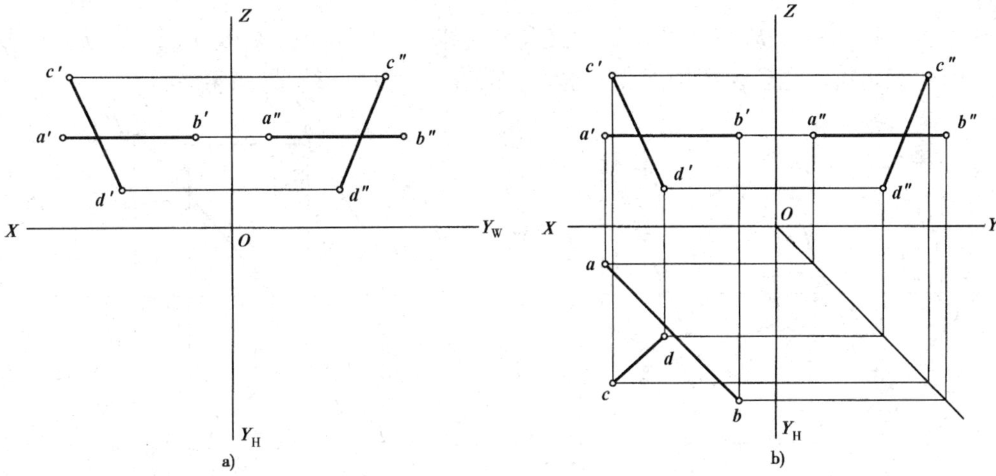

图 4-16 判断 *AB* 与 *CD* 是否相交

〔例 4-7〕 作直线 *EF* 与直线 *AB* 相交，与直线 *CD* 平行，并使与 *AB* 的相交点距 *H* 面 10mm（图 4-17a）。

解 (1)图 4-17b)，在 *V* 面投影上，作一 *OX* 轴平行线，使其距 *OX* 轴为 10mm，交 *a′b′* 于 *k′* 点，再根据点的投影规律找出 *k* 点；

(2)过 *k*、*k′* 点分别作 *cd* 和 *c′d′* 的平行线 *ef* 和 *e′f′*，即为所求。

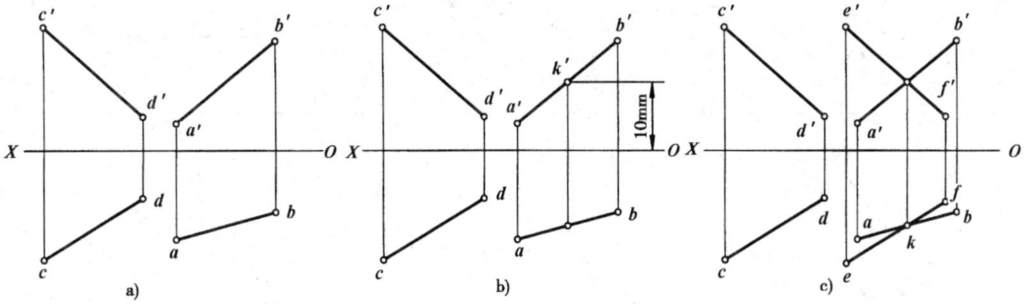

图 4-17 求直线 *EF* 的投影

第六节　垂直两直线的投影

两条互相垂直的直线，其投影可能垂直，也可能不垂直。当互相垂直的两直线同时平行于一投影面时，则它们在该投影面的投影互相垂直。还有什么情况能反映垂直呢？这就是我们下面要研究的直角投影定理：

定理：两条直线在空间垂直(包括交叉垂直)，若其中有一条直线平行于某一投影面，则这两条垂直线在该投影面的投影的投影反映直角。

如图4-18a)所示，已知 $AB \perp BC$，$BC /\!/ H$ 面，但 AB 为一般位置直线，求证 $ab \perp bc$(即水平投影反映直角)。

证明：因为 $BC \perp AB$，$BC \perp Bb$，故 $BC \perp$ 平面 $ABba$，又因 $bc /\!/ BC$，所以 $bc \perp$ 平面 $ABba$，故 $bc \perp ab$。

图4-18a)中，EF 与 BC 为互相垂直的交叉两直线，并 $EF /\!/ AB$，则 $ef /\!/ ab$，因 $ab \perp bc$ 所以 $ef \perp bc$，因此直角投影定理也适用于交叉垂直的两直线。其投影图见图4-18b)

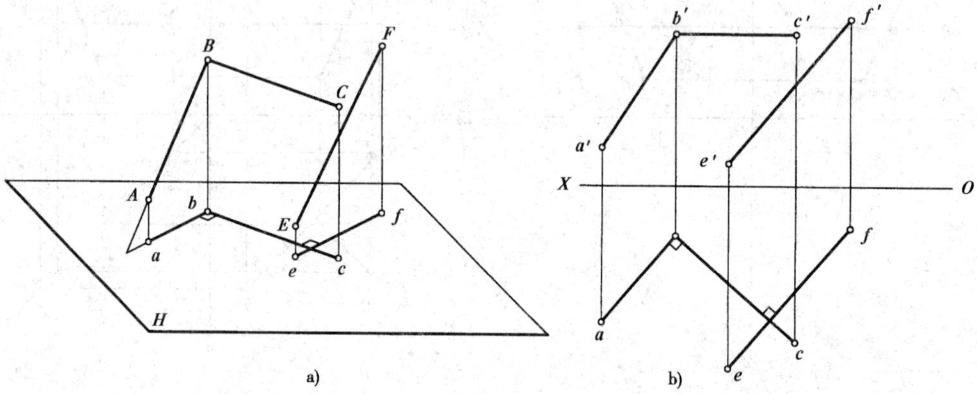

图4-18　直角投影定理

直角投影定理的逆定理也成立，即若两直线在某投影面的投影反映直角，又知其中一条直线平行于该投影面，则这两条直线在空间必垂直(相交或交叉)。

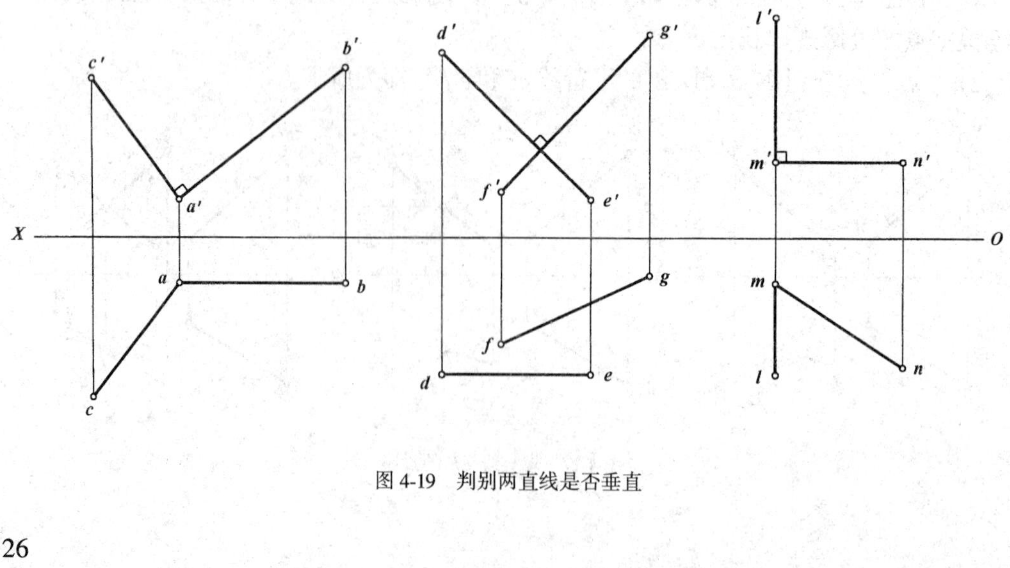

图4-19　判别两直线是否垂直

图 4-19 中，AB // V 面，$a'b' \perp a'c'$，AB 与 AC 是垂直相交；DE // V 面，$d'e' \perp f'g'$，DE 与 FG 是交叉垂直；虽然 $l'm' \perp m'n'$，但 lm、mn 都不平行于 V 面，所以 LM 与 MN 不垂直，为相交两直线。

〔**例 4-8**〕 求点 C 到直线 AB 的距离(图 4-20a))。

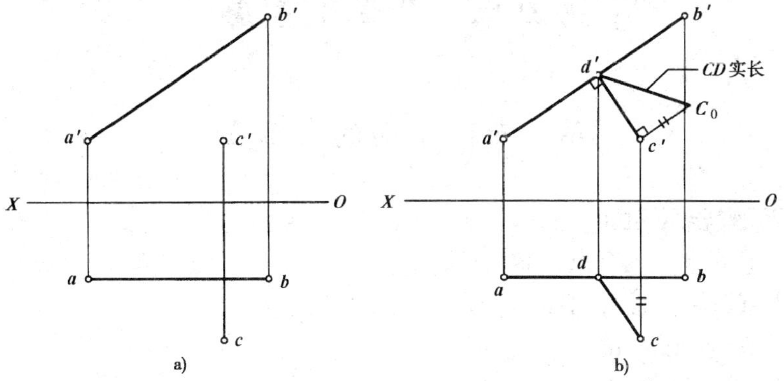

图 4-20 求点 C 到 AB 的距离

解 (1)分析：过点 c 作直线与 AB 垂直相交，得交点 D，CD 的实长即为点 C 与直线 AB 的距离。因为 AB 是正平线，所以 $c'd' \perp a'b'$。

(2)作图：见图 4-20b)，作 $c'd' \perp a'b'$，得 d'，在 ab 上求出相应的 d，连 cd，则直线 CD 与 AB 垂直相交。用直角三角形法求出 CD 的实长 $d'C_0$，即为所求距离。

第五章　平面的投影

第一节　平面的表示法

一、用几何元素表示平面

1. 不在同一直线上的三个点(图 5-1a))。

2. 一直线及线外一点(图 5-1b))。

3. 相交的两直线(图 5-1c))。

4. 平行的两直线(图 5-1d))。

5. 平面图形(如三角形,多边形等,图 5-1e))。

以上五种表示方法可以互相转化。通常用三角形、平行四边形、两相交直线、两平行直线表示平面,但必须注意,这种平面图形不仅表示其本身,还隐含着包括该平面在内的无限延伸的平面。

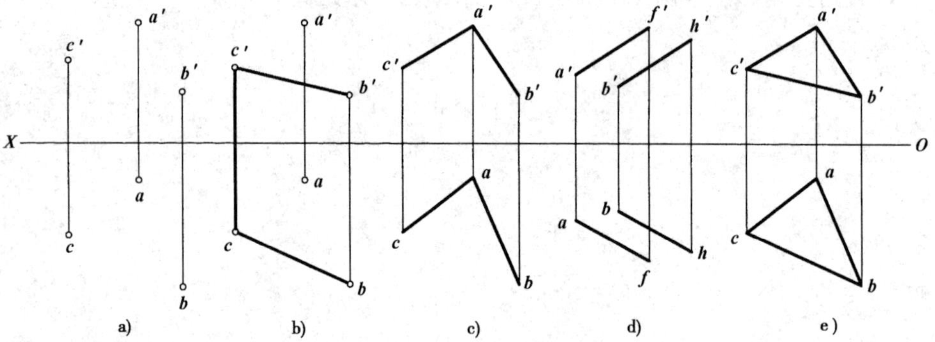

图 5-1　用几何元素表示平面

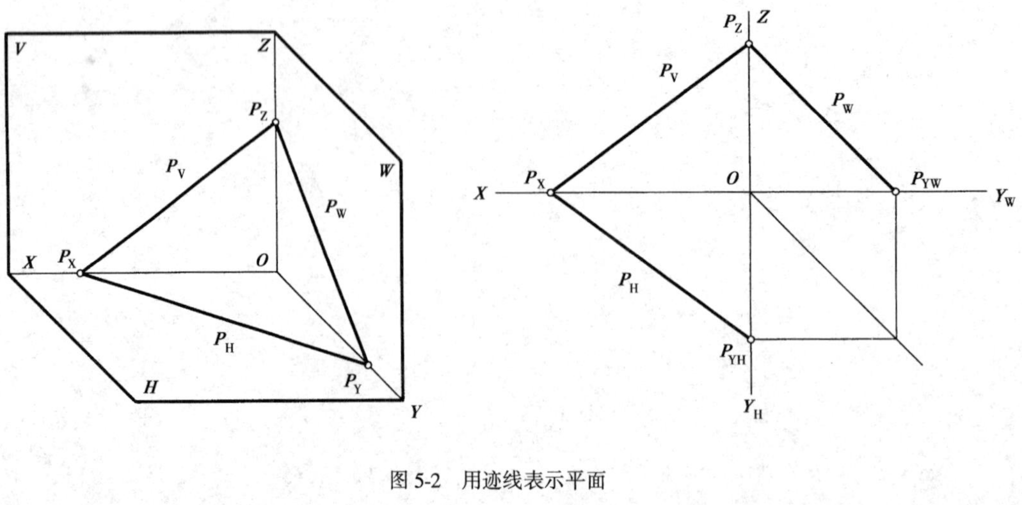

图 5-2　用迹线表示平面

二、用迹线表示平面

平面可以理解为无限延伸的,这样的平面必然与投影面产生交线,这种平面与投影面的交线,叫做迹线。

如图 5-2 所示,设空间一平面 P,P 平面与 H 面的交线称为水平迹线,用 P_H 表示;与 V 面的交线称为正面迹线,用 P_V 表示;与 W 面的交线称为侧面迹线,用 P_W 表示。

第二节　平面的空间位置

平面相对于某一投影面有三种位置,即平行于投影面的平面(简称投影面平行面)、垂直于投影面的平面(简称投影面垂直面)、和一般位置平面(对投影面没有平行或垂直关系)。前两种统称为特殊位置平面。

一、特殊位置平面

(一)投影面平行面

与某个投影面平行,必与另两个投影面垂直的平面称为投影面平行面。投影面平行面有:

H 面平行面——平行于 H 面的平面,简称水平面。

V 面平行面——平行于 V 面的平面,简称正平面。

W 面平行面——平行于 W 面的平面,简称侧平面。

三种投影面平行面及其投影特性,见表 5-1。

从表 5-1 中可以总结出投影面平行面的投影特性:

(1)投影面平行面在它所平行的投影面上的投影,反映该平面的实形。

(2)平面的其他两个投影积聚成线段,并且平行于相应的投影轴。

(二)投影面垂直面

与一个投影面垂直,与另两投影面倾斜的平面称为投影面垂直面。投影面垂直面有:

H 面垂直面——垂直 H 面的平面,简称铅垂面。

V 面垂直面——垂直 V 面的平面,简称正垂面。

W 面垂直面——垂直 W 面的平面,简称侧垂面。

三种投影面垂直面及其投影特性,见表 5-2。

投影面平行面的投影特性　　表 5-1

<table>
<tr><th></th><th>水平面(// H)</th><th>正平面(// V)</th><th>侧平面(// W)</th></tr>
<tr><td>立体上的面</td><td>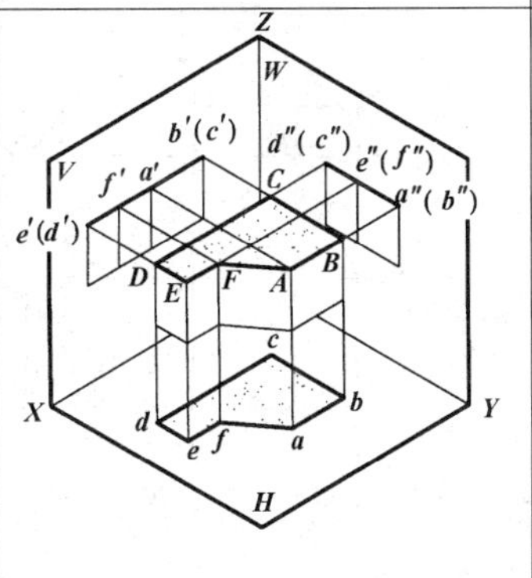</td><td>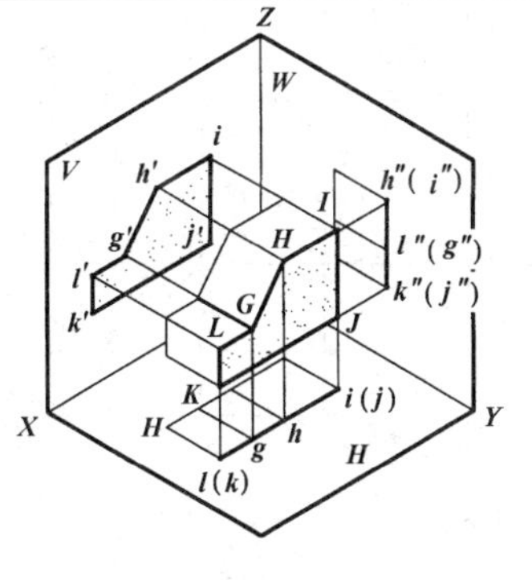</td><td>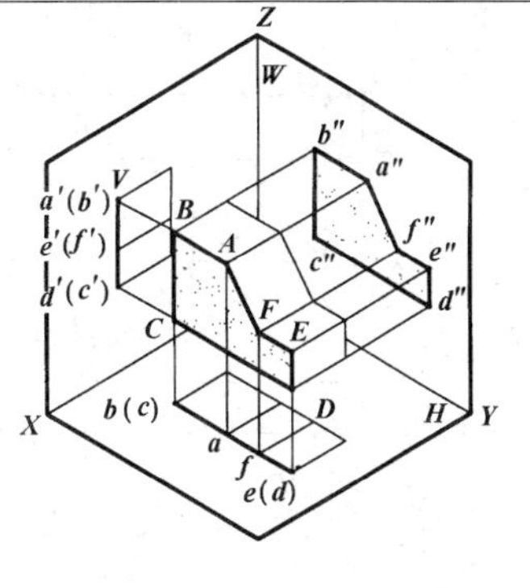</td></tr>
</table>

续上表

	水平面(// H)	正平面(// V)	侧平面(// W)
投影图	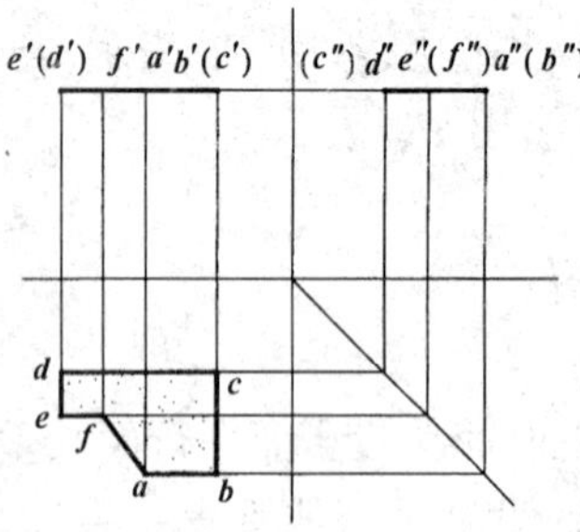	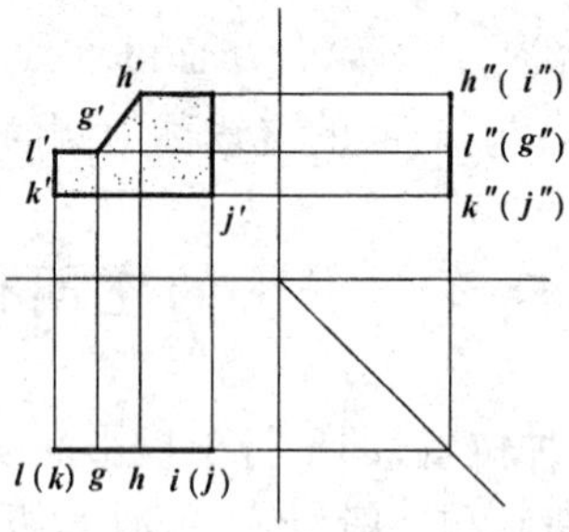	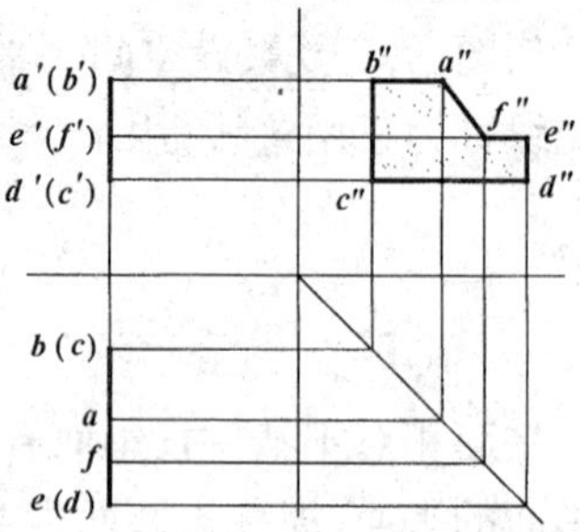
投影特性	(1)*ABCDEF* 平面在水平面上,投影反映实形 (2)正面投影和侧面投影均积聚为横直线	(1)*GHIJKL* 平面在正面上,投影反映实形 (2)水平面积聚为横直线,左侧面投影积聚为竖直线	(1)*ABCDEF* 平面在侧面上,投影反映实形 (2)在正面及水平面上的投影积聚为竖直线

投影面垂直面的投影特性 表 5-2

	铅垂面(⊥ H)	正垂面(⊥ V)	侧垂面(⊥ W)
立体上的面	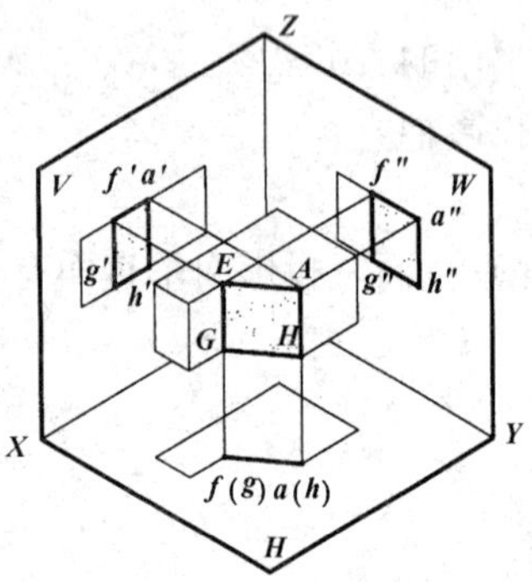	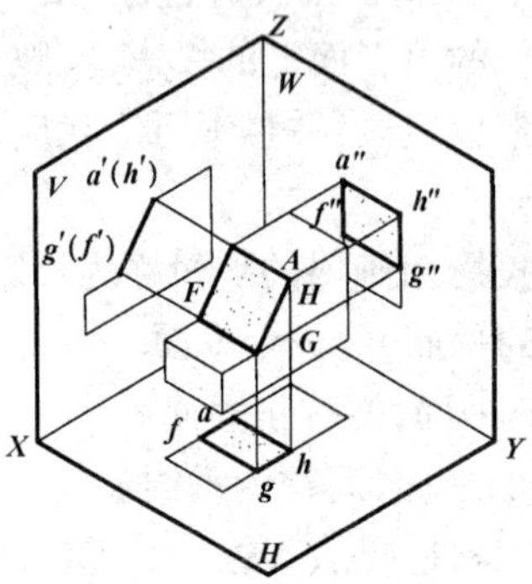	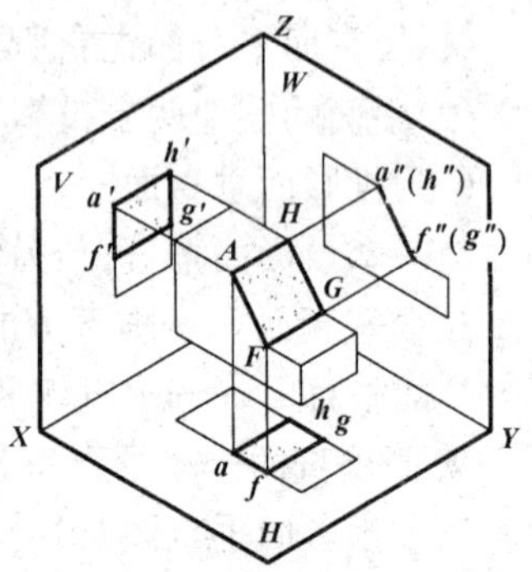
投影图	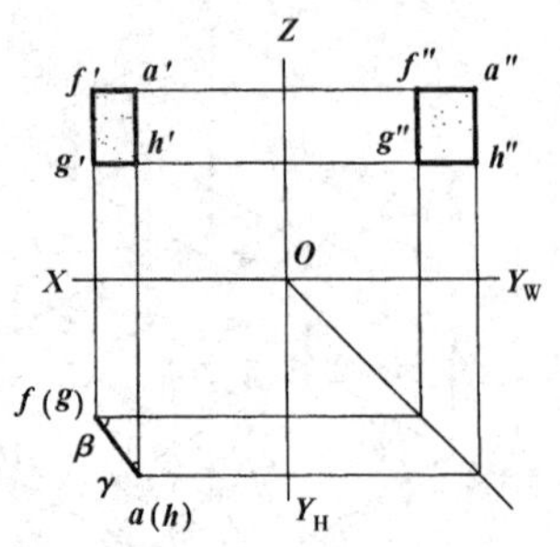	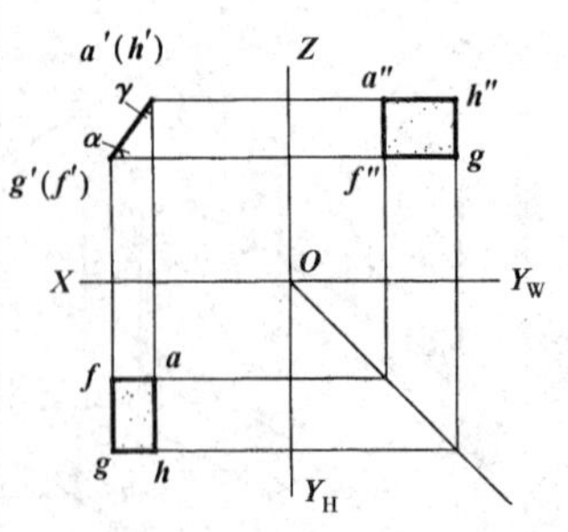	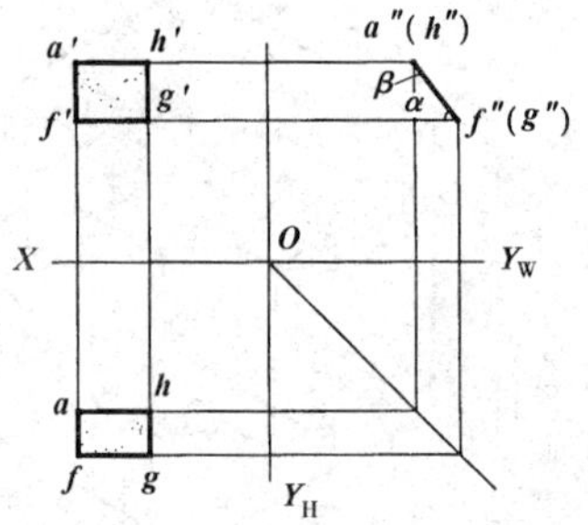

续上表

	铅垂面($\perp H$)	正垂面($\perp V$)	侧垂面($\perp W$)
投影特性	(1)$AHGF$ 的水平投影 $ahgf$ 积聚成一斜线，并反映平面与 V、W 面的倾角 β、γ (2)正面投影 $a'h'g'f'$ 和侧面投影 $a''h''g''f''$ 均为类似形	(1)$AHGF$ 的正投影 $ahgf$ 积聚成一斜线，并反映平面与 H、W 面的倾角 α、γ (2)水平投影 $ahgf$ 和侧面投影 $a''h''g''f''$ 均为类似形	(1)$AHGF$ 的侧面投影 $a''h''g''f''$ 积聚成一斜线，并反映平面与 V、H 面的倾角 β、α (2)正面投影 $a'h'g'f'$ 和水平投影 $ahgf$ 均为类似形

从表 5-2 中可以总结出投影面垂直面的投影特性：

(1)投影面垂直面在它所垂直的投影面上的投影，积聚为一条与投影轴倾斜的直线，而且此直线与相关的投影轴之间的夹角分别反映该平面对另两个投影面的倾角。

(2)另两个投影都小于平面实形，并呈显与原平面图形类似的形状，且边数相同。

(三)用迹线表示的特殊位置平面

如图 5-3 所示，平面 P(图 5-3a))及平面 R(图 5-3b))为平行于投影面的平面，在两投影面体系中，它们只有一条迹线，而且平行于投影轴 OX。平面 S(图 5-3c))及平面 Q(图 5-3d))为垂直于投影面的平面，在两投影面体系中，它们有一条迹线垂直于投影轴 OX，另一条迹线与相关投影轴的夹角反映该平面与相关投影面的倾角。

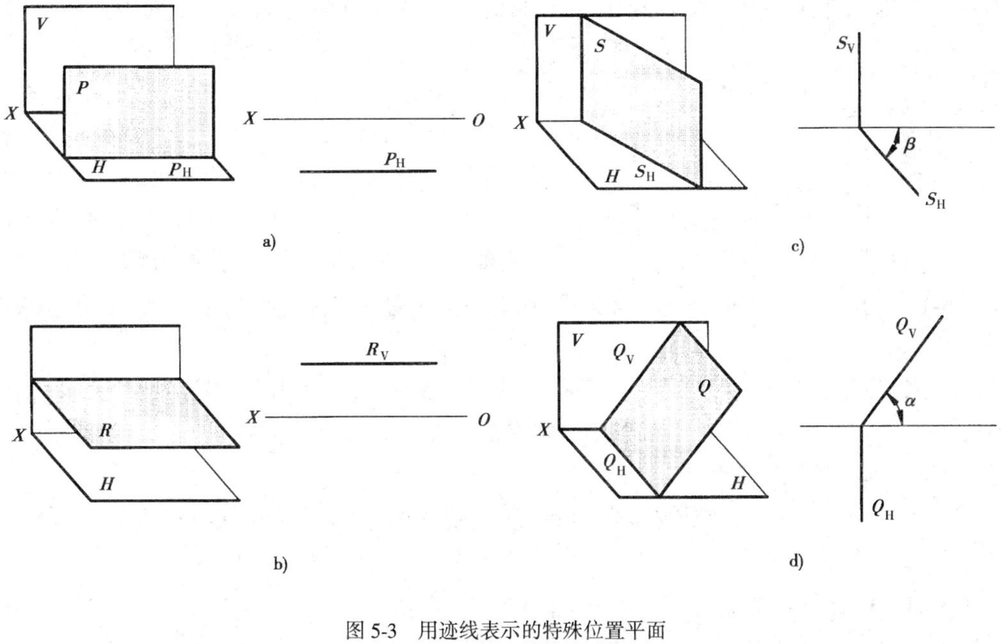

图 5-3　用迹线表示的特殊位置平面

二、一般位置平面

对三个投影面都没有垂直或平行关系的平面，称为一般位置平面，如图 5-4a)中的$\triangle ABC$。

一般位置平面的投影特性是：它的三个投影都没有积聚性或反映实形，只是呈显与原平面图形边数相同的类似的缩小图(图 5-4b))。

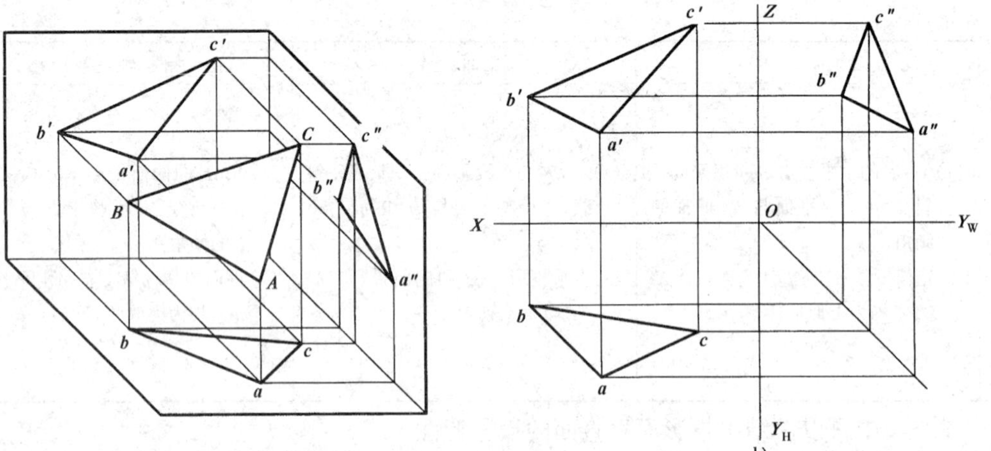

图 5-4　一般位置平面

第三节　平面内的直线和点

一、直线在平面内的几何条件

1．直线在平面内的几何条件

若一直线经过一平面内两已知点，或经过平面内一已知点，且与平面内一已知直线平行，则该直线可确定在该平面内。在图 5-5a)中，直线 *AB* 通过该平面内的 I、II 两点，而 *CD* 通过平面内的 III 点，又与平面内的 *FG* 直线平行，所以，直线 *AB*、*CD* 均在△*ABC* 平面内。

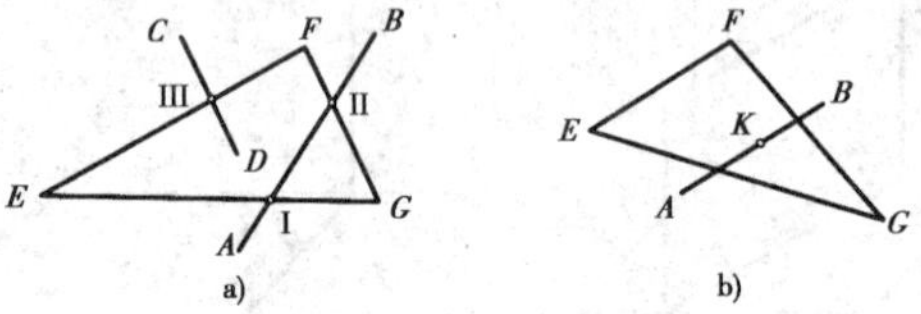

图 5-5　平面内的直线和点

2．点在平面内的几何条件

若一个点在一平面内，它必定在该平面内的一已知直线上(点在线上，线在面上)。如图 5-5b)所示，*K* 点在直线 *AB* 上，而直线 *AB* 在△*EFG* 平面内，则 *K* 点可以确定在三角形平面内。下面举例说明其作图方法。

〔**例 5-1**〕　图 5-6a)，已知三角形 *ABC* 及其上一点 *K* 的 *V* 面投影 *k′*，求作点 *K* 的另一投影 *k*。

解　根据点在平面内的投影条件，可在三角形平面上通过 *k′* 引一辅助线 *a′b′*，并作出 *H* 面投影 *ad*，则 *k* 必然在 *ad* 上。作图步骤如图 5-6 所示。

二、包含直线或点作平面

包含一条直线或一个点可作出无数个平面，但所作的平面要受到其所包含的直线性质的限制。

〔**例 5-2**〕　包含一般位置直线 *AB* 作平面(如图 5-7a))。

解　可以作出一般位置平面△*ABC*，如图 5-7b)；

可以作出投影面垂直面△*ABC*(铅垂面，同理：正垂面或侧垂面亦可)，如图 5-7c)；

可以作出用迹线表示的铅垂面 *P*，如图 5-7d)；

但不可能作出投影面平行面，因为所包含的是一般位置直线，该直线对投影面不存在平行关系。

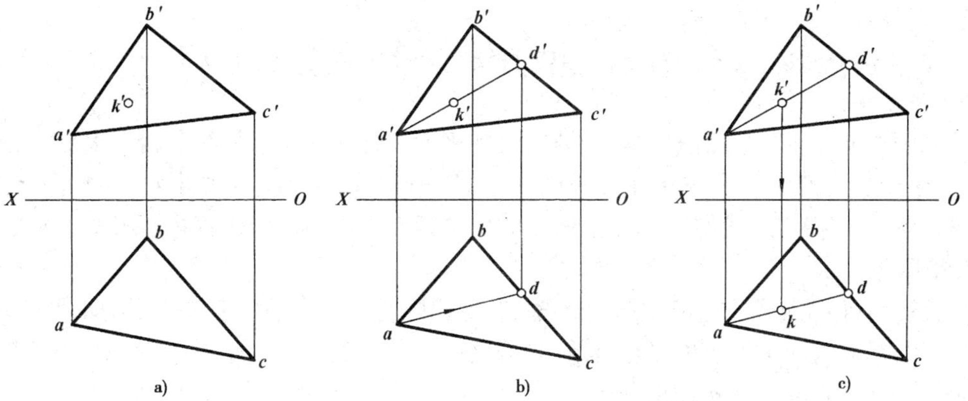

图 5-6　作平面内点的投影

a)已知△ABC 及点 K 的 V 面投影 k'；　b)过 a'、k' 作辅助线交 $b'c'$ 于 d'，自 d' 向下引垂线与 bc 相交得 d，连 ad；
c)自 k' 向下引垂线与 ad 交于 k 即为所求

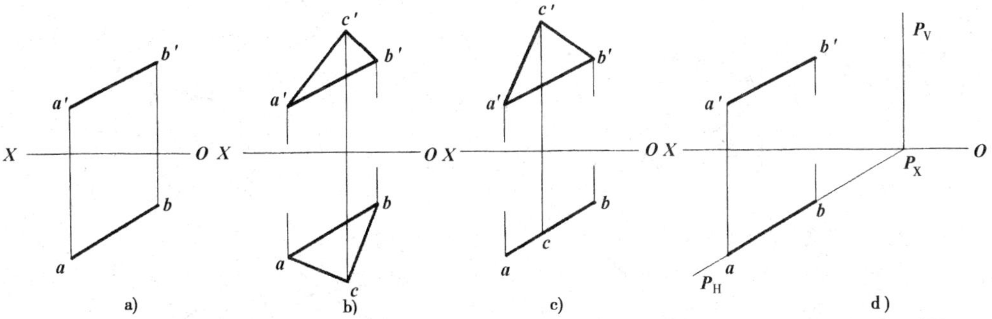

图 5-7　包含一般位置直线作平面

〔**例 5-3**〕　包含特殊位置直线 AB 作平面(如图 5-8a))。

AB 直线在 H 面的投影积聚成一点，故 AB 为铅垂线。包含铅垂线所作的平面必定为铅垂面(同理：正垂面或侧垂面亦同)。

包含特殊位置直线作平面的概念与方法很简单，但很重要。在以后的图解和制图中，大量使用到这一概念。

三、平面内的特种直线

平面内的投影面平行线与最大斜度线，称为平面内特种直线。

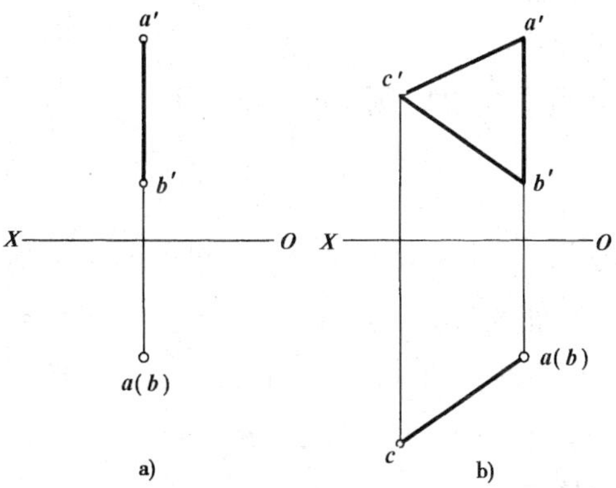

图 5-8　包含投影面垂直线作平面

(一)平面内的投影面平行线

平面内的投影面平行线分为 3 种情况：

(1)平面内的正平线——平面内平行于 V 面的直线。

(2)平面内的水平线——平面内平行于 H 面的直线。

(3)平面内的侧平线——平面内平行于 W 面的直线。

平面内的投影面平行线有着前述投影面平行线的性质。另外，它们与所在的平面还有着从属关系。现以平面内的水平线为例，说明它们投影图的作法及投影特性。

(1)如图5-9a)所示,P面倾斜H面,MN直线在P平面内,且平行H面,所以,MN是P平面内的一条水平线。

(2)如图5-9b)所示,平面由$\triangle ABC$给定,试在平面内任作一条水平线。因为水平线的正面投影平行于OX轴,因此先作它的正面投影$m'n'$,使$m'n' /\!/ OX$轴。再画出对应的水平投影m和n,连m和n便得水平线的水平投影mn,M和N两点都在$\triangle ABC$平面内,所以,MN是该平面内的水平线。

(3)投影特性:①正面投影平行于OX轴;②平面内的水平线平行于该平面的水平迹线(见图5-9a));③平面内的水平线可以是一组,它们之间互相平行;④平面内的水平线没有水平迹点,它们的正面迹点在正面迹线上。

同理,可证明平面内正平线,侧平线的投影特性。

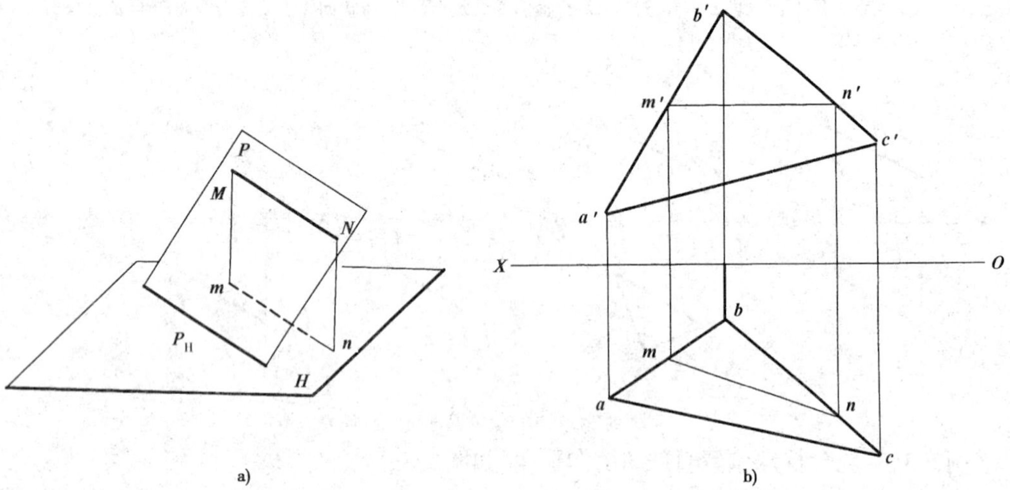

图5-9 平面内的水平线

(二)平面内的最大斜度线

平面内的最大斜度线是平面内的又一条特种直线,它垂直于平面内的投影面平行线,垂直于平面内水平线,称为对水平面的最大斜度线;垂直于平面内正平线,称为对正面的最大斜度线,垂直于平面内侧平线,称为对侧面的最大斜度线。

最大斜度线有如下性质(以对水平面的最大斜度线为例):

(1)最大斜度线的水平投影垂直于平面内水平线的水平投影

如图5-10中,P平面内的直线AB垂直于平面内的水平线MN,则AB是平面P对H面的一条最大斜度线。根据直角定理,$ab \perp mn$。

(2)最大斜度线AB与H面的倾角最大

图5-10中,AB对H面的倾角为α,由于过A点在平面上所作其它直线,对H面的倾角都小于α,所以,称AB(所代表的斜度方向)为平面内对水平面的最大斜度线。

证明:过A点在P平面内任作一直线AB_1,AB_1对H面的倾角为α_1,在两直角三角形ABa、AB_1a中,Aa为公共直角边,由于$AB \perp P_H$,所以$aB \perp P_H$(直角定理),因此,$aB \perp aB_1$,所以,$\alpha_1 < \alpha$,即AB_1对H面倾角小于最大斜度线AB对H面的倾角。

(3)最大斜度线的几何意义

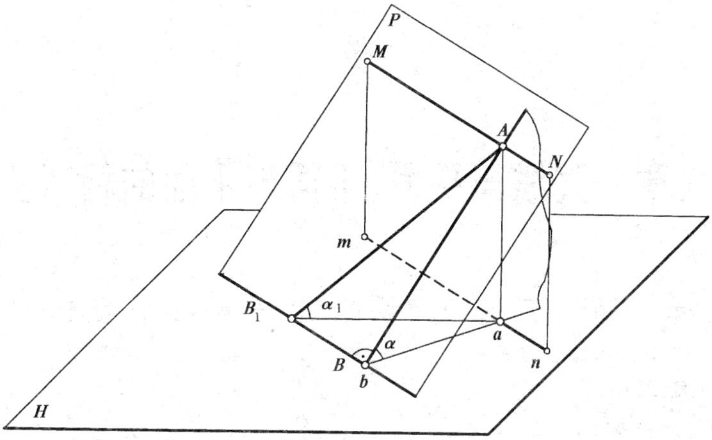

图 5-10 平面内的最大斜度线

由于 $AB \perp P_{\mathrm{H}}$，$aB \perp P_{\mathrm{H}}$，则$\angle\alpha$ 是平面 P 与 H 面所成两面角的平面角，而$\angle\alpha$ 又是直线 AB 对 H 面的倾角，所以，可以利用最大斜度线来测定某平面对投影面的倾角。

对 V 及 W 面最大斜度线的证明略。

〔例 5-4〕 已知平面由△ABC 所给定(图 5-11a))，试作该平面内对 H 面的倾角 α。

解 根据最大斜度线的性质，只要求出平面内对水平面的最大斜度线，然后求出该直线对 H 面的倾角实形即为所求，作图步骤如图 5-11 所示。

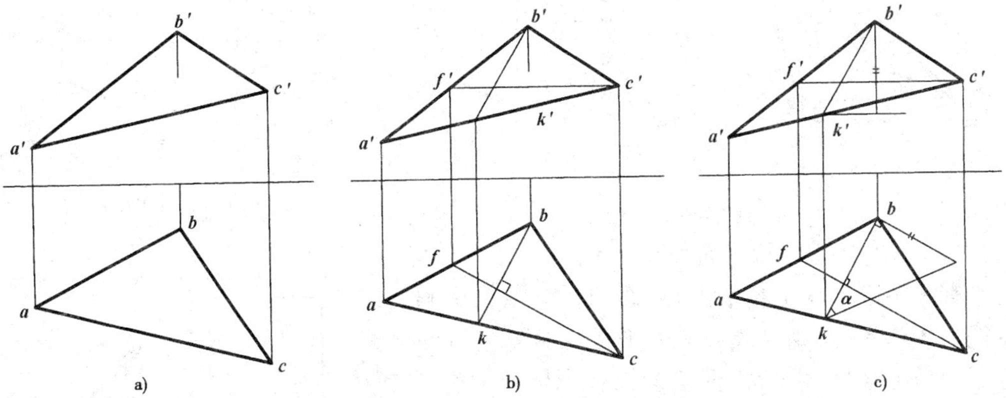

图 5-11 求平面与 H 面的夹角

a)已知△ABC 的 V·H 投影；b)在平面上任作一水平线 CF($c'f'$、cf)，过 B 点作 CF 的垂线 BK($bk \perp cf$)，作出 $b'k'$ 及 bk，BK 即为△ABC 平面对 H 面的最大斜度线；c)用求实长的方法求得 BK 对 H 面的最大斜度角 α

第六章　直线与平面、平面与平面的相对关系

第一节　直线与平面平行、平面与平面平行

一、直线与平面平行

（一）直线与一般位置平面平行

从初等几何可知，如果一直线与某一平面上的一条直线平行，则该直线与该平面平行。反之，如果一直线与某平面平行，则在此平面上必能作出与该直线平行的直线。

在图 6-1 中，直线 AB 平行于△CDE 平面上一直线 CF（$ab /\!/ cf$，$a'b' /\!/ c'f'$），故 AB 与平面 CDE 平行。

在图 6-2 中，$m'n' /\!/ c'd'$，而 mn 不平行于 cd，说明 MN 直线与相交两直线 AB 与 CD 所决定的平面存在相交关系，不可能有与 MN 平行的直线，因此 MN 与平面不平行。

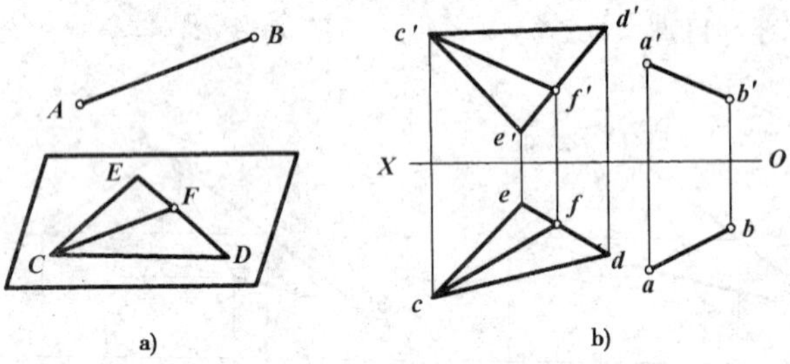

图 6-1　直线与平面平行

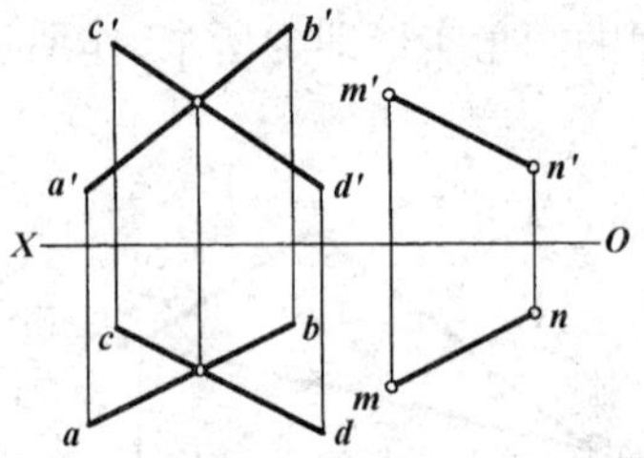

图 6-2　直线与平面不平行

（二）直线与特殊位置平面平行

当直线平行特殊位置平面时，面的积聚性投影和直线的同面投影平行，则直线和平面平行。如图 6-3 所示，矩形平面为铅垂面，其在 H 面上的投影积聚为一条直线 P，与直线 AB 的同面投影 ab 相平行，所以，直线 AB 平行于矩形平面 P。

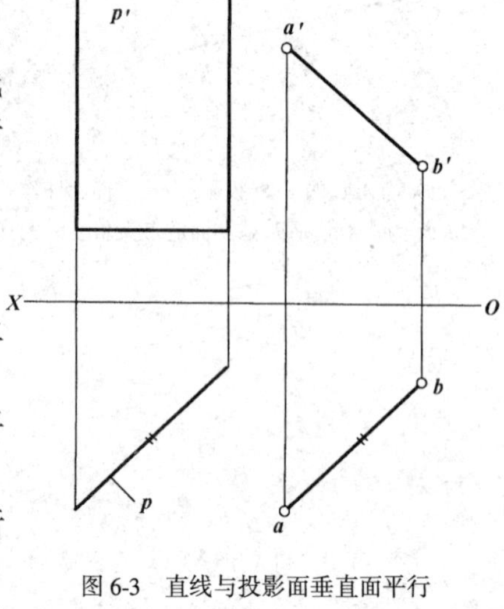

图 6-3　直线与投影面垂直面平行

二、两平面互相平行

（一）两一般位置平面互相平行

若一个平面上的相交两直线对应平行于另一平面上的相交两直线，则两个平面互相平行（图 6-4）。

由此，我们可以在投影图上判断两平面是否互相平行，并可解决有关平行两平面的作图问题。

［例 6-1］　试判断两已知平面 ABC 和 DEF 是否平行（图 6-5）。

解　可先在第一平面（△ABC）内作一对相交线，再检

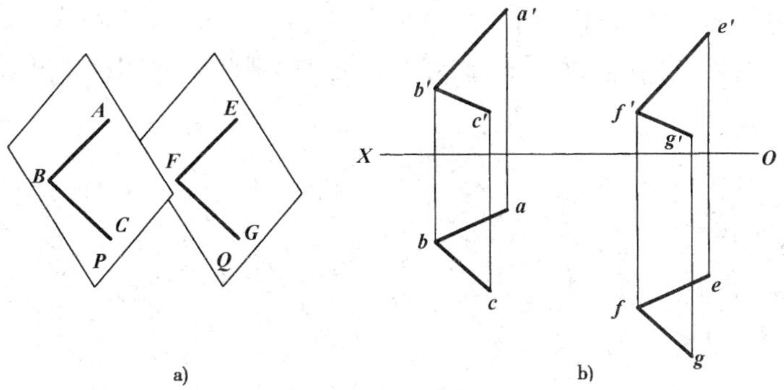

a) b)

图 6-4 两平面互相平行

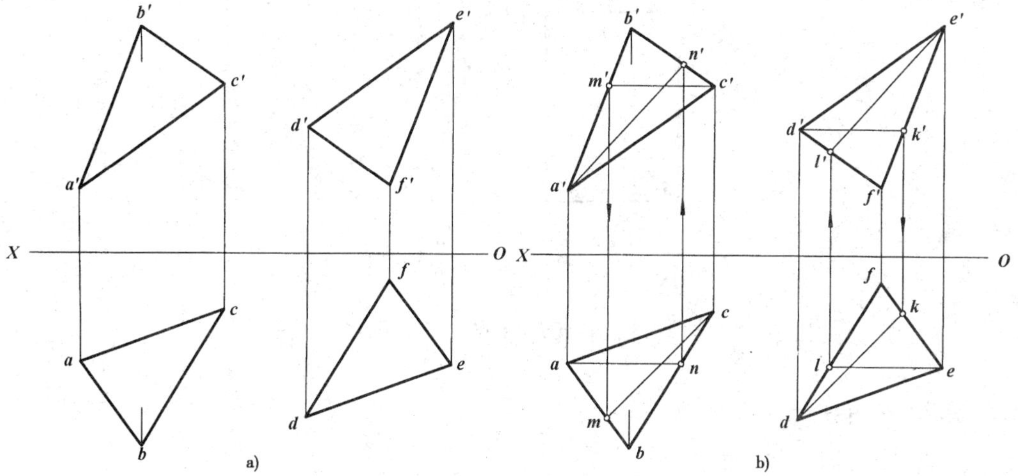

a) b)

图 6-5 判别两平面是否平行
a)已知;b)作图

查在第二平面(△*DEF*)内能否作出一对与此相平行的相交线。为作图方便,各在两平面内作一对正平线和水平线,第一平面内作出的正平线和水平线分别是 *CM* 和 *AN*,第二平面作出的是 *DK* 和 *EL*。因 *CM*∥*DK*,*AN*∥*EL*,所以这两个平面是相互平行的。

[例 6-2] 已知△*ABC* 和点 *k* 的投影(图 6-6a)),求作通过点 *k* 与△*ABC* 平行的平面。

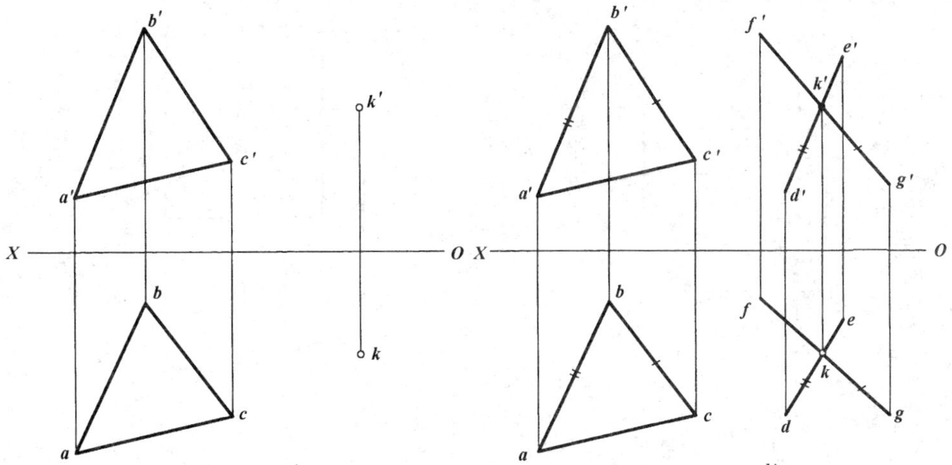

a) b)

图 6-6 过定点作平面平行于已知平面
a)已知△*ABC* 和点 *k* 的投影;b)过 *k* 作 *ab* 的平行线 *de*,过 *k'* 作 *a'b'* 的平行线 *d'e'*;用同样方法作出与 *bc* 和 *b'c'* 平行的 *fg* 和 *f'g'*

(二)两个特殊位置平面互相平行

若两投影面垂直面或两投影面平行面互相平行时，则两平面的同面积聚性投影(或迹线)互相平行(图 6-7)。

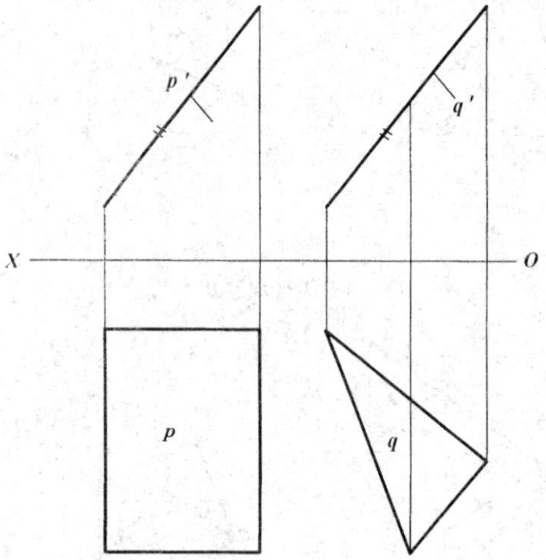

图 6-7　两垂直面互相平行

第二节　直线与平面相交、平面与平面相交

一、直线与平面相交

(一)直线与特殊位置平面相交

由于特殊位置平面的投影有积聚性，利用这个特性可以在图上直接求出交点。

图 6-8a)中，直线 AB 和铅垂面 P 相交于 K 点，因 K 点是直线与平面的共有点，所以，K 点的各个投影必定在 AB 线的同面投影上。又因 P 平面在 H 面上的投影有积聚性，故 K 点的 H 面投影 k 必定在平面的积聚性投影上，即 K 点的 H 面投影 k 就是 AB 与平面积聚性投影的交点(图 6-8a))。求作点 K 的 V 面投影，可自 k 向上引投影连线，与直线 AB 的 V 面投影 $a'b'$ 相交，k'即为交点 K 的 V 面投影。

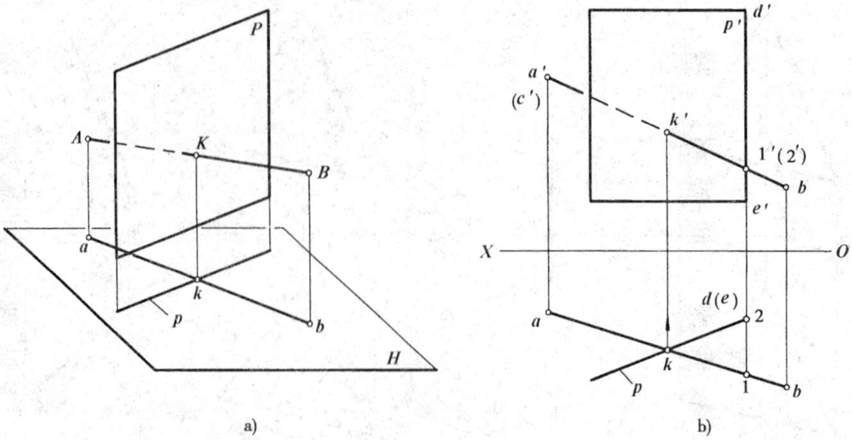

图 6-8　直线与铅垂面相交

直线与平面相交，直线的某一段可能被平面所遮挡，这就需要判别其可见性。判别可见性

的方法：利用交叉两直线产生的重影点来判别可见性。图 6-8b）中，*AB* 和 *DE* 是交叉两直线，而 *a′b′* 与 *d′e′* 的交点是交叉两直线对 *V* 面的重影点的重合投影，它在 *H* 面上的投影分别为 1、2 两点，从图中可以看出，位于 *AB* 线上的Ⅰ点的 *Y* 坐标值比 *DE* 线上的Ⅱ点的 *Y* 坐标值大，对 *V* 面来说 *b′k′* 可见，而 *k′a′* 线段上被平面遮挡部分为不可见，画虚线。

（二）直线与一般位置平面相交

由于一般位置平面的投影没有积聚性，所以不能直接确定交点的投影。通过前述一般位置直线与特殊位置平面相交求交点，从中受到启示，直线与平面的积聚性投影的交点，即是交点的投影。因此，直线与一般位置平面相交交点的求法，可以通过作一个特殊位置的辅助面求得。

图 6-9a）表示一般位置直线 *DE* 与一般位置平面△*ABC* 相交。从图 6-9b）可以看出，交点

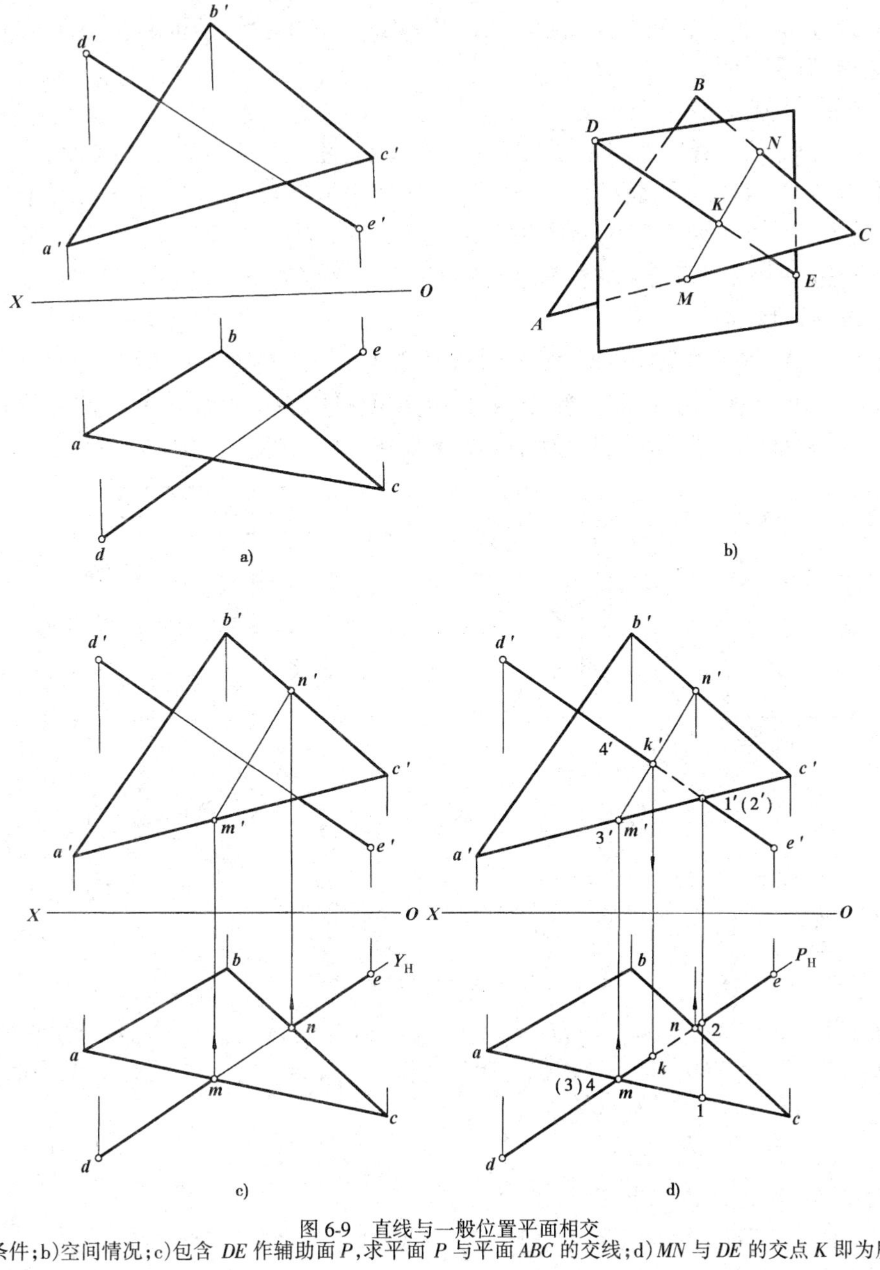

图 6-9　直线与一般位置平面相交

a）已知条件；b）空间情况；c）包含 *DE* 作辅助面 *P*，求平面 *P* 与平面 *ABC* 的交线；d）*MN* 与 *DE* 的交点 *K* 即为所求，判别可见性

K 是直线与平面的共有点，即 K 点属于平面的点，它一定在平面内的一条直线上，如在 MN 线上，因此，过相交点 K 的直线MN 就和已知直线DE 构成一平面P(辅助面)。显然，直线 MN 是已知平面△ABC 和辅助面 P 的交线，交线 MN 与已知直线 DE 的交点 K，就是直线 DE 与△ABC 平面的交点。

由此得出一般位置直线与一般位置平面交点的作图步骤如下，见图 6-9c)、d)：

(1)包含直线 DE 作辅助面 P，为作图简便，取特殊位置平面为辅助面(本例作的是铅垂面，图 6-9c))。

(2)求辅助面 P 与已知△ABC 平面的交线 MN(mn, m'n')(图 6-9c))。

(3)求交线 MN 和 DE 的交点 K(k, k')，即为所求直线与平面的交点(图 6-9d))。

求出交点后，还要根据重影点 I、II 和 III、IV 判定 V、H 面投影的可见性(图 6-9d))。

二、平面与平面相交

(一)平面与特殊位置平面相交

图 6-10a)为一般位置平面△ABC 与铅垂面P 相交，欲求两平面的交线，只要求出属于交线的任意两个点(K_1、K_2)，将同面投影连线即得。从图中可以看出，K_1、K_2 是 AB、AC 两直线与铅垂面的交点，因此，求两平面交线的问题，就可当作两直线与平面求交点的问题来解决。

作图方法同图 6-8。可分别求出直线 AB、AC 与 P 平面的交点 K_1、K_2，连直线 K_1K_2 即为两已知平面的交线(图 6-10b))。

当交线在平面图形的范围内时，需要判别可见性。交线是可见与不可见的分界线。如图 6-10b)中两平面的 V 面投影的重迭部分，可利用 H 面投影中△ABC 与 P 的前后位置，来判定 V 面投影上重影部分的可见性，也可利用重影点如 E、D 来判定。

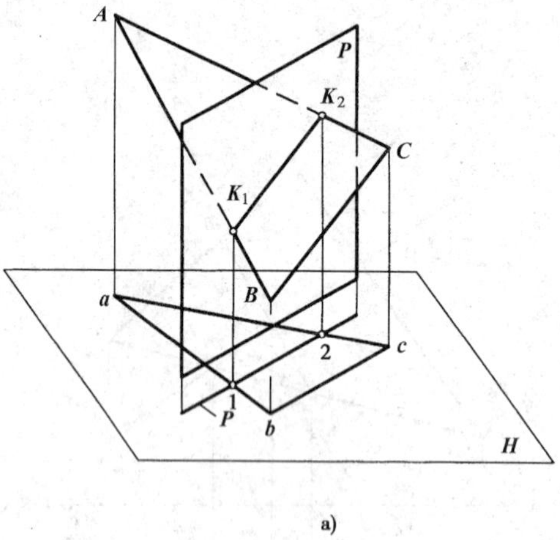

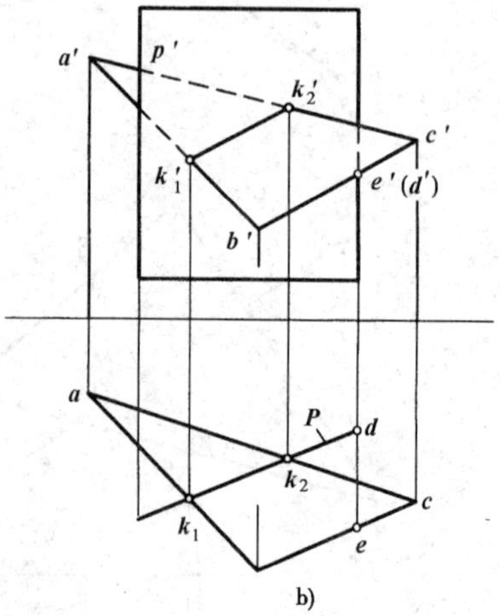

图 6-10　一般位置平面与特殊位置平面相交

当相交两平面为特殊位置平面时，应分析其交线情况而得。图 6-11 为两正垂面相交，交线必为正垂线。交线 KL 的 V 面投影积聚成一点(k'、l')，交线的 H 面投影为两平面的公共部分，且 $kp \perp OX$ 轴。判别可见性的方法同上。

(二)两个一般位置平面相交

1. 用线面求交点的方法求交线

求两一般位置平面的交线，可采用上述求直线与一般位置平面交点的方法，即分别求一平面内两直线与另一平面的交点(以上作图步骤重复两次)，两个交点即为两平面的共有点，两共有点相连，即为两平面的交线。

［例 6-3］ 已知两一般位置平面相交（图 6-12a)），求交线的投影。

解 (1)分析 如图 6-12a)所示，矩形平面与三角形平面均为一般位置平面，在 V、H 面上的投影互相重叠，可选择矩形的两边 AB、CD，分别求出它们与△EFG 平面的交点 K、K_1，K、K_1 的同面投影相连，并判别可见性。

(2)作图(图 6-12b)、c))

①包含 AB 边作铅垂面 P，求出 P 面与△EFG 的交线 MN 的投影，求出 MN 与 AB 的交点 K，即为两平面交线上的一点(图 6-12b)。

②包含 CD 作铅垂面 Q，重复步骤①，求出 Q 面与△EFG 面的交线 LH 的投影，继而求出 CD 与△EFG 的交点 K_1 的投影(图 6-12b))。

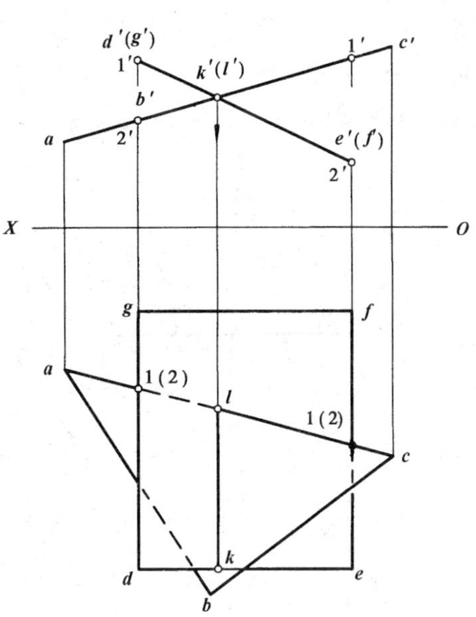

图 6-11 两正垂面相交

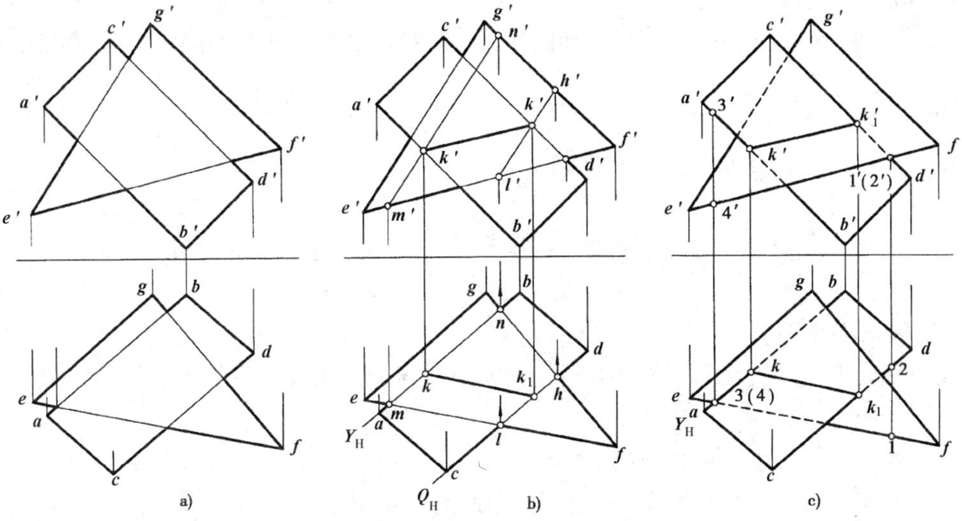

图 6-12 两个一般位置平面相交

a)已知；b)求交线；c)判别可见性

③在 H、V 投影上，连 kk_1、$k'k'_1$ 即为所求交线的投影(图 6-12b))。

④判别可见性，用判别交叉两直线重影点可见性的方法判别。在 V 面投影上，只要用一对重影点就可以确定全部 V 面投影的可见性。如图 6-12c)，现分别在 EF 和 CD 边上取一对重影点 I(1′、1)和 II(2′、2)，点 I 的 Y 坐标比值点 II 的 Y 坐标大，所以 $f'e'$ 可见，而 $d'e'$ 被△EFG 所遮住的部分 $k'_1(2')$ 不可见，k'_1c' 可见。交线是可见和不可见的分界线，$e'g'$ 与矩形面重影部分不可见，$a'k'$ 可见，$k'b'$ 与三角形面重影部分不可见。同理，可在 H 面上取一对重影点，判别出 H 面上两平面的可见性。

2. 用辅助平面法求两平面交线

图 6-13a)是用辅助平面法求两平面交线的示意图。图中已知平面为 P、Q，两平面扩大后相交。为求该两平面的共有点，取一辅助平面 H_1，截已知平面 P 和 Q，分别截得交线 I II 和III

Ⅳ，它们的交点 K，就是两平面 P 和 Q 的共有点，而且，该点又在辅助面 H_1 上，所以，K 点是三面共点。同样再用平面 H_2 截 P、Q，可得另一共有点 K_1，KK_1 即为所求的交线。这种辅助面可以任意取，但为作图方便；应取特殊位置平面为辅助面(投影面平行面或投影面垂直面)。

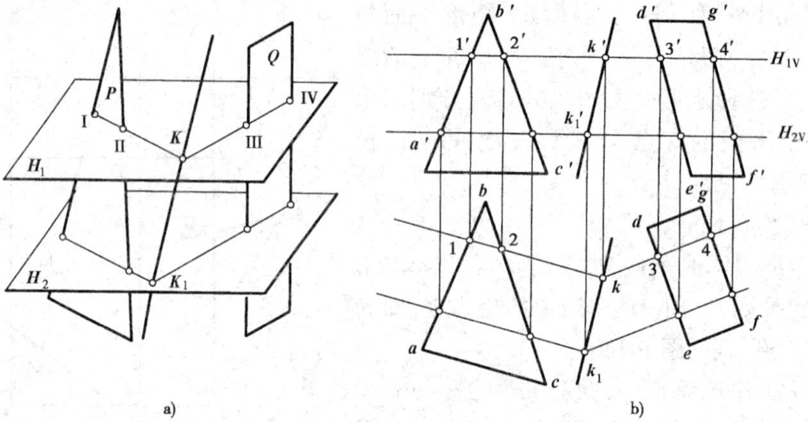

图 6-13　两个一般位置平面相交

图 6-13b)所示为求交线的作图步骤。

(1)作一水平面 H_1，截三角形 ABC 和四边形 $DEFG$ 于直线 Ⅰ Ⅱ 和 Ⅲ Ⅳ，它们相交于点 K (k, k')。

(2)再作一水平面 H_2，可得另一交点 $K_1(k_1, k'_1)$。

(3)连 $k'k'_1$ 和 kk_1，即所求交线的投影。

第三节　直线与平面垂直、两平面互相垂直

一、直线与平面垂直

直线与平面垂直是直线与平面相交的一种特殊情况。本节主要研究互相垂直的直线与平面在投影图上的特点。

(一)直线与一般位置平面垂直的关系

由初等几何可知：直线如垂直于一平面，则此直线必垂直于该平面内过垂足或不过垂足的一切直线。如图 6-14 所示，直线 $AB \perp P$ 面，则 $AB \perp P$ 面内过垂足 K 的一切直线，如 Ⅰ、Ⅱ…，也垂直平面内不过垂足的一切直线。所以，如欲确定直线对平面的垂直关系，直线必须与平面内至少有一对相交直线相垂直。

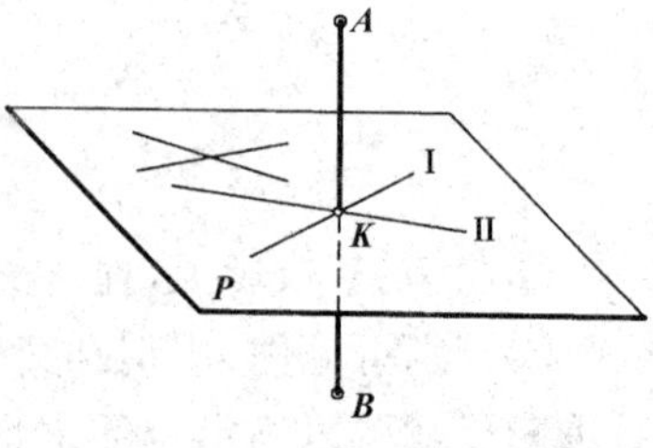

图 6-14　直线与平面垂直

图 6-15a)中，直线 LK 垂直 P 面，它也垂直于 P 平面内过垂足的正平线和水平线，即 $LK \perp CD$，$LK \perp AB$，因此，在投影图上(图 6-15b))，根据直角定理，$l'k' \perp c'd'$，$lk \perp ab$。

由于同一平面内的一切正平线、水平线都互相平行，因此，对平面内的一切垂线，它们的同面投影的方向都是一致的，所以，可归结出下列结论：

(1)如果一直线垂直于一平面，则该直线的正面投影一定垂直于该平面内正平线的正面投影，直线的水平投影一定垂直于该平面内水平线的水平投影。

(2)反之,如果一直线的正面投影垂直于一平面内正平线的正面投影,它的水平投影垂直于该面内水平线的水平投影,那么,该直线一定垂直于该平面。

直线和平面垂直的必要和充分条件是:该直线垂直于平面内的相交二直线。

从图 6-15b)可以看出,*LK* 平面上过垂足的一对相交的水平线 *AB* 和正平线 *CD* 相垂直,因此可以判定 *LK* 一定垂直于该二直线所决定的平面。

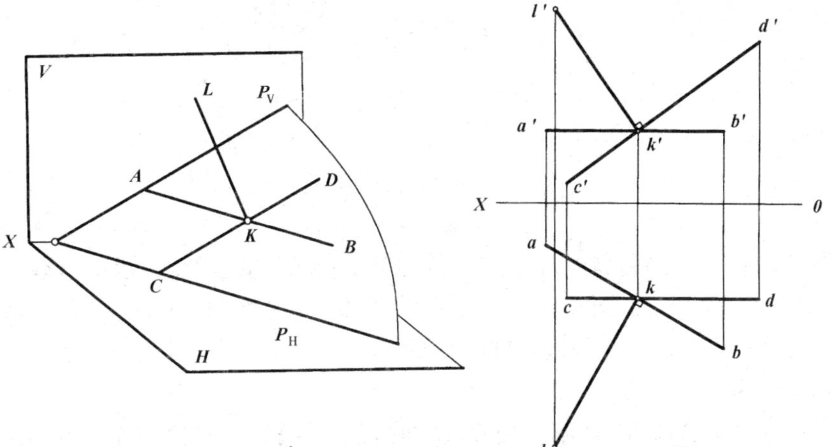

a)　　　　b)

图 6-15　直线垂直于平面内相交二直线

［例 6-4］　过 *D* 点向△*ABC* 作垂线(图 6-16a))。

解　过点向平面作垂线,需先知道平面内水平线与正平线的方向。图中 *BC* 为水平线,还需在三角形平面内任作一正平线(如 *AI*)(图 6-16b)),在 *H* 面上作 $de \perp bc$, $d'e' \perp a'l'$,则直线 *DE*(*de*, *d'e'*)即为所求垂线。若需求垂足(垂线与平面的交点),则可按直线与平面相交求交点的方法求垂足 *K*。

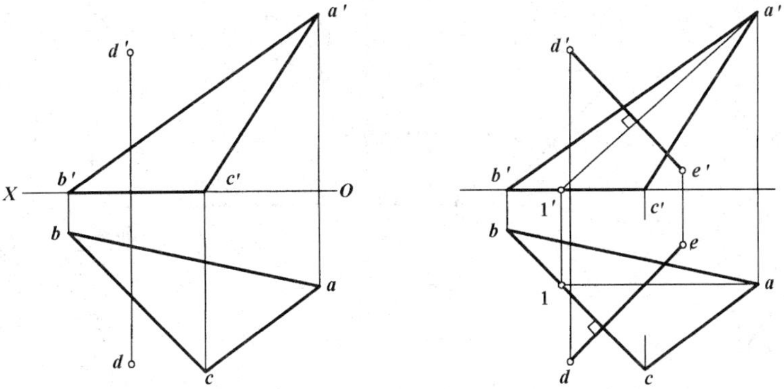

a)　　　　b)

图 6-16　过定点向平面作垂线

a)已知;b)作图

［例 6-5］　过点 *C* 作平面垂直于直线 *AB*(图 6-17a))。

解　如图 6-17b),过点 *C* 作一水平线 *CD*,使 $cd \perp ab$;再过 *C* 作正平线 *CE*,使 $c'e' \perp a'b'$,则平面 *CDE* 即为所求。

［例 6-6］　求 *A* 点到 *BC* 直线的距离(图 6-18a))。

解　(1)空间分析

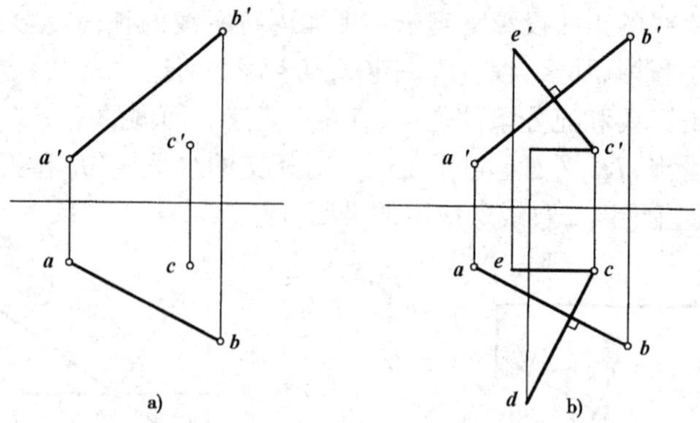

图 6-17　过定点作平面垂直直线

a)已知；b)作图

求 A 点到 BC 直线的距离，就是过定点 A 作已知直线 BC 的垂线，所求的垂线一定位于过点 A 而垂直于 BC 的平面上，如图 6-18b)中的平面 Q，BC 与平面的交点 K 也就是垂线与 BC 的交点。所以，可以利用辅助垂直面来解决这个问题。

(2)作图(图 6-18c))。

①过点 A 作垂直于直线 BC 的辅助面 Q，Q 面由正平线和水平线所决定，图 6-18c)中，$a'e' \perp b'c'$，$af \perp bc$。

②求出直线 BC 与辅助平面 Q 的交点 $K(k, k')$。

③连接 AK 的同面投影，$a'k'$ 和 ak 即为所求距离的两投影。

④求出线段 $AK(a'k', ak)$ 的实长 L，即为 A 点到 BC 直线的距离。

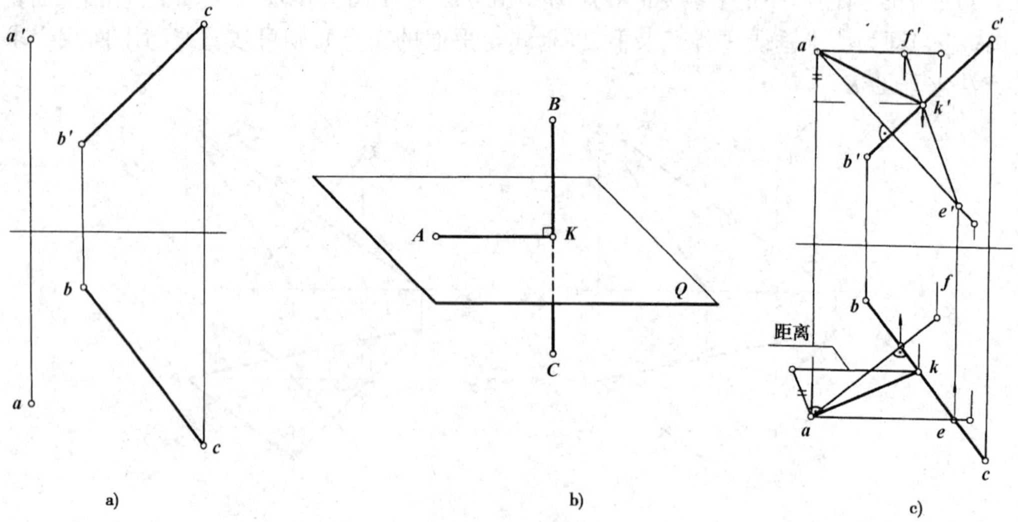

图 6-18　求点到直线的距离

a)已知；b)空间分析；c)作图

(二)直线与特殊位置平面垂直的关系

当直线垂直某投影面垂直面或某投影面平行面时，则此直线必为该投影面的平行线。

如图 6-19a)所示，P 平面垂直于 H 面，AB 是该平面的一条垂线，故 $AB /\!/ H$ 面。由于 P 平面在 H 面投影有积聚性，所以，AB 的 H 面投影与平面 P 的积聚投影相垂直(图 6-19b))。

二、两平面互相垂直

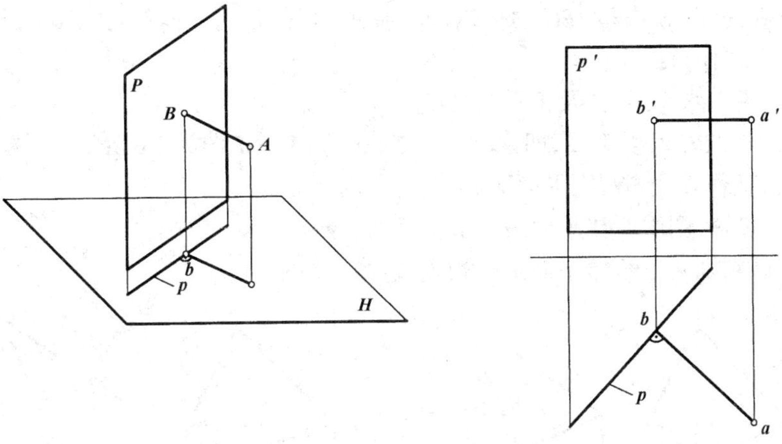

a)　　　　　　　　　　　　b)

图 6-19　直线垂直投影面垂直面

两平面互相垂直是两平面相交的特殊情况。从初等几何可知,如果一直线垂直于一定平面,那么包含这条直线的一切平面都垂直于该定平面(图 6-20a))。反之,如两平面互相垂直,则由第一个平面上的任意一点向第二个平面所作的垂线,一定在第一个平面内。图 6-20b)是这个定理的示意图。点 *A* 是第一平面内的任意点,*AB* 是第二平面的垂线,图 6-20b)中,*AB* 在第一平面内,所以两平面是相垂直的;图 6-20c)中,*AB* 不在第一平面内,所以两平面不垂直。

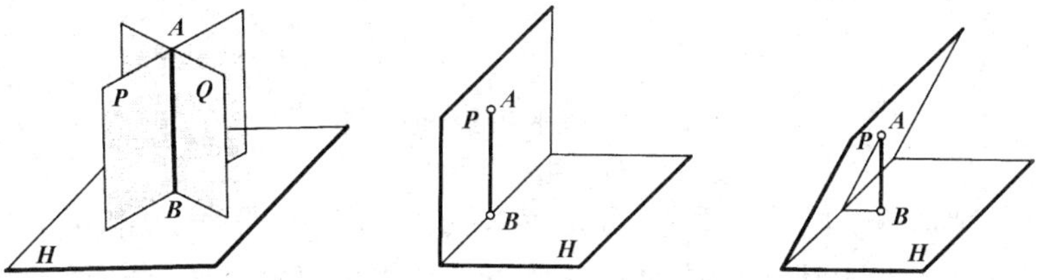

a)　　　　　　　　b)　　　　　　　　c)

图 6-20　平面与平面垂直的几何条件

[例 6-7]　过点 *S* 作平面垂直于△*ABC* 所给定的平面(图 6-21a))。

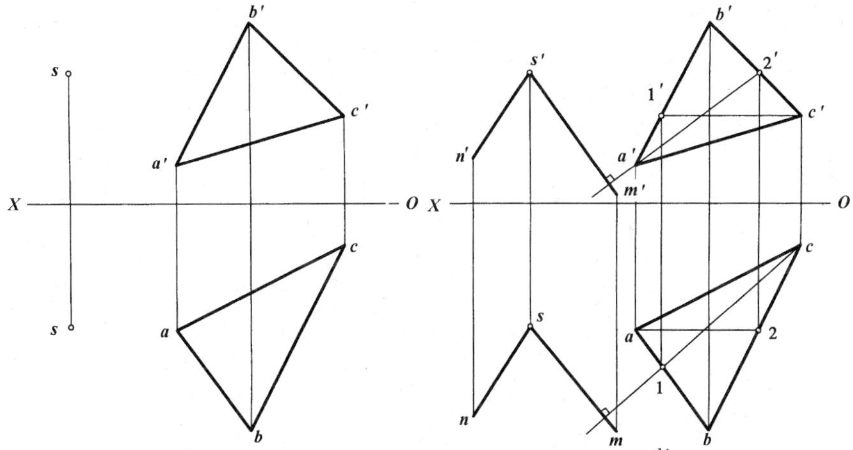

a)　　　　　　　　b)

图 6-21　过定点作平面的垂直面
a)已知;b)作图

解　(1)分析:过点 S 作△ABC 的垂线 SM,则过 SM 的任何平面都与△ABC 平面垂直。

(2)作图(图 6-21b)):

①作△ABC 平面水平线 CⅠ及正平线 AⅡ。

②过 S 点向△ABC 面引垂线,即 $s'm' \perp a'2'$,$sm \perp c1$,SM 即为△ABC 的垂线。

③过 S 点再任作直线 SN,则平面 SMN 即为所求。

本题有无穷多解,图中所作平面为一般位置面。

[**例 6-8**]　试判别两三角形平面是否相垂直(图 6-22a)

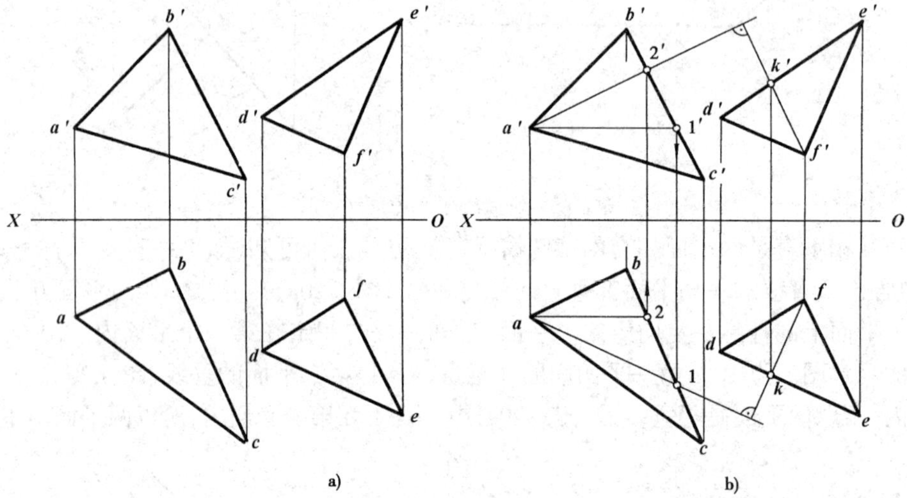

图 6-22　判别两平面是否相互垂直

a)已知;b)作图

解　(1)分析:判别两平面是否垂直,可先在△ABC 上作一水平线 AⅠ和正平线 AⅡ,再看能否在△DEF 上作出一条与上述水平线 AⅠ和正平线 AⅡ相垂直的直线,若能作出,则两个三角形相互垂直,否则不垂直。

(2)作图(图 6-22b))。

因所作的垂线 FK 在△DEF 上,而且垂直于 AⅠ和 AⅡ,即垂直于△ABC,所以这两个三角形是相互垂直的。

第七章 投影变换

第一节 概 述

画法几何所研究的问题，基本上分为两类：(1)解决空间几何要素(点、线、面、立体)及其相互之间的定位问题。如平面的表示法，求线面交点，过点作直线的垂线等等。(2)解决几何要素及其相互间的度量问题。如求线段的实长及其对投影面的倾角，平面的实形及平行两平面之间的距离等等。关于度量问题，第四章有过介绍，如直角三角形法求线段的实长等。本章为度量问题提供一个简便的图解方法——变换投影面法。

由图 7-1、图 7-2 可以看出，两题都是求 K 点到平面的距离，图 7-1 中，由于三角形平面为一般位置平面，故点到平面的距离需经过三个作图步骤(求垂线、垂足、实长)才能完成。而图 7-2 中，由于三角形平面为特殊位置平面，利用平面的积聚性投影作图，直接求得距离。

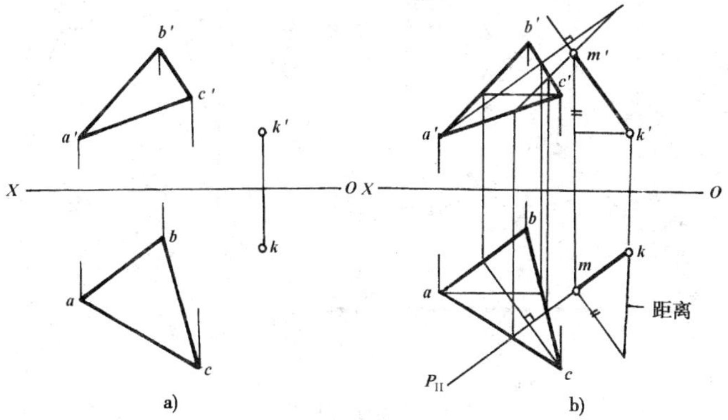

图 7-1 求点到一般位置平面的距离

a)已知条件；b)作图

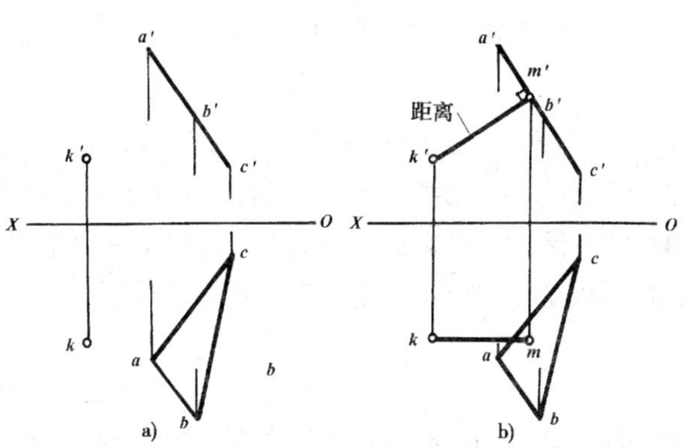

图 7-2 求点到垂直面的距离

a)已知条件；b)作图

从以上两种情况可以发现，问题的关键在于空间的几何要素与投影面之间的位置关系。如果把某个原投影面变换一个适当的位置，使其有利于解决空间几何要素之间的相对关系问题。这种方法称为变换投影面法(简称换面法)。

第二节　变换投影面法

一、点的投影面变换

(一)点的一次变换

仅一个点作投影面变换是没有意义的。从一个点的讨论取得变换的规律，以解决各种几何要素的变换。如图 7-3a)所示，点 A 在$\frac{V}{H}$体系中的投影规律为 $a'a \perp OX$，$a'a_x = A$ 点到 H 面的距离，$aa_x = A$ 点到 V 面的距离。现在，若以一个新的投影面 V_1 代替原投影面 V，且 $V_1 \perp H$ 面，这样 V_1 面与 H 面组成了一个新的相互垂直的两投影面体系，记作$\frac{V_1}{H}$。O_1X_1 是 V_1 面与 H 面的交线，为新投影轴，A 点在 V_1 面上的新投影为 a'_1。

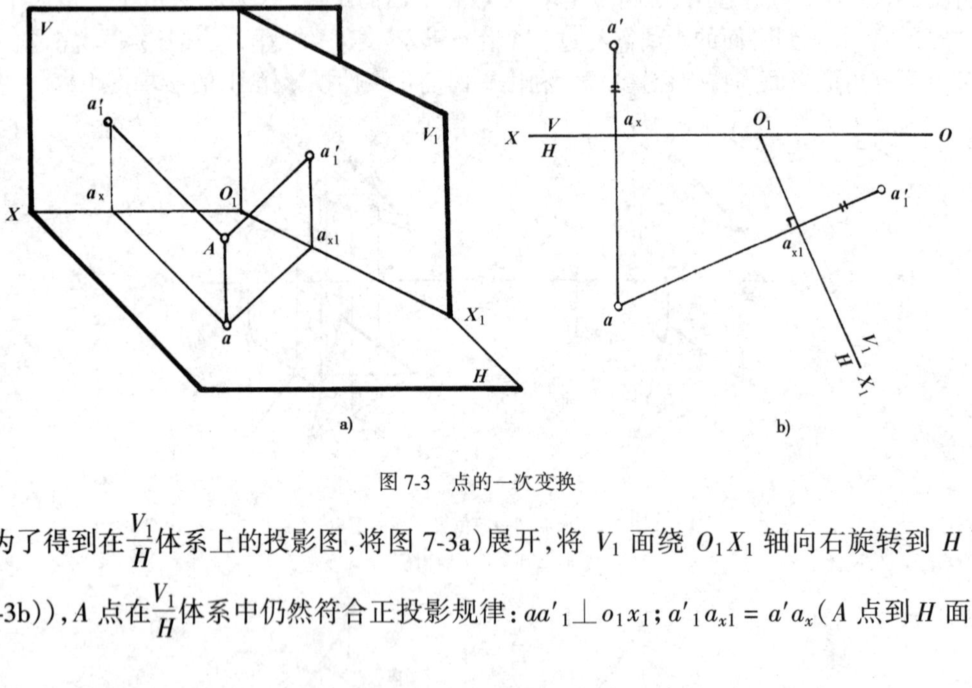

图 7-3　点的一次变换

为了得到在$\frac{V_1}{H}$体系上的投影图，将图 7-3a)展开，将 V_1 面绕 O_1X_1 轴向右旋转到 H 面上(图 7-3b))，A 点在$\frac{V_1}{H}$体系中仍然符合正投影规律：$aa'_1 \perp o_1x_1$；$a'_1a_{x1} = a'a_x$(A 点到 H 面的距离)。

由以上分析可知，V_1 面不是任意选择的，它必须符合以下两个基本条件：

(1)新设的投影面必须垂直于一个原投影面，以组成一个新的互相垂直的投影体系。

(2)在新投影体系中，仍然保持正投影的投影规律，即点的一对投影的连线垂直于新的投影轴($a'_1a \perp O_1X_1$)，点的新投影到新投影轴的距离等于被代替的投影到原投影轴的距离($a'_1a_{x1} = a'a_x$)。

(二)点的二次变换

为了解决某些实际问题，有时需用两个新投影面代替原有的 V 面或 H 面，组成新的投影体系，这种变换称为二次变换。变换原理和一次变换相同，要一次变换一个投影面，如先变 V 面，再变 H 面，交替进行。

如图 7-4a)，V_1 面代替了原 V 面，$V_1 \perp H$，形成$\frac{V_1}{H}$投影体系；再以 H_2 代替原 H 面，$H_2 \perp V_1$，形成$\frac{V_1}{H_2}$投影体系。点 A 分别向 V_1、H_2 面作投影，所得到投影为 a'_1、a_2。根据点的正投影规律可知，$a'_1 a_2 \perp o_2 x_2$；$a_2 a_{x2} = aa_{x1}$（A 点到 V_1 面的距离）。

图 7-4b)是展平的投影图，展开顺序是：先将 H_2 面绕 O_2X_2 轴向后旋转到与 V_1 共面，再将 V_1、H 面旋转到与 V 共面。

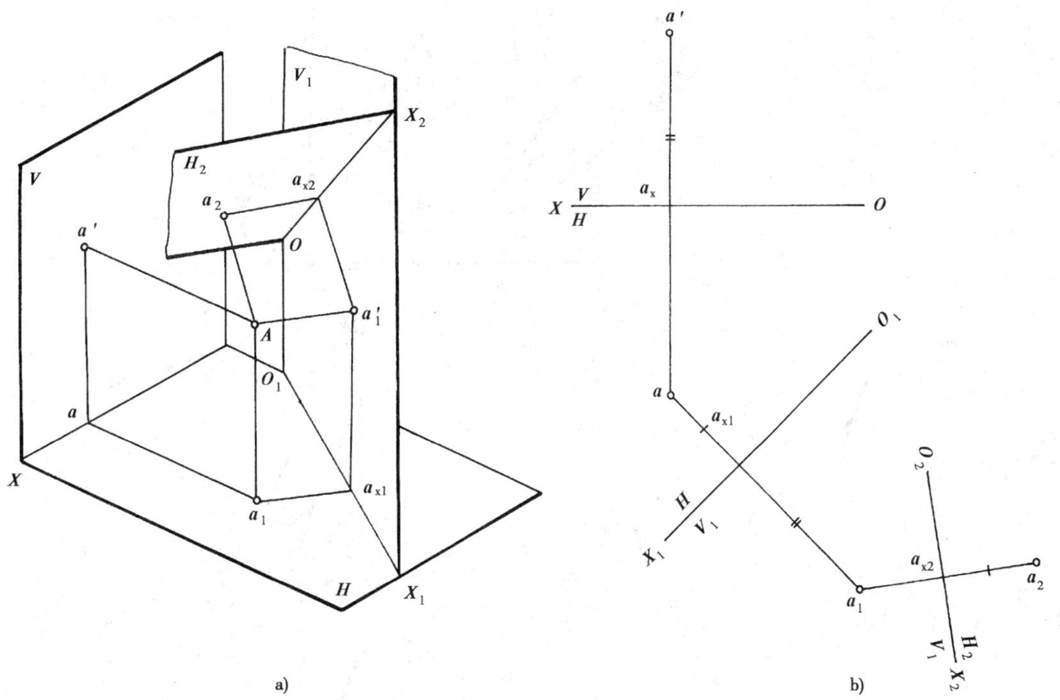

图 7-4　点的二次变换

二、直线的投影面变换

直线的投影变换，其实质是直线上两个端点的投影变换，只要求出端点的新投影，然后相连，即为直线的新投影。

（一）直线的一次变换

直线的一次变换，能解决以下两类问题：

1. 将一般位置直线变换成新投影面平行线

图 7-5a)，AB 是一般位置直线，若求 AB 线的实长及与 H 面的夹角实形，可作一新投影面 V_1，使 $V_1 /\!/ AB$，$V_1 \perp H$，因为在$\frac{V_1}{H}$体系中，$AB /\!/ V_1$，所以，$ab /\!/ O_1X_1$，轴，$a'_1 b'_1 = AB$（实长），$a'_1 b'_1$ 与 O_1X_1 轴的夹角 α 等于 AB 对 H 面的夹角 α。

图 7-5b)是展开后的投影图。在已知 $a'b'$、ab 的情况下，O_1X_1 轴可任选位置，只要平行 ab 即可。

若以 H_1 面代替 H 面，则可求出 AB 的实长及对 V 面的倾角 β（图 7-5c)）。

2. 将投影面平行线变换成新投影面垂直线

图 7-6a)，AB 为 H 面平行线，现将 AB 线变换成新投影面垂直线，使直线的新投影在新投

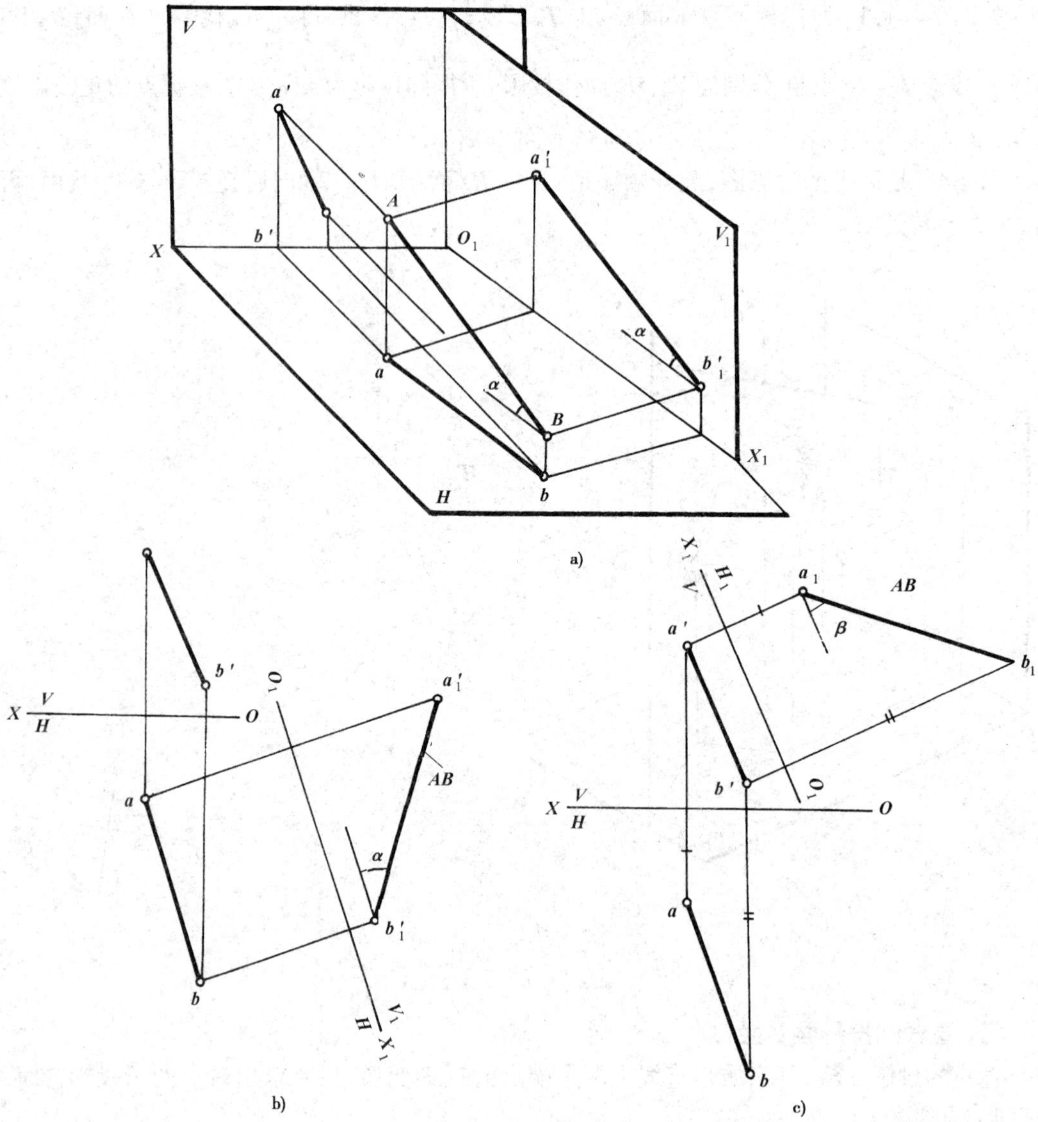

图 7-5　一次换面求一般直线段实长及倾角

影面上积聚成一点。取 V_1 面代替 V 面，V_1 面垂直于直线平行的投影面（$V_1 \perp H$），同时，$V_1 \perp AB$。

图 7-6b)是展开后的投影图，O_1X_1 轴要垂直于 ab，然后，按上述基本作图方法作图，即可求出 AB 线的新投影。即 $a'_1b'_1$。

（二）直线的二次变换

将一般位置直线变换成新投影面垂直线，须经过二次变换。因为一次变换不能使新投影面即垂直于直线，又垂直于某一原投影面，所以不可能形成一个互相垂直的新投影体系。

图 7-7a)是直线 AB 进行二次变换的空间状况，先让 V_1 代替 V 面，再让 H_2 代替 H 面，交替进行，最后求出 a_2b_2。

图 7-7b)，已知 $a'b'$ 及 ab，求 AB 在新投影面上的积聚性投影。

作图步骤：

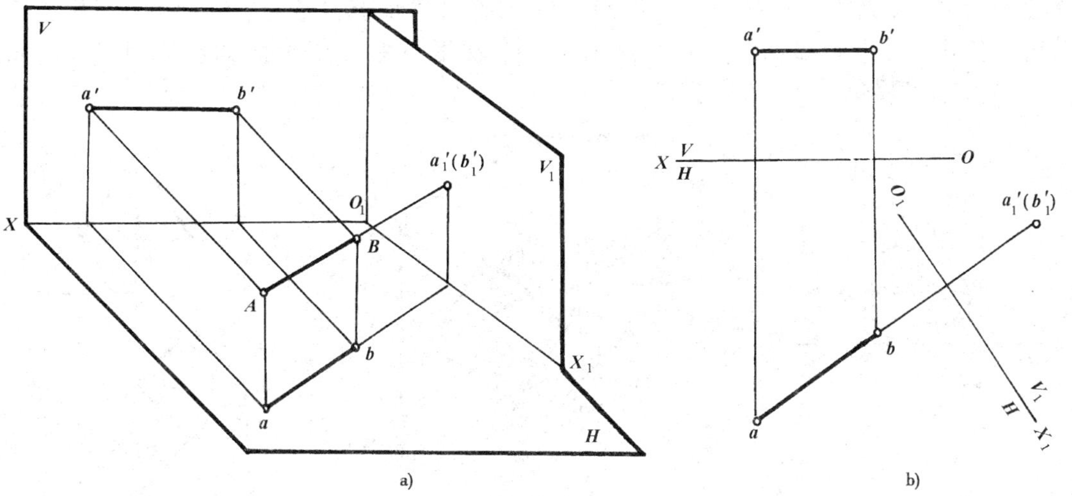

图 7-6　一次换面求新投影面的垂直线

(1)作 O_1X_1 轴平行于 ab(O_1X_1 可任选位置)。

(2)过 a、b 两点引 O_1X_1 轴的垂线,求出 $a'_1b'_1$ 相连,得直线在 V_1 面上的新投影。

(3)作 O_2X_2 轴垂直于 $a'_1b'_1$,即可求出成积聚性投影的一点 a_2b_2。

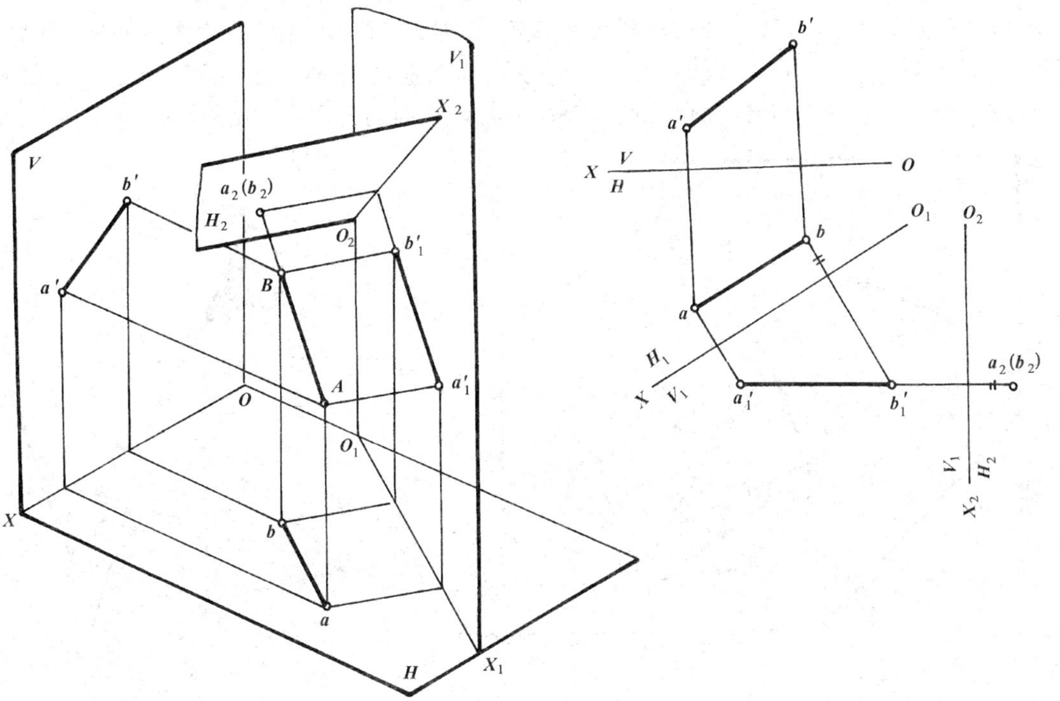

图 7-7　一般位置直线的二次变换

三、平面的变换

(一)平面的一次变换

1. 将投影面垂直面变换成投影面平行面,使平面的新投影反映平面的实形。

图 7-8a)是铅垂面的 V、H 投影,欲求铅垂面的实形。图 7-8b)是经过一次变换求平面实形

的空间情况。取新投影面 V_1 平行于△ABC 平面,则必垂直于 H 面,在 V_1 面上的投影必反映实形。作图步骤,如图 7-8c)所示,先作 O_1X_1 轴平行△ABC 平面的积聚性投影;求出△$a'_1b'_1c'_1$,就反映了△ABC 的实形。

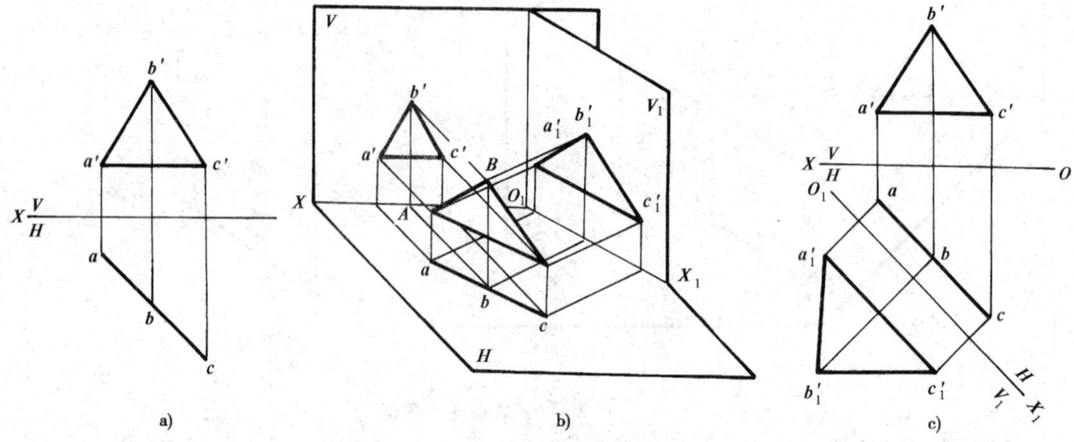

图 7-8 垂直面的一次变换

2. 将一般位置面变成新投影面垂直面,使平面的新投影积聚成一直线。

图 7-9a)中,△ABC 是一般位置平面,要想变成 V_1 面的垂直面,必须使△ABC 中的一条直线与 V_1 面垂直,而且 V_1 面还要保证和 H 面垂直,此时,只能是△ABC 平面内的一条水平线 AK 垂直 V_1 面,则包含 AK 这条线的△ABC 平面必与 V_1 面垂直,平面的新投影 $a'_1b'_1c'_1$ 必积聚成一直线,此直线与 O_1X_1 轴的夹角反映△ABC 平面与 H 面的夹角 α。见图 7-9b)。

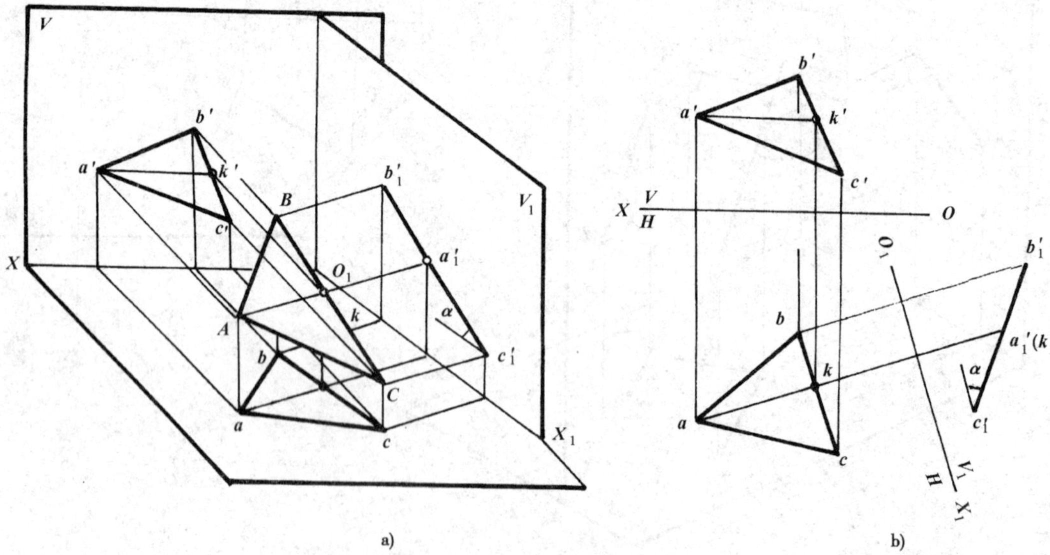

图 7-9 一般位置平面的一次变换

(二)平面的二次变换

将图 7-10 所示的一般位置平面变成新投影面平行面,需经过二次变换。因为一次变换不能同时满足即和平面平行,又垂直原有的一个投影面,所以,要先将一般位置平面变成新投影面垂直面,然后再将投影面垂直面变成投影面平行面(图 7-10b)),它是图 7-8、7-9 的综合。

四、变换投影面法的应用

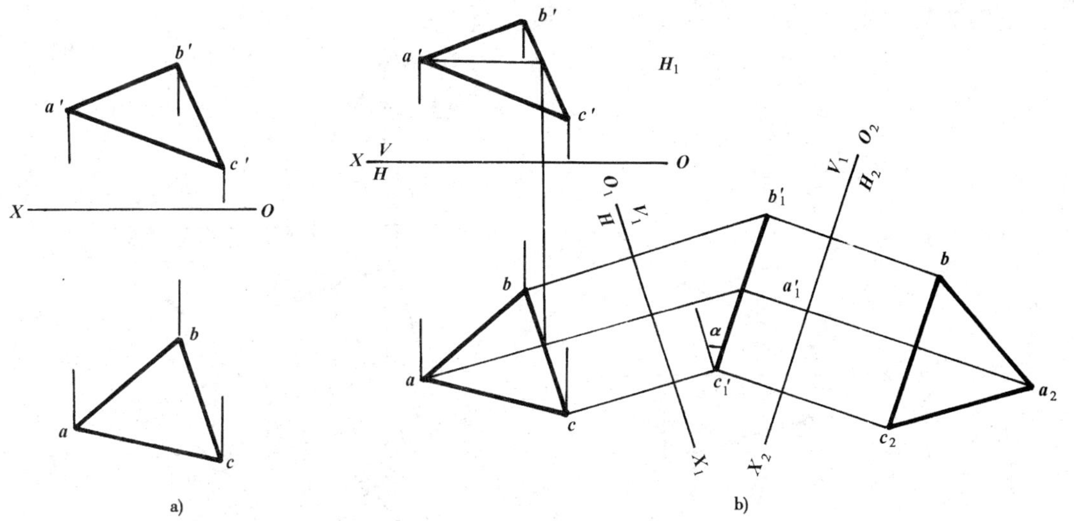

图 7-10 平面的二次变换

［例 7-1］ 已知 AB 实长为 25mm，及 ab、a'，求 AB 线的正面投影(图 7-11a))。

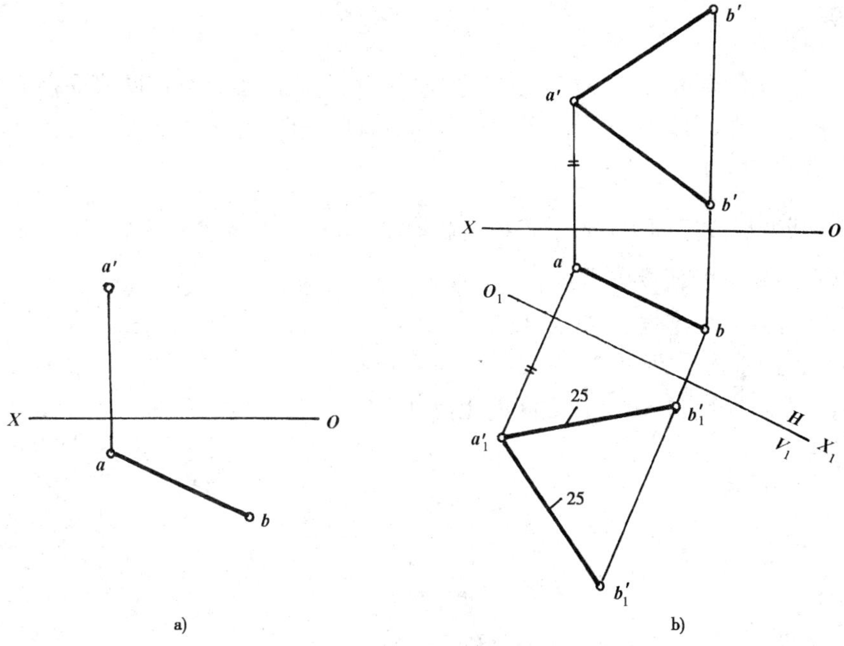

图 7-11 求直线的正面投影

解 1. 空间分析

一般位置直线与 V、H 投影面均成倾斜位置，而与某一投影面平行的直线，对另外的投影面一般仍为倾斜直线，故只需改变直线与一个投影面的相对位置。

2. 作图(图 7-11b))

(1)用 V_1 面代替 V 面，在 H 面上平行 ab 加一 O_1X_1 轴。

(2)求出 A 点的新投影 a'_1。

(3)过 b 作 O_1X_1 轴的垂线，以 a'_1 为圆心，25 为半径画圆弧与过 b 作的垂线相交两点，分别是 b'_1，再将 b'_1 到 O_1X_1 轴的距离量画到 V 面投影上得 b'，此题有两解。

［例 7-2］ 由点 M 向已知直线 AB 作垂线(图 7-12a))。

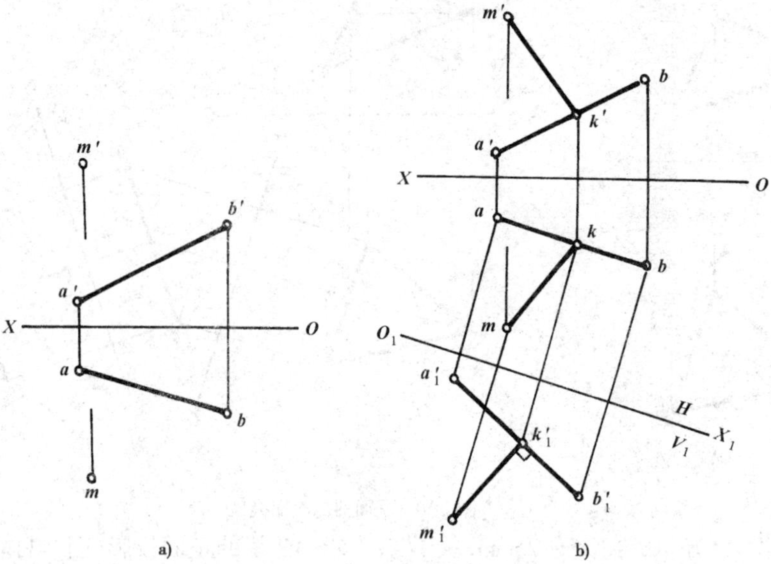

图 7-12 由点向直线作垂线

解 1. 空间分析

(1)一直线处在什么情况下,另一直线和它垂直,在投影图上能直接反映垂直关系。

(2)根据直角定理,当其中一直线平行投影面时,则在该投影面上的投影反映直角。

2. 作图(图 7-12b))

(1)把 AB 线变成投影面平行线,变 V 或 H 均可,本题变 V 面,选 $O_1X_1 /\!/ ab$,AB 在$\dfrac{V_1}{H}$投影体系中成正平线,M 点的新投影为 m'_1。

(2)由 m'_1 向 $a'_1b'_1$ 作垂线,并交于 k'_1。

(3)由 k'_1 返回求出 k 及 k',连 $m'k'$,mk 即为所求。

［例 7-3］ 求两平行线 AB、CD 之间的距离(图 7-13a))。

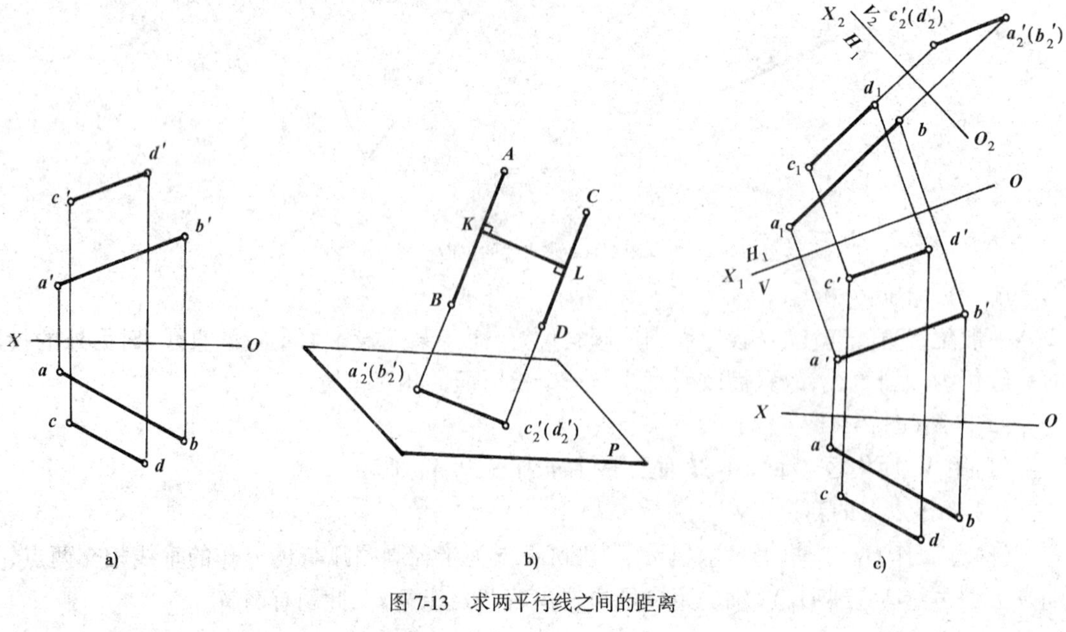

图 7-13 求两平行线之间的距离

解 1. 空间分析

(1)距离是指垂直距离,即公垂线的实长。

(2)设想有一平面 P 垂直于平行线 AB、CD,则公垂线必平行 P 面(图 7-13b))。

(3)平行二直线 AB、CD 在 P 面上的投影积聚为两点,这两点之间的距离,就是平行两直线间的距离。

2. 作图(图 7-13c))

(1)一次变换,将平行二直线变换成新投影面平行线。本题用 H_1 面代替 H 面,$\frac{H_1}{V}$ 为一新投影体系,a_1b_1、c_1d_1 为平行二直线在 H_1 面上的新投影。

(2)二次变换,将投影面平行线变成新投影面垂直线。$c'_2(d'_2)$、$a'_2(b'_2)$相连即为所求之距离。

[**例 7-4**] 点 K 距△ABC 为 15mm,求点 K 的水平投影(图 7-14a))。

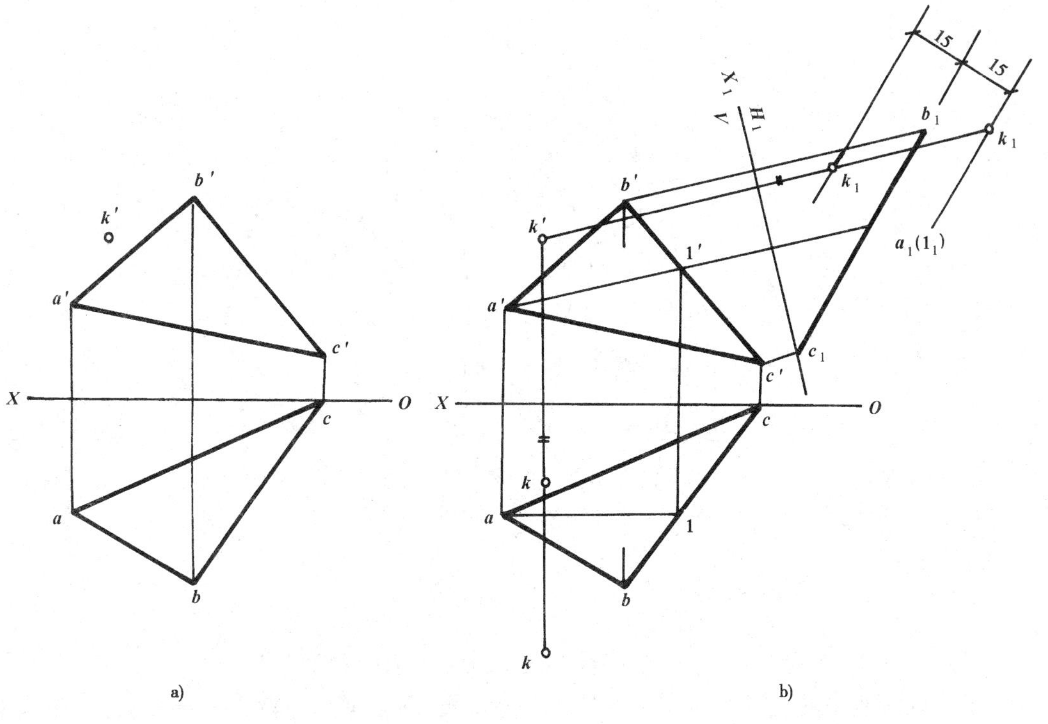

图 7-14 求 K 点的水平投影

解 1. 空间分析

(1)所求的点 K 必在与△ABC 平行且相距为 15mm 的平面内。

(2)当将△ABC 变为投影面垂直面时,则△ABC 在该面上的投影积聚成直线段,与之平行的平面可直接作出,再根据 k' 可求得 k。

2. 作图(图 7-14b))

(1)一次变换将△ABC 平面变成新投影面垂直面。

(2)在 H_1 面上作与垂直面相距 15mm 的平面,可作出两个,说明有两个解。

(3)过 k'作 X_1 轴垂线,求出 k_1。由 k_1 到 X_1 轴的距离求出水平投影 k。

[**例 7-5**] 求作交叉二直线的最短距离(图 7-15a))。

解　1. 空间分析

(1)如图 7-15b)所示，两交叉直线的公垂线长度 EF 就是它们之间的最短距离。

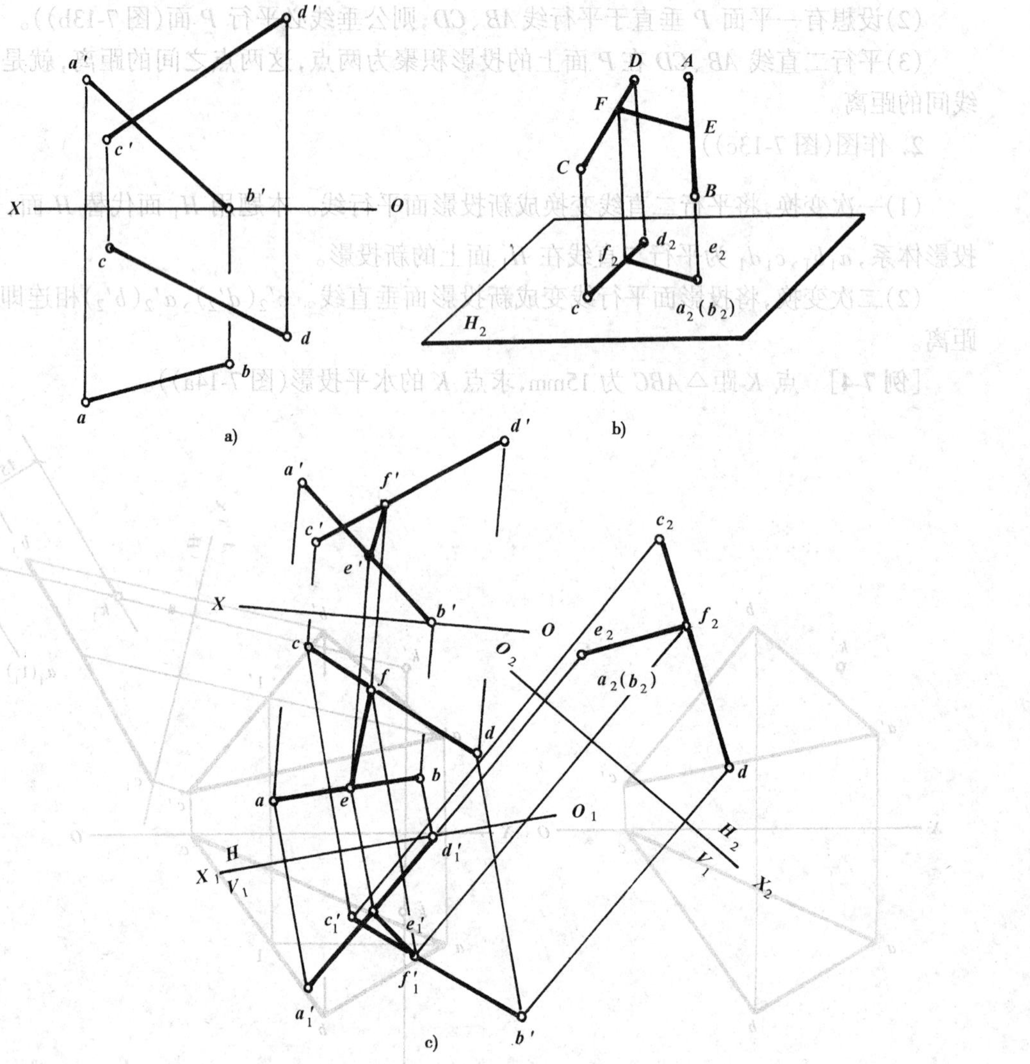

图 7-15　求交叉线的最短距离

(2)当两直线中的任意一条变为某投影面垂直线，则公垂线平行于该投影面，且在该投影面上的投影反映其实长。例如，图 7-15b)，$AB \perp H_2$，则 $EF /\!/ H_2$。同时，由于 $EF \perp CD$，由直角定理可知，在 H_2 面上 $e_2f_2 \perp c_2d_2$，$e_2f_2 = EF$，反映实长。

(3)一般位置直线，要使其中之一垂直新投影面，必须两次换面。

2. 作图(图 7-15c))

(1)取 X_1 轴平行 ab，则在$\frac{V_1}{H}$体系中 AB 平行 V_1，求出直线在 V_1 面上的投影 $a'_1b'_1$，同时求出 $c'_1d'_1$。

(2)取 X_2 轴垂直 $a'_1b'_1$，则在$\frac{V_1}{H_2}$体系中，AB 垂直 H_2，求出在 H_2 面上的投影 a_2b_2、c_2d_2。

(3)过 $a_2(b_2)$ 作 c_2d_2 的垂线 e_2f_2，e_2f_2 即为直线 AB 和 CD 的最短距离。

(4)将 e_2f_2 返回，求出 ef、$e'f'$。注意，$e'_1f'_1$ 平行于 X_2 轴。

第八章　平面形体的视图

第一节　基本几何形体的视图

工程结构物或构件，无论它的形体或简或繁，一般都可以看作由基本几何体组合而成(图8-1)。常见的有：棱柱体、棱锥体、板、块等几何形体。

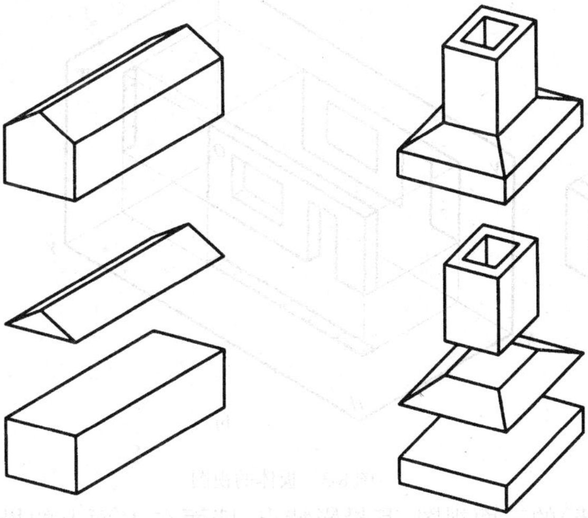

a)　　　　　　　　　　b)

图 8-1　形体的组成

一、棱柱体

［**例 8-1**］　棱柱体的视图(图 8-2)。

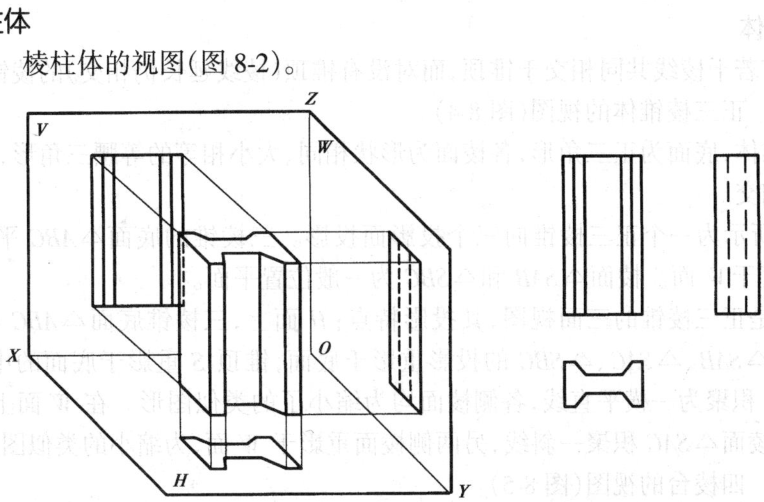

a)　　　　　　　　　　b)

图 8-2　直棱柱体的视图

棱柱体,顶面和底面大小相等、形状相同,各侧棱互相平行且垂直于底面。

图 8-2a)所示为一直立棱柱向三个投影面投影。直立棱柱的顶面和底面平行 *H* 面,各侧棱垂直 *H* 面。

图 8-2b)是直立棱柱的三面视图,其投影特点:*H* 面上,顶面和底面反映实形并重合,各侧棱面的投影分别积聚为直线;*V*、*W* 面上,顶面、底面分别积聚为水平直线,各侧棱面分别为矩形线框(有的反映实形,有的为缩小的类似图形。)

[例 8-2] 板体(墙)的视图(图 8-3)。

板体的表面由平面组成,面与面之间和两条棱线之间都是互相平行或垂直,长、宽尺寸大,厚度尺寸小(图 8-3a))。

图 8-3b)所示为板体(墙)向三个投影面投影。墙面平行于 *V* 面。

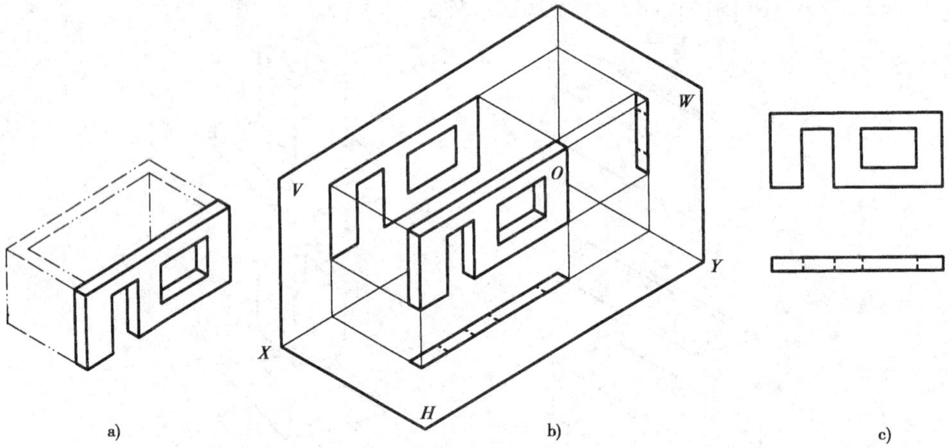

图 8-3 板体的视图

图 8-3c)是板体(墙)的三面视图,其投影特点:墙面在 *V* 面上的投影反映实形。墙顶面和侧面分别平行于 *H*、*W* 面,在 *H*、*W* 面上的投影均为矩形(墙厚)线框,反映实形,*H*、*W* 投影图中的虚线是门窗洞口的投影。

二、棱锥体

棱锥体有若干棱线共同相交于锥顶,而对没有锥顶(棱线延长仍相交)的棱锥体称棱台。

[例 8-3] 正三棱锥体的视图(图 8-4)。

正三棱锥体,底面为正三角形,各棱面为形状相同、大小相等的等腰三角形,锥体轴线与底面形心垂直相交。

图 8-4a)所示为一个正三棱锥向三个投影面投影。三棱锥的底面△*ABC* 平行于 *H* 面,棱面△*ABC* 垂直于 *W* 面。棱面△*SAB* 和△*SBC* 为一般位置平面。

图 8-4b)是正三棱锥的三面视图,其投影特点:*H* 面上,三棱锥底面△*ABC* 的投影反映实形,各侧棱面△*SAB*、△*SAC*、△*SBC* 的投影重影于底面,锥顶 *S* 重影于底面的中心。*V* 面上,锥底面△*ABC* 积聚为一横平直线,各侧棱面均为缩小了的类似图形。在 *W* 面上,锥底面积聚为一直线,侧棱面△*SAC* 积聚一斜线,另两侧棱面重影于 *W* 面,为缩小的类似图形。

[例 8-4] 四棱台的视图(图 8-5)。

四棱台可视为四棱锥的顶部被平行于底面的平面切去(四条棱线延长仍汇交于锥顶)。

图 8-5a)所示为一四棱台向三个投影面投影。四棱台的上、下底面平行于 *H* 面,左、右侧棱面垂直于 *V* 面,前、后侧棱面垂直于 *W* 面。

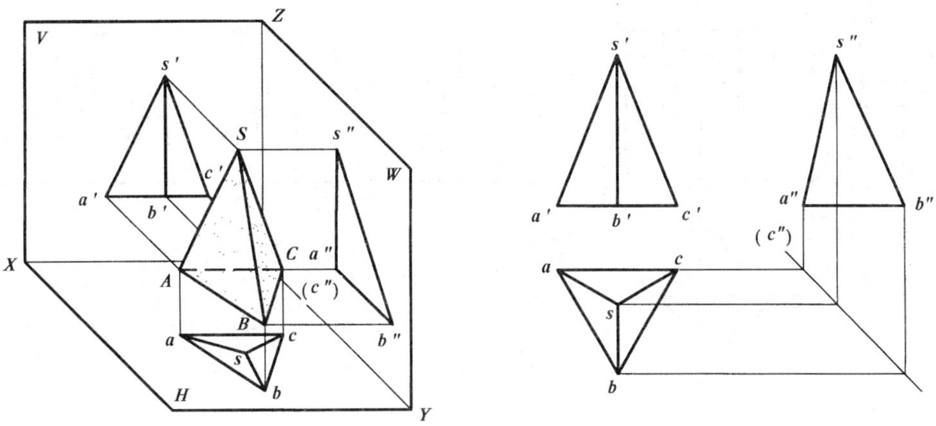

a)　　　　　　b)

图 8-4　正三棱锥的视图

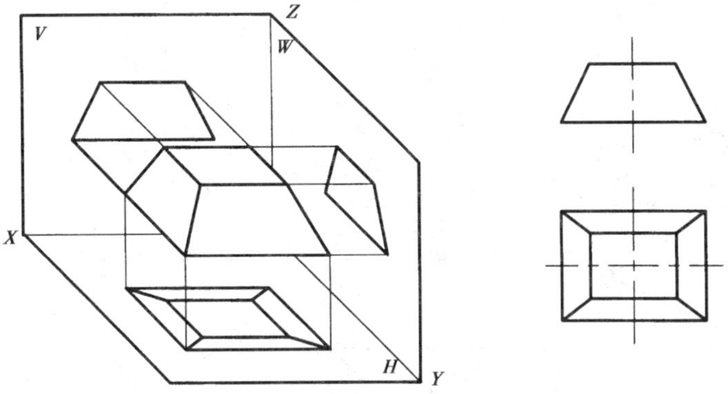

a)　　　　　　b)

图 8-5　四棱台的视图

图 8-5b)是四棱台的三面视图，其投影特点：*H* 面上，四棱台的上、下底面在 *H* 面上的投影反映实形(两个大小不等但相似的矩形)，左右、前后各侧棱面均为缩小了的等腰梯形。*V*(*W*)面上，上、下底面分别积聚成横平直线，左、右(前、后)侧棱面积聚成两条斜线，前、后(左、右)侧棱面重影于 *V*(*W*)面，为缩小了的等腰梯形。

第二节　基本几何形体的切割

一个完整的基本形体(棱柱、棱锥、板、块等)的视图，容易被认识。而经过切割的、局部的基本形体就比较难以直观地被识别。这就需要对基本形体的投影特点进行分析、思考。

学习正投影法的过程，要从“物体(模型)→视图”，再由“视图→物体(空间形象)”反复训练，以达到熟练地掌握对正投影图的阅读。

[**例 8-5**]　图 8-6a)所示，四棱柱体从对角线部位切了一个方形切口。其挖切位置见图 8-6b)中的阴影区域，视图如图 8-6c)。

V 面投影反映了切口的特征。切口底面(轴测图中 *ABCDEF* 平面)是一个水平面，其在 *H* 面的投影反映实形，根据“*V*、*H* 长对正”的规律，可以直接对应到 *abcdef* 实形。又按“*V*、*W* 高平齐”的规律，得到 *a″b″c″d″e″f″* 的积聚性线段。则切割后的四棱柱体的视图就显现眼前。

[**例 8-6**]　图 8-7a)所示为切口正四棱锥体。其视图如图 8-7b)。*W* 面投影反映切口特征。

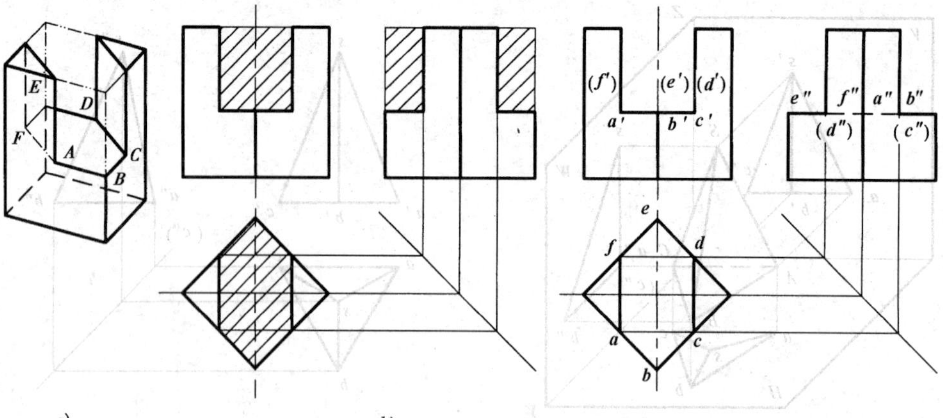

图 8-6 切口四棱柱体三面视图

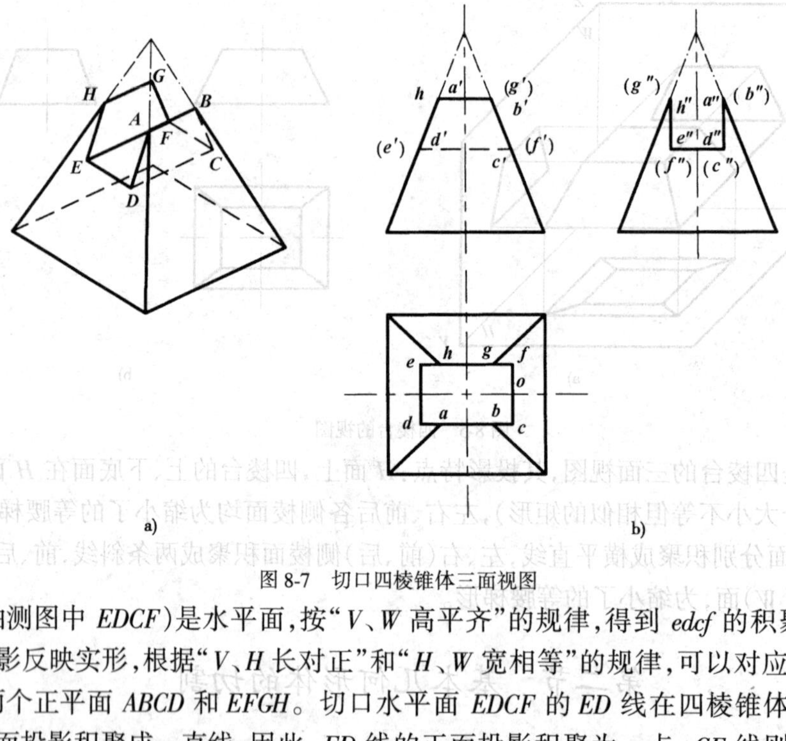

图 8-7 切口四棱锥体三面视图

切口底面(轴测图中 *EDCF*)是水平面,按“*V*、*W* 高平齐”的规律,得到 *edcf* 的积聚性线段。在 *H* 面上的投影反映实形,根据“*V*、*H* 长对正”和“*H*、*W* 宽相等”的规律,可以对应到 *edcf* 实形。前、后面是两个正平面 *ABCD* 和 *EFGH*。切口水平面 *EDCF* 的 *ED* 线在四棱锥体的左棱面上,左棱面的正面投影积聚成一直线,因此,*ED* 线的正面投影积聚为一点,*CF* 线则在右棱面上。两个正平面 *ABCD* 和 *EFGH* 与四条棱线的交点为 *A*、*B* 和 *G*、*H*。经过以上分析,对切割后的四棱锥体的视图就非常清楚了。

第三节 平面组合体的视图

一、组合体的结合形式

一个形体比较复杂的物体,可以把它看做是一些基本几何形体组合而成,因此可称为组合体。组合体的结合形式有以下三种:

(一)叠加式

叠加式是由两个或两个以上的基本体叠加而成。如图 8-8 所示的房子，是由屋顶(两个三棱柱)和墙身、烟囱(三个四棱柱)叠加而成的。

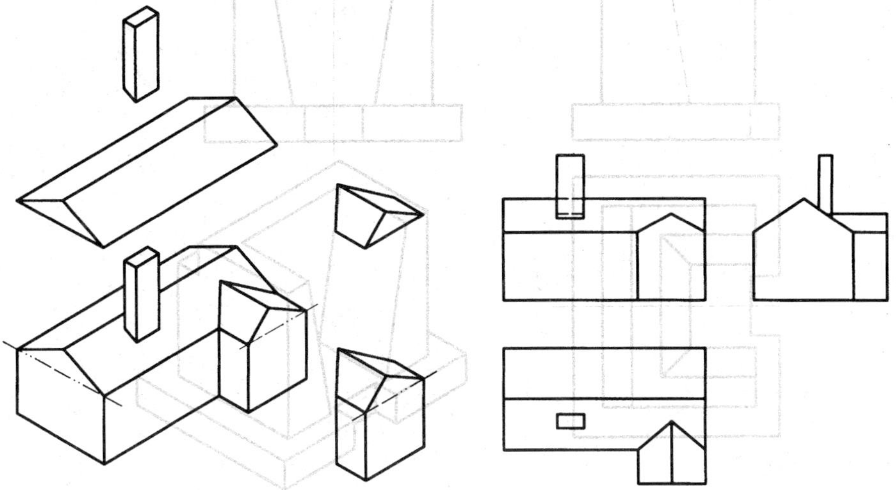

图 8-8　叠加式组合体

(二)切割式

一个形体比较复杂的物体，也可以把它看做是一基本几何体经切割后形成的，更易于认识。如图 8-9 所示的三面视图，是由一个长方体切去一个楔形三棱柱体和一个四棱柱体后形成的。

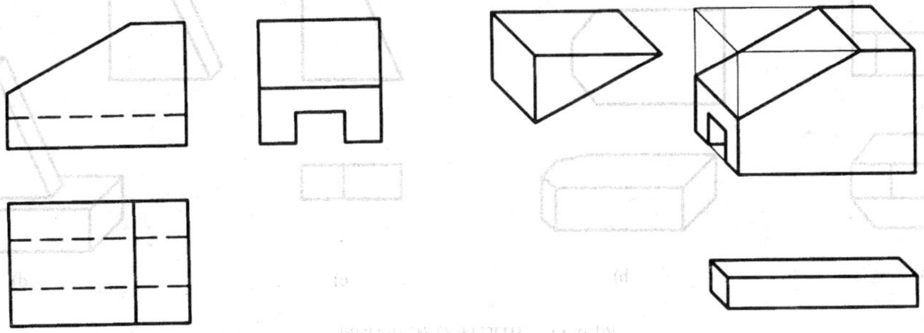

图 8-9　切割式组合体

(三)综合式

综合式组合体是既有形体叠加又含有形体的切割成分。图 8-10 所示的组合体是由方形底板与经过切割后的四棱柱叠加而成。

二、平面组合体视图的阅读

(一)形体分析法

上面介绍的平面组合体的组合形式(叠加式、切割式和综合式)，目的在于提供一种阅读视图的方法——形体分析法。

形体分析法是从某一个反映组合体主要特征的视图(V 面投影或 W 面投影、或 H 面投影，通常是 V 面视图反映物体的形体特征)中分析组合体是由哪些部分组成；再对照其他视图，分别认识、验证各部的细部形状；然后按视图把各部分叠加在一起，由此读出视图所表达的形体。

图 8-11a)为组合体的两面投影，从 V 面投影看出，形体分为上、下两部分，对应 H 面视图可知，下部底板被切去右侧两个角(图 8-11b))。上部为一个梯形块体，对应 H 面可知梯形块

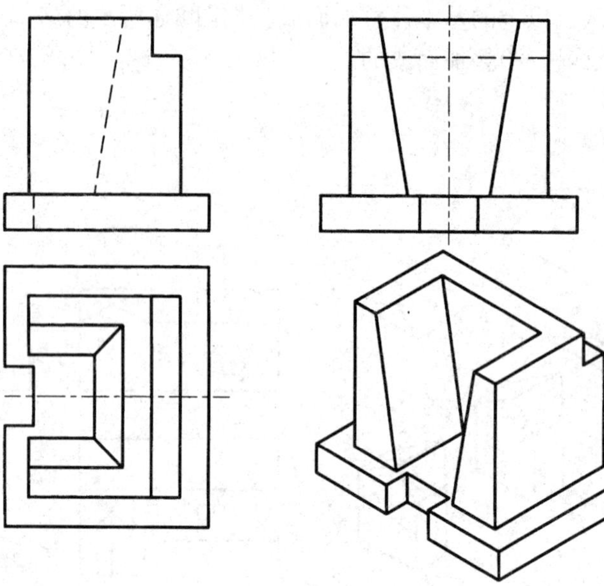

图 8-10　综合式组合体

体的厚度(图 8-11c))。上、下叠加起来,视图所表达的形体就清楚了。

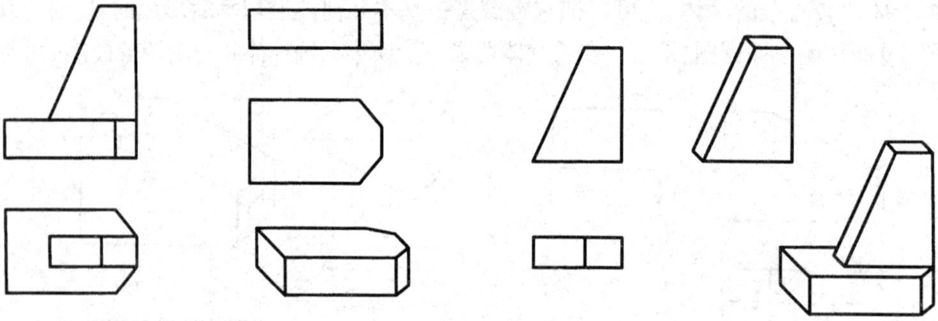

a)　b)　c)　d)

图 8-11　用形体分析法读图

(二)线面分析法

由各种形状和空间位置平面(平行面、垂直面、一般位置平面)包围的平面立体,其投影是平面立体所含的各平面投影的总和。分析图中,具有特征的平面的投影——线面分析法,也是阅读视图的方法之一。

视图中线面的几何意义归纳如下:

视图上的封闭图形,一般是立体上某一平面的投影。图 8-12 所示,V 面上有 p'、q' 两个封闭图形,这两个封闭图形在空间的相对位置如何,需根据它的 H 面投影来确定。

p'封闭形代表一个面,它在 H 面上的对应投影 p 有两种可能:或是积聚性直线段($P \perp H$ 面),或是边数相同,图形相象的封闭图形(P 对 H 面倾斜)。按投影关系,p'在 H 面上的对应投影 p 是一条积聚性直线段,而且$//OX$ 轴,则可以确定 p 平面$//V$ 面(正平面)。

按同样方法分析 Q 面也为正平面,且在 p 面之后。这样 P、Q 两个平面的相对位置就确定了。这两个具有特征的平面的空间位置确定之后,再对应 H 面与 V 面的视图,就可以读懂其形体。

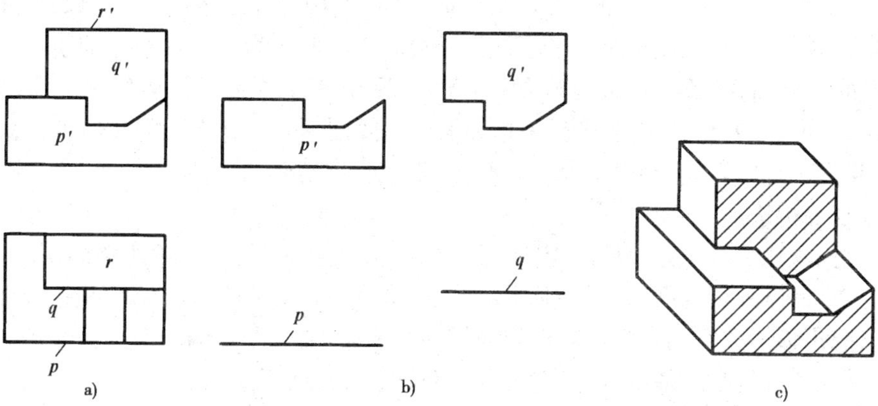

图 8-12　封闭图形的意义

通过上述分析，我们知道视图上一个封闭图形代表一个面。那么，视图上所有的封闭图形都代表一个面吗？请看下面的图例。

如图 8-13 所示，H 面投影上有一封闭图形 K，它在另一投影中没有相象的封闭图形或积聚性的线段与之对应，根据形体在 V 面上的投影特征得知，K 面代表的是一个孔洞的投影（可以称为虚面）。

综上所述，视图中封闭几何图形的意义是：

①视图上一封闭图形表示一个面；

②封闭图形在另一投影中的对应投影有两种可能：边数相等、形状相象的封闭图形，或是积聚性直线段；

③视图中，相邻的封闭图形，一般表示不同的面，它们的关系或相交、或错开（前后、上下、左右）；

④有时候，视图上的封闭图形表示一个孔洞（亦称虚面）。

分析视图，首先从具有特征性的封闭图形入手，找出它在另一投影中的对应投影，由对应投影图形确定该平面的形状、位置。

［**例 8-7**］ 图 8-14 所示形体的三面视图。

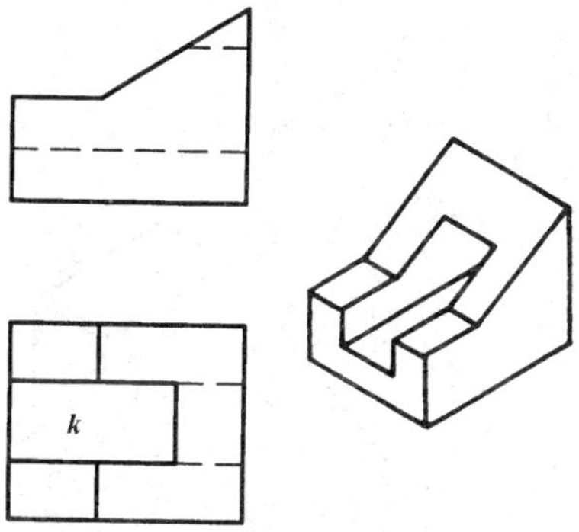

图 8-13　封闭图形

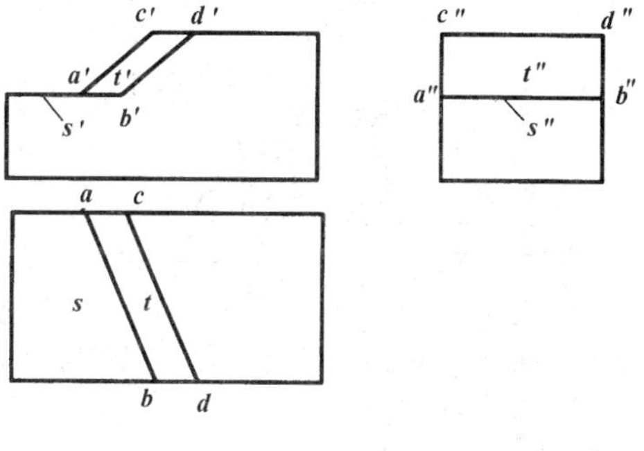

图 8-14　线面分析

根据三个视图的外轮廓线来看，是个长方体，从 V 面投影可以知道，长方体的左上角被切去了一部分。对应 H 面视图可知，被切去的是楔形体，也就是长方体上挖了个楔形槽口，其 H

面投影为 s、t 两个封闭图形。s 是一梯形封闭形，对应 V 面与 W 面都没有相象四边梯形，而相应只有两个直线段 s' 与 s''，而且是水平直线段，则可知 S 平面为水平面；t 封闭形是一个四边形，对应 V 面与 W 面，都各有相象的四边形 t' 和 t''，则说明 T 平面是一般位置平面(没有积聚性，也不反映实形)。T 与 S(H 面投影为相邻的两封闭图形 t 与 s)平面的几何关系，不是上下错开，而是相交(与 AB)。综合以上分析，即可认识该立体的确切形体。

(三)综合分析法

综合分析法，就是将形体分析法与线、面分析法综合起来，分析形体的整体情况。对于一个组合体，先是形体分析，拆成若干个基本形体，研究基本形体的投影，对不清楚的部位，进行线、面分析，想出形体的空间形状。对挖切或贯穿的物体，要判断是属于那一种基本形体；截切部位，实际切掉的也是某一基本形体；对细部，用线面分析法进行分析。

[例 8-8] 已知形体的三面视图(图 8-15a))，想出形体的空间形状。

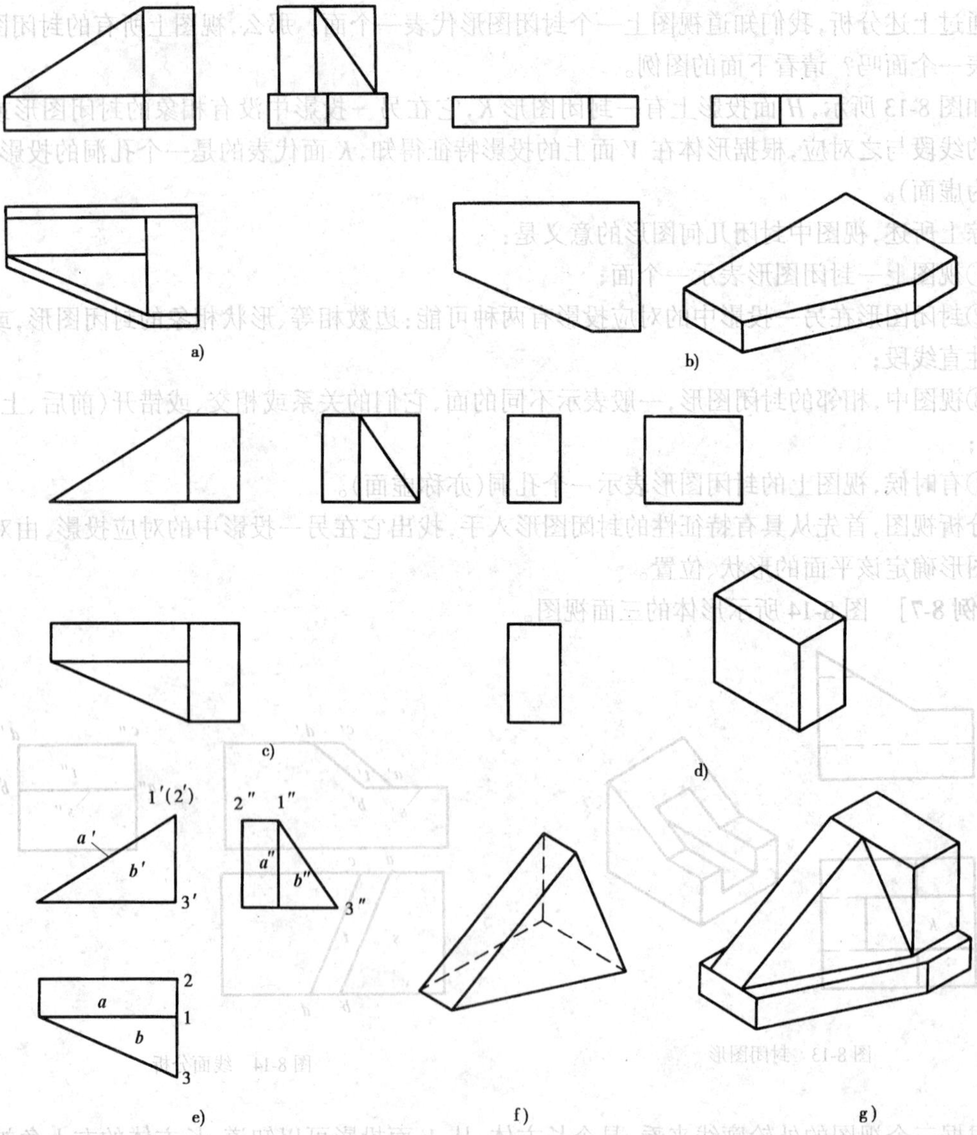

图 8-15 综合分析

解 用形体分析法，从 W 面入手，根据投影关系，将形体分为上下两部分，下部分是一块底板切掉一个角（图 8-15b））。上部分（图 8-15c）），从 V 面投影可以看出，形体又分为左右两部分，右边为一四棱柱（图 8-15d）），左边则需用线面分析法来确定形体的形状。如图 8-15e），H 面上有 A、B 两个封闭图形，代表两个不同位置的平面，A 封闭形是一矩形，在 V 面投影上没有同边数图形与之对应，所对应的是一直线，则 A 平面是正垂面，它在 H、W 面上的投影成缩小了的类似图形。B 封闭图形是一个三角形，V 面投影上有类似图形与之对应，说明该平面与 V、H 面倾斜，但是否倾斜 W 面呢？这要看三角形中有没有一条侧垂线，若有侧垂线，则为侧垂面，若没有，则为一般位置平面。在这个三角形中找不到侧垂线，所以，该三角形平面是一般位置平面。图中ⅠⅡ为正垂线，ⅠⅢ为侧平线，该二直线所组成的面平行 W 面，再根据视图中各线、面的相互位置关系即可想出物体的形状，图 8-15f），后边为一三棱柱，前边是一个三角块。将以上分析结果，组合起来得到图 8-15g）的形状。

［**例 8-9**］ 根据底板的两面视图（图 8-16a）），补画侧面视图。

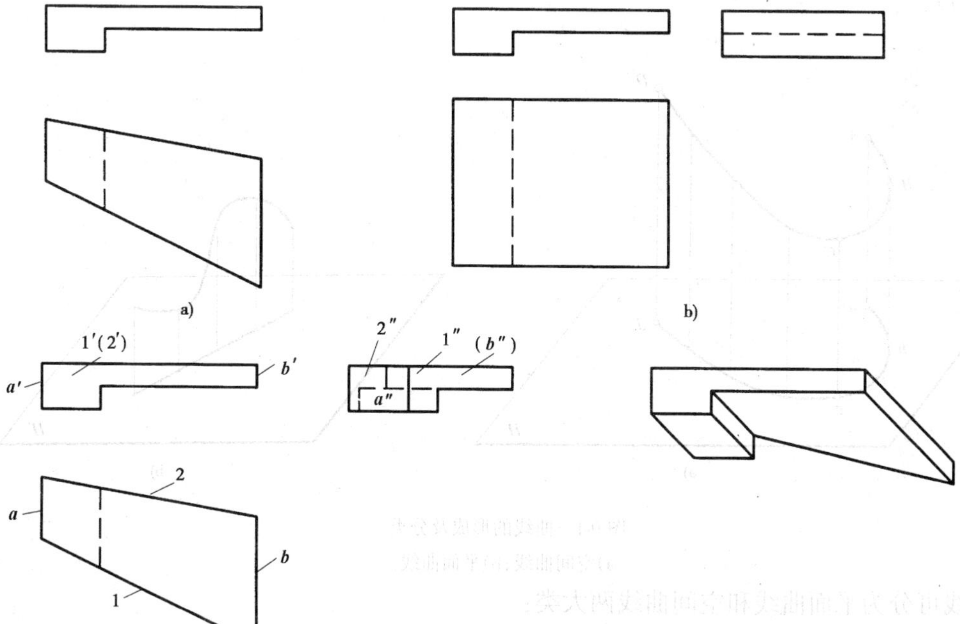

图 8-16 根据两面视图补画第三视图

解 (1)分析 由两面视图补画第三面视图，首先应分析已知视图所给出的形体空间形状。①该形体为一块矩形板，右下部被挖掉一块（图 8-16b））；②从图 8-16a）中 H 面投影可知，底板的前后分别被两个铅垂面切割，为一倒放的 L 形。

(2)作图（图 8-16c））

①按投影关系，补画侧平面 A。

②作铅垂面Ⅰ的侧面图，该平面的侧面投影必需与 1′封闭图形相类似。

③作铅垂面Ⅱ的侧面图，作法同Ⅰ面，注意的是它的侧面投影被底板左侧厚度挡住，画成虚线。

④作侧平面 B 的侧面图。

第九章　曲线和曲面体的投影

第一节　曲　　线

一、曲线的基本知识

(一)曲线的形成和分类

曲线可以看成是一动点不断改变方向的运动轨迹(图 9-1a)),也可视为一系列点的集合(图 9-1b))。

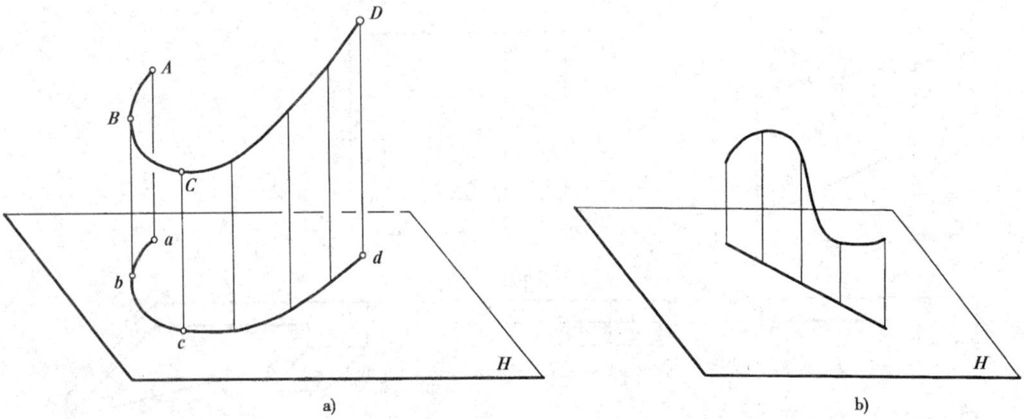

图 9-1　曲线的形成及分类

a)空间曲线;b)平面曲线

曲线可分为平面曲线和空间曲线两大类:

(1)平面曲线:曲线上所有的点都在同一平面内(图 9-1b)),常见的平面曲线有圆周、椭圆、抛物线、双曲线、等高线等。

(2)空间曲线:曲线上各点不全在同一平面内(图 9-1a)),如螺旋线。

(二)曲线的投影

1. 曲线的投影及特性

曲线的投影一般仍为曲线。曲线上任一点的投影,必在曲线的同面投影上。求曲线的投影,就是把曲线上一系列点的投影相连(图 9-1a))。

若平面曲线所在平面垂直于某投影面,则在该投影面上的投影积聚为一条直线(图 9-1b))。

若平面曲线所在的平面平行某一投影面,则曲线在该投影面上的投影反映实形。空间曲线在任何情况下都不可能积聚成直线。

2. 曲线投影图的标注

一条曲线可用一个字母或一些点的字母来标注。空间曲线的投影比较复杂，一般需要标注曲线上一些特殊点，如曲线的端点、最高最低点、最前最后点、最左最右点等，用以说明曲线在投影图中的对应位置，以确定曲线的空间形状(图 9-2a))。对某此曲线的投影，如果两个投影已能表达该曲线而不致引起误解时，可不标注点的字母(图 9-2b))。

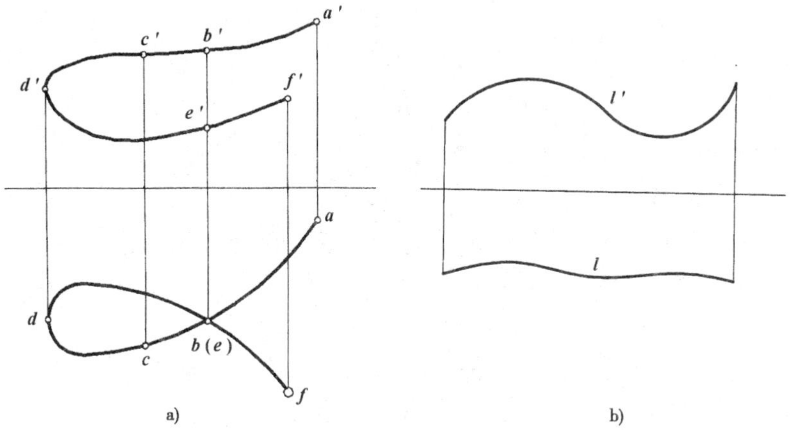

图 9-2　曲线的投影

a)注出曲线上一些点的字母；b)用一个字母注出曲线

二、圆的投影

(一)平行于投影面圆的投影

圆平行于投影面时，则在该投影面上反映圆的实形，圆在另两投影面上的投影形成直线，其长度等于圆的直径。

图 9-3 是一平行 *H* 面的圆平面的投影图。在 *H* 面投影上反映圆平面实形。因圆平面垂直 *V* 面、*W* 面，故在 *V* 面上的投影积聚成一条平行 *OX* 轴的直线，其长度等于圆的直径，在 *W* 面上的投影积聚成一条垂直 *OZ* 轴的线。

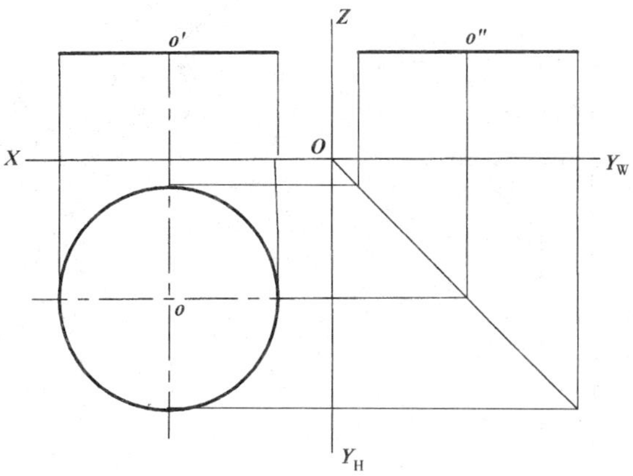

图 9-3　圆平面的投影图

(二)倾斜于投影面圆的投影

当圆倾斜于投影面时，它的投影成一椭圆，如图 9-4 中的 *V* 投影。圆心的投影为投影椭圆心；圆内平行于 V 面的直径 AB 的投影 $a'b'$ 为投影椭圆的长轴，长轴等于圆的直径，圆内与 AB 垂直的直径 CD 为投影椭圆的短轴，也是圆平面内对正平面的一条最大斜度线，圆内的任意一对互相垂直的直径，投影后一般不再相互垂直，称为椭圆的一对共轭直径，椭圆上相互垂直的长、短轴，是共轭直径的一对特例，根据长、短轴及共轭直径作椭圆的方法详见第十四章图 14-52、图 14-53、图 14-54)。

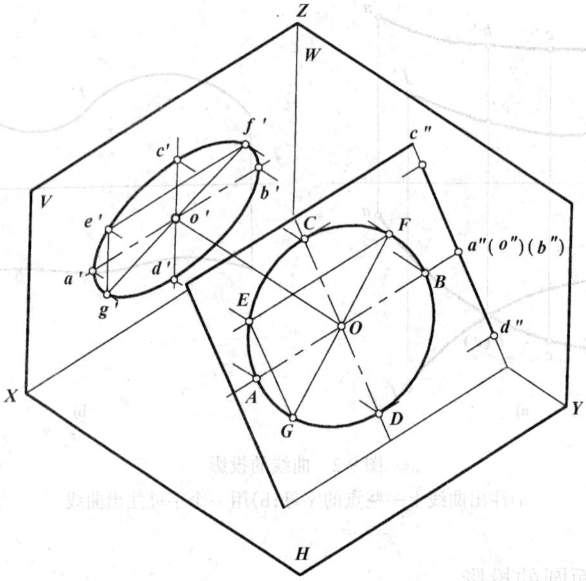

图 9-4　倾斜于投影面圆的投影

图 9-5a)所示，圆垂直于 V 面，倾斜于 H 面，它在 V 面上的投影积聚成一斜直线，在 H 面上的投影为椭圆，椭圆长轴为圆的正垂方向的直径 AB 的投影 ab，故 $ab \perp$ OX 轴，长度为 $2R$；

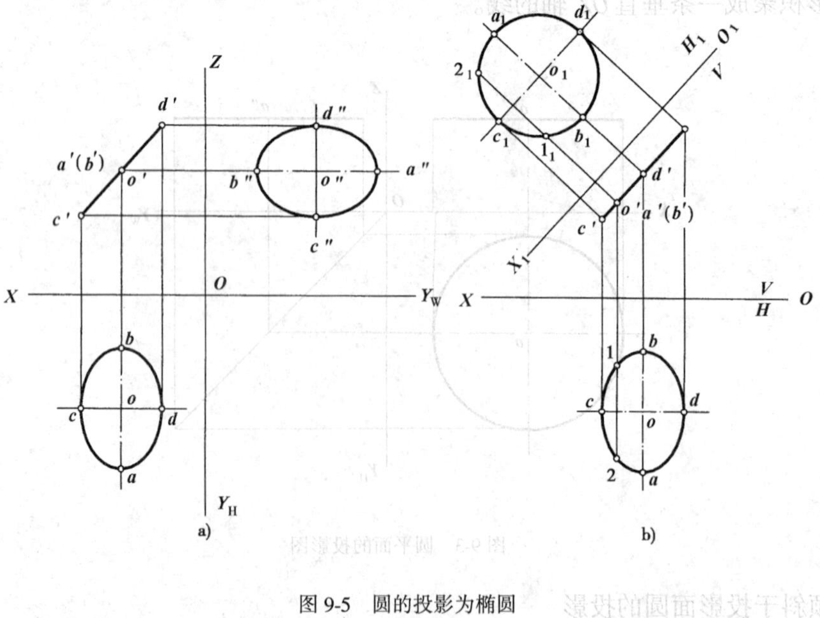

图 9-5　圆的投影为椭圆

短轴 $cd \perp ab$,是为圆上的正平线,长度可由 $c'd'$ 在 H 面上的投影 cd 相应定出。

图 9-5a)中,圆的 W 面投影也是一个椭圆,椭圆上的长、短轴,仍是圆上 AB 和 CD 直径投影的结果。

已知椭圆的长短轴,除按第十四章中所示的近似方法画出椭圆外,也可按换面法求出椭圆上各点的投影,然后用曲线板光滑连成椭圆(图 9-5b))。

第二节　曲面体的投影

由曲面或曲面与平面围成的形体称为曲面体。常见的基本曲面体有:圆柱体、圆锥体、球体、环体等。本节主要介绍常见曲面体的形成方式、投影特点、曲面上的定点及截切。

一、柱体

(一)圆柱体

1. 圆柱体的形成

圆柱体形成方法之一,如图 9-6 所示,一直线 AA_1,绕与其平行的另一直线 OO_1,旋转,所得的轨迹是一圆柱面。直线 OO_1 为轴线,AA_1 为母线,母线 AA_1 在圆柱面上任一位置时,称为圆柱面的素线。若把母线 AA_1 和轴线 OO_1 连成一矩形平面,该平面绕 OO_1 轴旋转的轨迹就是圆柱体。圆柱体是两个互相平行且相等的平面圆(即顶面和底面)和一圆柱面所围成。

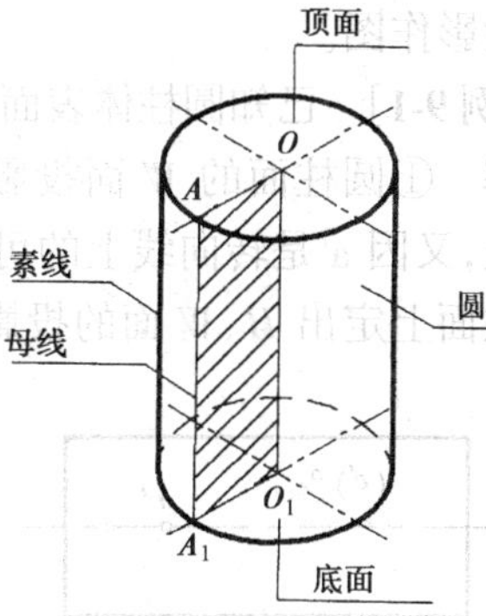

图 9-6　圆柱体的形成

圆柱体的特点是:垂直柱轴截,正截面是圆;平行柱轴可以在圆柱面上取直线。

2. 圆柱体的投影

图 9-7 是一垂直 H 面的圆柱体,在 H 面上投影,圆柱曲面有积聚性,投影成一个圆;

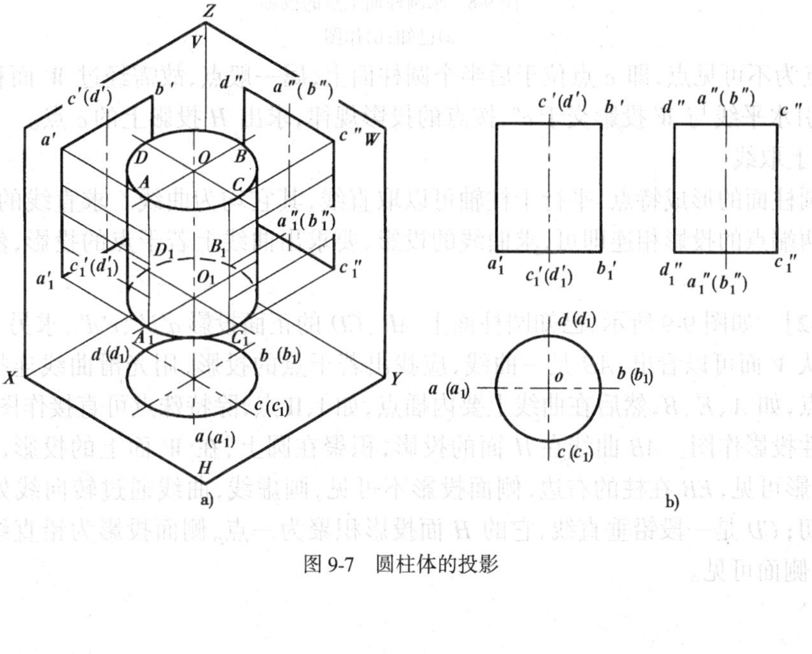

图 9-7　圆柱体的投影

顶面圆和底面圆平行 H 面，均重影于该圆上，并反映实形。圆柱体在 V 面上的投影是一矩形线框，其几何意义表示前半个圆柱面和后半个圆柱面的重叠投影；矩形线框的最上、最下两条水平线段是圆柱体顶圆和底圆的积聚投影，其长度反映圆的直径；矩形线框的最左、最右两条竖直垂线是圆柱面上最左、最右两条轮廓线 AA_1、BB_1 称 V 面转向线（是投射光面与圆柱曲面的切线，不同于棱柱体的棱线，随投影方向不同而改变）。圆柱体的 W 面投影仍为矩形线框，$d''d''_1$ 和 $c''c''_1$ 为圆柱体 W 面转向线。

需要注意的是：曲面体上的转向线是曲面上可见与不可见部分的分界线。

3．圆柱面上取点、线

(1)面上取点

在圆柱体表面上取点的方法是：特殊点（转向线上的点）直接定；一般点需经过圆柱面的积聚性投影作图。

［例 9-1］ 已知圆柱体表面上点 A 和 C 的 V 面投影，求点 A 和点 C 的其他投影（图 9-8a)）。

解 ①圆柱面的 W 面投影有积聚性，因而圆柱面上点的 W 投影一定积聚在圆柱面的 W 投影上，又因 a' 是转向线上的可见点（特殊点），说明 A 点位于圆柱面前边的转向线上，可直接在圆柱面上定出 H、W 面的投影 a 和 a''。

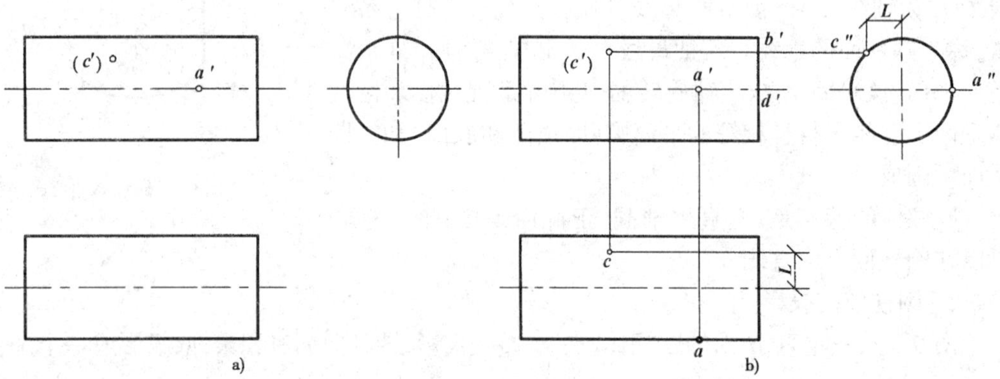

图 9-8 求圆柱面上点的投影

a)已知；b)作图

②c' 点为不可见点，即 c 点位于后半个圆柱面上，属一般点，故需经过 W 面积聚性投影作图。过 c' 引水平线与 W 投影交于 c''，按点的投影规律，求出 H 投影上的 c 点。

(2)面上取线

根据圆柱面的形成特点，平行于柱轴可以取直线，其它均为曲线。求直线的投影，只要求出直线上两端点的投影相连即可，求曲线的投影，要求出曲线上若干点的投影，然后光滑的连成曲线。

［例 9-2］ 如图 9-9 所示，已知圆柱面上 AB、CD 的正面投影 $a'b'$、$c'd'$，求另二投影。

解 从 V 面可以看出，AB 是一曲线，应找出若干点的投影，用光滑曲线连接。找点时应先找特殊点，如 A、E、B，然后在曲线上要内插点，如 Ⅰ、Ⅱ 点，除特殊点可直接作图外，其他点均通过积聚性投影作图。AB 曲线在 H 面的投影，积聚在圆上，在 W 面上的投影，AE 在柱的左边，侧面投影可见，EB 在柱的右边，侧面投影不可见，画虚线，曲线通过转向线处（E 点）要与转向线相切；CD 是一段铅垂直线，它的 H 面投影积聚为一点，侧面投影为铅直线 $c''d''$，CD 在圆柱左边，侧面可见。

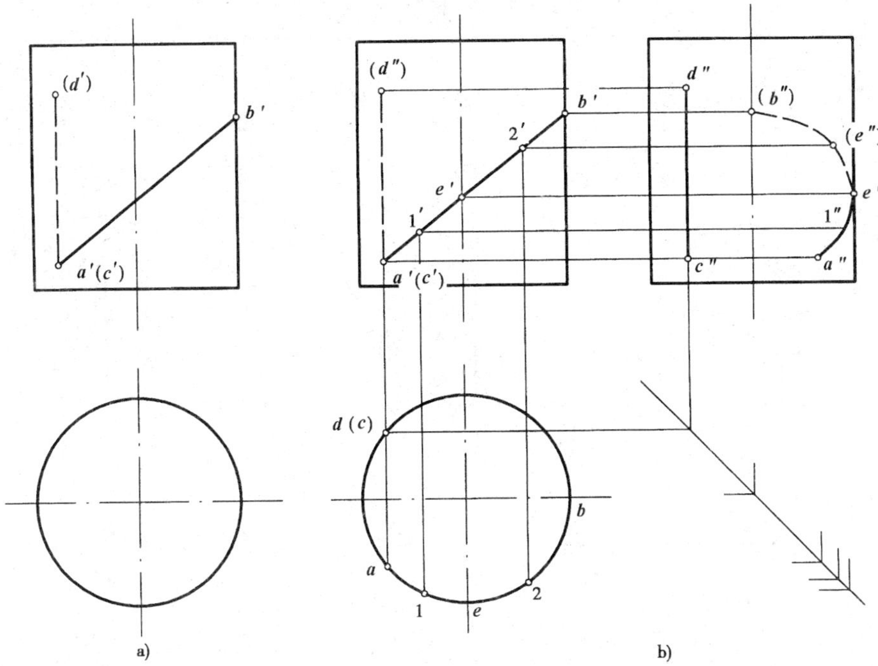

图 9-9　求圆柱面上线的投影

4. 圆柱体的截交线

图 9-10 所示木屋架端部节点下弦截口的投影。可看成是由两个平面 R_V 和 P_V 截割圆柱所形成。

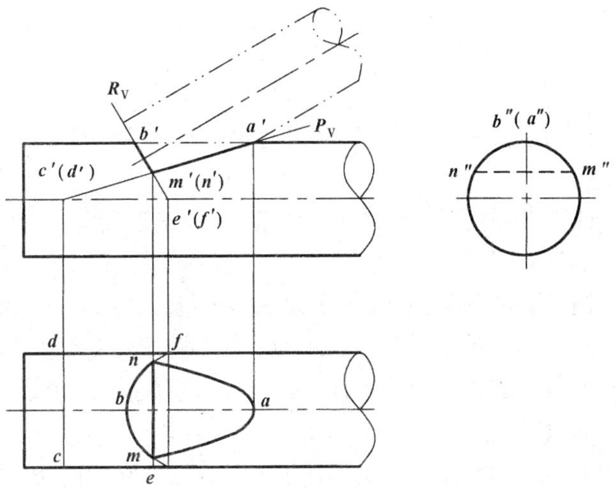

图 9-10　平面截割圆柱

根据截平面与圆柱曲线不同的位置,圆柱上的截交线有圆、椭圆、矩形三种形状,如表 9-1 所示。

 表 9-1

截平面 P 位置	垂直于圆柱轴线	倾斜于圆柱轴线	平行于圆柱轴线
轴测图	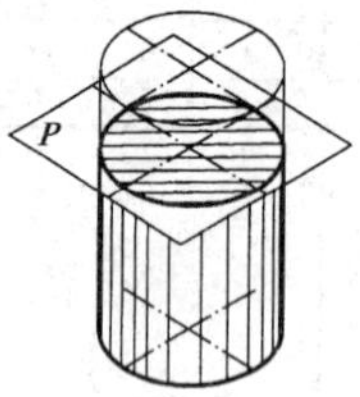	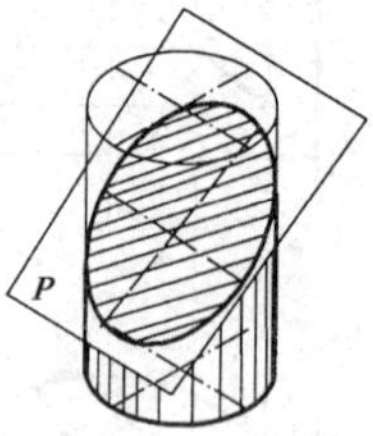	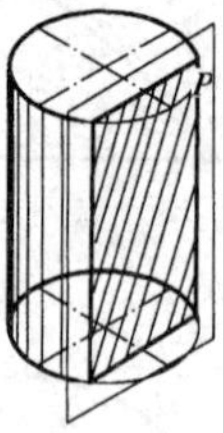
投影图	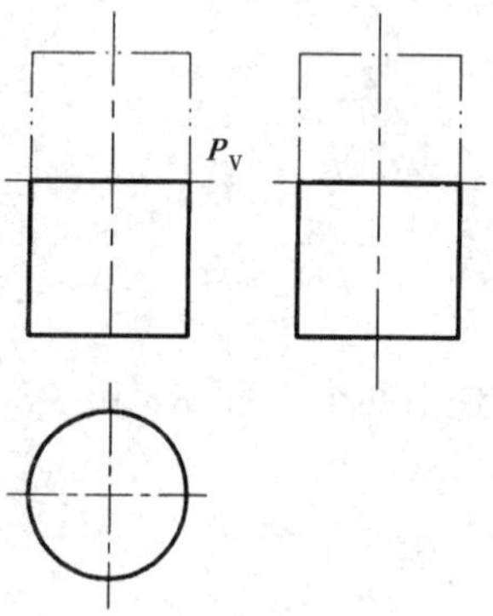	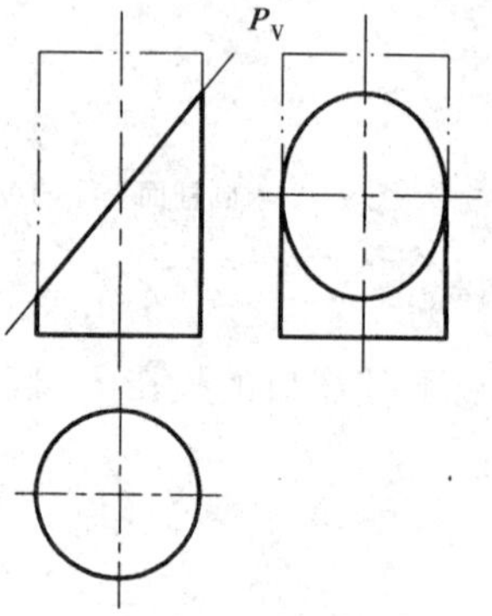	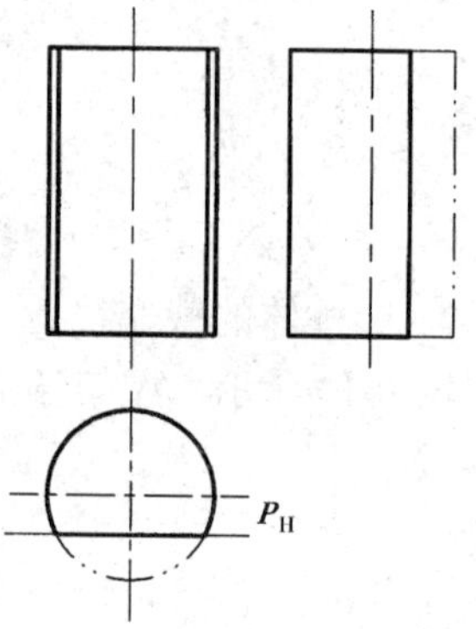

[例 9-3] 已知正圆柱分别被正垂面 P、水平面 Q 和侧平面 R 所截，求作截交线的投影（图 9-11）。

解 (1)分析：①圆柱轴线垂直于 H 面，截平面 P 为正垂面，与圆柱轴线斜交，交线为椭圆（部分），椭圆长轴平行于 V 面，短轴垂直于 V 面，椭圆的 V 面投影为一直线段，与 P_V 重影，椭圆的 H 面投影，落在圆柱面的积聚性投影上，即 cab 所包围的部分。②截平面 Q 为水平面，与圆柱轴线垂直，截交线是一小部分圆，且在 H 面上反映实形，交线的 W 投影积聚为一直线。③截平面 R 为侧平面，截交线为一矩形平面，在 W 面上反映实形。

(2)作图：以截平面 P 为例。

①求特殊点，即长短轴上的点 Ⅰ、Ⅱ、A 和柱顶面 B、C 点，它们的 H 面投影均积聚在圆柱面的积聚性投影上。因长、短轴上的点 Ⅰ、Ⅱ、A 在转向线上，故 W 面投影直接定。B、C 点的 W 面投影则经过 H 面上的积聚性投影作图。

②求一般点：为使作图准确，需要再求截交线上若干个一般点，如在截交线 V 面投影上任取一点 $3'$，据此求出 H 投影 3 和 W 投影 $3''$，由于椭圆是对称图形，可作出与点 Ⅲ 对称的 Ⅳ 点的投影。

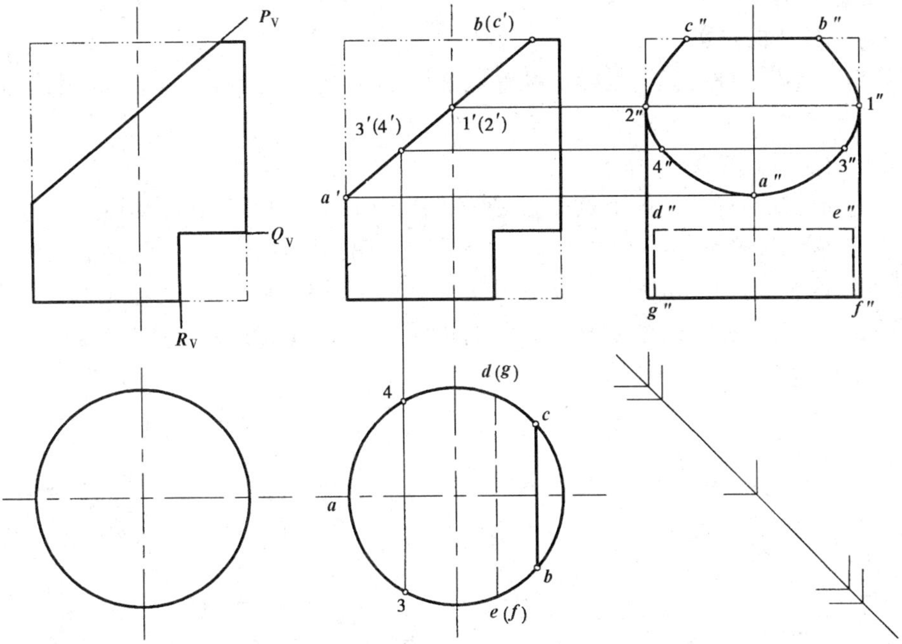

a) b)

图 9-11 作圆柱的截交线
a)已知;b)作图

③连点:在 W 投影上,按顺序依次连接 $c''-2''-4''-a''-3''-1''-b''$各点,即为椭圆形截交线的 W 投影。

Q 面、R 面截交线的投影,读者可自行作出。

④整理描深图形:作出各交线的 W 投影后,要进行整理,如 1″、2″上部的转向线被切掉了,故不应画线,1″、2″以下的转向线应加深保留。

(二)斜椭圆柱体

1. 斜椭圆柱体的形成

形成方法之一,以底圆为曲导线,母线与底圆倾斜所生成的曲面,其截面为椭圆,这种曲面叫斜椭圆柱体(图 9-12a))。

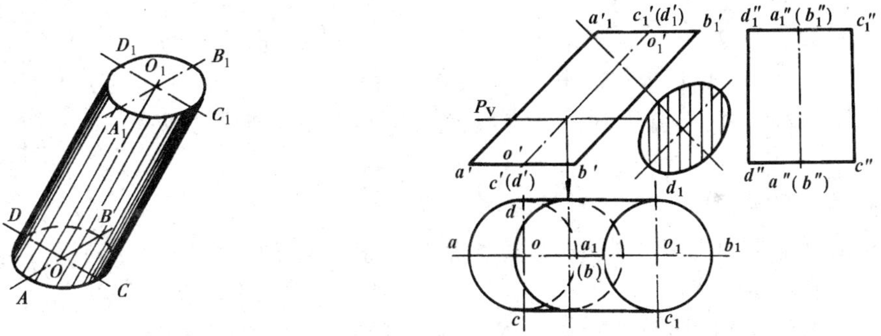

a) b)

图 9-12 斜椭圆柱体的形成及投影
a)形成;b)投影

斜椭圆柱体的特点是:垂直轴线的正截面为椭圆;平行于柱轴可取直线;以平行于柱底的

平面截该曲面时，截交线是一个圆。

2．斜椭圆柱体的投影

图9-12b)，斜椭圆柱的三个投影都没有积聚性，水平截面都是大小相等的圆，圆心在 OO_1 的连线上。

3．斜椭圆柱面上的点

［例9-4］ 已知斜椭圆柱面上点 A 的正面投影 a'，求水平投影 a（图9-13a））。

解 因斜椭圆柱投影无积聚性，所以，要利用面上的辅助线作图。因为此柱面为直线面，平行柱轴可以取直线，而且水平截面都是圆，故可利用直素线或水平圆作辅助线。它们的作图方法分别见图9-13b)、c)。先过 a' 作辅助线的正面投影，求出辅助线的水平投影，则点的水平投影必在辅助线的水平投影上。

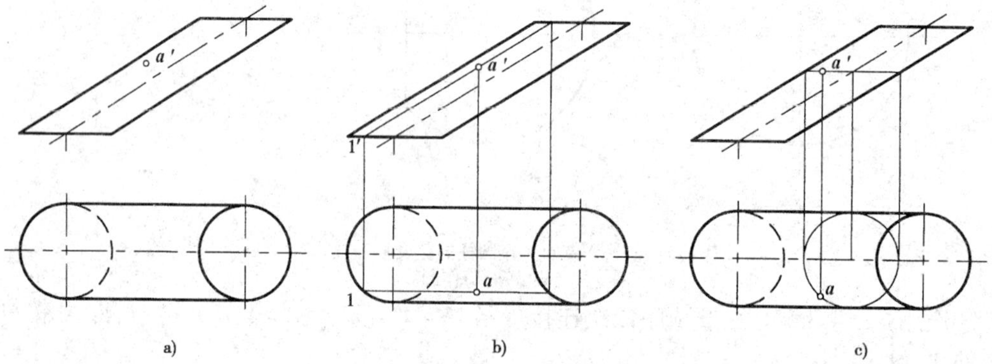

图9-13 求斜椭圆柱面上点的投影

a)已知；b)作素线；c)作水平图

二、锥体

（一）圆锥体

1．圆锥体的形成

如图9-14所示，一直线 SA 绕与它相交的另一直线 SO 旋转，所得的轨迹为圆锥面，SO 称为锥轴，SA 称为母线，母线在圆锥面上的任一位置称为素线。如果把母线 SA 和轴 SO 连成一直角三角形 SOA，该平面绕直角边 SO 旋转，它的轨迹就是正圆锥体。正圆锥的底面为平面圆，从锥顶 S 到底面圆的距离为圆锥体的高。

圆锥体的特点是：垂直于圆锥轴线截，正截面是圆，过锥顶可以取直线。

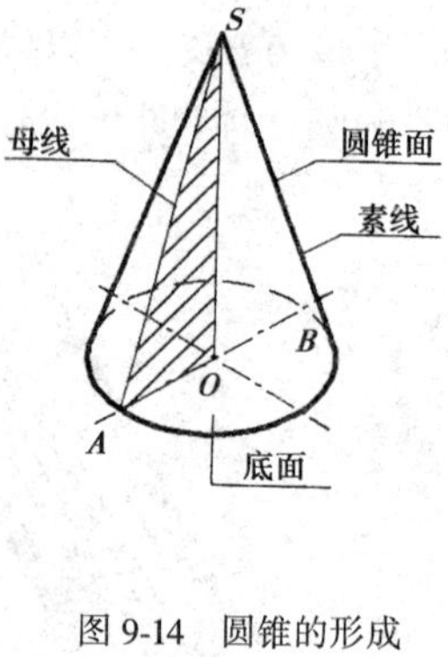

图9-14 圆锥的形成

2．圆锥体的投影

图9-15a)，圆锥体轴线垂直 H 面，底面平行 H 面，其三面投影如图9-15b)所示。

水平投影是一个圆，它是圆锥面和底面的重合投影，反映底面的实形。

正面投影是一个三角形，它是前半个圆锥面和后半个圆锥面的重合投影，三角形底边是圆锥底面的积聚投影，其长度等于圆的直径。左右两条边 $s'a'$ 和 $s'b'$ 是圆锥最左、最右两条轮廓素线（转向线）SA 和 SB 的投影，该转向线在 H 面上的对应投影是中间的水平点划线 sa 和 sb，

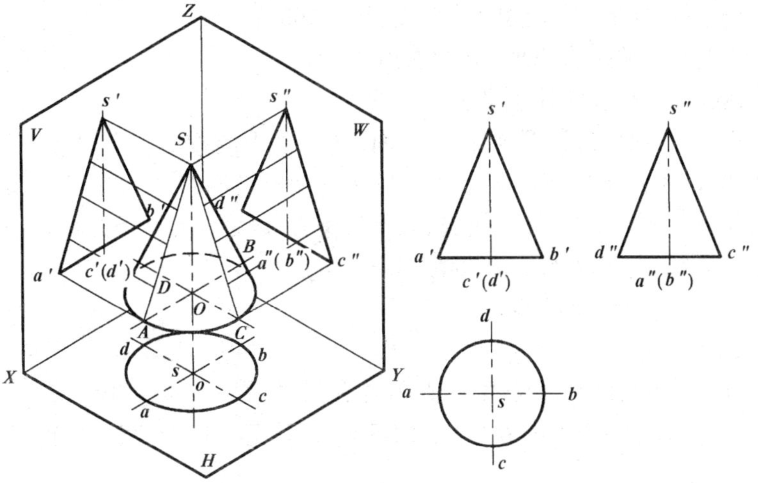

a) b)

图 9-15 圆锥体的投影

三角形 $s'a'b'$ 即为圆锥体在 V 面上的投影。

圆锥体在 W 面上的投影也是三角形，分析方法与上述相同。

3. 圆锥面上取点、线

(1)面上取点

求作圆锥体表面上点的投影有两种方法，一种是素线法；另一种是纬圆法。

[例 9-5] 已知圆锥体表面上点 K 的 V 面投影 k'，求 K 点的其余二投影(图 9-16a))。

解 方法一：素线法(过锥顶以素线作辅助线)

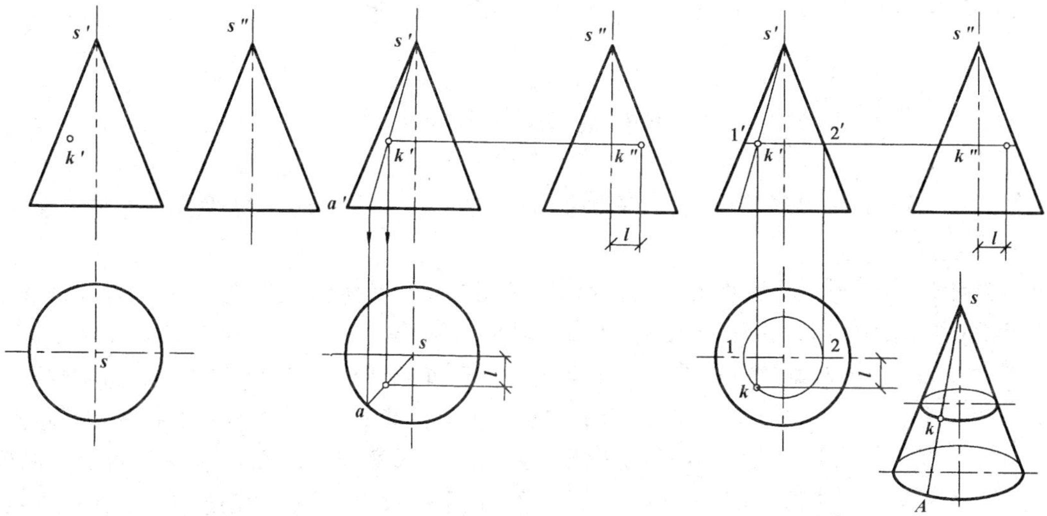

a) b) c)

图 9-16 圆锥体表面上点的投影

a)已知；b)素线法；c)纬圆法

①过点 k 作素线 SA 的 V、H 投影 $s'a'$、sa(图 9-16b))。

②根据直线上的点的投影原理,由 k'求出 k 和 k''。

方法二:纬圆法(平行底圆作水平圆)

①过点 k 作一纬圆,因纬圆是 H 面平行面,在 V 面上的投影应为一条平行 OX 轴的直线,故过 k'作一水平线(平行 OX 轴),与 V 面上投影的两条转向线分别交于 $1'$和 $2'$,此线即为纬圆的 V 面投影。然后求纬圆的 H 面投影,以 s 为圆心,以 $1'2'$为直径作圆,即为椭圆的 H 面投影。自 k'向下引垂线,与纬圆的 H 面投影相交于 k 点。

②根据 k'和 k 可求得 k''(图 9-16c))。

(2)面上取线

圆锥体表面上只有过锥顶才能取直线,其他任何形式的线都是曲线。

[例 9-6] 已知圆锥面上 AB、BC 的 V 面投影,求作另二投影(图 9-17)。

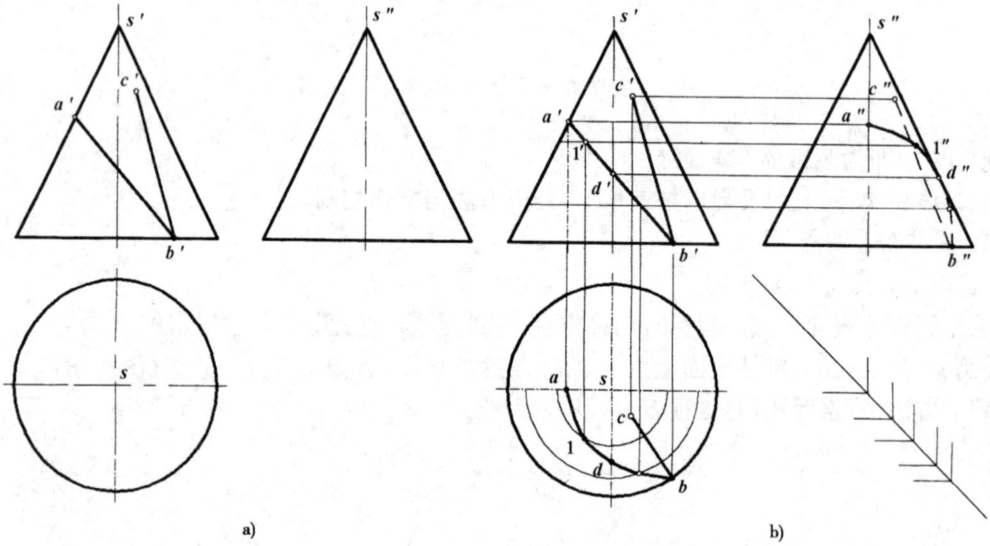

图 9-17 求圆锥面上线的投影

a)已知;b)作图

解 (1)分析:AB 线是曲线,是椭圆的一部分;CD 线延长过锥顶,是素线的一段。

(2)作图:按圆锥面上取点的方法,先作 AB 线的H、W 投影,其中 A、D、B 是曲线上的特殊点,可直接作图,注意 D 点水平投影的求法,可先定 W 投影,再根据 W 投影返回到 H 投影上。一般点,需作辅助线找点。用素线法或纬圆法均可,如 1 点的求法,过 $1'$作平行锥底的线,该线的水平投影是一圆,1 点的水平投影就在圆上,$1''$可根据点的投影规律定出。然后,将所求各点光滑连接,AB 的水平投影为可见,画实线,侧面投影 $a''d''$可见,画实线,$d''b''$不可见,画虚线。CD 通过锥顶,是直线,水平投影,将 sb 相连,过 c'作铅垂线,投到 sb 上即得 c 点,cb 相连即为所求,再将 $s''b''$相连,过 c'作横平线与 $s''b''$交于 c'',$c''b''$是虚线,最后整理加深。

4. 圆锥体的截交线(表 9-2)

圆锥体的截交线　　表 9-2

截平面 P 位置	截平面垂直于圆锥轴线	截平面与锥面上所有素线相交	截平面平行于圆锥面上一条素线	截平面平行于圆锥面上两条素线	截平面通过锥顶
截交线空间形状	圆	椭　圆	抛 物 线	双 曲 线	两 条 素 线
	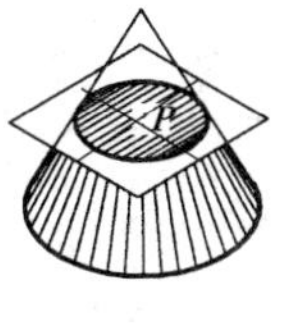	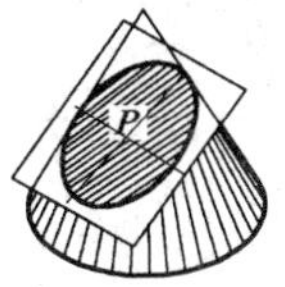	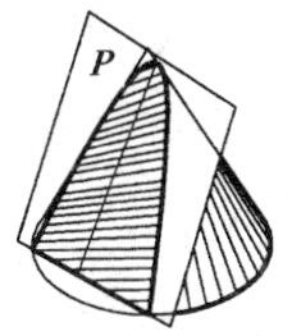	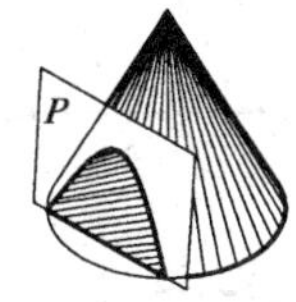	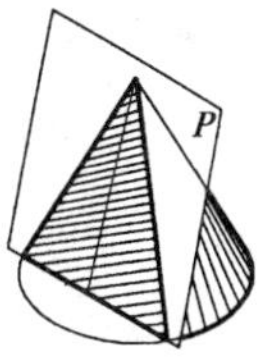
投影图	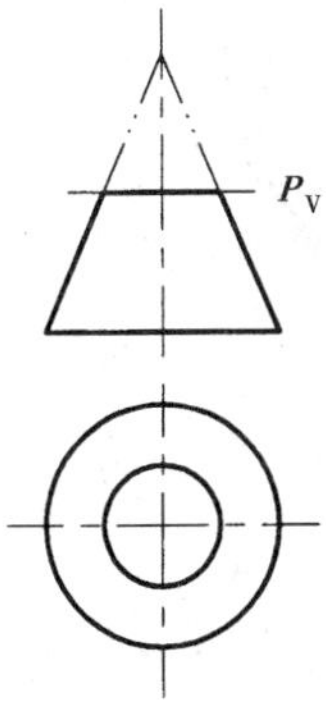	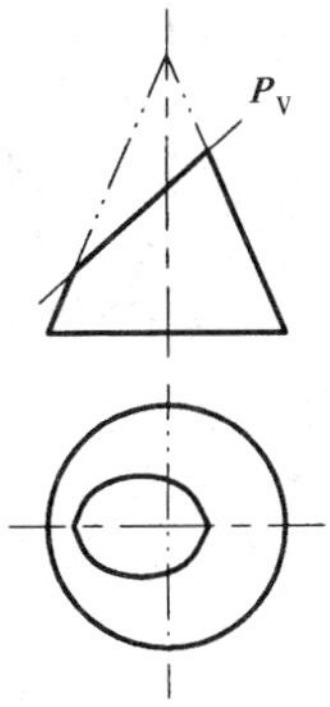	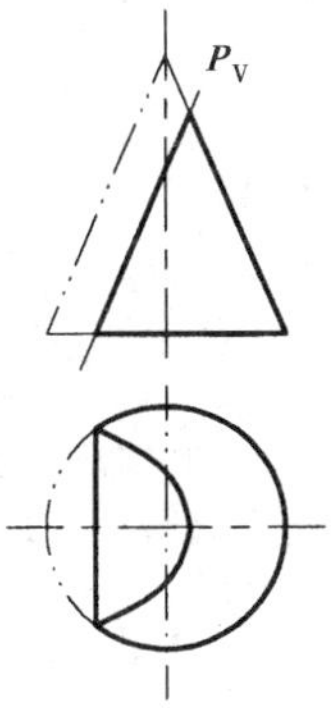	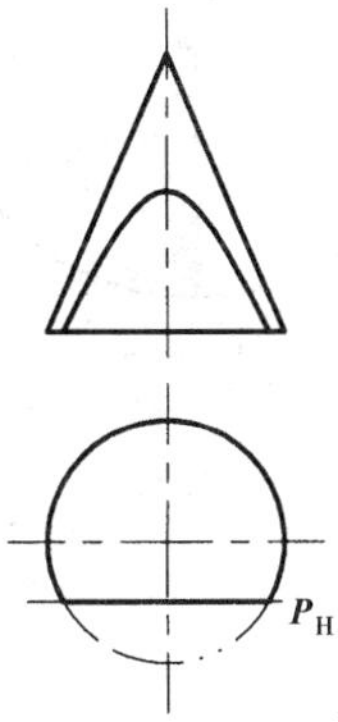	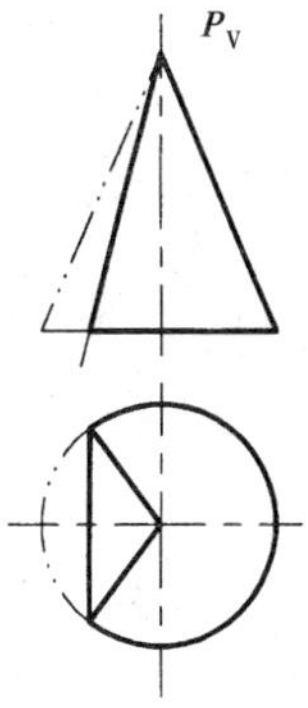

求截交线的投影时,除截交线是直线和圆以外其它的几种曲线,都需要找出若干个点滑连接,因此,基本作图方法是在圆锥面上取点。

[例 9-7]　补全带切口的圆锥的水平投影(图 9-18)。

解　(1)分析:切口由水平面 P 和正垂面 Q 组成,水平面截得的交线是部分水平圆;正垂面截得的交线为椭圆的一部分。两截交线均垂直 V 面,在 V 面投影上积聚为二直线,水平投影为圆和椭圆曲线。

(2)作图:

①作 P 面截交线的投影,因交线的 H 面投影是部分水平圆,故过 P_V 作纬圆,在 H 面投影上,求出部分水平圆和 P、Q 两平面交线 AB 的投影 a、b,故 ABL 所围成的图形即为所求。

②作 Q 面截交线的投影:

a.求特殊点　在 V 面投影上,Q_V 与圆锥的 V 面投影轮廓线的交点,是椭圆短轴上的端点 c 的 V 面投影 c',此点在转向线上,可直接通过 c' 向下引垂线定出 H 面投影上 c 的位置。

b.求一般点　用纬圆法求最前最后素线(转向线)与 Q 面的交点 M、N 和一般点 E、D 的 H 投影 m、n、e、d。

③连点,在 H 投影中,依次连接 $b-m-e-c-d-n-a$ 各点,即得椭圆的 H 投影。

[例 9-8]　已知穿孔圆锥的 V 面投影,求 H 和 W 面投影(图 9-19a))。

解　(1)分析:从给出的 V 面投影可知,圆锥上的穿孔是由正垂面 P、水平面 Q_1、Q_2 和侧

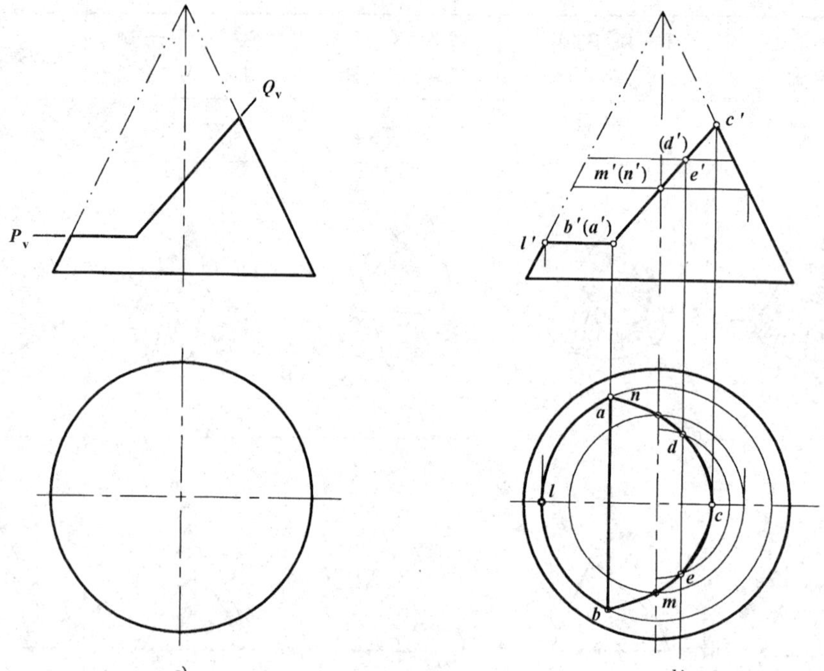

a)　　　　b)

图 9-18　作圆锥体的截交线

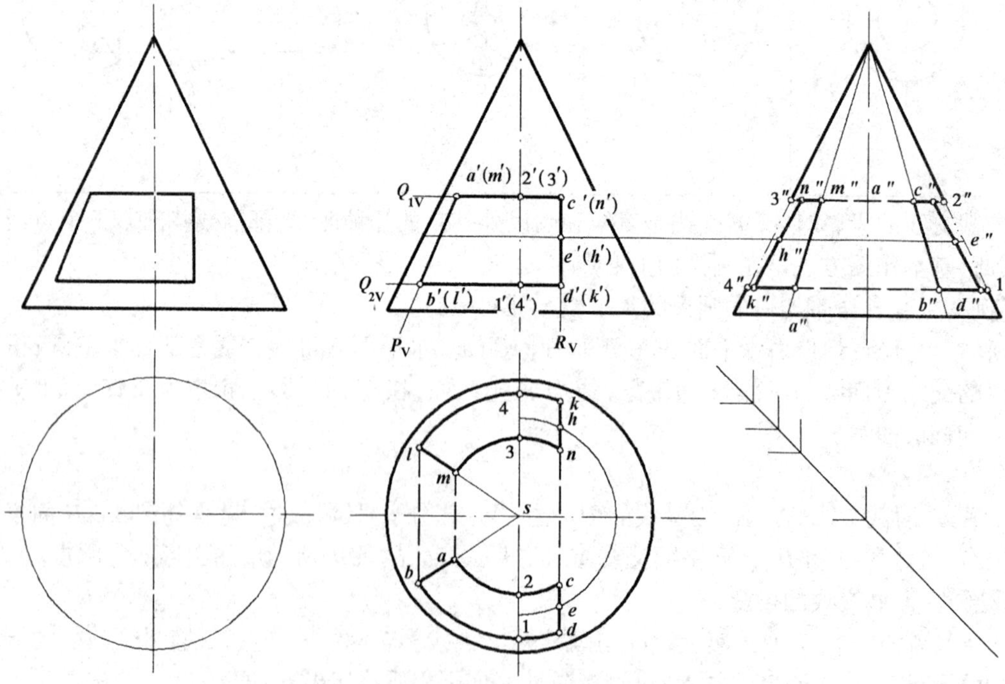

a)　　　　b)

图 9-19　圆锥的切口和穿孔

a)已知;b)作图

平面 R 切割圆锥而形成的。其中 P 面通过锥顶,截交线为前后两条直线(素,线);Q_1、Q_2 面垂直圆锥轴线,截交线为前后四段圆弧;R 面平行于锥轴,截交线为前后两段双曲线。

(2)作图(图 9-19b)):

按圆锥面上前、后各有 AB、BD、DC、CA（ML、LK、KN、NM）四段线来求 H、W 投影。作图方法仍是面上取点、线。

①作水平面 Q_1、Q_2 与圆锥的截交线 AC、BD、MN 和 LK，图中采用纬图法求作，交线的 H 面投影分别为 ac、bd、mn 和 lk 四段圆弧，W 面投影为四段水平直线（$a''c''$、$b''d''$、$m''n''$、$l''k''$）。

②作过锥顶的正垂面 P 与圆锥的截交线，在 H 面投影上连 sb、sl，其中 ab、ml 为所求。同样可求得截交线 w 投影 $a''b''$、$m''l''$。

③作侧平面 R 与圆锥的截交线 CD、NK，因该交线平行 W 面，故交线的 H 面投影为垂直 OX 轴的直线 cd、nk，侧面投影则反映双曲线特征。作图时，需要找出曲线上若干点的投影，如 E 点的求法，在 V 面 $c'd'$ 线上任选一 e' 点，利用纬圆法求出 e' 点在 H 面上的对应投影 e，再由点的投影关系求出 e''。将曲线上各点光滑连接即可。

(3)求截平面之间的交线，判别可见性，完成圆锥的投影。四个截平面之间两两产生的交线是：AM（P 与 Q_1）、BL（P 与 Q_2）、CN（Q_1 与 R）、DK（Q_2 与 R），连 BL、AM、CN 和 DK 的 H、W 投影（虚线）即可。全部截交线的 H、W 投影均为可见，连成实线。此外，圆锥最前（后）素线 Ⅱ Ⅰ（Ⅲ Ⅳ）之间被截断，故 W 投影前（后）转向线上的 $2''1''$（$3''4''$）之间不能连线。

（二）斜椭圆锥体

1．斜椭圆锥体的形成方法与圆锥面的形成方法类似，但锥顶 s 和圆心 O 的连线不和圆垂直，垂直轴线截，正截面是椭圆（图 9-20a)），这种曲面体称斜椭圆锥体。

2．斜椭圆锥体的投影

当锥顶 S 和底圆的圆心 O 的连线 SO 和 V 面平行时，先画出底圆和顶点 S 的两面投影，然后画出转向线，如图 9-20b)所示，H 面投影上的转向线是与底圆相切的 $S1$、$S2$ 两条线，SO 是顶点和圆心连线，不是轴线，锥面轴线的概念是，有两个或两个以上对称面时，它们的交线称为锥面的轴线。

斜椭圆锥面和圆锥面的性质基本相同，过锥顶的平面截切斜椭圆锥面，截交线是二直线；和底圆平行的平面截切圆锥面，截交线是圆。截平面距离锥顶位置不同，截得的圆的大小不同；截得的圆的半径和圆心位置及两个投影的关系见图 9-20c)。

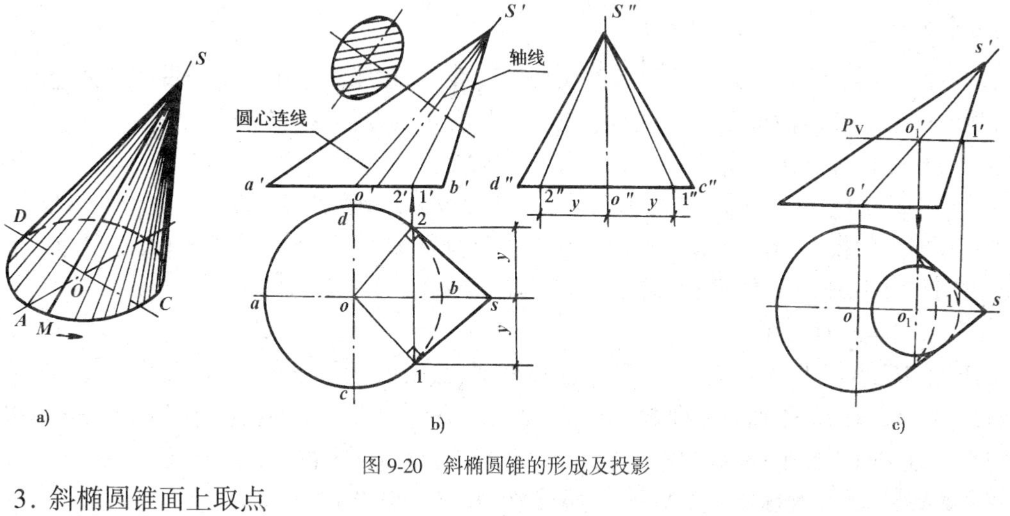

a)　　b)　　c)

图 9-20　斜椭圆锥的形成及投影

3．斜椭圆锥面上取点

因锥面的投影都没有积聚性，所以在锥面上取点，必须借助锥面的辅助线。

斜椭圆锥面上取点的方法是：过锥顶作辅助线；平行底圆作水平圆。

三、圆球体

(一)圆球体的形成

圆球体是由圆母线绕其本身的任一直径为轴旋转一周形成的一种曲面体(图 9-21)。

圆球体的特点是:在球面上截切,其截面为圆;球面为曲线面,在球面上取不到直线。

(二)圆球体的投影

圆球的三面投影是直径相等的三个圆(图 9-21b)),圆的半径均为球的半径,这三个圆是位于球体上不同方向的三个轮廓圆的投影,亦即转向线的投影。V 面投影圆 $a'b'c'd'$ 是球体上平行于 V 面的最大正平圆的正面投影,其水平投影与横向中心线重合,侧面投影与竖向中心线重合;H 面投影 $aecf$,是球体上平行于 H 面的最大圆的水平投影,其正面投影和侧面投影均与横向中心线重合;W 面投影圆 $f''b''e''d''$,是球体上平行于 W 面的最大侧平圆的侧面投影,其水平投影和正面投影与竖向的中心线重合。

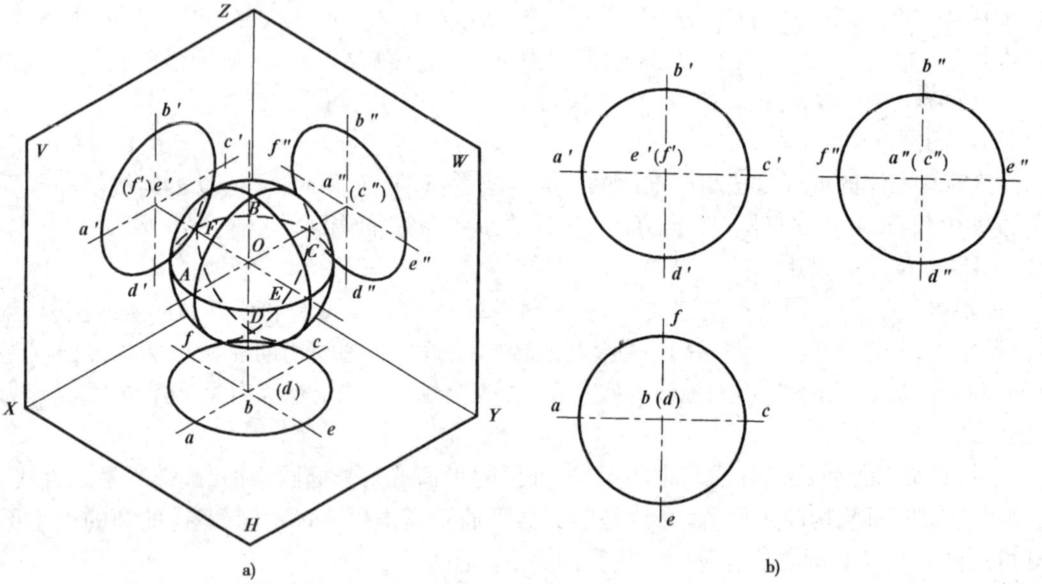

图 9-21 圆球体的投影

(三)圆球体表面上取点

在圆球体表面上取点,只能采用纬圆法作辅助线,即在球面上作平行于投影面的辅助圆。

[例 9-9] 已知球面上点 A 的正面投影 a',求点 A 的 H、W 投影(图 9-22a))。

解 (1)先作过点 A 的纬圆的 V 面投影(图 9-22b))。

(2)根据纬圆的 V 面投影,作出纬圆的 H、W 面投影,纬圆 H 面投影的直径等于 $1'2'$。

(3)根据点的投影规律定出 a 和 a''。从图中可见点 a' 知,A 点位于前半球面上;由 a' 的位置,还可判定 A 在球面的左下角,故 a 不可见,a'' 可见。

(四)圆球体的截交线

圆球体被任何方向的平面所截,截交线都是圆,截平面平行于投影面时,截交线在该投影面上的投影是圆;当截平面垂直于投影面时,截交线在该投影面上的投影积聚成一条与截交圆直径相等的直线;当截平面倾斜投影面时,截交线在该投影面上的投影为椭圆。

[例 9-10] 已知圆球体截切后的 V 面投影,求 H 投影(图 9-23a))。

解 (1)分析:球被两相交平面截切,被水平面 Q 截切,所得截交线为部分圆弧,在 H 面上反映实形;被正垂面 P 截切,其空间截交线为圆,H 面上的投影为部分椭圆。

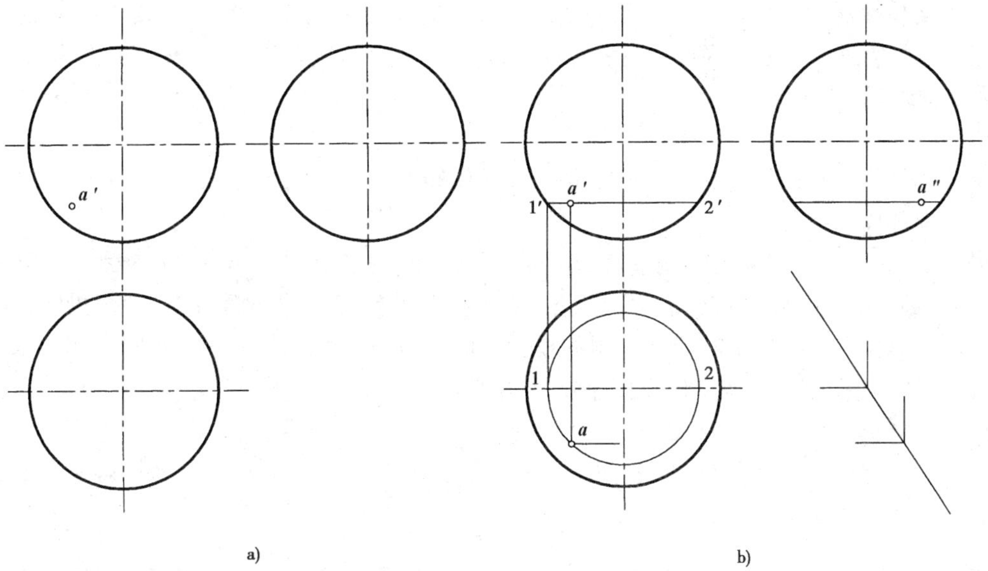

图 9-22　球面上取点

a)已知；b)作图

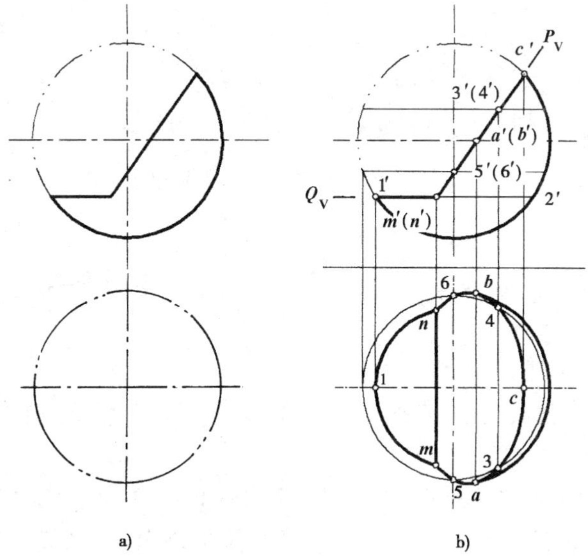

图 9-23　求圆球体的截交线

a)已知；b)作图

(2)作图(图 9-23b))：

①作水平面 Q 与球的截交线，延长 Q_V 与球的 V 面投影轮廓交于 1′、2′点，在 H 面上定出 1′点的对应投影 1，以 1′、2′为直径作出纬圆的 H 投影。

②作正垂面 P 与球的截交线：

a.求截交线上的特殊点，如 A、B、C 点的 H 投影。

b.求截交线上的一般点，如Ⅲ、Ⅳ点，过 3′、4′点作纬圆的 V 面投影，求出纬圆的 H 面投影，过 3′、4′向下引垂线与纬圆相交的点即为Ⅲ、Ⅳ点的水平投影 3、4，V 面投影上的 5′、6′点在转向线上，是特殊点，因无 W 投影，要用求一般点的方法求其水平投影。

③连点并判别可见性。从 V 面投影可以看出,球面上的水平大圆 A、B 之左的一段圆弧已被截掉,故 H 面投影上用双点划线表示或不画线。

四、圆环体

(一)圆环体的形成

圆环体是由圆平面绕与它共面而不相交的轴旋转而成(图 9-24b))。

(二)圆环体的投影

如图 9-24b),当圆环面的轴线垂直 H 面时,它的 H 面投影是两个同心圆,分别是内环面转向圆(又称颈圆)的投影与外环面转向圆(又称赤道圆)的投影。圆环面的 V、W 面投影上的小圆,分别是圆环面对 V 面或 W 面转向圆的投影。而 V、W 面投影上、下两个小圆相切的水平线段,则是圆环面上最高和最低部位两个圆的积聚性投影。

(三)圆环体表面上取点

环体表面上取点可利用纬圆法。图 9-25 表示了已知环面上点 A 的 V 面投影 a',求 H 面投影 k 的作图方法。

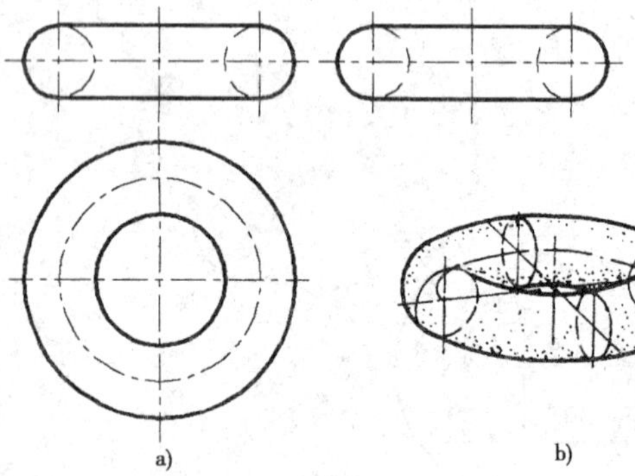

a)　　b)

图 9-24　圆环体的形成及投影

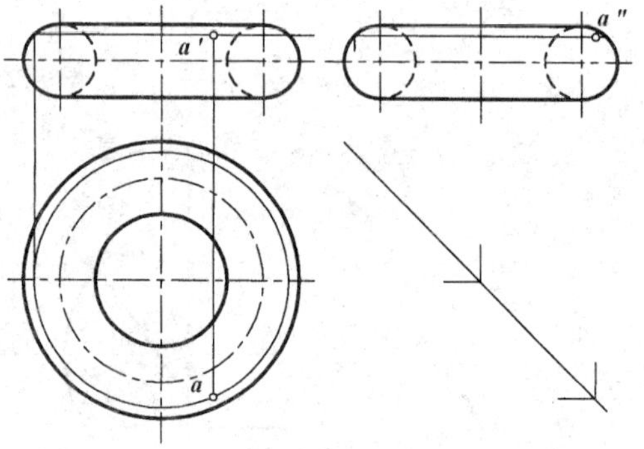

图 9-25　环面上取点

五、双曲抛物面

(一)双面抛物面的形成

以一直线为母线沿着两条交叉直线为导线移动,且始终平行于一个导平面所形成的曲面,称为双曲抛物面。

图 9-26a)是一对交叉直线 AB、CD 为导线,H 面垂直面 Q 为导平面,直线 $L(AD)$为母线,沿着 AB、CD 且平行 Q 面运动时,素线 L_1、L_2…所形成的曲面是一个直纹面,称双曲抛物面。

(二)双曲抛物面的投影图

图 9-26b)所示是 9-26a)的投影图。作图步骤如下:

1. 分直导线 CD 为若干等分(现取 8 份),得各等分点的 H 投影 d、1、2、3…c 和 V 面投影 d'、$1'$、$2'$、$3'$…c'。

2. 作各素线的投影。由于各素线平行于导平面 Q,因此素线的 H 投影都平行于 Q_H。如过分点 I 的素线 $\mathrm{I\,I_1}$,先过 H 面上 1 点作 $11_1 /\!/ Q_H$,求出 11_1 线的 V 面投影 $1'1'_1$,连 $11'_1$ 即为素 $\mathrm{I\,I_1}$ 的 V 面投影。同法作出各等分点素线的两面投影。

3. 作出与各素线 V 面投影相切的包络线。这是一条抛物线。

在图 9-26 中,如以交叉直线 AD、BC 为导线,以 CD 或 AB 为母线,以平行于 AB 的 P 平面为导平面,可形成同一个双曲抛物面,如图 9-26c)所示。

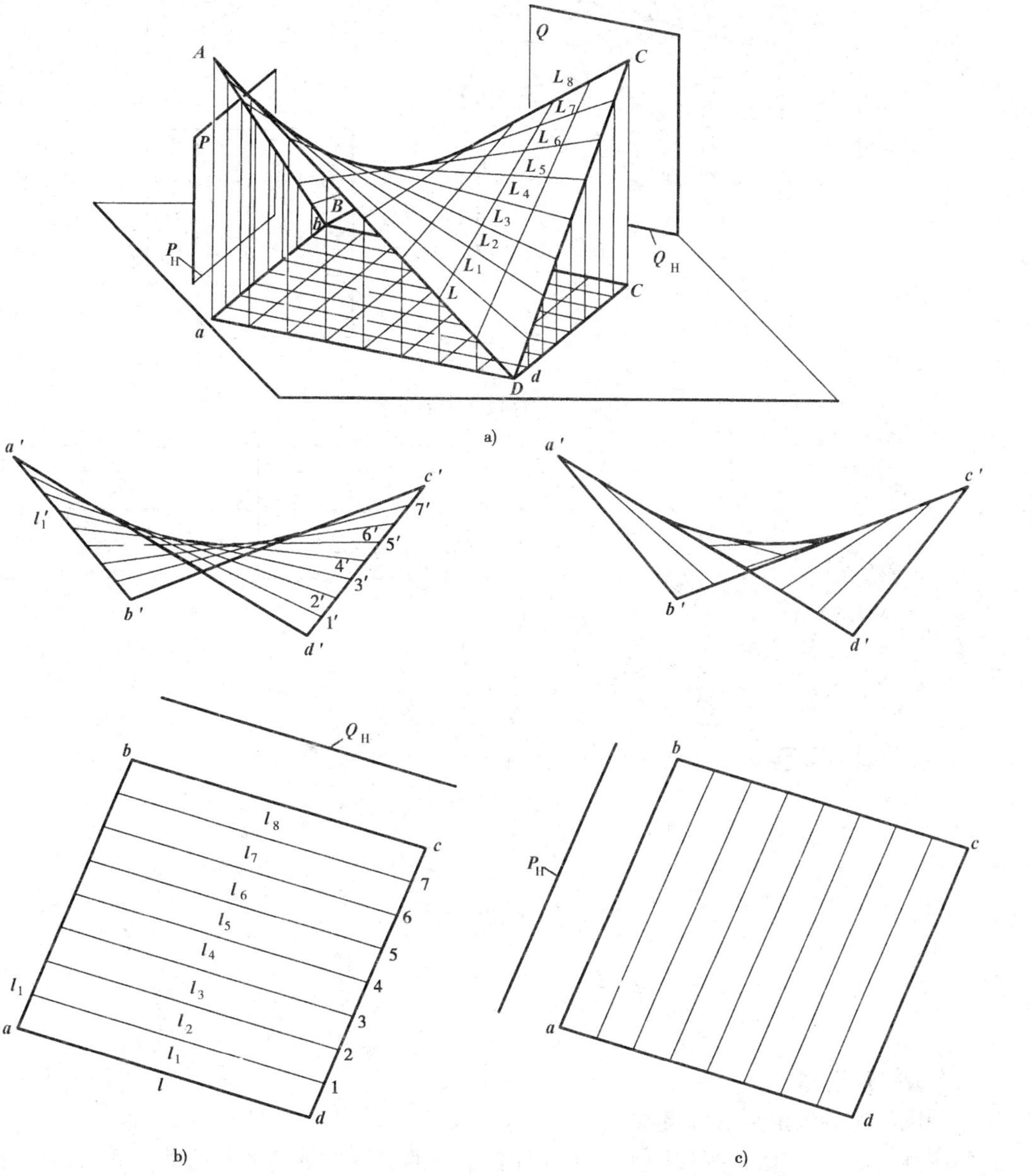

图 9-26　双曲抛物面的形成及投影

图 9-27 为双曲抛物面应用于屋面的例子。整个屋面由四片双曲抛物面组成，并且都是以墙面作为它们的导平面。

（三）面上取点

在双面抛物面上取点，采用素线法，如图 9-28 所示，已知双曲抛物面过渡段上，k 点的 V 面投影，求 k 点的 H、W 面投影。因该点位于曲面的素线上，故过 k 作一素线 $1'2' /\!/ c'd'$（母线），求出在 H 面上的对应投影 1　2，即可定出 H 面投影 k 及 w 面投影 k''。

但若在图 9-26 中，已知 V 面上一点的投影，则不能直接定出 H 面上的投影，要通过试做一些素线的 H 面投影求得。

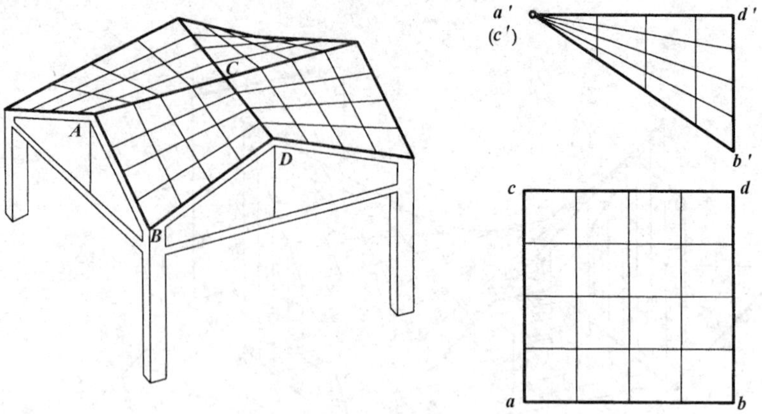

图 9-27　双曲抛物面的应用

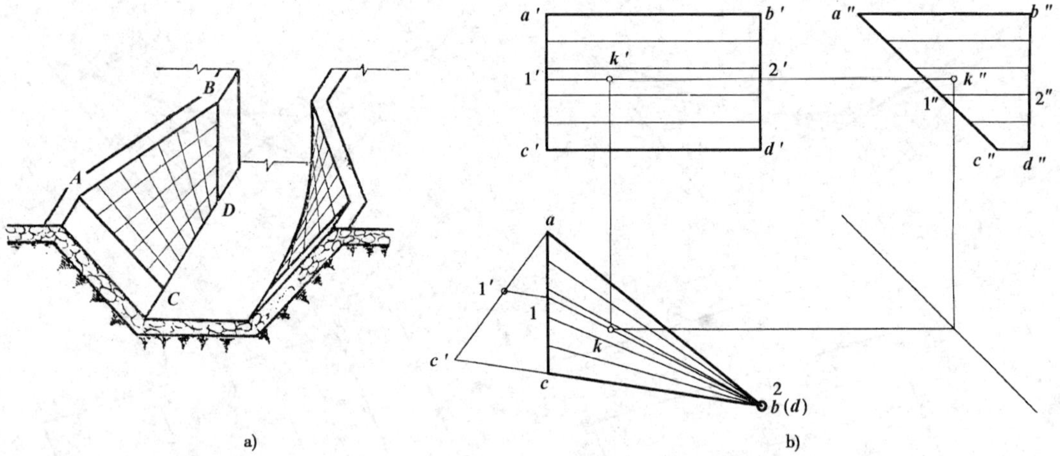

图 9-28　在双曲抛物面上取点

第三节　平螺旋面

一、圆柱螺旋线

(一)圆柱螺旋线的形成和分类

如图 9-29a),一点沿正圆柱面上一条与柱轴平行的直线作等速上升运动,同时直线又绕柱轴作等速旋转运动,点在空间运动的轨迹称为圆柱螺旋线。点到轴的距离称为螺旋半径(R),直线旋转一周时,点上升的距离称导程(h)。

由于点在圆柱面上旋转方向的不同,形成两种方向的螺旋线。从左向右经过圆柱面的前面而上升的螺旋线,称为右螺旋线(图 9-29a)),从右向左经过圆柱的前面而上升的螺旋线,称为左螺旋线(图 9-29b))。

(二)圆柱螺旋线的投影

已知螺旋线半径、导程和旋转方向(右旋或左旋),即可定出螺旋线,画出投影图。

图 9-30a)中,已知圆柱轴线垂直 H 面,并知螺旋半径 R 及导程 h,其螺旋线的投影图做法如下:

1. 以 R 为半径作圆柱的 H 面投影,以导程 H 作圆柱的 V 面投影矩形(图 9-30a))。

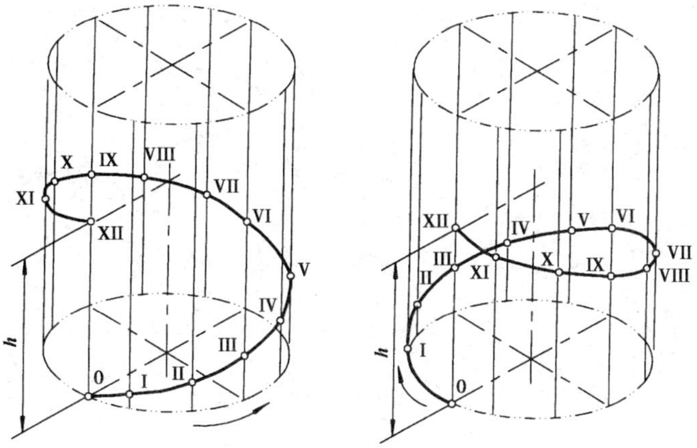

a)　　　　b)

图 9-29　圆柱螺旋线的形成

a)右螺旋线;b)左螺旋线

2. 将 H 面投影圆周分为若干等分,本图分为十二等分;在 V 面投影中将导程 h 作同样数目的等分。

3. 由 H 面投影中圆周上各等分点引垂线到 V 面上,与导程相应分点所引的水平线相交,得螺旋线上各点的 V 面投影 0′、1′、2′…。

4. 按顺序连接 0′、1′、2′…各点,即为螺旋线的 V 面投影。

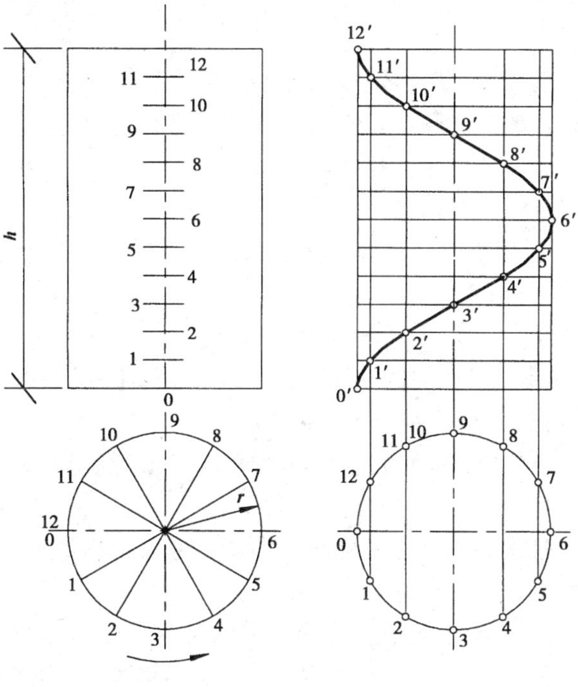

a)　　　　b)

图 9-30　圆柱螺旋线的画法

a)已知条件;b)作图

二、平螺旋面

(一)平螺旋面的形成

如图 9-31a)所示,直母线 MN 沿圆柱螺旋线运动,并始终与圆柱的轴线相交成 90°角,这样

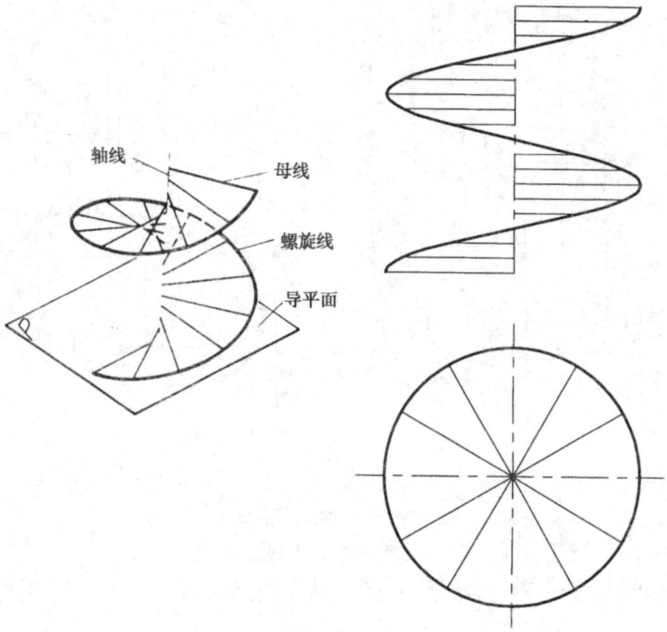

图 9-31 平螺旋面

a)平螺旋面的形成;b)平螺旋面投影图

形成的曲面称为平螺旋面。

(二)平螺旋面的投影

为了清晰地表示螺旋面,除了画出圆柱螺旋线的投影以外,还需要画出一系列素线的投影。图 9-31b)为平螺旋面的投影图,由于轴线平行于正面,且所有的素线都与轴线垂直,因此素线的正面投影都垂直于轴线的正面投影。

三、螺旋楼梯的画法

图 9-32 是平螺旋面应用于螺旋楼梯的例子。螺旋楼梯的底面为平螺旋面,内、外边缘为圆柱螺旋线。

螺旋楼梯的画法如下:

1. 确定螺旋面的导程及其所在圆柱面直径。设螺旋梯上一圈(即一个导程)有十二级,螺旋梯内外侧到轴线的距离,分别是内外圆柱的半径。

2. 根据内、外圆柱的半径、螺距的大小以及梯级数,画出螺旋面的两面投影(图 9-32a)。

按螺距的级数等分螺旋面的 H 投影为 12 等分,每一等分就是螺旋梯上一个踏面的 H 投影,各踏面均为水平面,螺旋梯的踢面又称起步的 H 投影,积聚在面踏面的分界线上,且与 H 面垂直,如图 9-32a)中$(b)ad(c)$和$(f)eg(h)$等。

3. 作各踢面的 V 面投影(图 9-32b))。第一级踢面由矩形 $BADC$ 组成,是正平面,在 H 面上的投影积聚成一水平线段,其底线 BC 是螺旋面的第一根素线,求出 BC 的 V 面投影 $b'c'$ 后,过两端点分别画竖线,截取一级的高度(O 线与 I 线之间),得点 a'' 和 d',连 $a'b'$,矩形 $b'a'd'c'$ 就是第一级踢面的 V 面投影,且反映该踢面实形。

第一级踏面的 H 投影为 $a(f)(h)d$,它在 V 面上的投影积聚成一水平线段 $a'f'h'd'$。

第二踢面由 $FEGH$ 组成,过 H 投影上$(f)eg(h)$引铅垂线与水平分格线 1 线、2 线(一级高度)相交得矩形线框,$f'e'g'h'$是为第2踢面的V面投影。

4. 作各踏面的V面投影。因各踏平均为水平面,所以各踏面的V面投影均积聚成一水平线(如第二级踏面的V面投影$e'm'g'n$)。

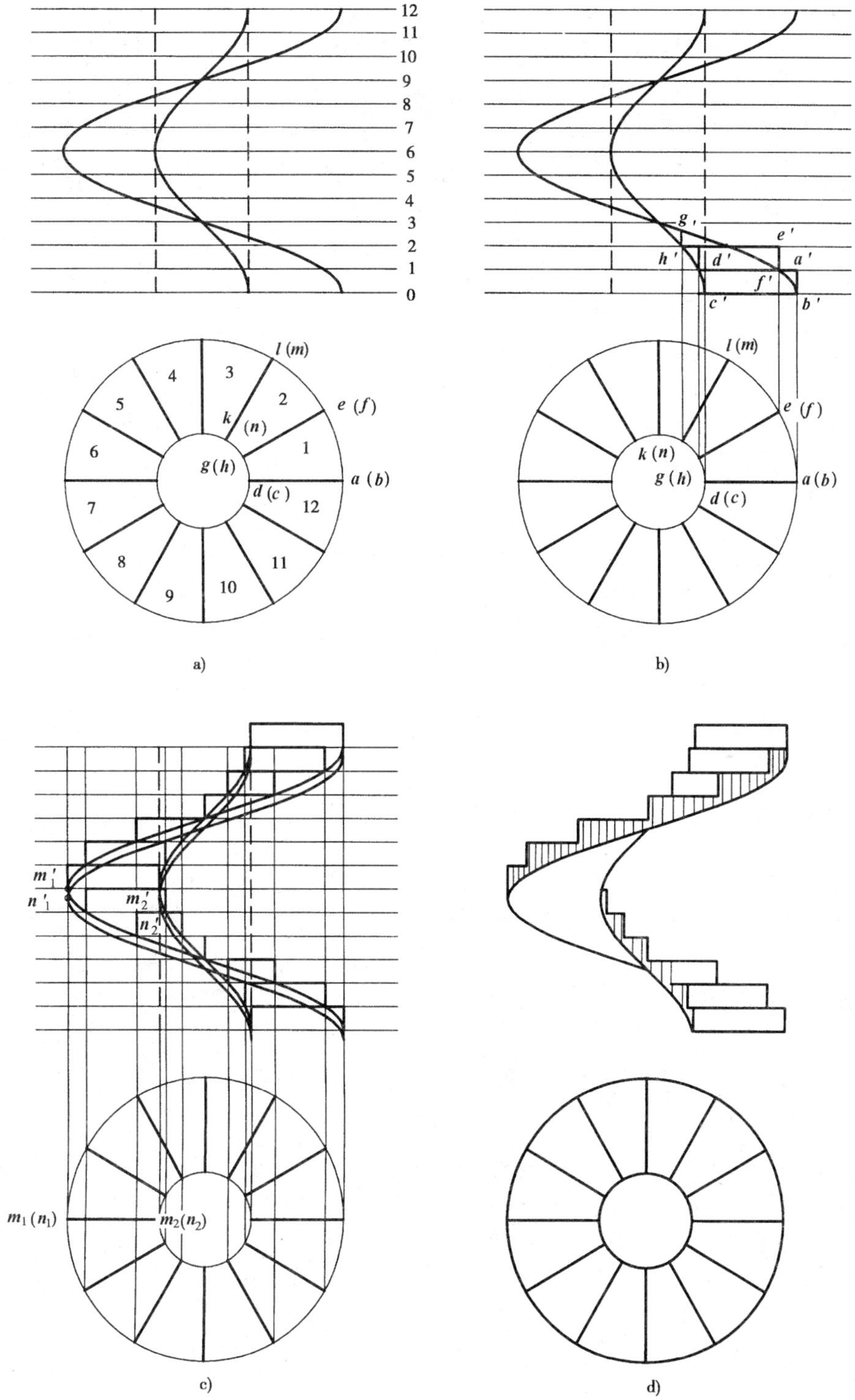

图 9-32　螺旋楼梯画法

以此类推，画出其余各级踢面和踏面的 V 面投影。

5. 画螺旋楼梯底面（板）的投影（图 9-32c）），楼梯底面（板）也是一个螺旋面，它的形状和大小与梯级的螺旋面完全一样，只是两者相距一个梯板厚度（沿竖直方向），梯板底面的 H 投影与各梯级的 H 投影重合。

画梯板底面的 V 面投影，可对应于梯级螺旋面上的各点，向下截取相同高度，求出底板螺旋面相应各点的 V 面投影。如第 7 级踢面底线的两端点是 M_1、M_2，从它们的 V 面投影 m'_1、m'_2 向下截取梯板沿竖直方向的高度，得 n'_1、n'_2，即所求梯板底面上与 M_1、M_2 相对应的两点 N_1、N_2 的 V 面投影。同法求出其它各点，光滑连成曲线即为所求。完成后的螺旋楼梯的两面投影如图 9-32d）所示。

第十章 轴测投影

第一节 概 述

工程上主要应用正投影图表达结构物或构件的形体、构造和大小。但正投影图直观性差，未经学习、培训的人不容易看懂。轴测投影图是立体图的一种，易于认识(图 10-1)。所以，在工程图中，把轴测投影图作为辅助性图，以帮助读图。

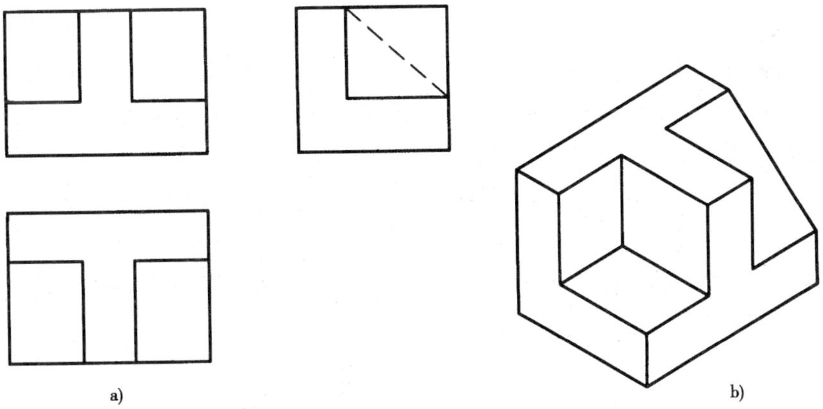

a)

b)

图 10-1 正投影图与轴测投影图比较

a)正投影图；b)轴测投影图

一、轴测投影图的形成

用平行投影的方法，把形体连同它的坐标轴一起向单一投影面(P)投影得到的投影图，称为轴测投影图(或轴测图)，如图 10-2 所示。

二、术语

(一)轴测轴 三根直角坐标轴 OX、OY、OZ 在轴测投影面上的投影 O_1X_1、O_1Y_1、O_1Z_1 称为轴测投影轴，简称轴测轴。

(二)轴间角 相邻两轴测轴的夹角，称为轴间角($\angle X_1O_1Y_1$、$\angle X_1O_1Z_1$、$\angle Y_1O_1Z_1$)，如图 10-2 所示。

(三)轴测 形体的投影所反映的长、宽、高数值是沿轴测轴 O_1X_1、O_1Y_1、O_1Z_1 来测量的。

(四)轴向变形系数 沿轴测轴方向，线段的投影长度与其真实长度之比，称为轴向变形系数。

图 10-2 中，OX 轴的轴向变形系数 $p = O_1A_1/OA$；OY 轴的轴向变形系数 $q = O_1B_1/OB$；OZ 轴的轴向变形系数 $r = O_1C_1/OC$。

从轴测投影的形成可以看出，轴向变形系数和轴间角是在轴测投影图上决定物体空间位置的作图依据。因此，知道了轴间角和轴向变形系数，就可以沿着轴向度量物体的大小，也可

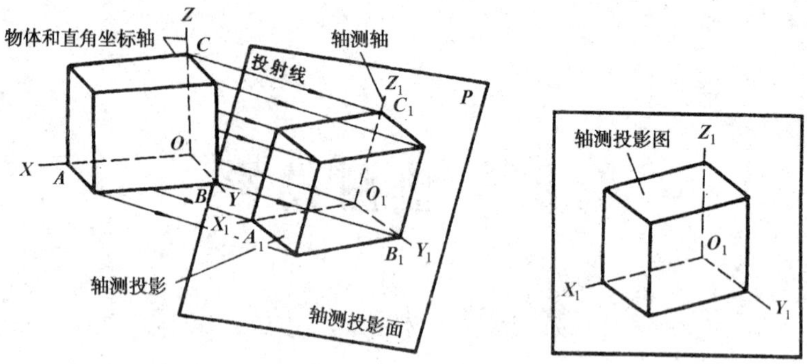

a)　　　　b)

图 10-2　轴测投影图形成

a)轴测投影的形成；b)轴测投影图

以沿着轴向量画出物体上各点、各线段和整个物体的轴测投影。

三、轴测投影的特性

(一)直线的轴测投影一般仍为直线，但当空间直线与投射线平行时，其轴测投影为一点。

(二)形体上相互平行的线段，其轴测投影仍然互相平行；直线平行坐标轴，其轴测投影亦平行相应的轴测轴。

(三)轴向互相平行的线段，它们的投影长度与实际长度的比值等于相应的轴向变形系 数。

(四)轴测投影面 P 与物体的倾斜角度不同，投射线与轴测投影面的倾斜角度不同，可以得到一个物体的无数个不同的轴测投影图。

四、轴测投影的分类

根据投射线与轴测投影面的夹角不同，轴测投影可分为两类：

(一)正轴测投影

投射线的方向垂直轴测投影面，这种投影称正轴测投影。

根据各轴向变形系数的不同，又分 3 种情况。

1. 正等轴测投影(简称正等测)

正等测的三个轴向变形系数相等，即 $p=q=r$。

2. 正二等轴测投影(简称正二测)

正二测有两个轴的轴向变形系数相等，另一个不等，即 $p=r\neq q$。

3. 正三等轴测投影(简称正三测)

正三测的三个轴向变形系数均不等，即 $p\neq q\neq r, p\neq r$。

(二)斜轴测投影

斜轴测投影的投影方向倾斜于轴测投影面。

1. 正面斜轴测投影

以正面或平行于正面的平面作为轴测投影面时所得的投影称正面斜轴测投影。根据轴向变形系数的不同，又分为 3 种情况：

(1)斜等测

三根轴的轴向变形系数相等，即 $p=q=r$。

(2)斜二测

两根轴的轴向变形系数相等，其中一根不等，即 $p = r \neq q$。

(3)斜三测

三根轴的轴向变形系数均不等，即 $p \neq q, p \neq r$。

2. 水平斜轴测投影

以水平面或平行于水平面的平面作轴测投影面时，所得的投影，称水平斜轴测投影。水平斜轴测投影的轴向变形系数相等，即 $p = q = r$。

在以上的各种轴测投影中，我们根据工程实际的需要，重点介绍正轴测投影中的正等测、正二测，斜轴测投影中的斜等测、斜二测及水平斜轴测投影。

第二节　正轴测投影

如图 10-3 所示，设想空间一长方体，它的三个坐标轴与轴测投影面 P 倾斜，投射线方向 S 与轴测投影面 P 垂直，在 P 面上所得到的是正轴测投影。在正轴测投影中，常用的是正等轴测投影和正二轴测投影，现分别介绍如下：

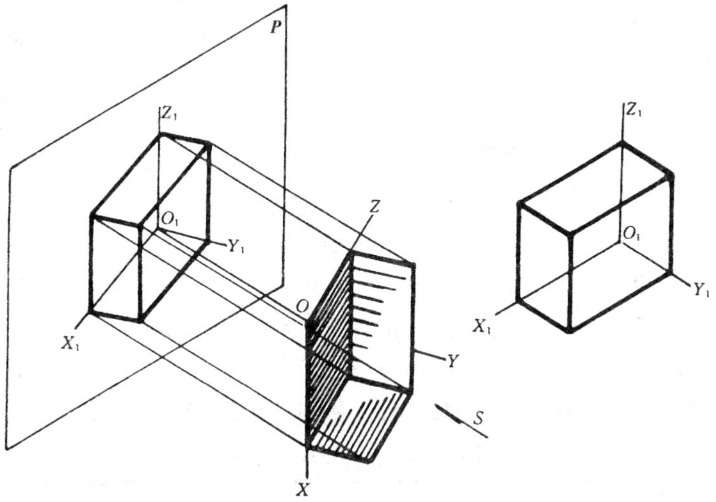

图 10-3　正轴测投影

一、正等轴测投影(正等测图)

(一)正等测图的轴间角和轴向变形系数

正等测图是使空间形体的三个坐标轴与轴测投影面的倾角相等。所以，各轴向变形系数和轴间角均相等。即：

轴间角 $\angle X_1O_1Y_1 = \angle Y_1O_1Z_1 = \angle X_1O_1Z_1 = 120°$，一般将 O_1Z_1 轴画成垂直位置，使 O_1X_1 和 O_1Y_1 轴处于水平成 30°(图 10-4)。

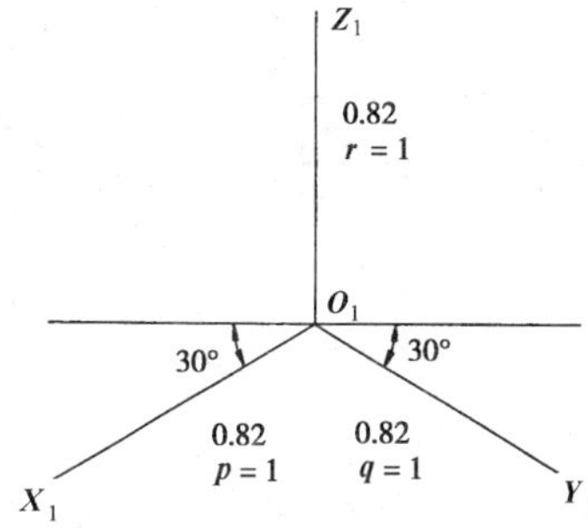

图 10-4　正等测图的轴测轴、轴间角、轴向变形系数

轴向变形系数经计算 $p = q = r = 0.82$，为简化作图，常把变形系数取为 1，即凡与轴测轴平行的线段，作图时按实长量取，这样绘出的图形，其轴向尺寸均为原来的 1.22 倍 $(1:0.82 \doteq 1.22)$，见图 10-5。

轴测轴的设置，可选择在形体上最有利于特征表达和

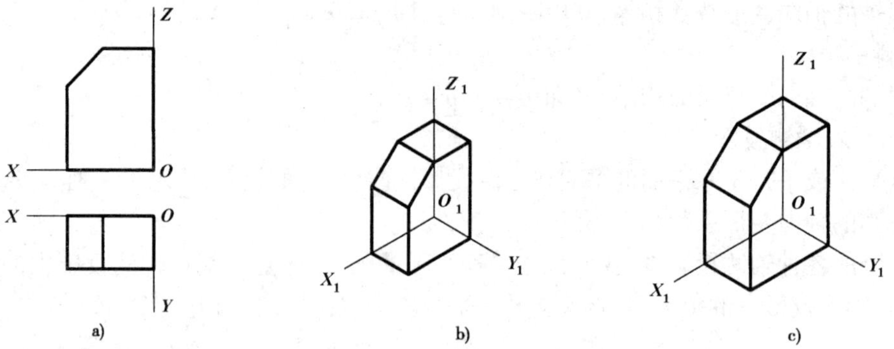

图 10-5　不同变形系数的正等测图比较

作图简捷的位置，如图 10-6 所示。

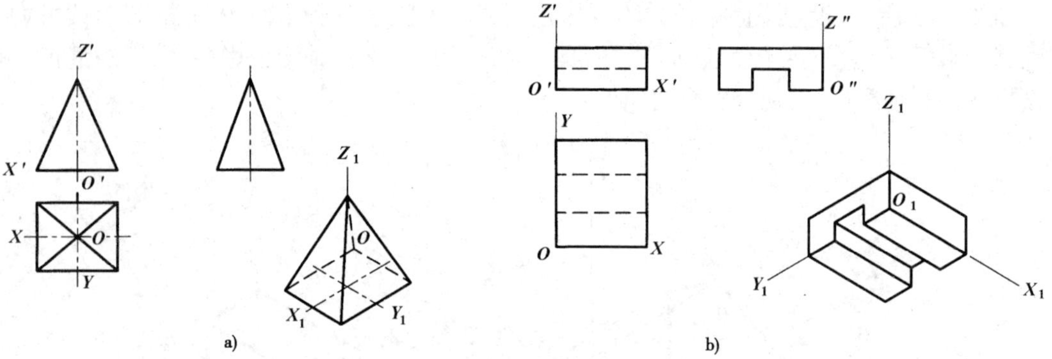

图 10-6　轴测轴设置示例

(二)平面立体正等测图的画法

根据平面立体的特征，为了作图方便，可选用下列作图方法：

1．直接作图法

对于简单的平面立体，可以直接选轴，并沿轴量尺寸作图，见表 10-1。

直接作图法画正等测图示例　　表 10-1

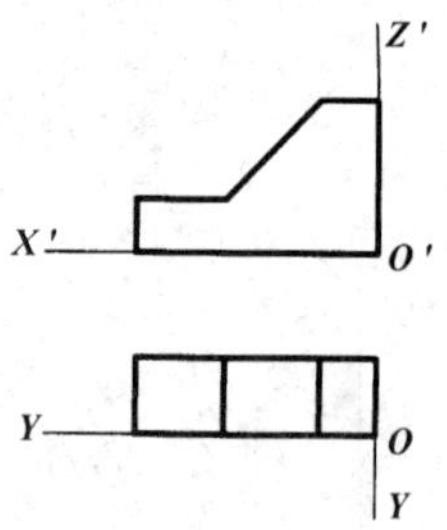	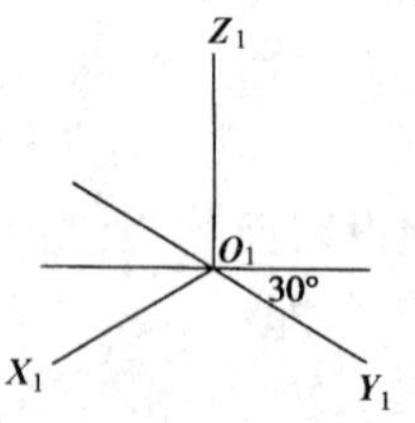	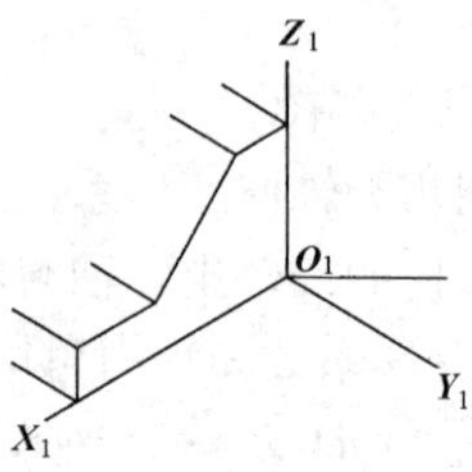	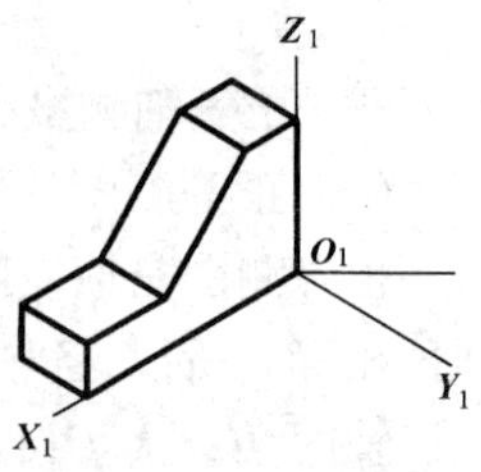
a)在 V、H 投影上设置坐标轴	b)画轴测轴	c)画端面轴测投影	d)过端面上各点作 Y_1 轴平行线，并量取形体的宽度，描深，完成作图

2．切割法

大多数平面立体可以设想为长方体挖切而成，为此，先画出长方体正等测图，然后进行轴测挖切，从而完成立体的轴测图，见表 10-2。

切割法画正等测图示例 表 10-2

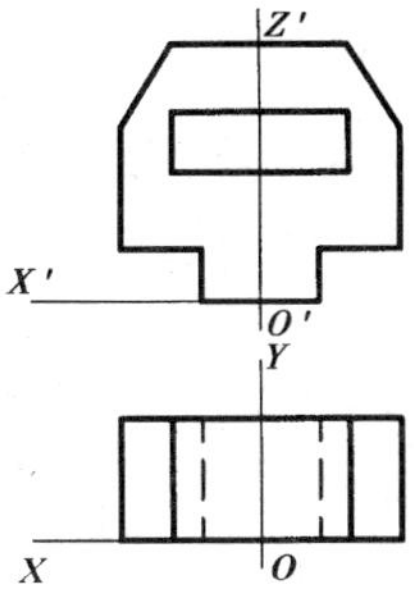	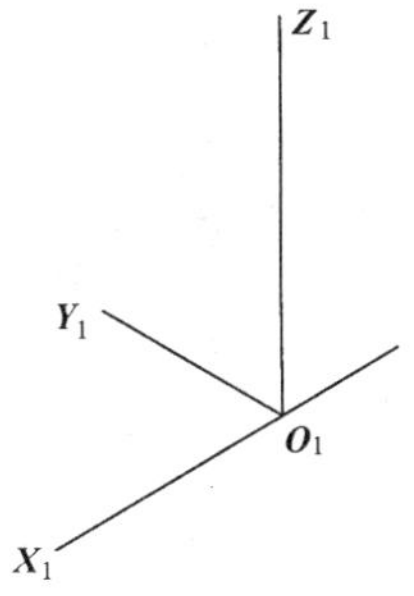	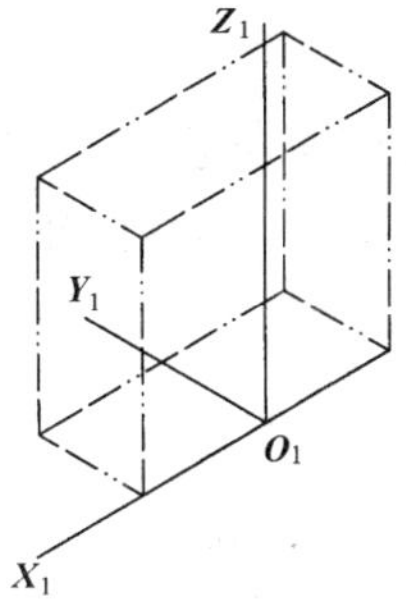	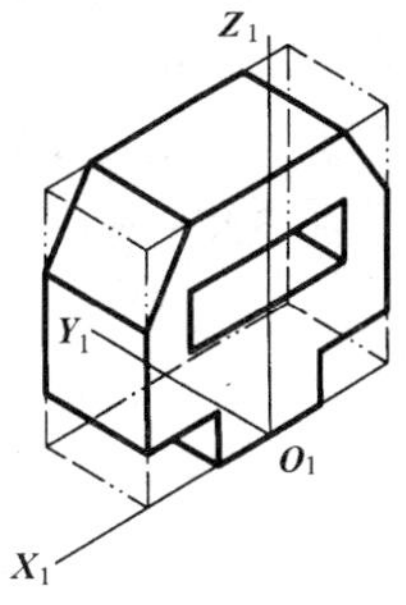
a)在 V、H 图上设置坐标轴	b)画轴测轴	c)作辅助长方体轴测图	d)在平行轴测轴方向上，按题意要求进行挖切并描深

3．坐标法

根据坐标关系，画出立体表面各点的轴测投影图，然后连成形体表面的轮廓线。坐标法是画轴测图的基本方法。特别适合形体复杂和非特殊位置平面包围的平面立体。

根据正三棱锥的正面投影、水平投影，应用坐标法作正等测图的步骤，见表 10-3。

正三棱锥正等测图画法 表 10-3

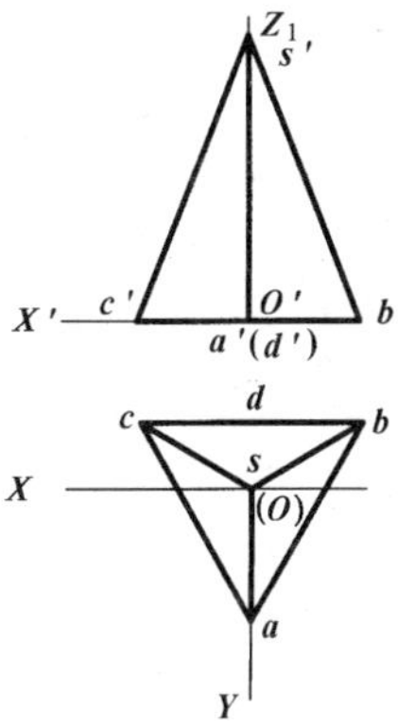	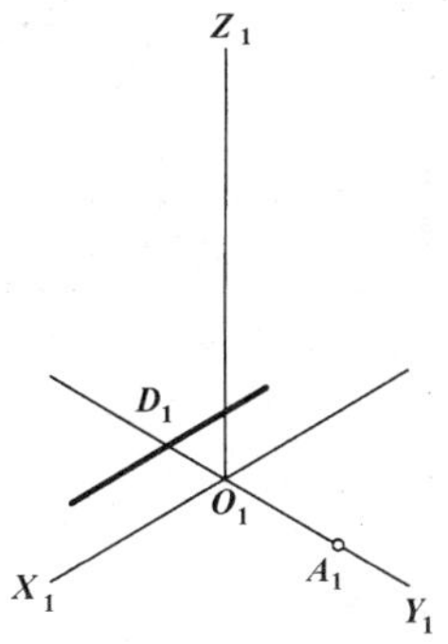	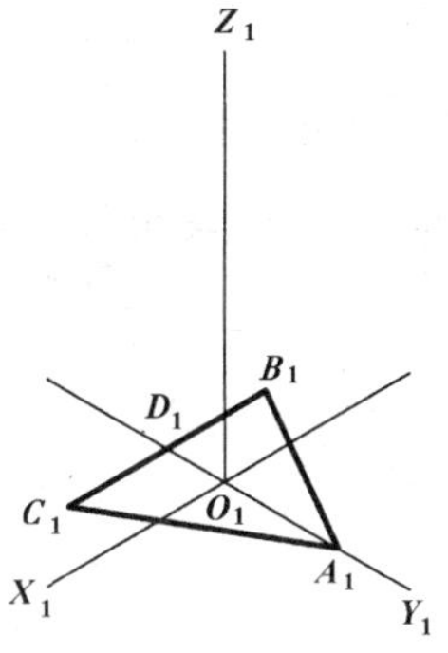	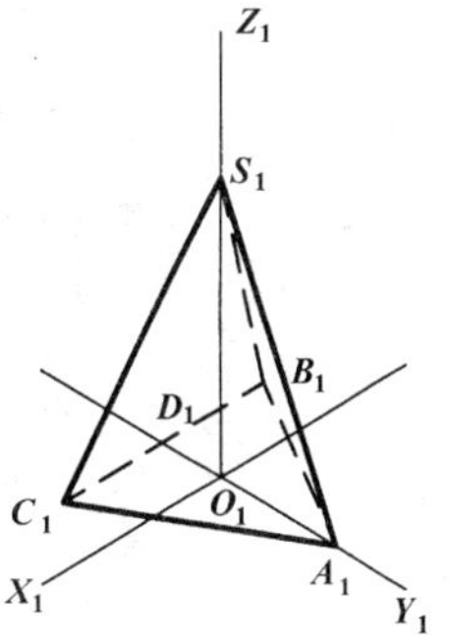
a)取 H 图中点 s（锥顶的投影）为坐标原点	b)画轴测轴，在 Y_1 上定出点 A_1、D_1 的位置（$A_1O_1 = aO$、$D_1O_1 = dO$）	c)过点 D_1 作线平行 X_1，在直线上定 B_1、C_1（$B_1C_1 = bc$），连接 A※1B_1、A_1C_1	d)在 Z_1 上取 $O_1S_1 = O's'$，连接 S_1A_1、S_1B_1、S_1C_1，描深，完成全图（虚线省略不画）

二、正二等轴测(正二测)

正二测投影要求两根轴的轴向变形系数相等,另一根不等,即 $p=r\neq q$,通常选 $p=r=2q$,此时所得的正轴测投影,称为正二测投影。

(一)轴间角与轴向变形系数

1. 轴间角

经计算(证明计算略):轴间角 $\angle X_1O_1Z_1=97°10'$,$\angle X_1O_1Y_1=\angle Y_1O_1Z_1=131°25'$,也即 O_1X_1 轴与水平线夹角为 $\varphi=7°10'$,O_1Y_1 轴水平线夹角为 $\sigma=41°25'$(图 10-7a))。

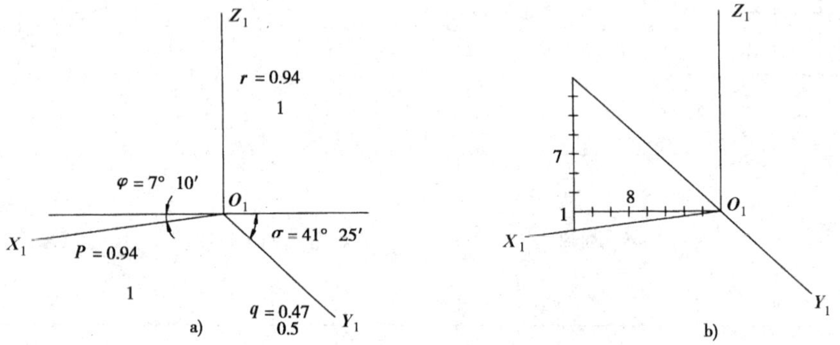

图 10-7 正二测的轴测轴、轴间角与轴向变形系数

a)轴间角与轴向变形系数;b)轴测轴画法

2. 轴向变形系数

根据计算:$p=r=0.94$,$q=0.47$。具体作图时采用简化变形系数,即 $p=r=1$,$q=0.5$(图 10-7)。采用简化变形系数作出的正二测图比正二测投影图放大了 1.06 倍,如图 10-8 所示。

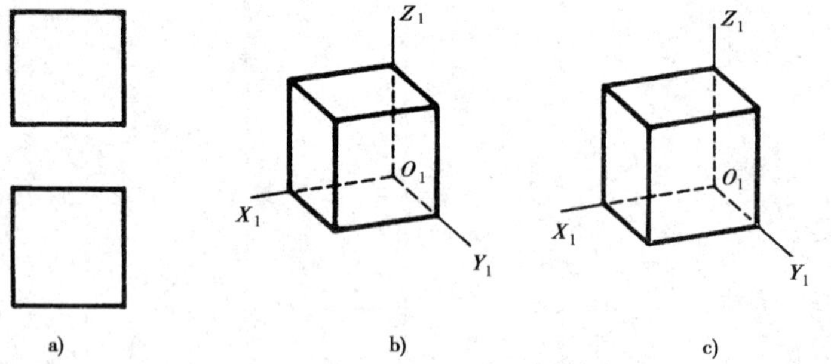

图 10-8 正二测投影

a)正投影图;b) $p=r=0.94$, $q=0.47$;c) $p=r=1$, $q=0.5$

(二)正二测投影的画法

1. 轴测轴的画法

可用量角器量出两个倾角,或采用图 10-7b)所示的正切方法绘制,即分别采用 1:8(= tan 7°10′)和 7:8(= tan41°25′)作直角三角形,再利用其斜边的方法求得。

2. 正二测图的画法

基本作图方法同正等测,同样,先作形体分析,沿轴量画。可采用直接作图法、切割法、坐标法,这三种方法可以综合运用,见表 10-4。

正二测画法示例 表 10-4

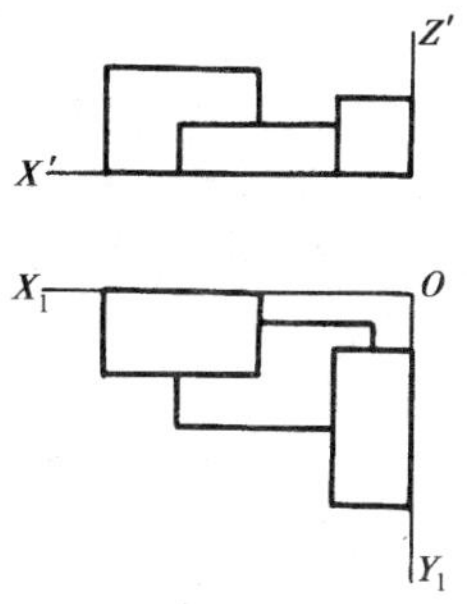

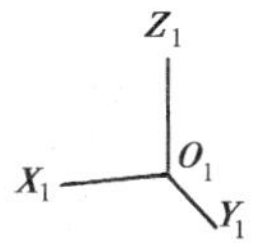

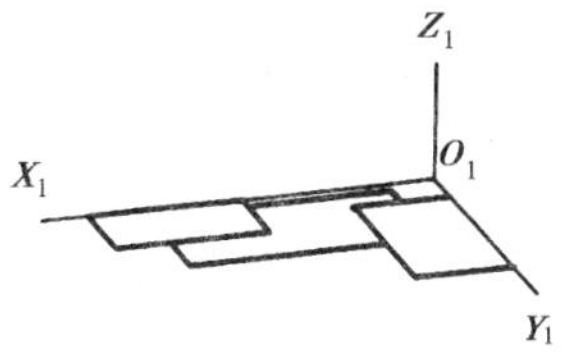

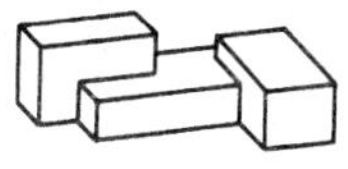

a)在 H、V 面上设坐标轴	b)画轴测轴	c)作物体底面的正二测图	d)通过物体底面各端点引 Z_1 轴平行线，截取相应高度，描深，完成作图

三、曲面体的正轴测投影

(一)圆的正等轴测投影

1. 平行于坐标面的圆的正等测图

由于正等测的三根坐标轴与轴测投影面倾斜成等角，所以，三个坐标面也都与轴测投影面成相同角度倾斜，因此，平行于这三个坐标面上的圆，其投影是类似图形，即椭圆。椭圆的长短轴与轴测轴有关，当圆在 XOY 坐标面或平行 XOY 坐标面时，椭圆的长轴垂直 Z_1 轴，短轴平行 Z_1 轴；当圆在 XOZ 坐标面或平行 XOZ 坐标面时，椭圆的长轴垂直 Y_1 轴，短轴平行 Y_1 轴。当圆在 YOZ 坐标面或平行 YOZ 坐标面时，椭圆的长轴垂直 X_1 轴，短轴平行 X_1 轴。图 10-9 是平行于坐标面圆的正等测图。

平行于坐标面圆的正等测图的画法，通常采用近似画法，即四心椭圆法。现以 H 面上圆的正等测为例说明其画法，作图步骤见表 10-5。

四心圆法画平行 *H* 面圆的正第测图 表 10-5

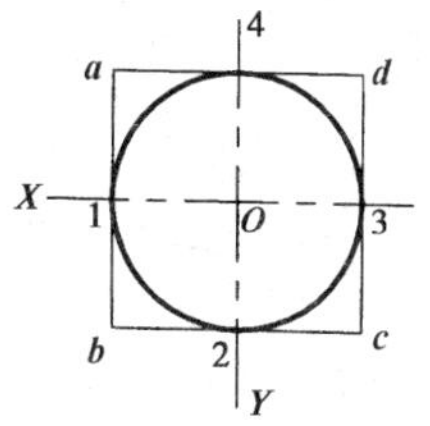

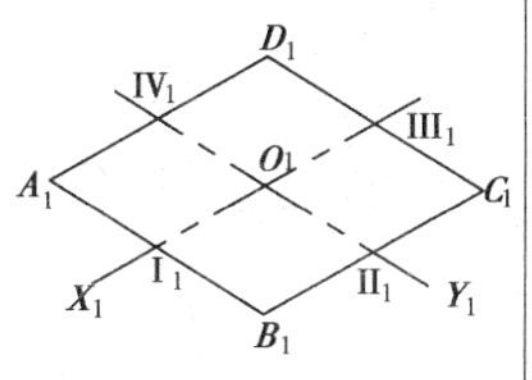

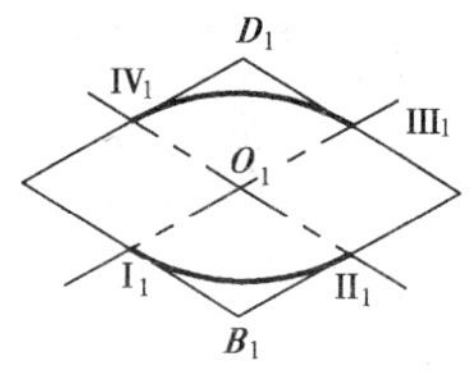

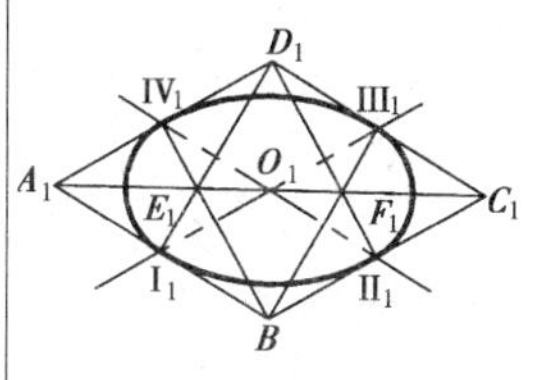

a)确定坐标轴并作圆外切四边形 $abcd$	b)作轴测轴 X_1Y_1 并作圆外切四边形的轴测投影 $A_1B_1C_1D_1$ 得切点 I_1、II_1、III_1、IV_1	c)分别以 B_1、D_1 为圆心，$B_1\mathrm{III}_1$ 为半径作弧 $\widehat{\mathrm{III}_1\mathrm{IV}_1}$ 和 $\widehat{\mathrm{I}_1\mathrm{II}_1}$	d)连接 $B_1\mathrm{III}_1$ 和 $B_1\mathrm{IV}_1$ 交 A_1C_1 于 E_1、F_1，分别以 E_1、F_1 为圆心，$E_1\mathrm{IV}_1$ 为半径作弧 $\widehat{\mathrm{I}_1\mathrm{IV}_1}$ 和 $\widehat{\mathrm{II}_1\mathrm{III}_1}$ 即得由四段圆弧组成的近似椭圆

V 面 W 面上的圆的正等测(椭圆)的画法分别如图 10-10 所示：

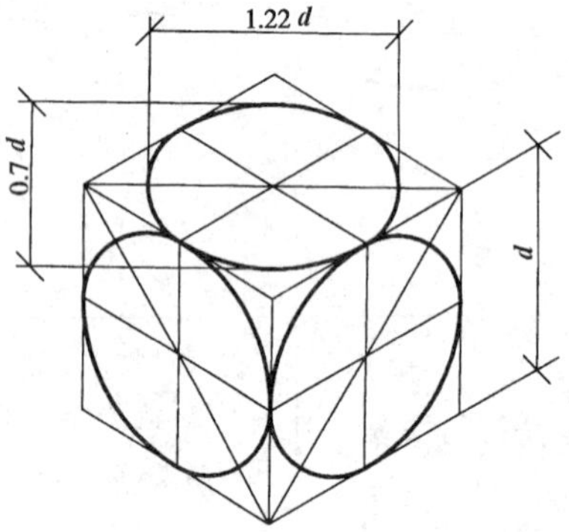

图 10-9　坐标面或其平行面上圆的正等测图

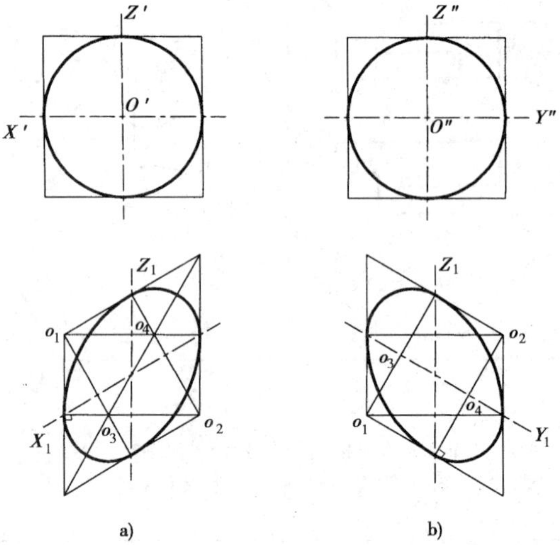

图 10-10　V、W 面上椭圆的画法

a)V 面上椭圆画法；b)W 面上椭圆画法

2. 圆柱、圆锥、圆球正等测图的画法

(1)圆柱正等测图

画圆柱正等测图，应先作上、下底圆的轴测投影椭圆，然后再作两椭圆的公切线，表 10-6 示出了铅垂放置的正圆柱的正等测图的画法。

作圆柱正等测图的步骤　　表 10-6

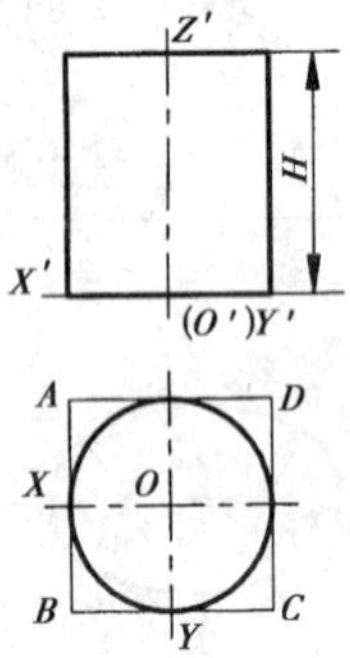	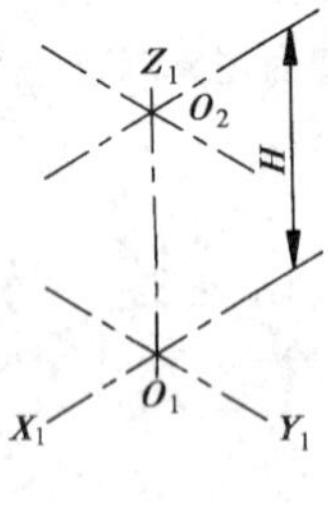	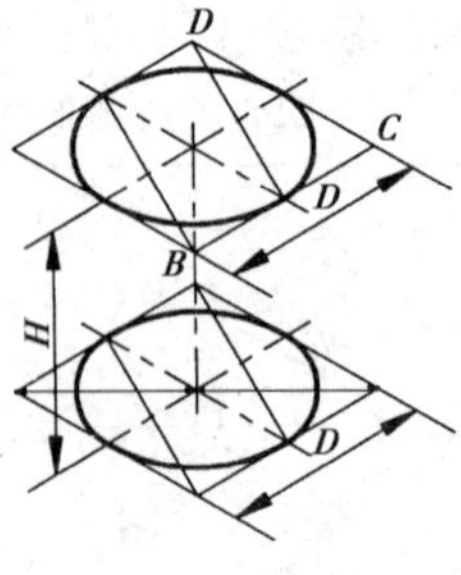	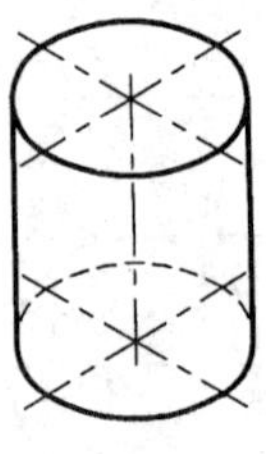
a)确定坐标轴，在投影为圆的投影图上作圆的外切正方形	b)作轴测轴 X_1、Y_1、Z_1，在 Z_1 轴上截取圆柱高度 H，并作 X_1、Y_1 的平行线	c)作圆柱上下底圆的轴测投影的椭圆	d)作两椭圆的公切线，对可见轮廓线进行加深(虚线省略不画)

(2)圆锥的正等测图

画圆锥正等测图，先作底面椭圆，过椭圆中心往上竖圆锥高度，求得锥顶 S，过 S 点作椭圆的切线即可，作图步骤见表 10-7。

作圆锥轴测图示例 表 10-7

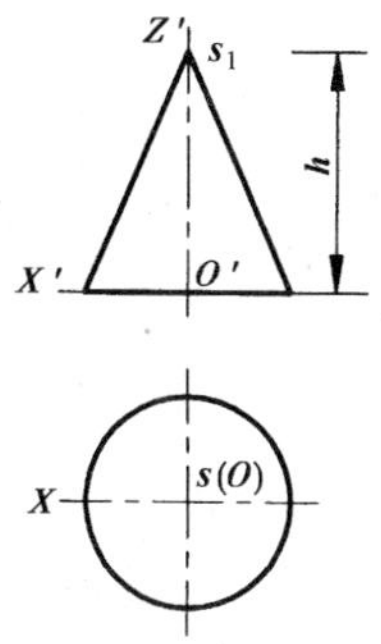	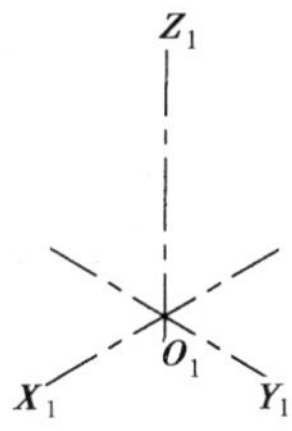	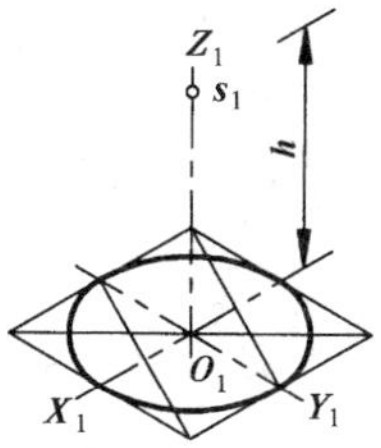	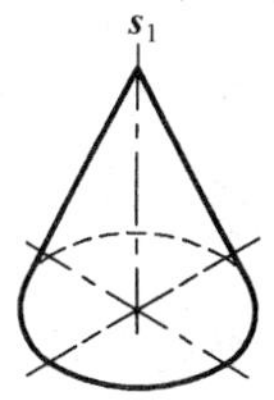
a)确定轴测轴，在投影为圆的 H 图上作圆的外切正方形	b)作轴测轴 X_1、Y_1、Z_1	c)作圆锥底圆的轴测投影的椭圆，定锥项 S	d)过锥顶作椭圆切线，对可见轮廓线进行描深(虚线省略不画)

(3)圆球的正等测图

表 10-8 所示为球的正等测图画法，球从任何一个方向投影都是椭圆，且圆的直径等于球的直径，作图时，只要过球心分别作出平行于三个坐标面的球上最大圆的正等测图，即椭圆，再作此三个椭圆的包络线圆即为所求。

作圆球轴测图示例 表 10-8

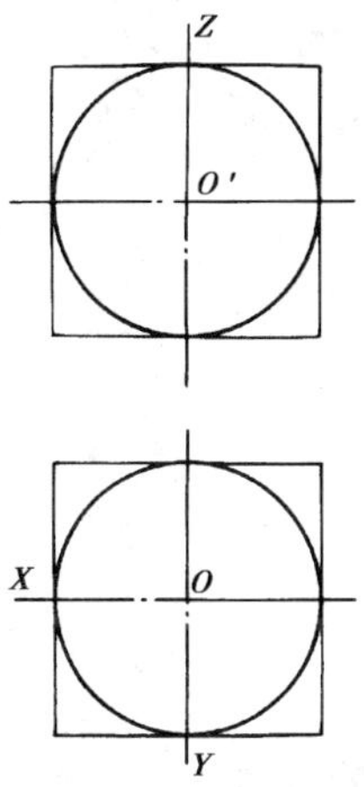	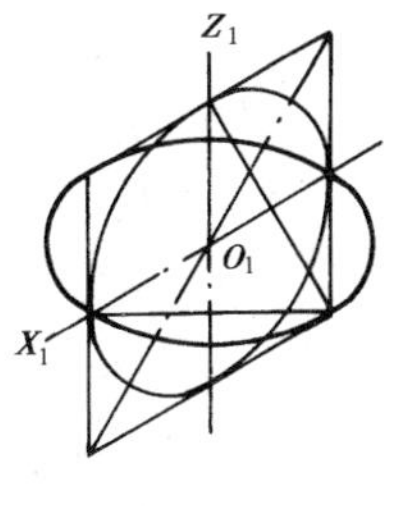	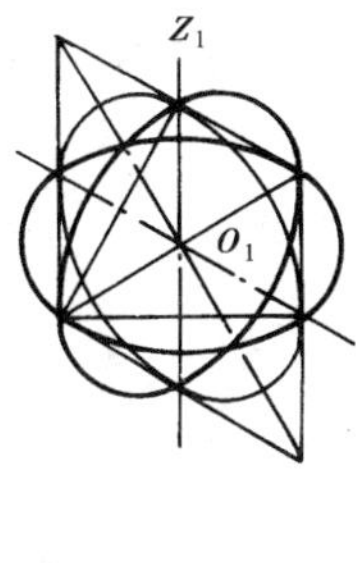	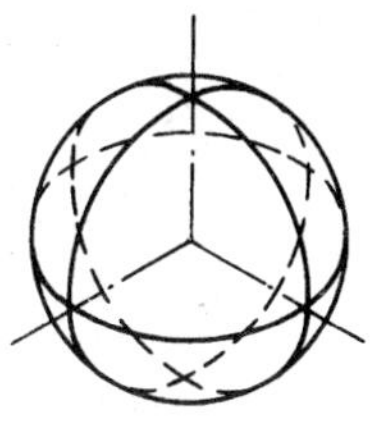
a)确定轴测轴，在 H、V 面上作圆的外切正方形	b)作水平圆、正面圆的轴测投影	c)加画侧面圆的轴测投影	d)作三椭圆的包络线圆，并区分可见性，描深完成作图

图 10-11 为一组合体的正等测图，从图 10-11a)知：组合体的下部是带有两个圆角的底板，上部为带有圆孔的半圆柱体的立板，其作图步骤如下：

①在 V、H 投影上确定坐标轴、圆弧切点及圆弧半径 R(图 10-11a))。

②作轴测轴 X_1、Y_1、Z_1，并作底板的正等测图，在对应边上截取 R 得 A_1、B_1 及 C_1D_1，分别作该边垂线交于 O_2、O_3。再分别以 O_2、O_3 为圆心，O_2A_1、O_3D_1 为半径画弧 $\overset{\frown}{A_1B_1}$、$\overset{\frown}{C_1D_1}$，移动圆心和切点，画 $\overset{\frown}{A_2B_2}$、$\overset{\frown}{C_2D_2}$，作 $\overset{\frown}{C_1D_1}$ 和 $\overset{\frown}{C_2D_2}$ 公切线(图 10-11b))。

③作立板的正轴测图，先画前面，再画后面，上部半圆柱体用四心椭圆法绘制，两圆柱(右上角)轮廓线应为前面、后面椭圆的公切线(图 10-11c))。

④用四心椭圆法画出立板上圆孔的正等测，不可见的线可不画(10-11d))。

⑤描深图线，完成作图(图 10-11e))。

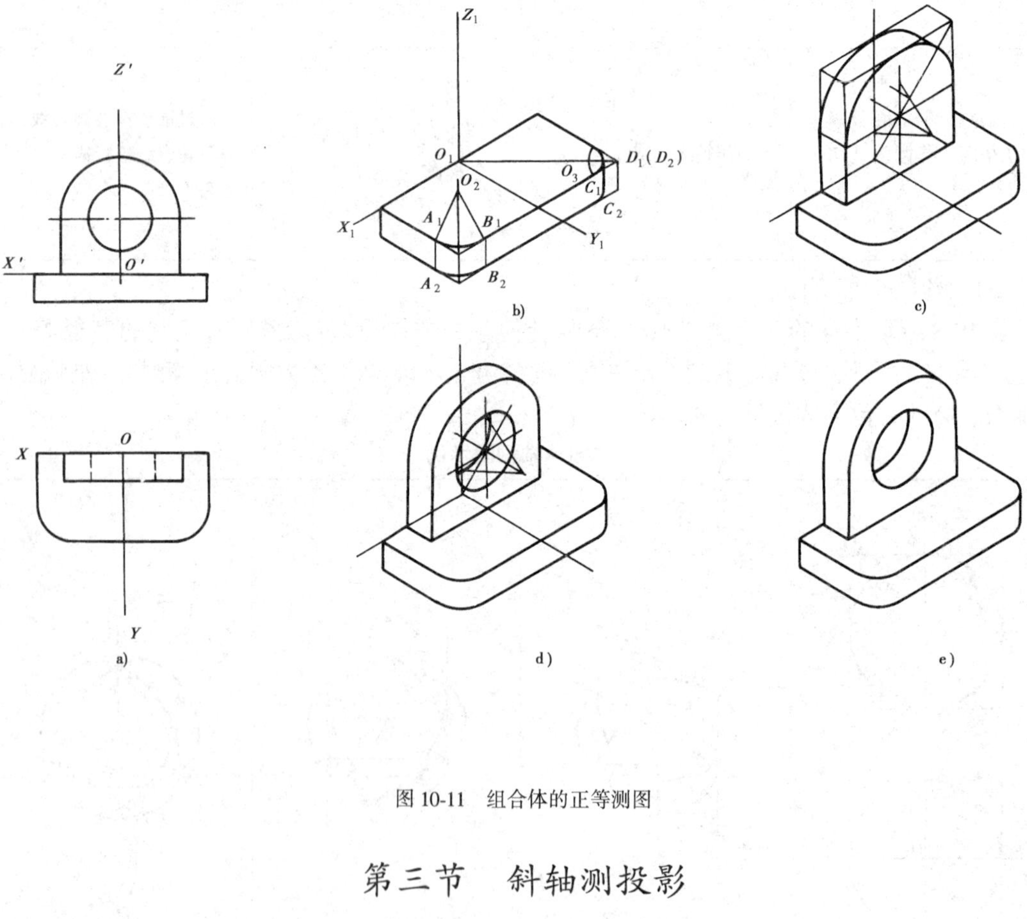

图 10-11　组合体的正等测图

第三节　斜轴测投影

斜轴测投影也叫斜角投影，它是用平行投影法将空间直角坐标系向轴测投影面倾斜投影而成的，见图 10-12a)。

一、正面斜二测投影(斜二测)

(一)斜二测图的轴间角和轴向变形系数

斜二测图是斜轴测投影的一种，是两坐标轴(一般是 X、Z 轴)与轴测投影面平行的特殊形式斜轴测投影图。其轴间角：$\angle X_1O_1Z_1 = 90°$；$\angle X_1O_1Y_1 = \angle Y_1O_1Z_1 = 135°$。轴向变形系数：$p = r = 1, q = 0.5$，如图 10-12b)所示。

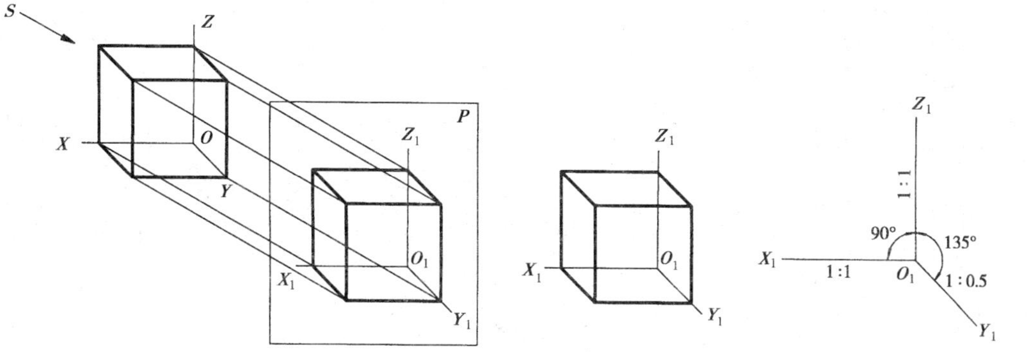

a)　　　　　　　　b)

图 10-12　正面斜轴测图

a)斜轴测图的形成；b)斜二测图的轴测轴、轴间角和轴向变形系数

(二)斜二测图的画法

在斜二测投影图中，平行于 $X_1O_1Z_1$ 的平面反映实形。因此，选择反映形体特征的平面平行于该轴测投影面，使作图简化。

绘制斜二测图时，根据立体的特征，同正等测一样，也可以选用直接作图法，或切割法，或坐标法。

轴测轴的设置——左向或右向，上面或底面。

斜二测图画法示例见表 10-9、表 10-10 所示。

斜二测图画法示例(一)　　　　表 10-9

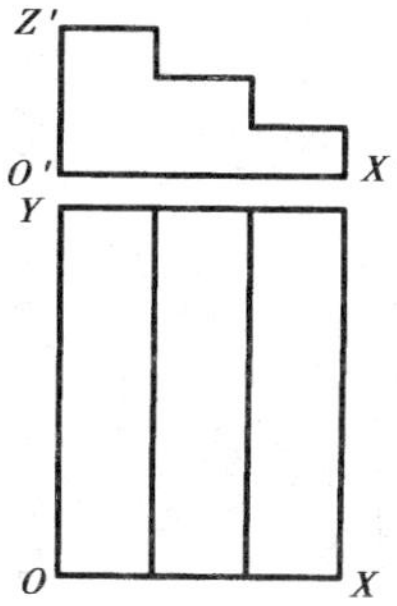	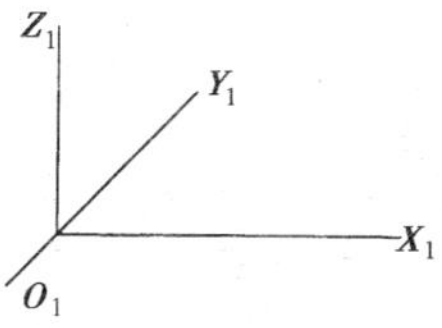	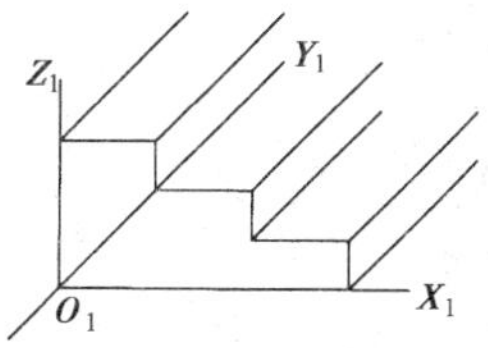	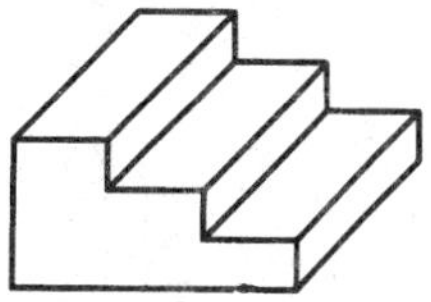
a)在 V、H 图上设置坐标轴	b)画轴测轴	c)画正面特征形，沿 O_1Y_1 画平行斜线(与水平线成 45°)	d)在各平行线上量取 0.5Y值，连接各点，描深，完成全图(虚线省略不画)

斜二测图画法示例(二)　　表 10-10

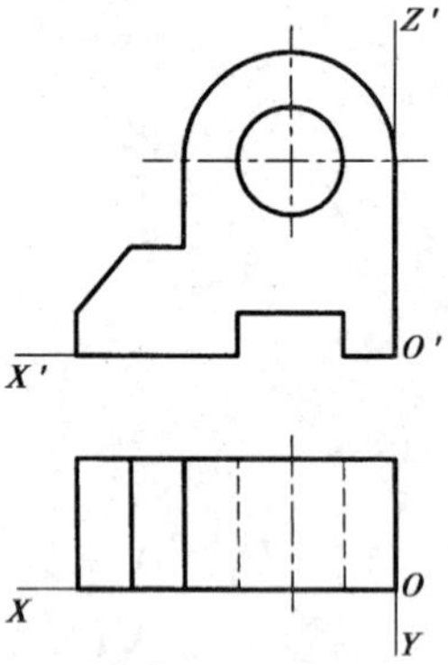	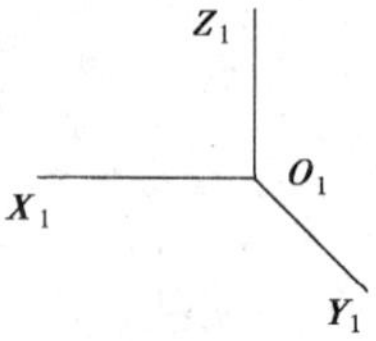	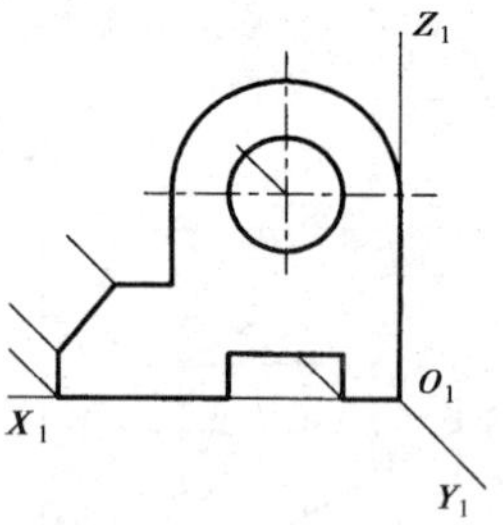	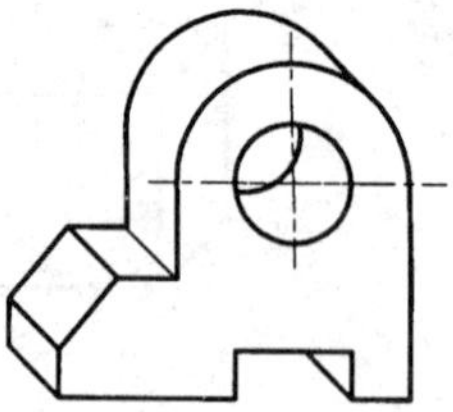
a)在 V、H 上设置坐标轴	b)画轴测轴	c)画正面特征形，沿 O_1Y_1 画平行斜线	d)在各平行线上量取 $0.5Y$，作圆弧及其他轮廓线

二、水平斜轴测投影

如图 10-13 所示，由于 XOY 坐标面与轴测投影面平行或重合，所以，轴间角$\angle X_1O_1Y_1=90°$，轴向变形系数 $p=q=1$。O_1Z_1 轴的位置随投影方向不同而变化，可以形成任意位置，轴向变形系数可以取任意值。为方便作图，立体效果好，建筑制图标准中规定，O_1Z_1 轴取竖直方向，轴向变形系数 $r=1$，O_1Y_1 与水平成 30°、45°、60°(图 10-13b))。按这种关系画出的图叫水平斜等测，适合用来绘制一个区域的总平面布置(图 10-14)及一幢房屋的水平剖视图。

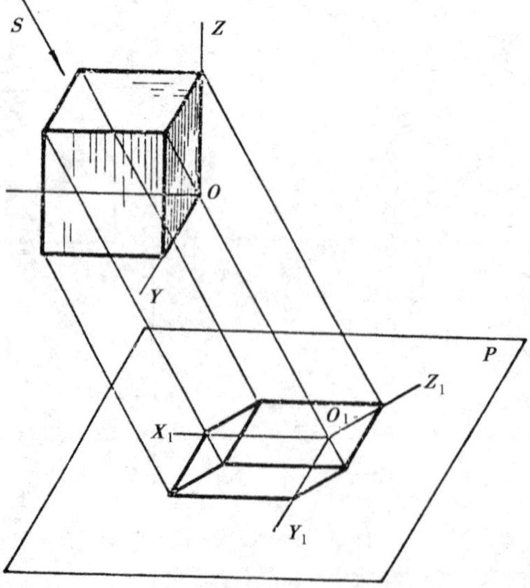

a)

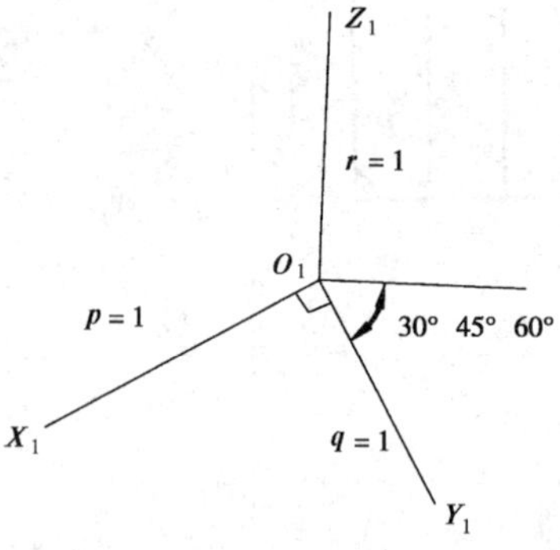

b)

图 10-13　水平轴测投影的形成和轴测轴的画法

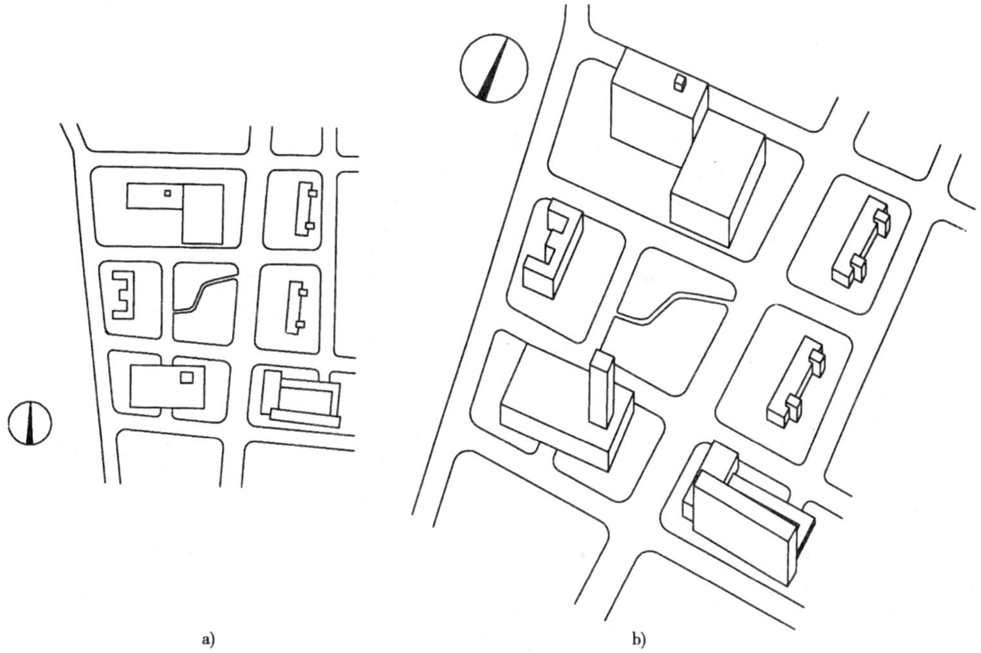

a) b)

图 10-14 总平面图的水平斜轴测投影

a)总平面图；b)轴测图

第四节 轴测投影图的选择

一、轴测投影图种类的选择

前面已经学习了正轴测图（正等测、正二测）；斜轴测图（正面斜二测图、水平斜轴测图）。在作某一形体的轴测投影图时，选择哪一种轴测图好，可以根据下面两个要求来选择：

1. 图形要富有立体感

轴测投影图的优点，就是图形的直观性强，要求画出的图形完整清晰，避免遮挡。例如图 10-15b)采用正面斜二测图，立板后部的孔洞没有表示出来。若改画成正等测（图 10-15c)），就能使底板上的前后孔洞比较清楚地表示出来。因此，该例采用正等测图比选用正面斜二测效果好。

图 10-16a)所示是一正方形板上座一四棱台，如画成正等测图（图 10-16b)），则底面的正方形板的两个侧面重合为直线，上部四棱台立体效果也不好。而画成正面斜二测（图 10-16c)）就能得到理想的表达。所以，正方形转过 90°角的物体不宜做正等测图。

2. 作图要简便

图 10-17 是一物体的正等测图和斜二测图。从两个图比较看，图 10-17a)正等测图要比图 10-17b)斜二测图作图麻烦得多，需要画几个椭圆，而在斜二测图中，因物体上的一个坐标面与轴测投影面平行，故在该面上圆的投影直接反映实形，因此作图简便。

一情情况下，当正面投影为圆或是曲线以及形状复杂的特体时，常采用正面斜二测投影，而方正平直的物体、水平面上带有圆的物体宜用正等测，因形体上主要面上的圆形，可用近似方法——四心椭圆法画出，故作图简便。正二测图虽然具有很好的立体感，但作图较正等测复杂（尤其是曲面体），故较少采用。

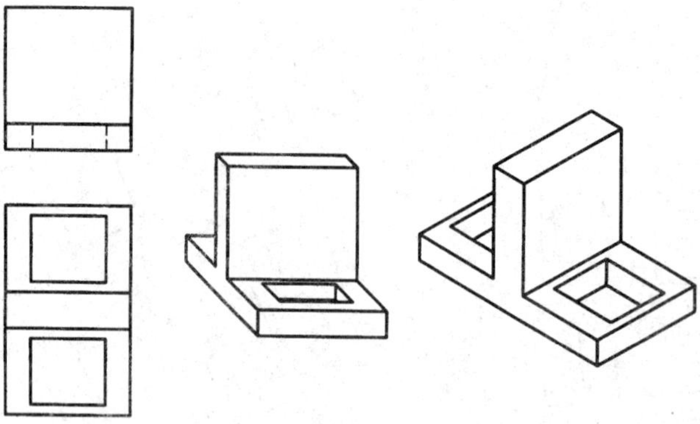

a)　　　　b)　　　　c)

图 10-15　选用轴测图时避免被遮挡

a)正投影图；b)斜二测图；c)正等测图

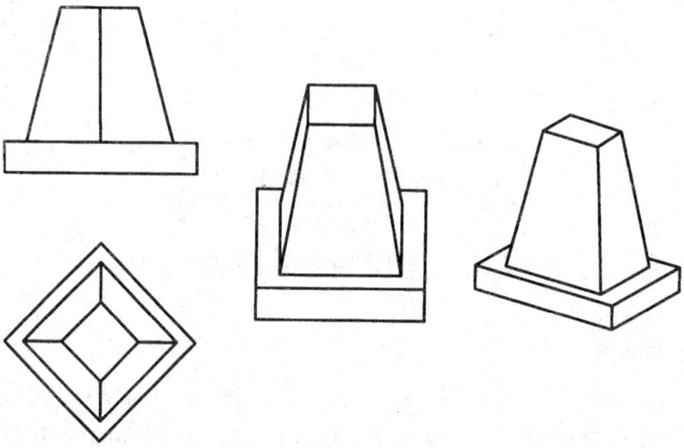

a)　　　　b)　　　　c)

图 10-16　选用轴测图时应避免图形重叠

a)正投影图；b)正等测图；c)斜二测图

二、轴测投影图投影方向的选择

画轴测图时，选择投影方向，要使所画的图形能清楚地反映物体的形体特征。

图 10-18b)、c)是图 10-18a)所示物体从两个方向投影得到的正等测图。图 10-18b)是从物体的左前上方向右后下方投影；而图 10-18c)是从物体的右前上方向物体的左后下方投影，轴测轴的安排与图 10-18b)相比较，相当于 O_1Z_1 轴顺时针旋转了 90°(即 O_1X_1 和 O_1Y_1 互换位置)。很明显，图 10-18c)能较清楚地反映物体切口处的结构形状。

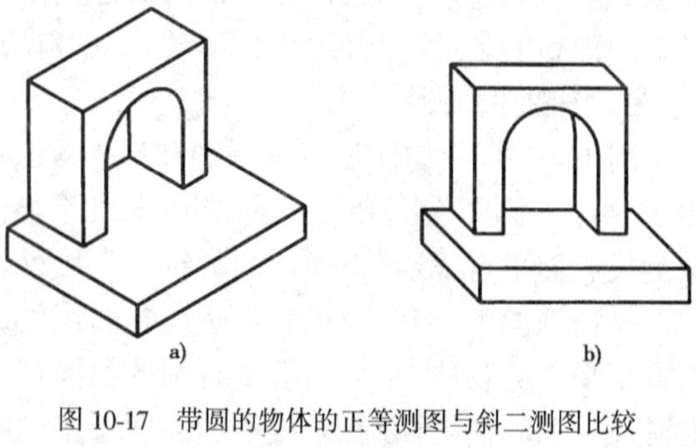

a)　　　　b)

图 10-17　带圆的物体的正等测图与斜二测图比较

a)正等测；b)斜二测

总之，在画轴测投影图时，要结合物体的具体情况，选不同的投影方向，使作出的轴测图达到理想的效果。常用的投影方向见表 10-11。

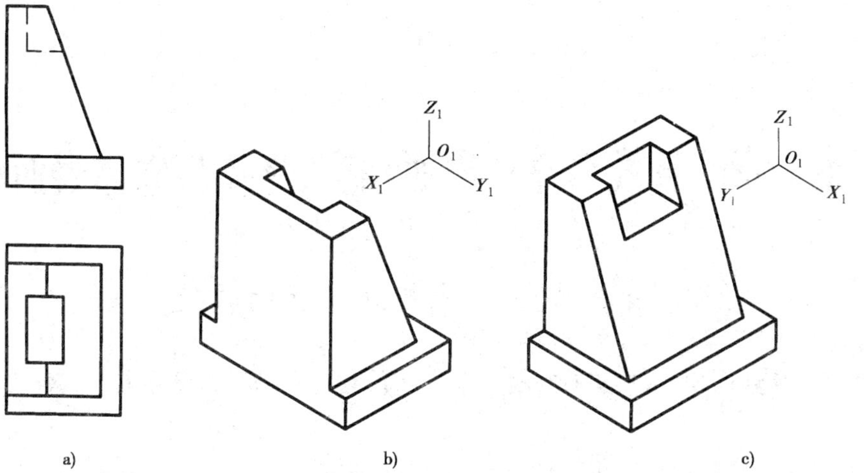

图 10-18　轴测投影图投影方向的选择

a)正投影图;b)从左、前、上方向右、后、下方投影;c)从右、前、上方向左、后下方投影

轴测轴和投影方向　　表 10-11

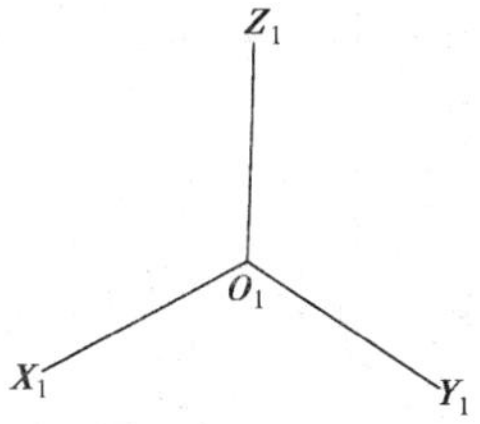	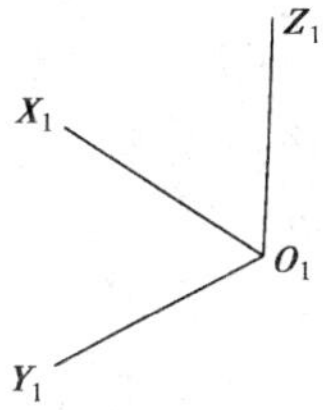	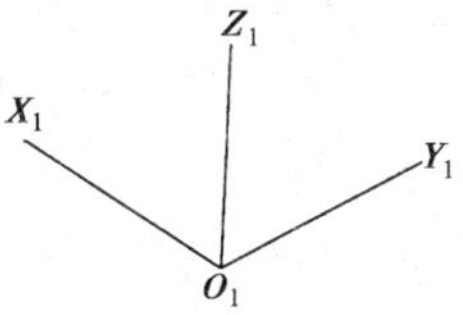	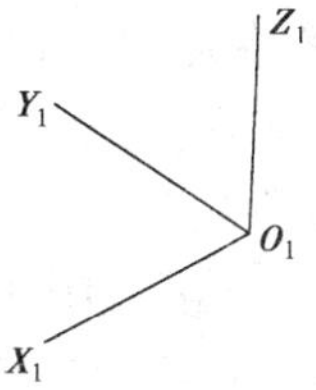
a)从左、前、上方向右、后、下方投影	b)从右、前上方向左、后、下方投影	c)从左、前、下方向右、后、上方投影	d)从右、前、下方向左、后、上方投影

第十一章　直线与立体表面相交、立体与立体表面相交

第一节　直线与立体表面相交

直线与立体表面相交，其实质问题是求线、面交点，交点称为贯穿点。它是直线与平面的共有点。

一般情况下，直线与立体相交有两个贯穿点，其求法如下：

一、利用积聚性投影

当立体表面或直线有积聚投影时，求贯穿点的方法与直线和特殊位置平面相交求交点的方法相同。

如图 11-1 所示，直线 AB 与三棱柱相交，三棱柱的 H 面投影有积聚性，故 AB 与三棱柱贯穿点 M、N 的 H 面投影 m、n 已知，贯穿点的 V 面投影可利用直线上取点或面上取点的方法求出。最后，还要判别可见性，贯穿点是否可见，要看该点所在的表面是否可见。N 点所在的棱面在 V 面上投影可见，所以，n' 点可见，M 点所在的棱面在 V 面投影上不可见，则 m' 不可见。直线与立体重叠的部分，要根据贯穿点的可见性画出，贯穿点可见，画实线，贯穿点不可见，画虚线。直线穿入立体中的一段，视为与立体融合，故不用画线，必要时，用细实线或点划线示出。

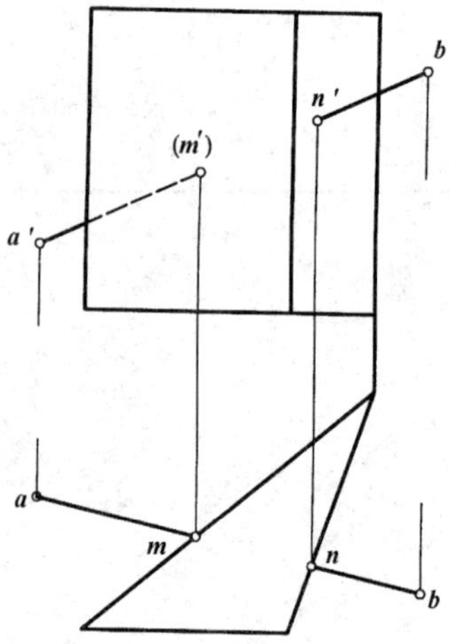

图 11-1　直线与三棱柱相交

二、辅助面法

当立体表面投影没有积聚性时，求贯穿点的方法类似于直线与一般位置平面相交求交点的方法。

作图步骤是：

1. 包含已知直线作辅助面；
2. 求出辅助面与立体表面的截交线；
3. 求已知直线与截交线的交点，即为直线与立体表面的贯穿点；
4. 判别可见性。

辅助面的选取应视立体的具体情况而定，力求使辅助面与立体截交线的投影是直线或圆。

〔例 11-1〕　如图 11-2 所示，求 EF 直线与三棱锥的贯穿点。

解　(1)选辅助面，可通过 EF 的正垂面或铅垂面作辅助面。

(2)作图：

①包含 EF 作正垂面 P。

②求出 P 面与三棱锥的截交线。截交线在 H 面上的投影是△123，该三角形与 ef 交于 k、1，k、1 即为贯穿点在 H 面上的投影。

③按点在线上求出贯穿点的 V 面投影。

④判别可见性，K 点在 SAB 面上，其 V、H 两面投影均为可见。L 点在 SAC 面上，H 面上投影可见，V 面投影 l' 不可见。故靠近 l' 点一段直线（$l'3'$）不可见，画成虚线。

〔**例 11-2**〕 求直线 AB 与圆球的贯穿点（图 11-3）。

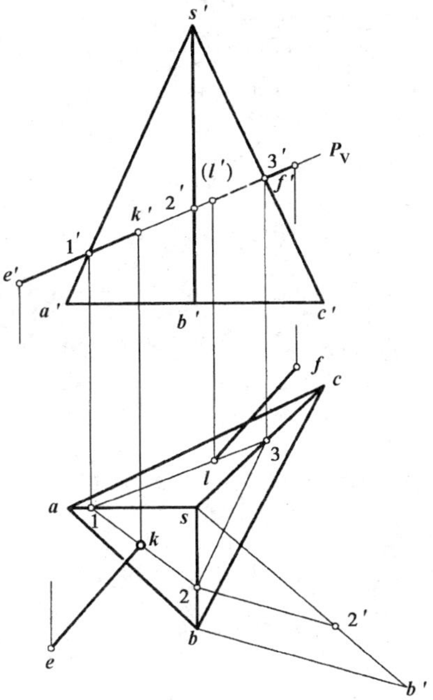

图 11-2 直线与三棱锥相交

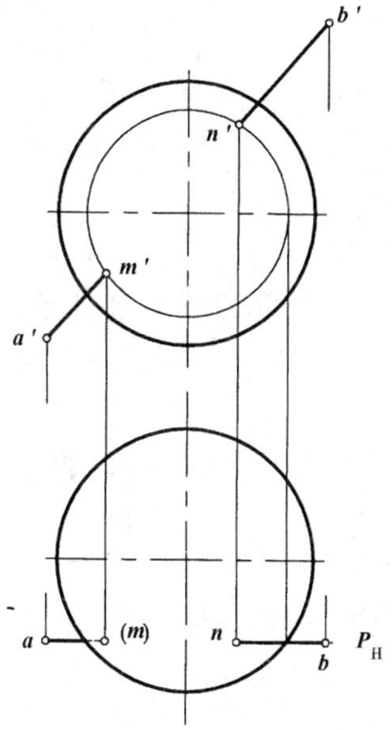

图 11-3 直线与圆球相交

解 (1)选辅助面，如果选正垂面作辅助面，则截交线在 H 面上的投影是椭圆，不利于解题。选正平面作辅助面，截交线的正面投影为圆，则能迅速准确的求出贯穿点。所以该题选正平面作辅助面。

(2)作图：

①通过 AB 作正平面 P。

②求出 P 面与圆球面截交线的 V 面投影，它与 $a'b'$ 的交点为 m'、n'，即为贯穿点的 V 面投影，再求出贯穿点的 H 面投影 m、n。

③判别可见性，M 点在球的左前下半球上，故 V 面投影 m' 可见，H 面投影（m）不可见；N 点在球的右前上半球上，其 H、V 投影均为可见点。

第二节 立体与立体表面相交

两立体相交，也叫两立体相贯，所得表面交线称相贯线。相贯线是相交两立体表面的共有线。

两立体相贯，有两种类形：

全贯 当一立体全部棱线或素线与另一立体完全参与相交时称全贯（图 11-4a)）。

互贯 当两立体都只有部分参与相交时称互贯（图 11-4b)）。

一、两平面立体相交

（一）相贯线形式

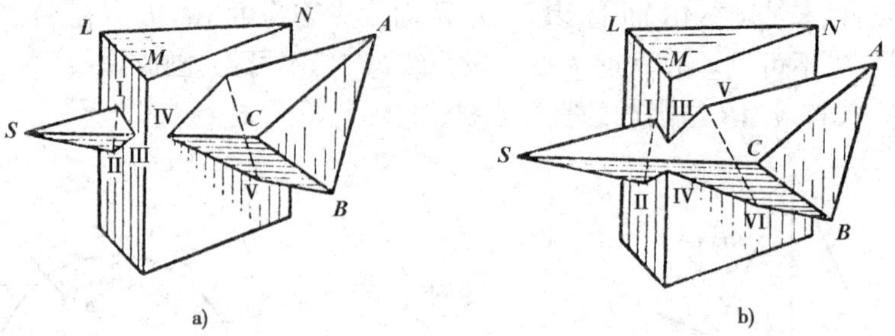

图 11-4　两平面立体相贯

a)全贯；b)互贯

两平面立体的相贯线，是封闭的空间折线或平面多边形(图 11-4)。每一段折线都是两平面立体上相应平面的交线；每一个折点都是一平面立体的某条棱线与另一平面立体的某个表面的贯穿点。

(二)求两平面立体相贯线的方法

1. 求出两个平面立体上所有棱线及底边与另一个立体的贯穿点，按一定规律连成相贯线。

2. 求出一平面立体上各平面与另一立体的截交线，组合起来，得到相贯线；

求两平面立体的相贯线，实质上是求直线与平面的交点或两棱面的交线。

(三)相贯线可见性的判别

判别可见性的原则是：只有两个可见面的交线才是可见的。只要有一个棱面不可见，其面上的交线就不可见。

〔**例 11-3**〕　求三棱柱和四棱柱的相贯线(图 11-5)。

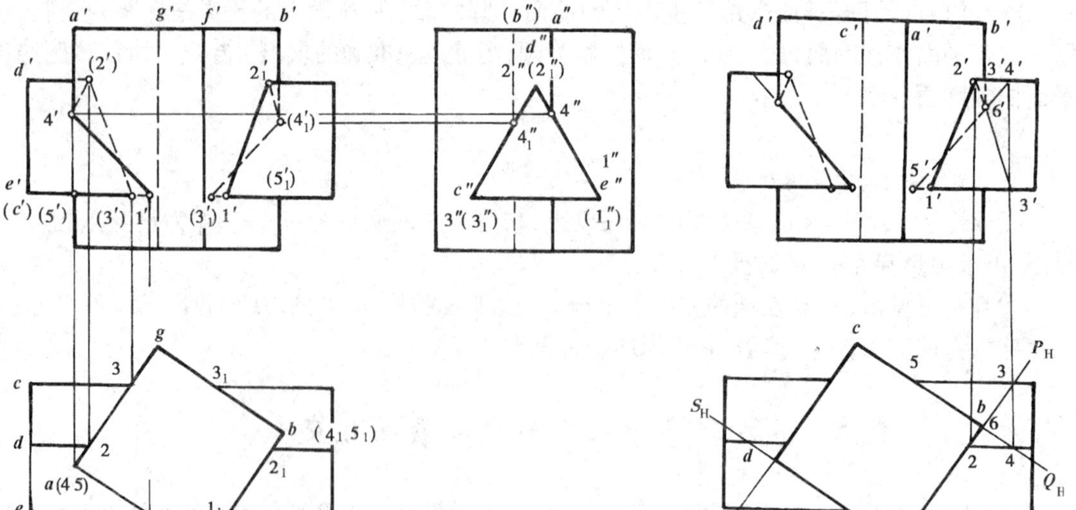

图 11-5　三棱柱与四棱柱相贯

解　(1)确定相贯线形成

因三棱柱的所有棱线完全参与相交，所以此题为全贯。有两组相贯线，每组相贯线均为封闭的空间折线。

(2)投影分析

相贯线是两立体表面的共有线，而四棱柱的水平投影有积聚性，所以相贯线的水平投影必然积聚在四棱柱的水平投影上；同样，三棱柱的侧面投影有积聚性，相贯线的侧面投影必然积聚在三棱柱的侧面投影上。因此，相贯线水平投影和侧面投影是已知的，本题只需求相贯线的正面投影。

(3)求相贯线

方法一：利用积聚性投影

从图 11-5a)中水平投影可以看出，四棱柱的 *F* 棱、*G* 棱末参与相贯，而三棱柱的 *C* 棱、*D* 棱、*E* 棱和直立四棱柱的 *A* 棱、*B* 棱均参与相贯，每条棱线有两个交点，两组相贯线上分别有 5 个交点(折点)，求出这些交点，便可连成相贯线。

具体作图：

①在相贯线的已知投影上，分别标出交点(折点)的投影，如 H 投影上的 1、2、3、4、5 等点。

②用点在线上的定点方法求出各交点的正面投影 1′、(2′)、(3′)、(4′)、(5′)等点。交点 4′可根据侧面投影定。

③连线：因相贯线是两立体表面的共有线，所以，只有位于甲立体同一棱面同时又位于乙立体同一棱面上的两点才能相连。在 *V* 面投影上分别连成 1′4′(2′)(3′)(5′)和 $1'_1 2'_1 (4'_1)(3'_1)(5'_1)$两组相贯线。

④判别可见性：根据立体上两可见面的交线才是可见的原则来判别。在 *V* 面投影上，四棱柱前边的左、右两个侧面为可见面，三棱柱的 *DE* 面可见，所以交线 1′4′和 $1'_1 2'_1$ 可见，而 4′(2′)、(2′)(3′)、(3′)(5′)和 $2_1'(4'_1)$、$(4'_1)(3'_1)$、$(3'_1)(5'_1)$不可见。其中(3′)(5′)、$(3'_1)(5'_1)$与 *e*′棱线重影。

⑤补全图线：以左侧一组相贯线为例。四棱柱 *A* 棱与三棱柱相贯，分别在 *DE* 面和 *CE* 面上有两个贯穿点，即 Ⅳ、Ⅴ，两贯穿点之间没有线，可不画线，或用细实线表示。*A* 棱上下两段都用粗实线画至贯穿点 Ⅳ、Ⅴ 处。其它各棱的处理方法同上。

方法二：辅助面法(图 11-5b))

①分别包含四棱柱各棱面作辅助面 *P*、*Q*、*R*、*S*。

②求出各辅助面与三棱柱的截交线，如 *P* 面(扩大棱面 *AB*)与三棱柱的截交线为 Δ*I II III*。由此得出棱面 *AB* 与三棱柱各表面的截交线 *I-II-VI*。同法可以得出其他棱面与三棱柱表面的截交线。组合起来，就得到两立体的相贯线(如右侧相贯线为 *I-II-VI-V-I*)。

二、平面立体与曲面立体相交

(一)相贯线形式

平面立体与曲面立体相交所产生的相贯线是由若干段平面曲线和直线组成的平面闭合线。各段平面曲线或直线，就是平面立体各棱面截切曲面立体所得的截交线。每一段平面曲线或直线的转折点，是平面立体的棱线与曲面立体表面的交点。所以，求平面立体与曲面立体的相贯线，可归结为求截交线和贯穿点问题。

(二)求相贯线的方法

1．利用棱面或柱面的积聚投影作图

〔例 11-4〕 求三棱柱与圆锥的相贯线(图 11-6)

解 (1)分析相贯线

从图 11-6a)中 *V* 面投影可知，此题为互贯，只有一组相贯线。

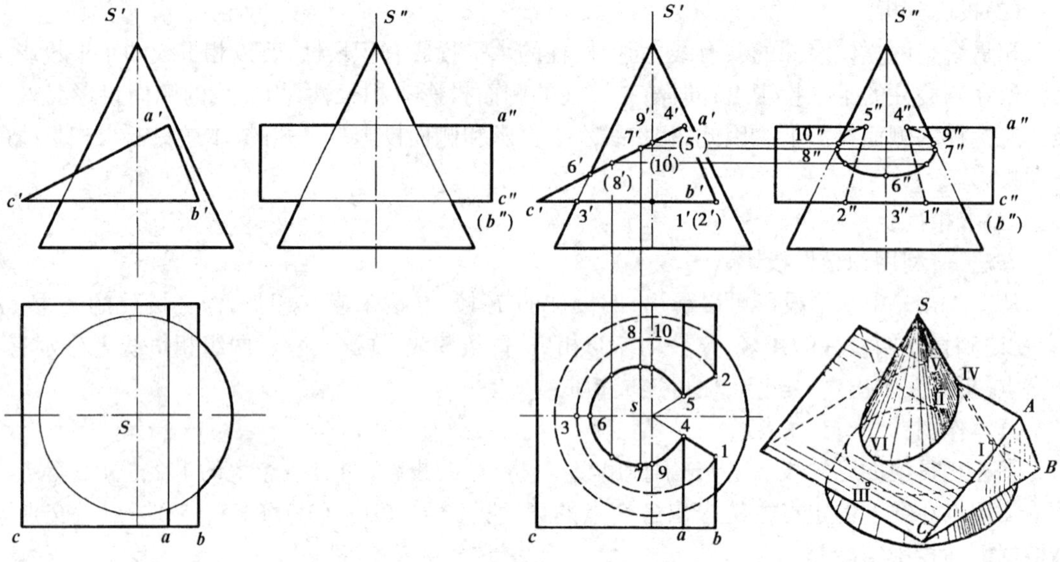

a)　　　　　　　　　　　　　　　　b)

图 11-6　三棱柱与圆锥相贯

a)已知;b)作图

三棱柱底面 *CB* 与圆锥的截交线为一段圆弧;*AB* 棱面扩大后通过锥顶,截交线为两段直线(素线);棱面 *AC* 与圆锥的截交线为部分椭圆;棱线 *A*、*B* 与圆锥面有四个交点,是相贯线上的折点,也称结合点。

因三棱柱各棱与正面垂直,所以,三棱柱的正面投影有积聚性,相贯线的正面投影已知,要求的是水平投影和侧面投影。应用解题的方法是面上取点取线,和前述求立体的截切穿孔方法一致。

(2)作图(图 11-6b))

①求特殊点　相贯线上的结合点、转向线上的点、最高、最低点、最前、最后点、最左、最右点均为特殊点。求结合点,可通过求截交线获得,也可先直接定结合点。此题先求 *CB* 棱面与圆锥的截交线,该截交线 *V* 面投影已知,可把它看成是圆锥表面上的一条线,用面上取线的方法求出该线的水平投影$\overset{\frown}{132}$,它与 *B* 棱相交于 1、2 两点,这两点是结合点,再将 *s*1、*s*2 连线,与 *A* 棱交于 4、5 两点,14,25 为 *AB* 棱面与圆锥面交线的水平投影。然后再求 *AC* 棱面与圆锥的截交线,此截交线是椭圆的一部分,椭圆的长短轴是特殊点,要求出,9、10 点是转向线上的点,通过侧面投影直接定出。

②求一般点　凡是曲线(除特殊点求出外)中间还要内插若干一般点,求法同前。

③连线　同一交线上相邻两点才能相连。如 *H* 在上 4-9-7-6-8-10-5 可以连接。

④判别可见性　锥面的 *H* 投影都可见,但 *CB* 棱面的 H 投影不可见,故$\overset{\frown}{132}$不可见。侧面投影 4″9″、5″10″不可见,椭圆部分的可见性以转向线上的 9、10 点为界,8″6″7″可见,4″9″、5″10″不可见。最后整理画全各图线。

2. 辅助面法

〔**例 11-5**〕　求三棱柱和圆球的相贯线(图 11-7a))。

解　(1)分析

三棱柱水平投影有积聚性,相贯线性的水平投影与之重合。只要求相贯线的 *V* 面投影。

由水平投影可知,此题为全贯,有一组相贯线。

棱面 *AC* 与球的截交线为一段圆弧,其 *V* 面投影反映实形;*AB*、*BC* 棱面与球的截交线,空间为部分圆,在 *V* 面上的投影为部分椭圆;棱线 *A*、*B*、*C* 与球相交,有三个贯穿点(结合点)。

(2)作图(11-7c))

采用辅助面的原则应使所求截交线的投影是直线或圆。本例选正平面为辅助面,如图 11-7b),正平面 *P* 与球面交线为圆,与三棱柱交线是两直线(矩形),圆和两直线交点 *M*、*N* 即为三棱柱与球面的共有点,作图过程见图 11-7c)。

按此法,可作若干个辅助面,求得若干个共有点,光滑连接起来即得两立体的相贯线。

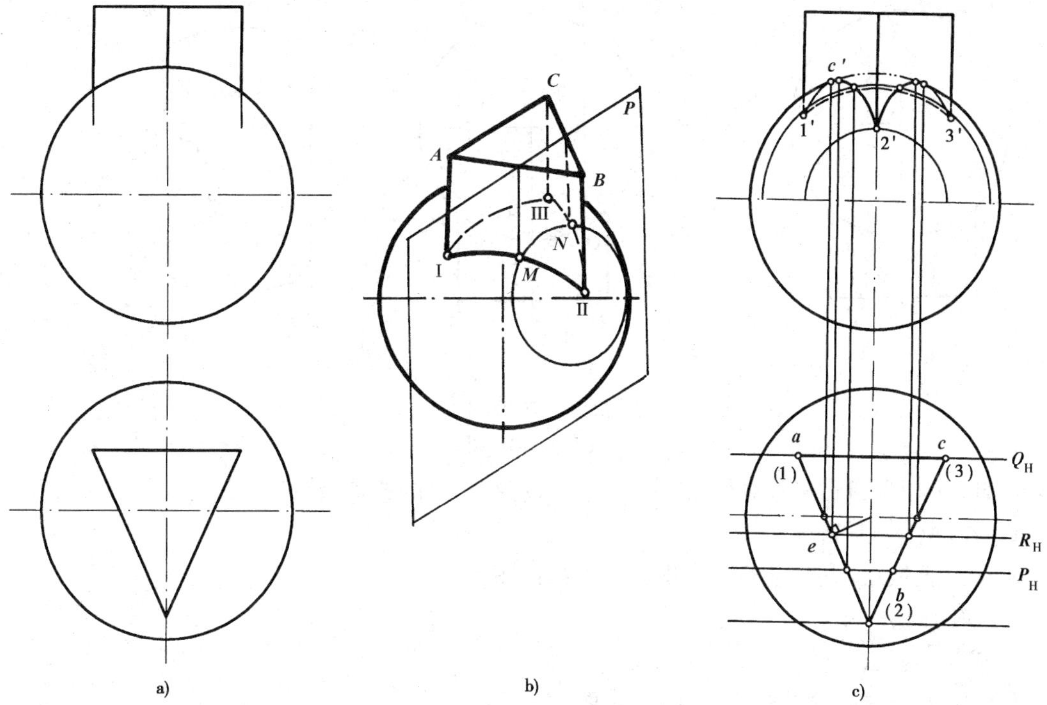

图 11-7　三棱柱与圆球相贯

三、两曲面立体相交

(一)相贯线形式

两曲面立体相交,一般情况下,相贯线是封闭的空间曲线,特殊情况下相贯线是平面曲线或直线。

(二)求相贯线方法

1. 利用积聚性投影

两相交曲面之一,如果有一个投影具有积聚性,则相贯线的这个投影必位于曲面的积聚投影上而成为已知,其余投影就可借助于另一曲面上的线求出。

〔**例 11-6**〕 求两正交圆柱的相贯线(图 11-8a))。

解 (1)分析

两圆柱直径不等正交,小圆柱所有素线完全参与相交,相贯线为一条闭合的空间曲线。

小圆柱的 *V* 面投影与大圆柱的 *H* 面投影有积聚性,相贯线的 *V* 面投影积聚在小圆柱的积聚投影上,相贯线的 *H* 面投影积聚在大圆柱的前面,现已知相贯线的 *V*、*H* 面投影,求 *W* 面投

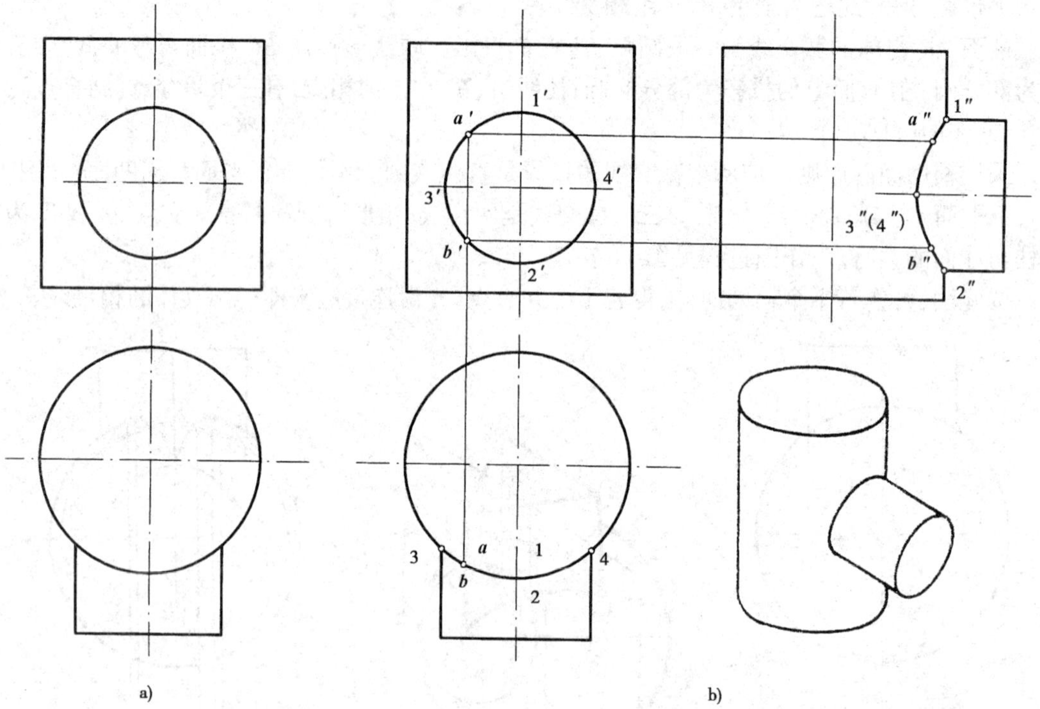

图 11-8　两圆柱相交

a)已知;b)作图

影。另外,两相交圆柱左右对称,在 W 投影上,左右部分的相贯线重影。

(2)作图(图 11-8b))

特殊点直接定,一般点需利用积聚性投影作图。

2. 辅助面法

1)辅助平面法

〔**例 10-7**〕　求圆柱与圆锥的相贯线(图 11-9a))。

解　(1)分析　由图 11-9a)知,圆柱所有素线完全参与相交,相贯线形式为全贯。左右各有一条封闭的空间曲线,且相贯线前后对称,相贯线的 W 抽投影重合在圆的 W 投影圆上,只要求相贯线的 H、V 面投影即可。根据圆柱、圆锥与投影面的相对位置,故选水平面为辅助平面,与两立体截交线分别为直线和圆,直线与圆的交点就是相贯线上的点。

(2)作图(图 11-9b))

①求特殊点,从 W 面投影可知,1″、2″、3″、4″在转向线上,是特殊点。由于两曲面体的轴线同处于一个正平面上,所以,1″、2″在 V 面上的投影 1′、2′正处在两物体轮廓线的交点上。是相贯线上最高、最低点。根据 1′、2′可直接定出 H 面投影 1、2。3″、4″位于圆柱的最前、最后转向线上,是相贯线上最前、最后点,可通过 3″4″作水平辅助面 P,P 面截圆柱为最前最后转向线(两条直线),截圆锥为水平圆,它们的 H 面投影的交点 3、4,即为相贯线上最前、最后的 H 投影,由 H 面投影 3、4 求 V 面投影。

②求一般点,方法同上。

③连点,判别可见性,V 面投影前后重影,1′-5′-3′-2′可见。H 面投影,3、4 为可见与不可见的分界点,故上半圆柱面上的点 3-5-1-6-4 可见,下半圆柱面上的点 4-2-3 不可见。

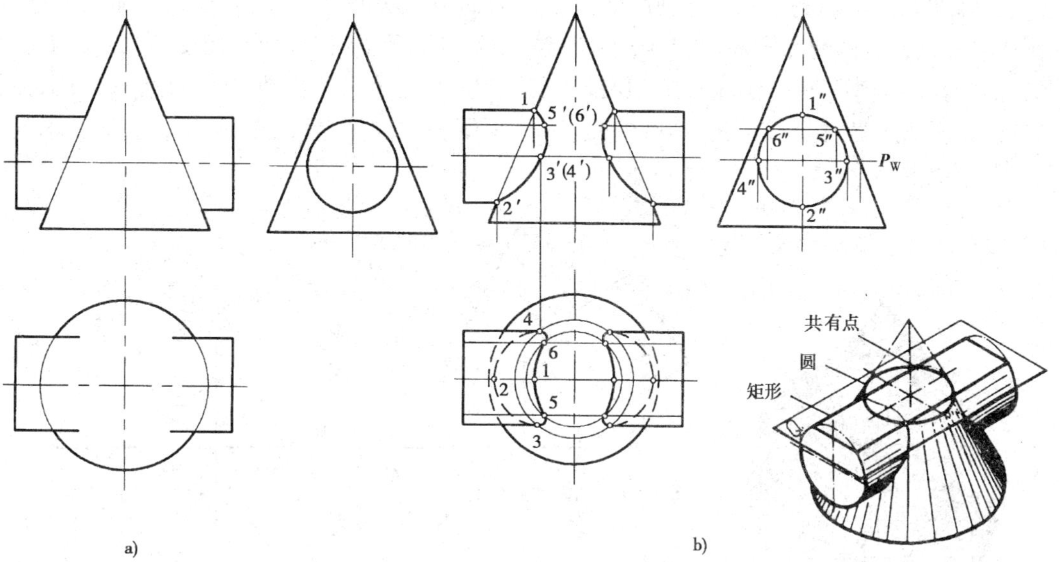

图 11-9　求圆柱与圆锥的相贯线

2)辅助球面法

以球面作为辅助面求共有点的方法称辅助球面法。辅助球面法分同心辅助球面法和变心辅助球面法,这里只介绍同心辅助球面法。

(1)使用辅助球面法的依据

①两回转面轴线重合,相贯线是垂直轴线的圆(图 11-10a))。

②回转面轴线过球心,两回转面的交线是垂直于回转轴的圆,当回转轴平行于某投影面时,圆在该投影面上的投影积聚成与轴线垂直的直线(图 11-10b))。

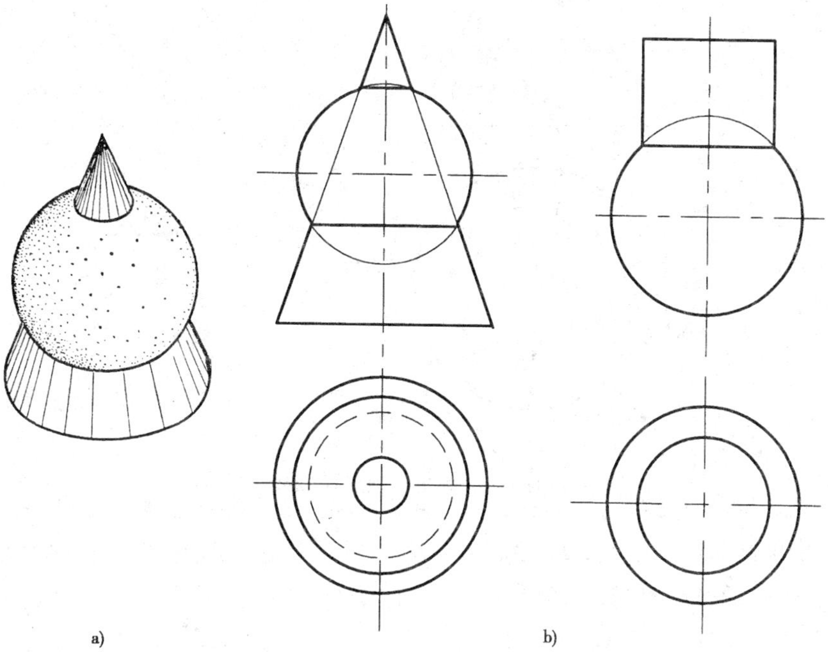

图 11-10　辅助球面法的基本原理

(2)辅助球面法的基本原理　辅助球面法与辅助平面法的原理相同，都是三面共点原理。如图 11-11a)所示，圆锥与圆柱斜交，圆锥与圆柱轴线同时平行于 V 面且相交，若以交点 O 为圆心，适当大小为半径(R)作球，球与圆锥相交，其交线是垂直于圆锥轴线的圆，球与圆柱相交，交线是垂直于圆柱轴线的圆，两圆的交点 M、N 既在圆锥面上，也在圆柱面上，又在辅助球面上，是三面共点。

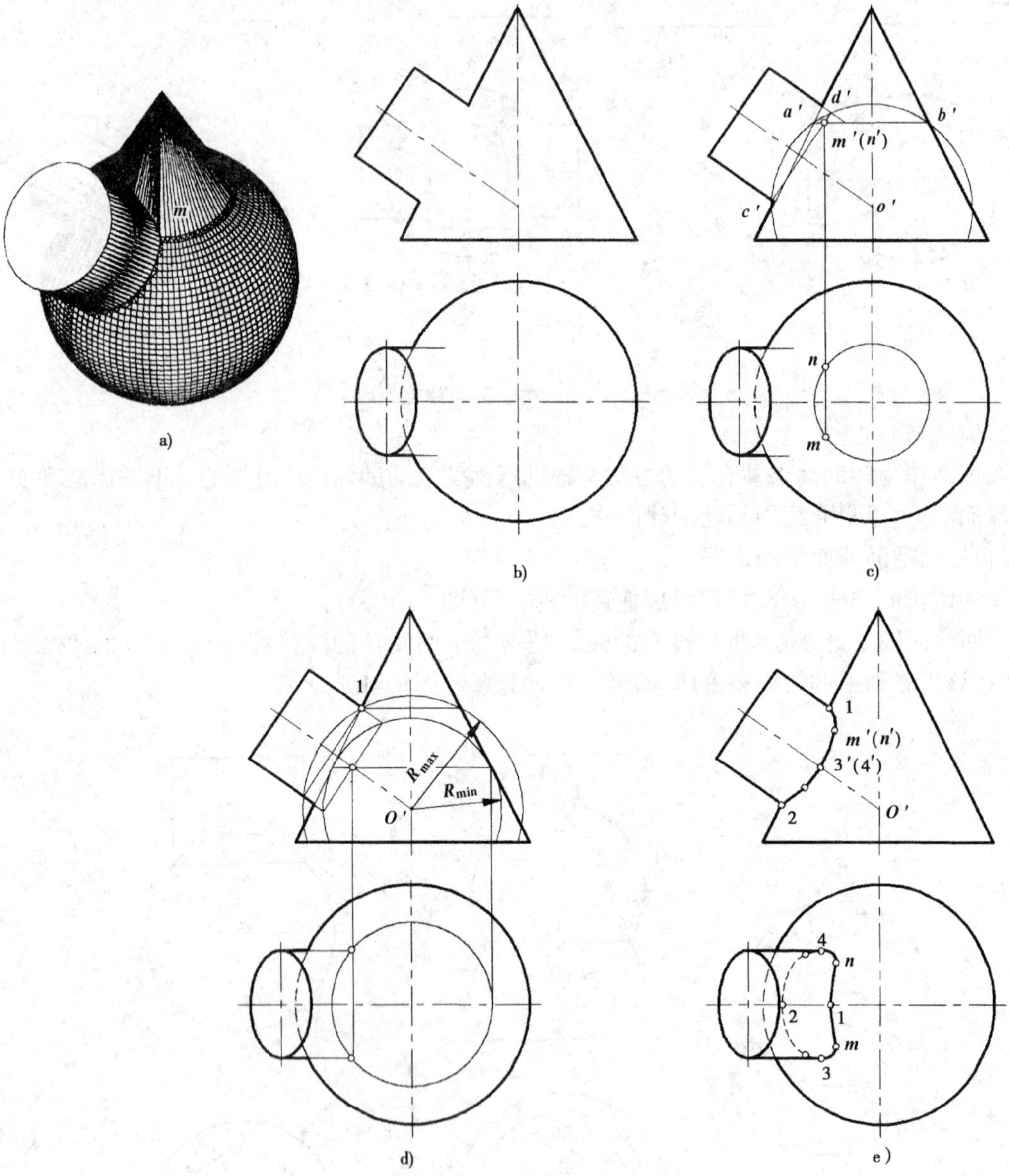

图 11-11　求圆柱与圆锥的相贯线
a)圆柱与圆锥相贯；b)已知；c)求一般点 M、N；d)确定 R_{max}、R_{min}；e)连点判别可见性

(3)同心辅助球面法的使用条件：①相交的两个曲面体必须都是回转体；②两回转体的轴线必须相交；③两回转体的轴线必须平行于同一投影面。

(4)作图

已知正圆锥和斜放圆柱的投影(图 11-11b))，求相贯线。

①定球心。由于两轴线平行于 V 面并且相交，所以两轴线交点的 V 面投影即为球心的 V

投影 o'。同时,两曲面体与球面的相贯线,在 V 面上必分别投影成直线段(图 11-11c))。

②作辅助球面的投影(图 11-11c)),以 o' 为圆心,以适当半径 R 作圆,这个圆就是辅助球面的 V 面投影。辅助球面与两曲面体的交线,在 V 面投影上分别为 $a'b'$、$c'd'$,并垂直于各自的轴线。两交线的交点 m'、n' 即为相贯线上的点,也是三面共点。

③确定辅助球的最大和最小半径(图 11-11d))。最大半径(R_{max})由球心 o' 到最远的特殊点 $1'$ 确定。$1'$ 是锥、柱轮廓线之交点称特殊点。最小半径(R_{min})与大回转体相切,本题最小半径(R_{min})与锥相切。只要在 R_{max} 和 R_{min} 之间选择半径画球,均可求出共有点。

④连线与判别可见性。依次连接各点的 V 面投影 $1' - m'(n') - 3'(4') - 2'$。

相贯线的其它投影可按曲面上取点法求出。

V 面投影上,可见与不可见部分重合,故画实线。H 投影上,3、4 为转向线上的点,是可见与不可见的分界点。4-n-1-m-3 为可见,画实线,另一部分不可见,画虚线。

(三)两曲面体相贯的特殊情况

1. 相贯线是直线

(1)两柱轴线平行,相贯线是平行轴线的直线,如图 11-12a)所示。

(2)两锥共顶,相贯线是两条过锥顶的直线,如图 11-12b)所示。

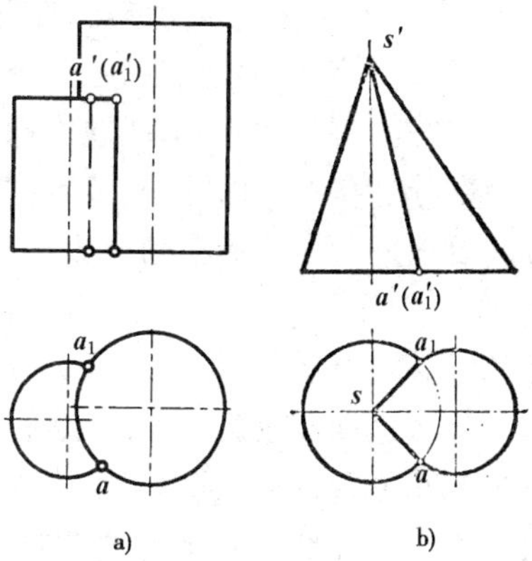

图 11-12　相贯线是直线

2. 相贯线是平面曲线

(1)凡同轴回转体,相贯线为圆(图 11-13a))。

(2)两回转体有公切球,相贯线为平面曲线,如图 11-13b)所示,两圆柱轴线相交,直径相等,两柱之间存在一个公切球,其相贯线是两个椭圆。因两柱轴线和 V 面平行,交得的椭圆和 V 面垂直,所以,相贯线的 V 面投影积聚成两条直线。

当圆柱和圆锥轴线相交,所作的球面同时与圆柱和圆锥相切,交线也是平面曲线(椭圆),如图 11-13c)所示。

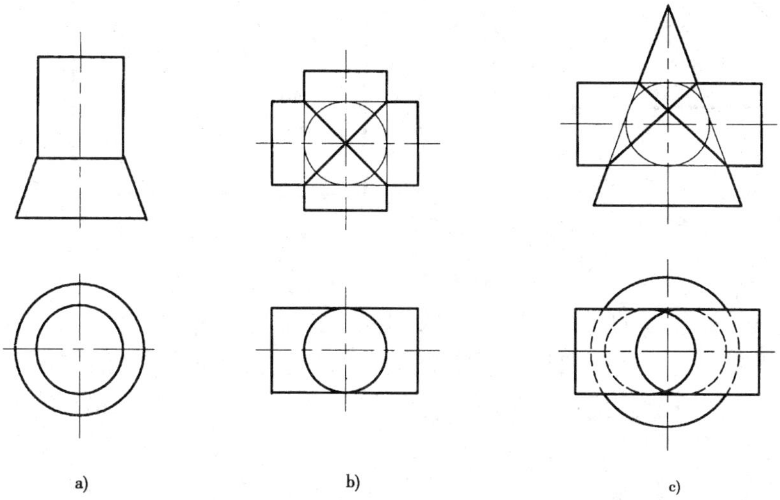

图 11-13　相贯线为平面曲线

第十二章 标高投影

第一节 概 述

一、什么是标高投影

标高投影的概念及其在工程问题中的实际应用，是从表达地物地貌的实际需要提出来的。地貌，指的是地球表面的形态，它是一个极其复杂的曲面，如平原、盆地、山脊、山谷、洼地等等；地物，指的是自然形成的和人工修建的地面和地下的固定物体，如河流、房屋、道路、人工和天然洞穴等等，在测量学里把地物地貌合称为地形。工程建(构)筑物不仅建立在地面上，而且其中一部分是在地表面开挖、填筑构成一定空间形体的，例如公路与铁路的路堑和路堤、渠道等等。要把复杂的地形在图上表示出来，并且适合工程上应用，如仍采用前述多面正投影或轴测投影，不仅作图复杂，而且难以表述清楚。因而人们提出了表达地形的有效方法——标高投影法(简称标高投影)。

什么是标高投影？如图 12-1a)所示，空间点 A 在水平面(基准面)以上 4 个单位，为确定 A 点的空间位置，将其投影到水平面上，得其投影 a，为了表示它的高度，在 a 的右下方标明高度数字 4。a_4 就是 A 点的标高投影。如果空间点 B 在基准面以下 3 个单位，则其标高投影为 b_{-3}(见图 12-1a))。这种用水平投影与标高数字结合起来表示空间一点的方法，称为标高投影法。

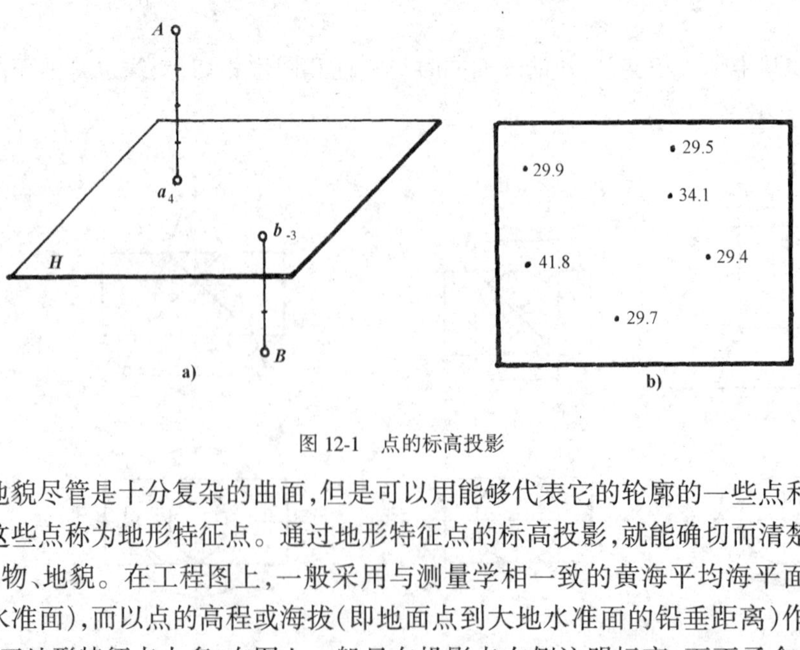

图 12-1 点的标高投影

地物、地貌尽管是十分复杂的曲面，但是可以用能够代表它的轮廓的一些点和变坡点把它表示出来，这些点称为地形特征点。通过地形特征点的标高投影，就能确切而清楚地在平面图上表示出地物、地貌。在工程图上，一般采用与测量学相一致的黄海平均海平面作为基准面(又称大地水准面)，而以点的高程或海拔(即地面点到大地水准面的铅垂距离)作为标高来表示地貌。由于地形特征点太多，在图上一般只在投影点右侧注明标高，而不予命名或编号，如图 12-1b)中，29.9、41.8…等等。要注意的是：在平面图上要注明比例尺，标高(高程)一般都是以米为单位的实际大小,但不需注明单位。

二、等高线——地面的标高投影

如图 12-2,设有一山丘被高程为 40、50…70m 的水平面所截,各截面与地面的交线即为地面上相邻的高程相等的点连接而成的闭合曲线,称之为等高线。将等高线投影到基准面上,并按一定的比例缩小绘图,就得到用等高线表示的山丘的形状、大小和起伏变化形态。要注意的是:等高线是不同高程的一组平面曲线的标高投影,要在等高线上注明高程(标高),才能表明山丘、洼地及其坡度的走向。图 12-3a)、b)形状相近,但前者表示的是山丘,后者则是洼地。

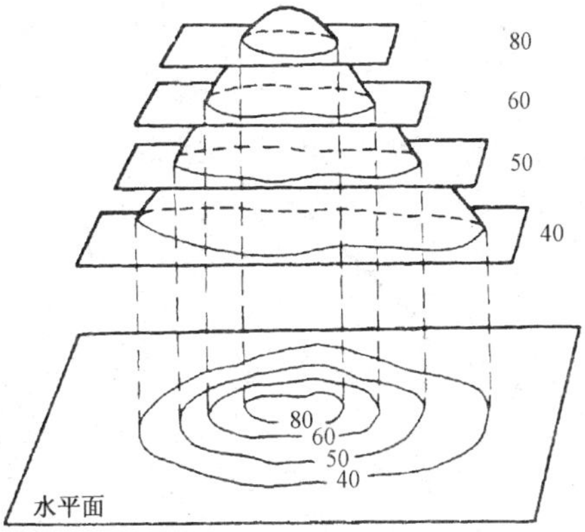

图 12-2 地面的标高投影

表示地貌的等高线有下列特征:

(1)等高线是自行闭合的曲线。

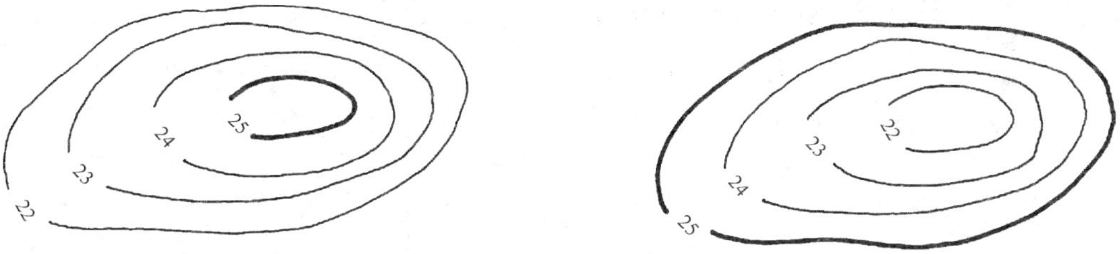

图 12-3 山丘和洼地的等高线表示

(2)在同一图中(即比例尺相同,相邻等高线之间的高程差相同),等高线越密,则坡度越陡,反之,等高线越稀,则坡度越缓。

(3)除悬崖峭壁外,等高线不相交。

第二节 直线和平面的标高投影

一、直线的标高投影

(一)直线标高投影的表示法

1. 用直线连接两端点

求直线的标高投影,实际上是求直线上两端点的标高投影,然后连线即为直线的标高投影(图 12-4)。

2. 一端点高程和一直线方向

如图 12-5 所示,已知 B 点高程,直线的方向用箭头表示,箭头指向低处,1:2 表示坡度。

(二)直线的坡度和平距

1. 直线的坡度

定义:直线上任意两点的高差与其水平距离的比值称为该直线的坡度,用符号 i 表示。即

$$i = \frac{高差(h)}{水平距离(D)} = \tan\alpha$$

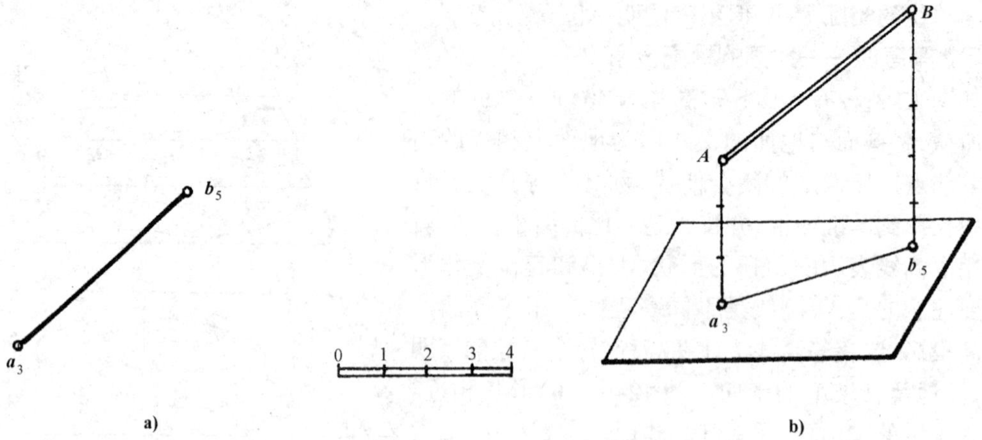

图 12-4 直线的标高投影(一)

如图 12-6 所示。D 为 AB 线在 H 面上投影的距离(简称平距),α 为直线对 H 面的倾角。上式说明,坡度 i 就是当两点间的水平距离为一个单位时,两点间的高度差。

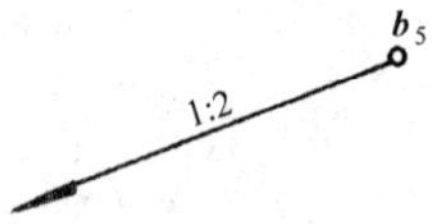

图 12-5 直线的标高投影(二)

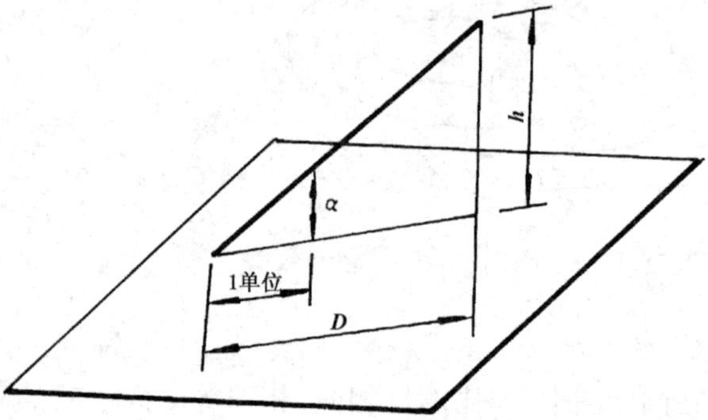

图 12-6 直线的坡度

2. 直线的平距

定义:直线上任意两点的高差(h)与其坡度(i)的比值,称为该直线的平距,用符号 D 表示。即

$$D = \frac{\text{高度}(h)}{\text{坡度}(i)}$$

如图 12-7 所示,上式表明,当两点间的高差为一个单位时,两点间的平距和坡度互为倒数,$D = 1/i$。

[**例 12-1**] 求图 12-7 所示直线上点 C 的标高。

解 (1)求直线 AB 的坡度

$\because h_{AB} = (6-3)\text{m} = 3\text{m}$

$D_{AB} = 6\text{m}$(用比例尺在图上量得)

$\therefore i = \dfrac{h_{AB}}{D_{AB}} = \dfrac{3\text{m}}{6\text{m}} = \dfrac{1}{2}$

(2)求 c 点标高

量得 $D_{AC}=2m$,则 $h_{AC}=i\times D_{AC}=\frac{1}{2}\times 2m=1m$,即 C 点的标高为 $3+1=4m$。

(三)直线上整数标高点的求法

如图 12-8 所示,当直线上两端点 AB 的标高为小数 $A_{2.2}$、$B_{5.5}$时,欲求 AB 线上整数标高点。

1. 图解法

作一平行 AB 直线的铅垂面 P,然后用适当比例尺在 P 面上作一组与 $a_{2.2}$、$b_{5.5}$平行的等距整数标高直线,最下一条线的标高为 2,最上一条线的标高为 6。根据 AB 两点的标高在 P 面上画出 AB 线(实长线),AB 与各整数标高直线交于 C、D、E 各点,从这些点向 AB 线的标高投影引垂线交于 c_3、d_4、e_5 各整数标高点。显然,各相邻整数标高点间的距离(即直线的平距)是相等的。

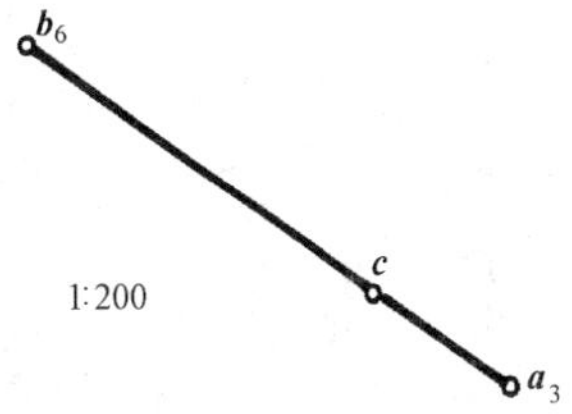

图 12-7 求 AB 直线上 C 点的标高

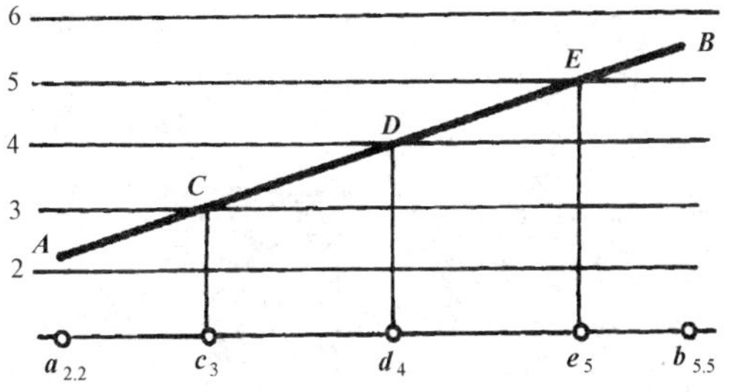

图 12-8 求直线上已知标高的点

2. 数解法

按例 12-1 方法求解,只要求出距端点的第一个整数标高点,再依次量取两个平距 D,就得另两个整数标高点。

二、平面的标高投影

(一)平面标高投影的表示法

1. 几何元素表示法(与前述正投影相同)。

2. 由平面内一组等高线表示(图 12-9)。

3. 由平面内任意一条等高线和平面的坡度表示(图 12-10)。

4. 由平面内任意一条一般位置线和平面的坡度线表示。虚线代表坡度的大致方向(图 12-11)。

(二)平面内的等高线及坡度线

1. 平面内的等高线

平面内的水平线称为平面内的等高线。在生产实际中,常取平面内整数标高的水平线为等高线,如图 12-9a))。

平面内等高线有下列特性:

(1)等高线是直线。

(2)等高线互相平行。

(3)相邻等高线间高差相等时,平距也相等。

[例 12-2] 在空间三点组成的三角形平面内作等高线(图 12-12a))。

解 (1)在三角形任意两边上定出整数标高点(图 12-12b))。

(2)平面内相同标高点连线,即为所求的等高线,如图 12-12b)所示。

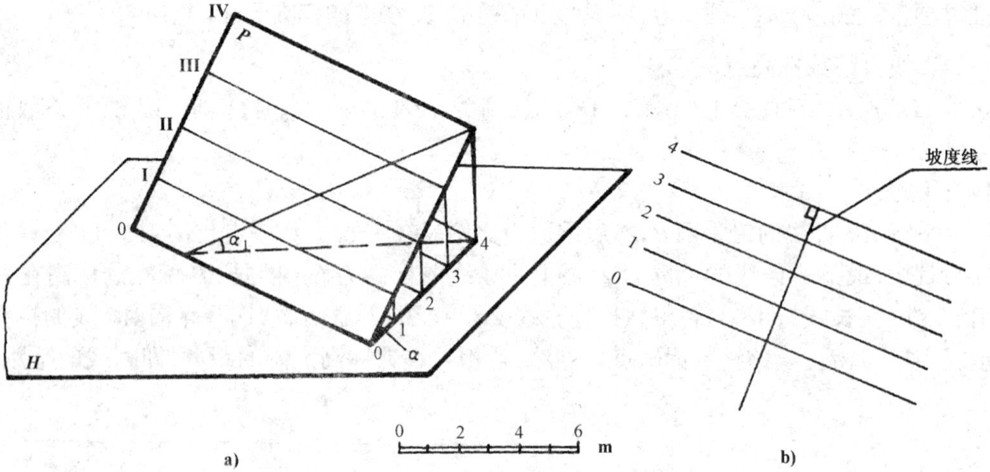

图 12-9 平面的标高表示法(一)

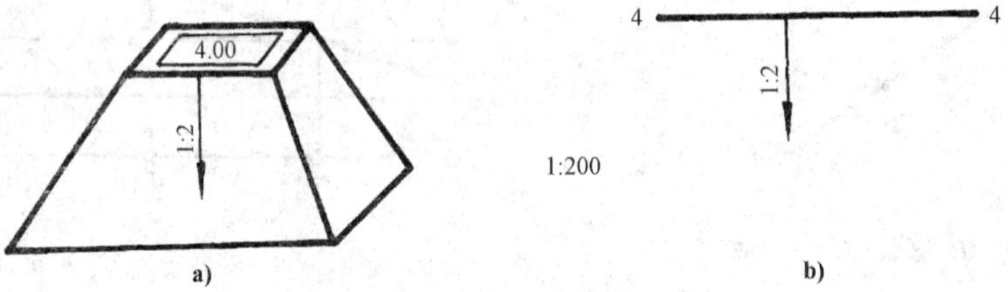

图 12-10 平面的标高表示法(二)

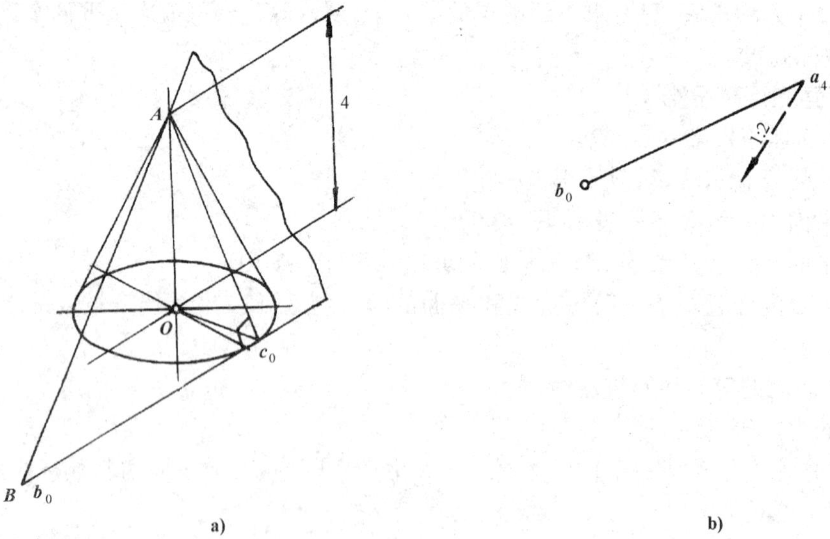

图 12-11 平面的标高表示法(三)

2. 平面的坡度线

平面对水平基准面的最大斜度线称为平面的坡度线(图 12-9)。

平面的坡度线有下列特性:

(1)与平面内等高线垂直(标高投影也互相垂直)。

(2)平面坡度线的坡度代表该平面的坡度。

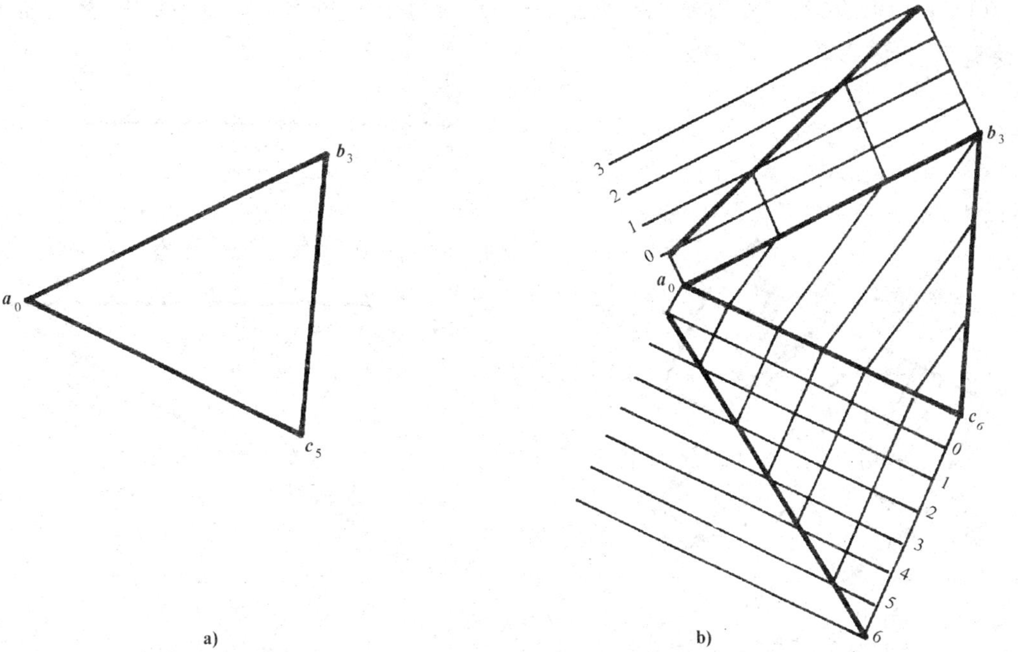

图 12-12　用等高线表示平面

在标高投影中，是根据坡度线上不同高程两点间的距离来确定坡面上等高线的位置。

［**例 12-3**］　试画出平面上高程为零的等高线(图 12-13a))。

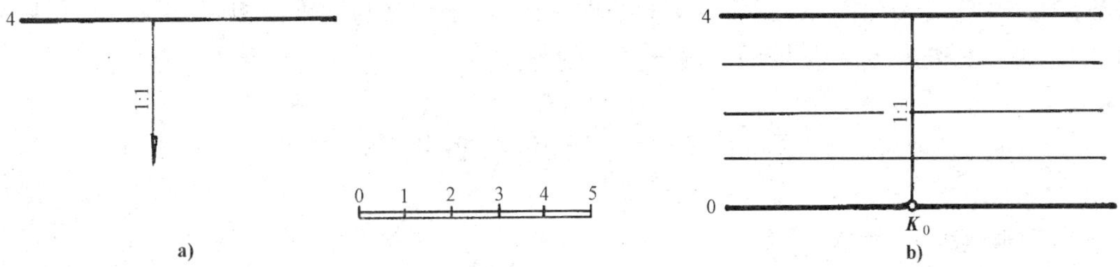

图 12-13　求平面上某一高程的等高线

解　(1)分析：平面是用一条高度为 4m 的等高线和一条坡度线表示的，这个平面可看成是图 12-14 中的 I 面，平面上高程为零的等高线可看成是 I 面与高程为零的地面的交线，工程上称该线为坡脚线，只要找到坡度线上高程为零的点，就可通过该点画出平面 I 上高程为零的等高线。

(2)求高差和水平距离，坡度线上高程 4 和高程 0 两点的高差为 4m，水平距离 $D = h/i =$ 4m。

(3)作图：自坡度的端点沿箭头方向按给定的比例量取 4m 得 k_0，自 k_0 作直线与高程为 4 的等高线平行，此直线就是平面上高程为零的等高线(图 12-13b))。

图 12-15a)所示的平面，是用一条一般位置线 *AB* 和平面的坡度线表示的，这个平面可看成是图 12-14 中的 I 面，对于这种平面，如何求平面上高程为零的等高线，现分析如下：

通过直线 *AB* 可作无数个平面，但具有一定坡度及倾斜方向的平面只有一个，如图 12-

11a)所示,平面上高程为零的等高线应通过 b_0 点,它与 a_4 点的水平距离 $D=\frac{1}{i}\cdot H=4\text{m}$,作图方法见图 12-15b)。

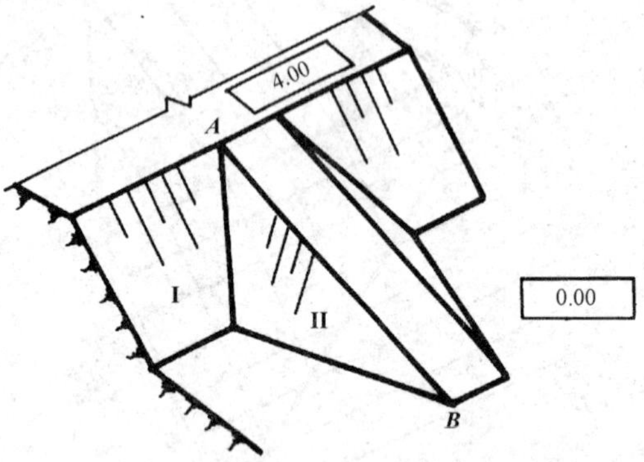

图 12-14　大堤的坡面与坡脚线

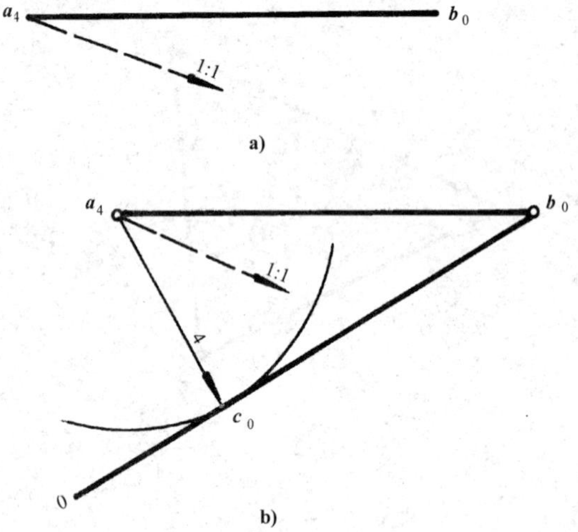

图 12-15　坡脚线求法

①以 a_4 为圆心,$R=4$ 米为半径作圆弧。

②过 b_0 作直线与圆弧相切,切点为 c_0、c_0b_0 就是平面上高程为零的等高线。

上述作图方法也可理解为以点 A 为锥顶,作一正圆锥,素线坡度为 1:1,此圆锥在图上投影是圆,然后过直线 AB 作一坡度为 1:1 的平面 ABC,此平面必与圆锥面相切,切线 AC 是坡面上的一坡度线,底边 b_0c_0 就是坡面上高程为零的等高线。

第三节　曲面的标高投影

一、正圆锥面

当圆锥的轴线垂直 H 面时,锥面上所有素线对 H 面倾角都相等。若用水平面截切正圆锥面其截交线为水平圆,这种水平圆就是圆锥面上的等高线。若用一组高差相等的水平面截切正圆锥面,就得到一组等高线(图 12-16a)),这种等高线的标高投影是一系列同心圆,等高线间的水平距离相等。图 12-16b)是倒圆锥,等高线也是一些同心圆,但高度注字,则外圆大,内圆小。

因正圆锥面所有素线的坡度都是相同的,所以,在土石方工程中为防止塌方,建筑物的转弯处,坡度常作成正圆锥形(图 12-17),圆锥面上的示坡线是过锥顶的素线方向。

二、同坡曲面

1. 形成

当直母线沿着一条空间曲导线移动,母线对水平面的倾角始终不变时,所形成的曲面叫同坡曲面。如图 12-18 所示,也可以把它看成是以曲线上各点为顶点的坡度相同的正圆锥面的包络面。如果用一水平面同时截切正圆锥面和同坡曲面,所得两条截交线相切,即正圆锥面和同坡曲面同标高等高线一定相切。

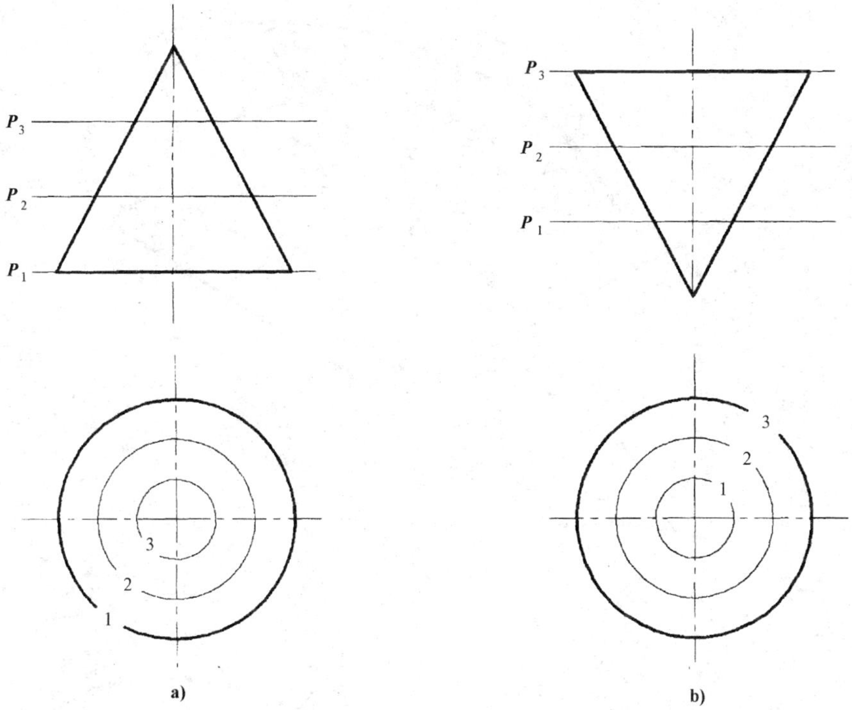

图 12-16　圆锥面的标高投影

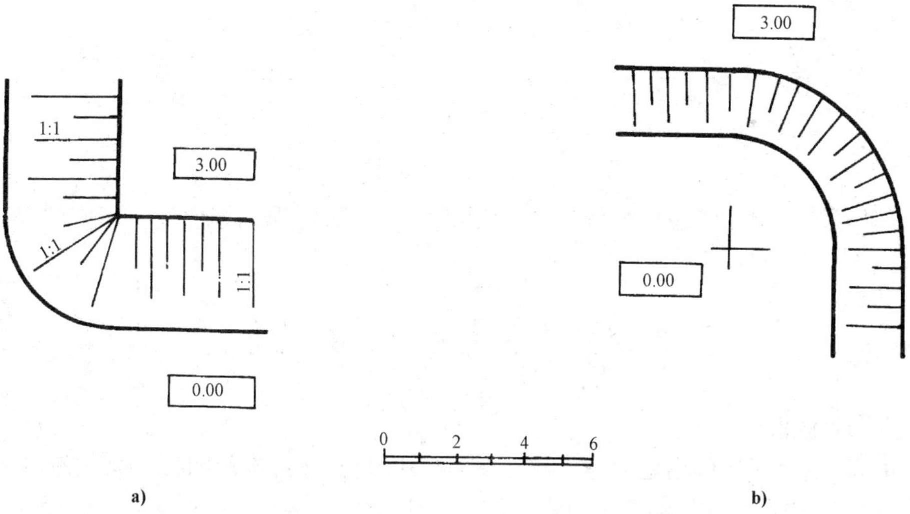

图 12-17　圆锥面的坡度表示方法

2．同坡曲面上等高线的作图方法

如图 12-19a)所示，过空间曲线 *ABCD* 作坡度为 1:1.5 的同坡曲面，要求画出曲面上整数高程的等高线。

(1)计算平距：$d = 1/\frac{1}{1.5} = 1.5$

(2)曲线上各整数标高点 *ABCD* 作为正圆锥顶点的位置。

(3)用半径 d、$2d$、$3d$ 作各正圆锥面的等高线。

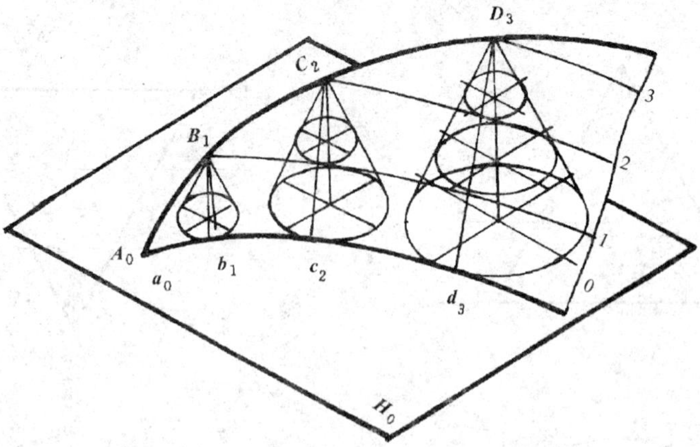

图 12-18　同坡曲面形成的示意图

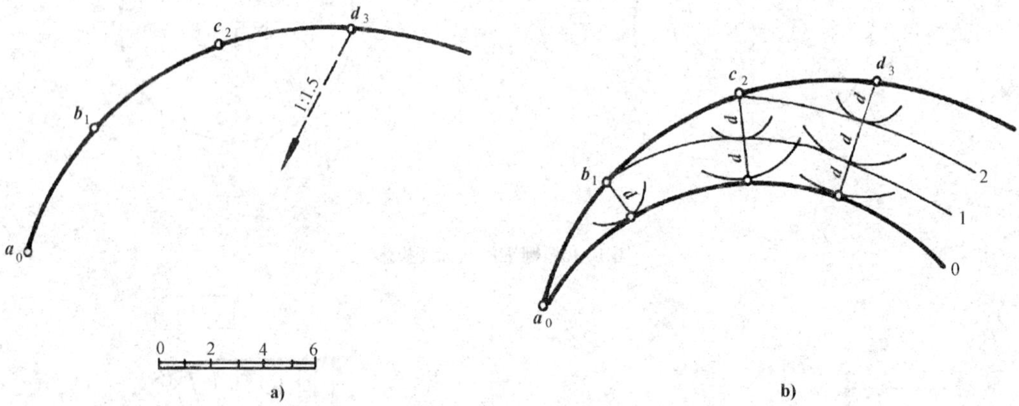

图 12-19　同坡曲面的等高线表示法

(4)作各正圆锥面上同高程等高线的切线(包络曲线),即得同坡曲面上相应的等高线(图 12-19b))。

第四节　建筑物与地面相交

一、地形剖面图

用铅垂面剖切地面,画出地面与剖切平面的交线,就是地形剖面图(也称纵断面图)。

如图 12-20,铅垂面与地面相交,铅垂面在地形图上有积聚性,它与地面等高线交于 b、c、d、e、f 各点,这些点就是剖面与地形等高线交点的投影,其高程与所在等高线的高程相同。

具体作图方法:

1. 用与地形图相同的比例画一组互相平行的等高线,如 100、105、125 用以表示剖切平面。

2. 由交点作铅垂线与剖切平面上相应的等高线相交,如 b 点的高程为 125,过 b 点所做铅垂线就与 125 等高线相交,其交点 b' 即为所求,同理可求出其他各交点。

3. 连接各交点成曲线,并描成粗实线,画上自然土壤图例,即得地形剖面图。

二、斜坡面和地面相交

平面和地面的交线是不规则曲线,它的标高投影也是不规则曲线,如图 12-21a)所示,P 平

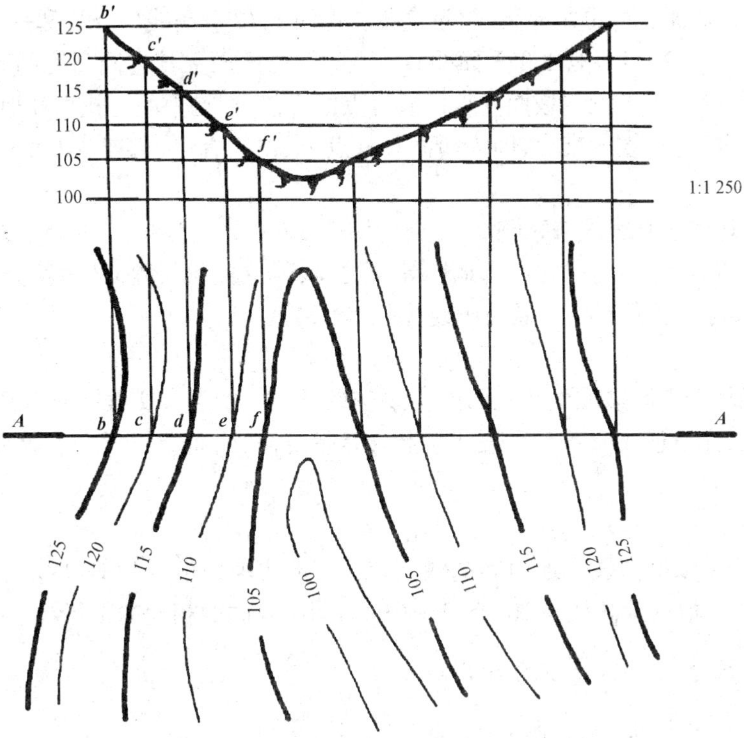

图 12-20　地形剖面图的绘制

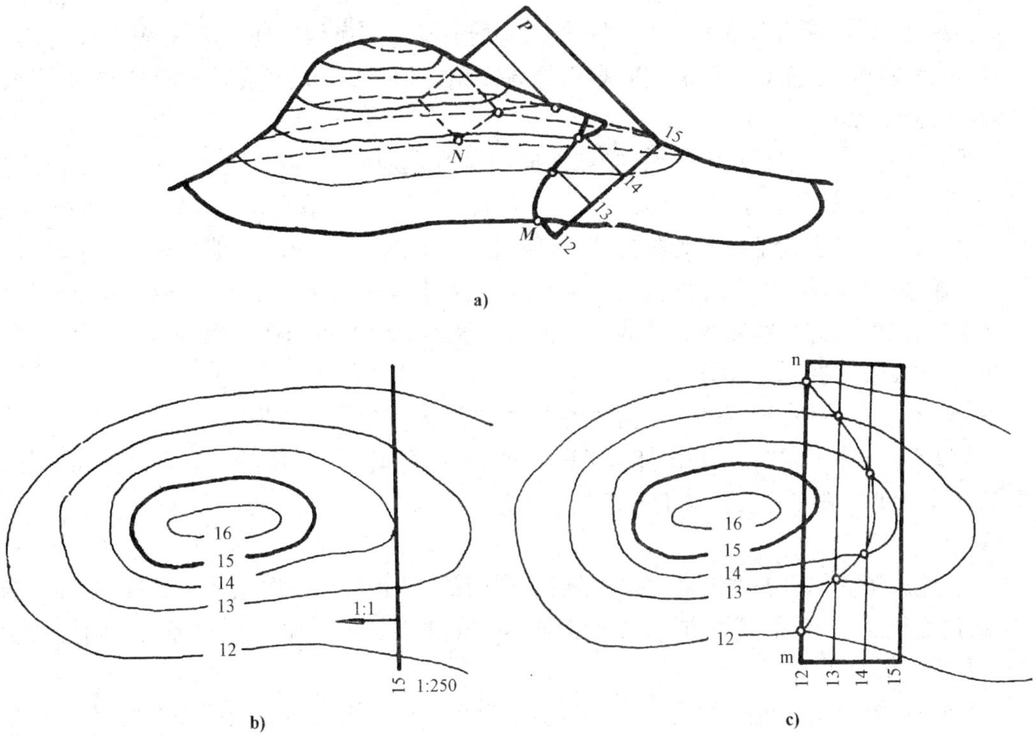

图 12-21　斜坡面与地面相交

面和地面相交，假想分别用 12、13、14 的水平面做辅助面截切地面和 P 平面，和地面交得到的是地面等高线；和 P 面交得也是等高线，是直线。地面上 12 等高线(曲线)和平面上 12 等高线(直线)相交，交点 M、N 即为地面和平面的共有点。同样两面上其它同高度的等高线，也相交得共有点。这样，就得出了做斜坡面和地面共有点的方法，即在平面上找出和地面相应的等高线，两面上同高程的等高线的交点，即为两面共有点，根据共有点，再连成曲线，就是所求的交线。

三、建筑物与地面交线求法举例

[例 12-4] 修筑一土坝，已知河床地形等高线、坝顶位置和高程，又知坝上游边坡的坡度为 1∶3，下游边坡的坡度为 1∶2，求做坡脚线(图 12-22a))。

解 1. 分析

坡脚线是土坝上下游边坡面和地面的交线(参看图 12-22b))，交线是不规则曲线，需要找出若干个共有点，光滑连成曲线。在边坡面上取等高线，和地面上相同高程等高线相交，即为共有点。

2. 作图

(1)在边坡面上取等高线。地面等高线高差是 1m，边坡面上取的等高线高差也应是 1m。坝顶高程是 27m，应取的等高线是 26、25、24……19，图中是间距相同的平行线。间距 D 是两等高线间的水平距离，可按 $D=\frac{h}{i}$ 关系求得。

对上游边坡：$i=\frac{1}{3}$，$h=1\text{m}$，则 $D_1=3\text{m}$

对下游边坡：$i=\frac{1}{2}$，$h=1\text{m}$，则 $D_2=2\text{m}$

D_1、D_2 求出后，按图上给定的 1∶1000 比例，分别在上、下游边坡面上画等高线。

(2)求坡脚线。地面和边坡面相同高程等高线相交即得共有点，然后光滑连接，即得所求的坡脚线(图 12-22c))。

连线时要注意：①坝顶是水平面，它和地面的交线是地面 27 等高线的一小段。②取等高线时，上游边坡面取到 19 等高线，即不与地面等高线相交，该处地面比 19 高，表明边坡上 19m 等高线已在地面下，也就是在该处附近比 19 还高一些的地方，边坡面和地面相交。而 20 的等高线与地面 20 等高线有两个交点，这时可用内插法各补作一条 19.5m 的等高线(用虚线表示)再找交点，连线时应按交线趋势画成曲线。下游边坡类似地方也同样处理，或在 20 和 19 两等高线间随坡脚线总的趋势光滑连接。

(3)画出上、下游坡面的示坡线，注明各坡面坡度，即完成全部作图。

[例 12-5] (图 12-23a))，在山坡上修一水平场地，已知场地的高程、平面位置和形状，求做填挖方坡脚线。填方的坡度是 1∶1.5，挖方坡度是 3∶2。

解 1. 分析

(1)由地形等高线分布情况看，地形是由北向南的一面坡，水平场地要求高程为 24m，场地靠北端，地面比 24m 高，需要挖方，南端地面比 24m 低需要填方。地面 24m 等高线和场地轮廓的交点是填挖方分界点。

(2)填方区要求填方的坡度是 1∶1.5，所以填出来的场地周围坡面上等高线的平距是 1.5，挖方区要求按 3∶2 坡度开挖，所以开挖区坡面上等高线平距为 $\frac{2}{3}$m。等高线高差为 1.0m。

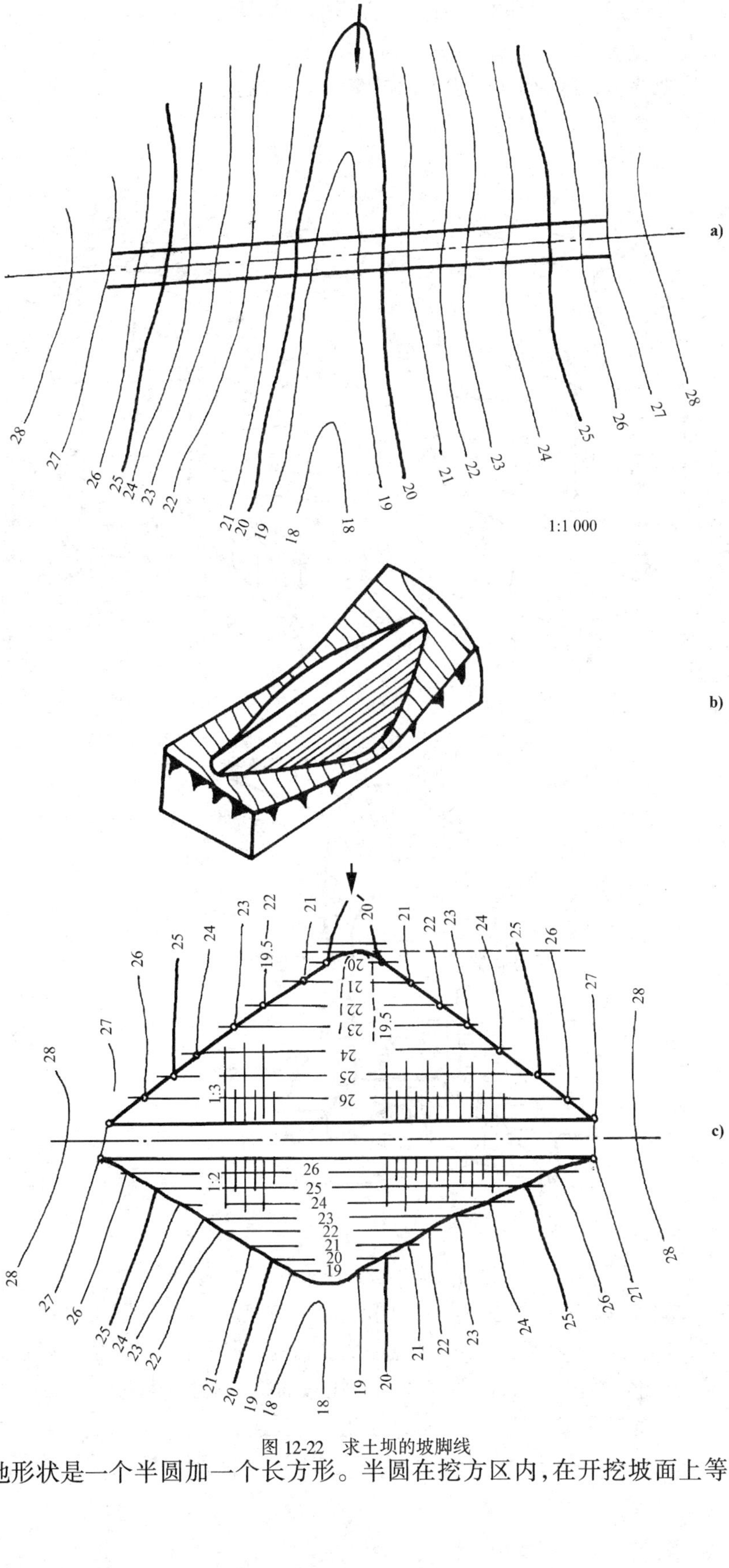

图 12-22　求土坝的坡脚线

(3)场地形状是一个半圆加一个长方形。半圆在挖方区内,在开挖坡面上等高线是以 O

为圆心的一组半圆，形成一个倒圆锥曲面。长方形部分都是平面坡，等高线为平行各边的一组平行线。

(4)长方形场地的填方区，相邻两边坡面的交线是直线。

2．作图(图 12-23b))

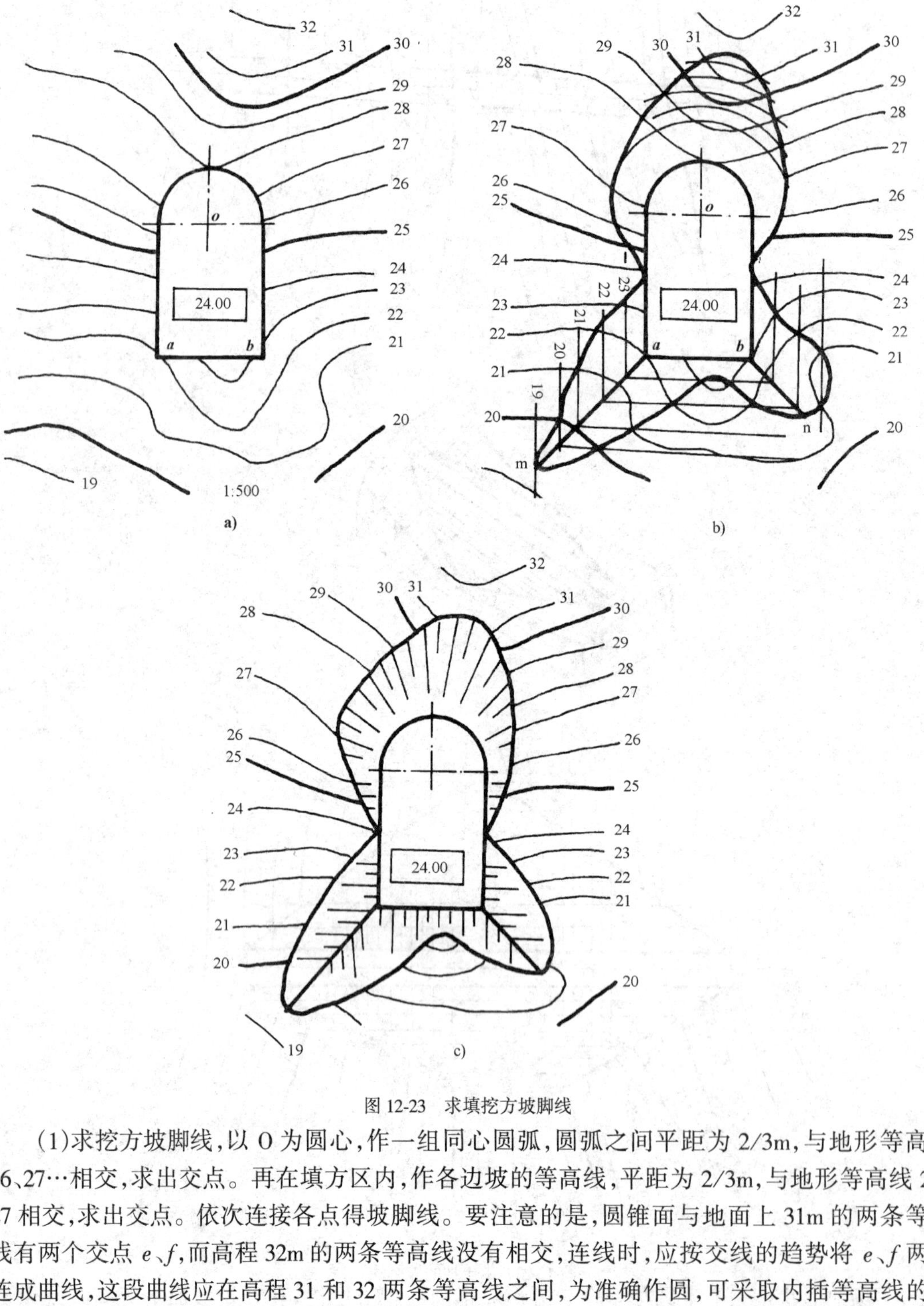

图 12-23　求填挖方坡脚线

(1)求挖方坡脚线，以 O 为圆心，作一组同心圆弧，圆弧之间平距为 2/3m，与地形等高线 26、27…相交，求出交点。再在填方区内，作各边坡的等高线，平距为 2/3m，与地形等高线 26、27 相交，求出交点。依次连接各点得坡脚线。要注意的是，圆锥面与地面上 31m 的两条等高线有两个交点 e、f，而高程 32m 的两条等高线没有相交，连线时，应按交线的趋势将 e、f 两点连成曲线，这段曲线应在高程 31 和 32 两条等高线之间，为准确作圆，可采取内插等高线的方法，或作一地形剖面求出交点，地形剖面的轮廓和坡面交线轮廓的交点即为所求。

(2)求填方坡脚线　先求相邻两边坡的交线，找两边坡上两个共有点，或过场地顶角 a、b 作角平分线，即为坡面间的交线。然后作各边坡的等高线，平距为 1.5m，与地形等高线 23、22…19 相交，求出交点。依次连接各点，即得填方坡脚线。

图 12-23b)中，m、n 点是两相邻边坡和地面的交点，这三个面必然交于一点，也就是相邻两边坡的坡脚线和两边坡的交线交于一点。

(3)在各坡面上用细实线画出示坡线，要注意填、挖方示坡线不同，示坡线都是从高处引出，指向低处(图 12-23c))。

[例 12-6]　(图 12-24a))已知一土堤，堤顶高程为 13m，边坡坡度为 1∶1.5，地面近于水平面，高程为 10m。筑一引堤与大堤相垂直，引堤顶面是倾斜于水平面的平面，交地面于 AD，见图 12-24c)。引堤两侧坡面坡度为 1∶1.5，求做大堤和引堤的坡脚线及坡面间交线。

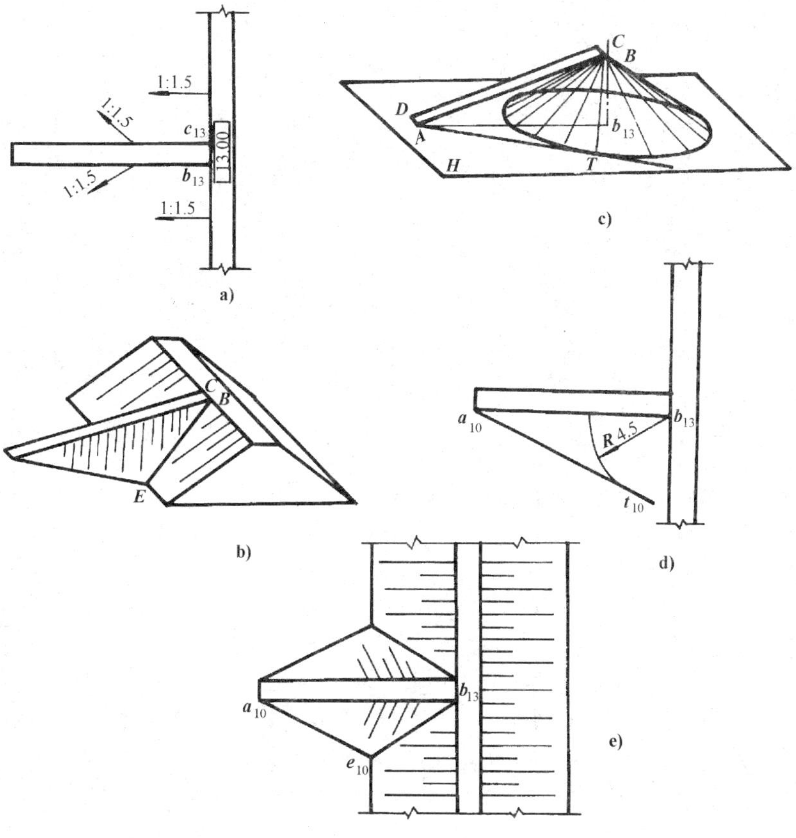

图 12-24　求坡面交线

解　1. 分析

(1)地面高程为 10m，看成是水平面，各坡面的坡脚线就是各坡面上高程为 10m 的等高线。

(2)边坡面的等高线应和大堤顶边的等高线平行。引堤顶边 AB 是倾斜于地面的直线，其两侧坡面是一般位置平面，它的坡度线要根据坡度线与等高线相垂直的条件确定。

2. 作图

(1)见图 12-24d)，画圆锥的投影，以 b_{13} 为圆心，以 $1.5\times3=4.5$ 为半径画圆弧，再从 A_{10} 作

圆的切线,即得 10m 等高线。

(2)斜坡面上 10m 等高线与大堤边坡 10m 等高线相交于 t_{10}点,b_{13}和 t_{10}相连即为两坡面交线(图 12-24e))。另一侧作法相同。

(3)引堤坡面的坡度线和引堤顶边 AB 不垂直,因此坡度符号不应画成和 ab 垂直,而是和 10m 等高线垂直。

第十三章　立体表面的展开

第一节　概　　述

把立体表面的各个侧面，按其真正实际大小，顺序无折皱地铺平在一个平面上，叫立体表面的展开，所得的图叫展开图。如图 13-1 所示，把三棱柱的每一侧面摊平在平面上，就得到了该三棱柱的展开图。

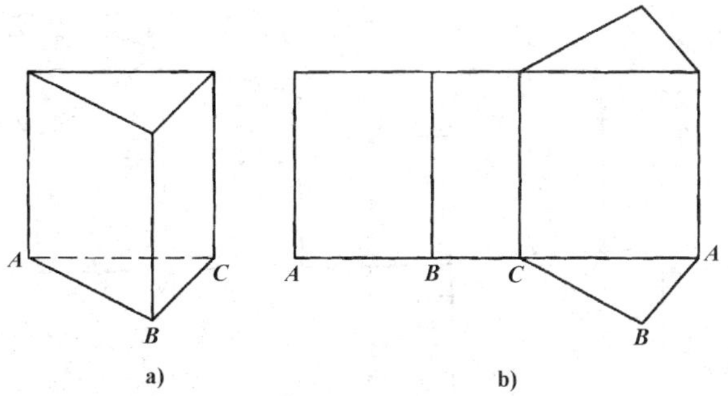

图 13-1　三棱柱的展开图

展开图在工程上应用广泛，如用金属薄板制成的弯管、圆管和接头，横板的下料，油罐的制造等，都需要在薄板上按实际尺寸画出它们的展开图，然后按图下料，拼装成所制物体。

立体表面有的可铺平在一平面上，这种表面称可展开面，如平面立体表面均为可展开面，曲面立体中相邻素线平行或相交的直线曲面为可展开面。立体表面只能近似地铺平在一个平面上，叫不可展开面，如球、环、扭曲面、单叶双曲面等。

另外，钢板有薄有厚，薄的下料方便，对于厚钢板要做成卷管，下料不好，就卷不成，我们这里讲的是理论上的展开，不考虑厚度，在实际制做中，接口处的尺寸，要经过计算，也可查阅钣金工手册。

第二节　平面体与曲面体的展开

一、平面立体表面的展开

平面立体的表面都是多边形。因此求平面立体表面的展开图，归结为求出属于立体表面的所有多边形的实形，并将它们依次地画在一个平面上，这样就得到了该平面立体的表面展开图。

(一)棱柱体表面的展开

求棱柱体表面的展开图，多用正截面法和辅助对角线法。

［**例 13-1**］　绘出 13-2a)所示四棱柱体表面的展开图。

解　(1)分析　由于四棱柱的棱线互相平行且与正截面垂直，所以，只要求出四棱柱正截面的实形，将正截面的边缘展成一条直线，再作出相应棱线的实长，即为所求。

(2)作图

①求正截面实形。因四棱柱的 H 面投影有积聚性，故正截面实形为已知。

②将正截面实形各边缘展成一条直线，如图 13-2b)中的 I—II—III—IV—I。

③求出 I—I、II—II、III—III、IV—IV 各棱实长，画出各棱面实形。

④装四棱柱上、下底。根据料的大小，选择装的位置。

a. 底面的装法，可在四边形上作一辅助线，如图 13-2a)所示，把四边形分成两个三角形，再画到展开图上即为所求。

b. 顶面是一正垂面，不反映实形，遇到的问题是如何求实形，可用直角三角形法，或换面法求均可，该例用换面法求解，具体装法同底面。

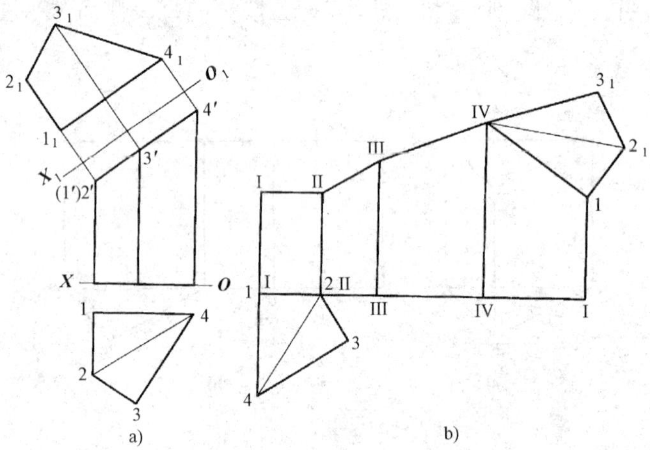

图 13-2　四棱柱的展开图

[**例 13-2**]　求图 13-3a)斜三棱柱的表面展开图

解　(1)分析

该例为斜三棱柱，图 13-3a)中，除上下底反映三角形的实形外，它的三个棱面都是不反映实形的平行四边形。要求作四边形的展开图，除求出四个边的实长外，还要求出四边形对角线的长度或相邻两边夹角的大小。该题可采用辅助对角线法求解。

(2)作图

①将棱柱的每个棱面用一条对角线分成两个三角形。

②求出这些三角形每边的实长。

③任意取一棱，如从 MA 开始，按顺序连续地画出所有棱面上的三角形(图 13-3b)，即为所求。

(二)棱锥体表面的展开

[**例 13-3**]　求截头四棱锥的展开图(图 13-4a))。

解　(1)分析

图 13-4a)是一截头四棱锥的两投影图，欲求该立体的展开图，可先按完整的四棱锥展开，把各个棱面三角形和底面的实形依次画在一个平面上就得到了。这里，底面 *ABCD* 在上，平行 *H* 面，故反映实形。各棱面分别为正垂面和侧垂面，在投影图上不反映实形。为此，我们必须求出各棱 *SA*、*SB*、*SC*、*SD* 的实长，才能作出各棱面的展开图。从图中可以看出，各棱实长相等，即 *SA* = *SB* = *SC* = *SD*，只要求出一棱实长即可，然后再分别求出各棱截切的位置。

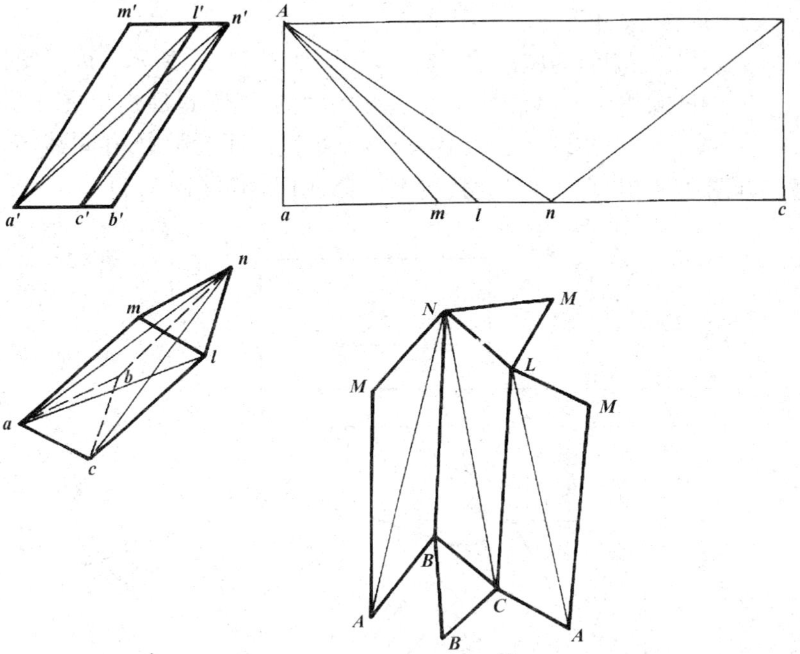

a)　　　　　　　　　　b)

图 13-3　对角线法求斜三棱柱表面的展开图

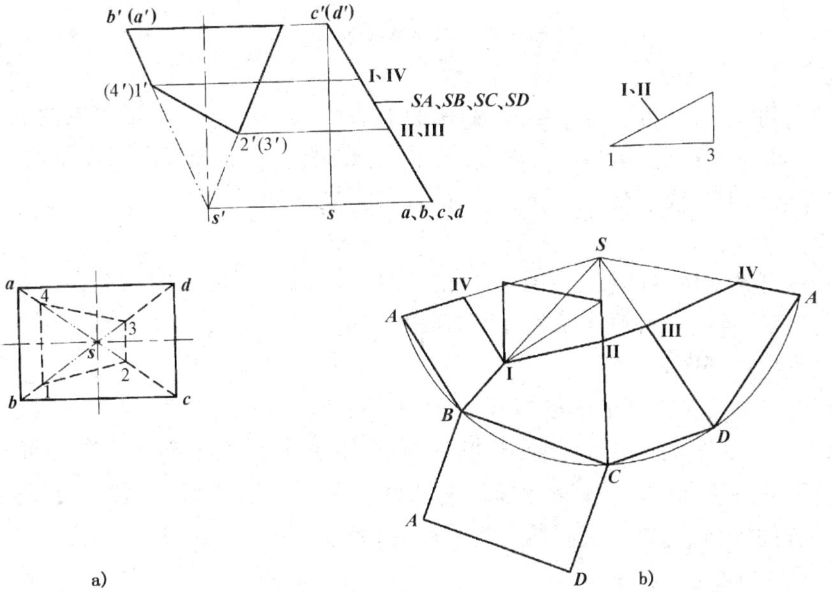

a)　　　　　　　　　　b)

图 13-4　截头四棱锥的展开图

(2)作图

①求各棱线实长(图 13-4a))。

②任取一棱(SA)开始,按已知三边实长依次画出各棱面三角形 *SAB*、*SBC*、*SCD*、*SDA* 和顶面四边形(图 13-4b))。

③求截口位置。SI、SII、SIII、SIV 的实长可用分割线段成定比的投影原理求出,然后应用所求实长定出展开图上 I、II、III、IV 点的位置。

④截口为一四边形，画展开图方法同图 13-2。

图 13-5b)是相贯三棱锥侧面的展开图，其正投影图如图 13-5a)所示。展开图作法是：先作完整的棱锥的侧面展开图，再定出各相贯点在展开图中的位置，最后连得展开图中的相贯线段。其中 $S\text{I} = S''1''$、$S\text{V} = S''5''$、$S\text{II} = S''2''$、$S\text{IV} = S''4''$，由于 H 面投影中，相贯线 56 与三棱锥底边 AC 平行，故展开图上 V VI 平行于 AC，且 V VI = 56，III IV 作法同 V VI。

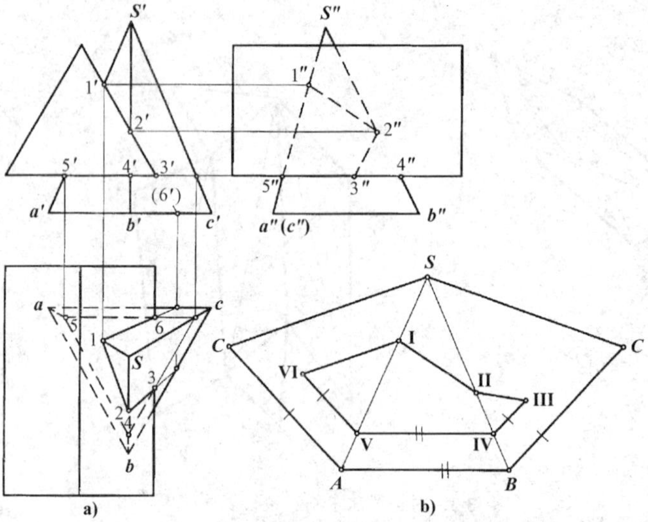

图 13-5　三棱锥侧面展开图

二、曲面立体的表面展开

前面已经提到，曲面有可展与不可展两种，只有直线面中的一部分是可展曲面，即相邻两素线位于同一平面上。因此，可将相邻两素线间所夹的很小一部分表面当作平面，如圆柱、圆锥，它们的相邻素线平行或相交，就可构成平面，因此，柱、锥均可视为可展开曲面。

(一)柱面的展开

柱面可看作是某些棱柱的棱线无限增加的结果。因此柱面展开的一般方法是：以内接棱柱来代替柱面，每个棱面都可看作是相邻两素线构成的一个小梯形或平行四边形，然后按棱柱面展开的方法画出展开图。

[例 13-4]　求截头正圆柱表面的展开图(图 13-6a))。

解　(1)分析　从图 13-6a)可以看出，圆柱下底为圆，截口处为椭圆。在 H 面上，柱面上所有素线都与下底垂直，在 V 面投影上反映各素线实长，为此，作展开图时，可以把圆柱看成由很多个棱组成的棱柱，相邻素线间所夹的平面为梯形。

(2)作图(图 13-6b))

①将圆柱底圆分为若干等分，至少分 8 份，本例分 12 等分，得等分点 0、1、2……11，并过各等分点作素线的 V 面投影与截口的积聚投影交于 a'、b'、c'……等点。

②将底圆周长展成一直线，如图 13-6b)，以各分段的弦长代替弧长，或计算出弧长，即 $2\pi R$，量得 I、II、III 等点。

③由各等分点引垂线，并在垂线上量取相应素线的实长，并将各端点 A、B、C 等以光滑曲线连接，即得图 13-6b)所示的展开图。

(二)锥面的展开

锥面可看作是某些棱锥，当它的棱数无限增加的结果。因此锥面展开的一般方法是：以内

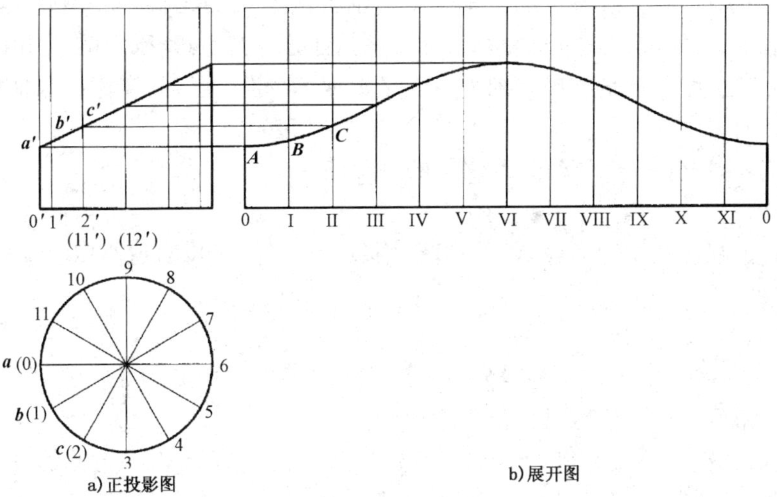

a) 正投影图　　b) 展开图

图 13-6　截头正圆柱的展开

接棱锥来代替圆锥，每个棱面都可看作是相邻两素线构成的一个小三角形，然后按棱锥面展开的方法画出展开图。

［**例 13-5**］　求截头圆锥的展开图（图 13-7）。

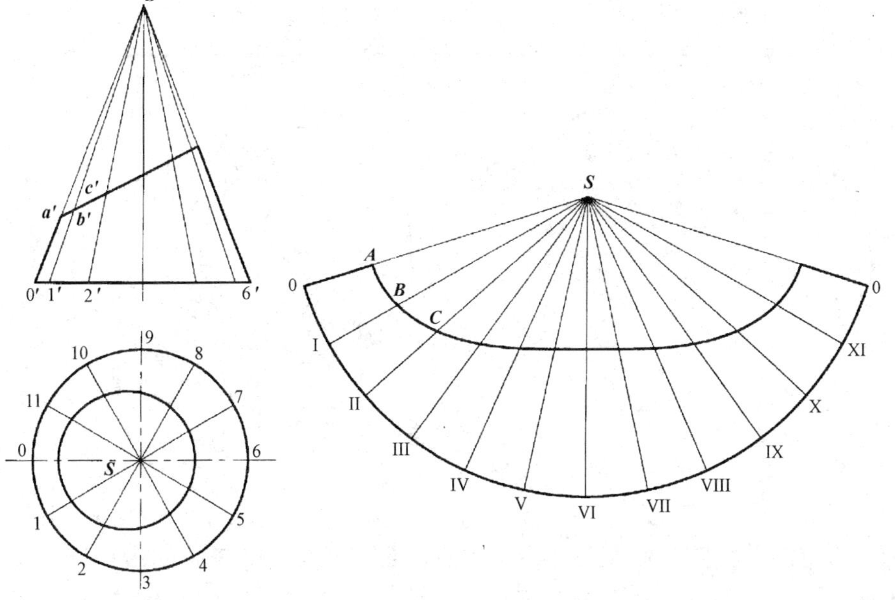

a) 正投影图　　b) 展开图

图 13-7　截头正圆锥的展开图

解　(1)分析　如图 13-7a)所示，正圆锥轴线垂直 H 面，被倾斜于锥轴的正垂面所截，截口实形为椭圆。作展开图时，可先按完整的圆锥表面展开，然后再加上截口的展开。

(2)作图（图 13-7b））

①在投影图中将锥底圆分成若干等分，本例分 12 等分，并作出过各等分点的锥面素线。

②取一点 S 为中心，以 $S'O'$ 为半径画圆弧，并在弧上取 12 等分，使每分弦长等于底圆1/12的弦长，连 $SOOS$ 得到一个扇形，即正圆锥表面的展开图。

③在展开图上确定截交线各点的位置。本例中各段素线的实长是应用旋转法，由各截交点的 V 面投影作水平线，与反映实长的 V 面投影的转向线的交点来确定的。如由 b' 作水平线与转向线 $s'6'$ 交于 B 点。于是在展开图上，在 SI 上取 SB 得 B 点，同样作出其他各点，即可求得截交线的展开图。

[例 13-6] 求图 13-8a)中斜椭圆锥表面的展开图。

解 (1)分析

斜椭圆锥与正圆锥的不同，在于每条素线的实长不一样，可以看成是由若干个相邻而不相等的三角形组成。

(2)作图

①将底圆分为八等分，锥顶与各等分点的连线将斜椭圆锥面分为 8 个三角形。

②用直角三角形法求斜椭圆锥面上各素线的实长。

③画展开图，先定 S 点的位置，画出起始边 $S5$，截取 $S5$ 等于 $s'5'$，再分别以 S、5 为圆心，$S'4'_1$、54(以弦长代替弧长)为半径，作圆弧相交于点 4，再依次作出各点，光滑连成曲线，即为所求。

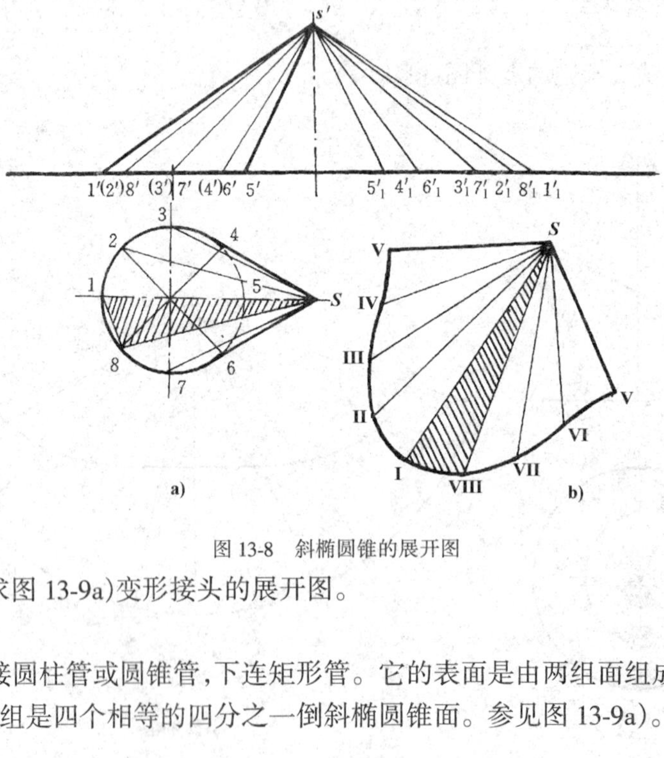

图 13-8 斜椭圆锥的展开图

[例 13-7] 求图 13-9a)变形接头的展开图。

解 (1)分析

变形接头上接圆柱管或圆锥管，下连矩形管。它的表面是由两组面组成，一组是四个等腰三角形平面，另一组是四个相等的四分之一倒斜椭圆锥面。参见图 13-9a)。

(2)作图

①分上管口圆周为十二等分，作出四个倒斜椭圆锥面上的素线。

②求斜椭圆锥面上四条素线和一条接口线 EO 的实长。

③画展开图，先作出 ΔAOB 的展开图，再展开各斜椭圆锥面。以斜椭圆锥面 A－0I II III 为例，首先分别以 A、0 为圆心，以 AI、01 为半径作圆弧交于 I 点，它就是斜锥底圆上点 1 在展开图上的位置，再分别以 A、I 为圆心，以 AII、12 为半径作圆弧，相交于点 II，依此方法作出其余斜锥底各点及三角形各角点。用光滑曲线连接斜椭圆锥底各点，用直线依次连接各角点，则由曲线与各三角形底边及接口线所围成的平面图形，即为变形接头的展开图(参见图 13-9b))。

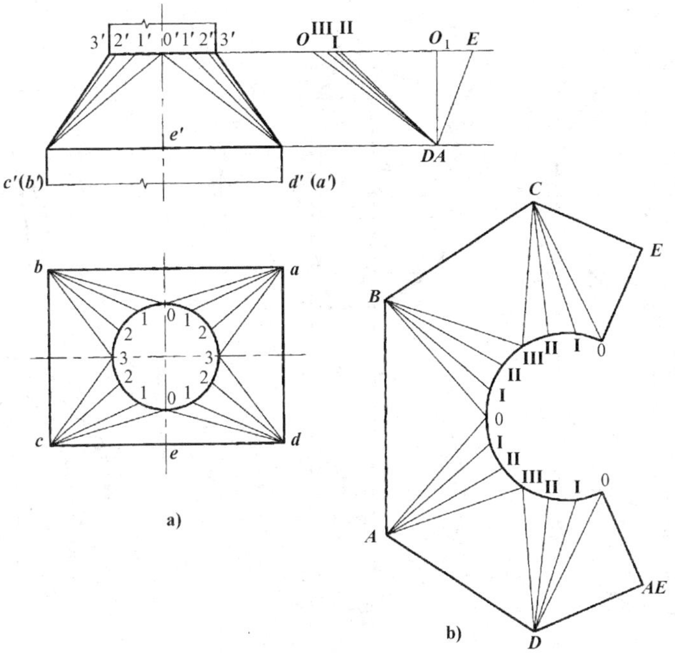

图 13-9 变形接头的展开图

图 3-10a)是两圆柱相贯的投影图，欲求其展开图，首先在投影图上准确地求出相贯线，然后按正圆柱面具有截交线的展开方法展开，画法见图 13-6。侧垂圆柱的展开图如图 13-10b)所示。

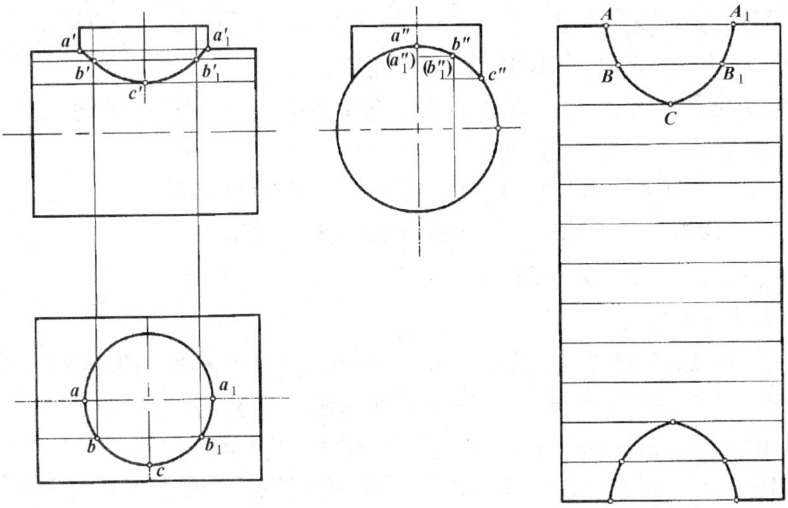

a)正投影图 b)展开图

图 13-10 两相贯圆柱的展开

第三节 曲面的近似展开

一、球面的近似展开

球面属于不可展开的曲面，但由于生产活动中的实际需要，必须提供一种近似的展开方法。图 13-11a)所示，为球面的 V 面与 H 面投影，球体直径 D。

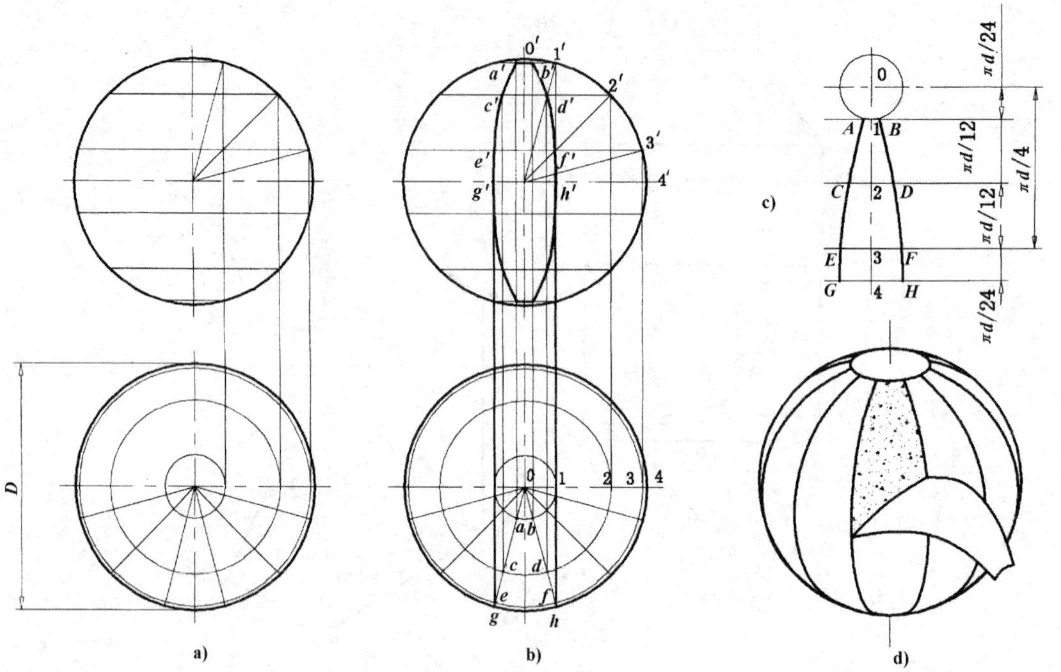

图 13-11　球的展开图

近似展开的作图过程如下：

(1)球面是各个方向全对称的曲面，为了简化作图，可以取前半个球面进行作图，在 H 面投影图上把 H 面转向圆(赤道圆)作如图 13-11a)所示的六等(即全圆十二等)分。生产实践中等分数量，取决于球体的尺度和用以制作的材料的规格)。

(2)同理，在 V 面投影图上，把 V 面转向圆作右半部如图 13-11a)所示的 6 等分，得 0′、1′、2′、3′、4′点(球体下半部的对称点可省略)。

(3)过等分点 1′、2′、3′点作纬圆的 V 面与 H 面投影；在前半球面上一组纬圆与经圆交得系列“柳叶片”上各点，这里仅标注出中央一条柳叶片的各点 H 面投影 a、c、e、g、h、f、d、b 与 V 面投影 a'、c'、e'、g'、h'、f'、d'、b'(图 13-11b))。

(4)展开中央的一条柳叶片：

①图外作一竖直线(图 13-11c))，截取 $O4$ 等于 $\pi D/4$；对 $O4$ 作如图 13-11c)所示等分，得等分点 1、2、3，过 1、2、3，点作水平线(该线实际就是纬圆 1、2、3 点展开线)；

②以 O 点为圆心，以 $\pi D/24$ 为半径作圆，即为纬圆 1 以上部分球冠的展开图(考虑到制作工艺上的要求，避免 12 条或更多柳叶片尖端的拼接困难，以适当的尺寸的球冠替代。故作等分的数量，必须考虑到球冠的尺度和制作材料的规格)。

③在纬圆 1 的展开线上截取 $AB = \pi D_1/12(D_1 = D \cdot \sin 15°)$；

同理，分别在 2、3、4 纬圆展开线上截取 $CD = \pi D_2/12(D_2 = D \cdot \sin 45°)$，$EF = \pi D_3/12(D_3 = D \cdot \sin 75°$；$GH = \pi D/12$。顺势连接 A、C、E、G 与 B、D、F、H，即为球面展开图的样板(下部对称省略)。

二、环面的近似展开

环面在管道中称为直角弯头，如通风筒在拐弯处常做成环形。(图 13-12a))。由于环面是不可展曲面，因此实用上将圆环面分为若干段，把每一小段当作一个近似的柱面来展开(图 13-

12b))。

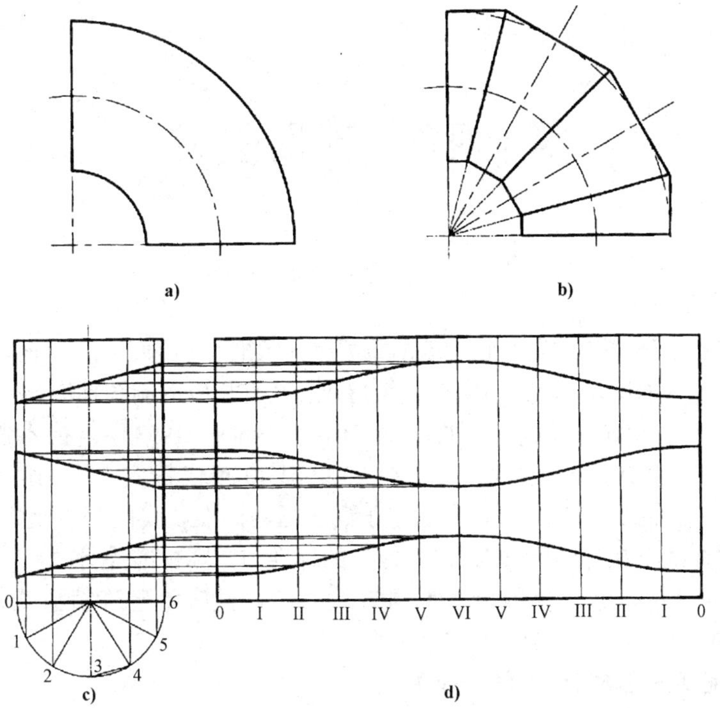

图 13-12　环面的近似展开

为了下料方便，节省材料，可将弯头隔节调换方向，拼成一个圆柱面(图 13-12c))，展开在一块钢板上，如图 13-12d)所示。

第十四章　制图基础

第一节　制图标准

工程图是工程设计、施工、生产和管理的重要技术文件。为便于生产和技术交流，国家对制图技术制定了统一的国家标准。根据不同的专业，又有相应的制图标准，例如：《房屋建筑制图统一标准（GBJ 1—1986）》，《机械制图标准（GB/T 14689—1993）》、《技术制图标准（GB/T 17451、17452、17453—1998）》等。国际上，早在20世纪40年代就成立了国际标准化组织IOS（International Organization Standardization），制定了许多国际标准。我国是该组织的创始国之一，国内颁布的有关标准正在与国际接轨，未及修订的标准与国际标准并行。

本章主要介绍《技术制图标准（GB/T 14691—1993）》、《房屋建筑制图统一标准（GBJ 1—1986）》和《建筑制图标准（GBJ 104—1987）》

一、图纸幅面及标题栏（GBJ 1—1986）

1．图纸幅面

图纸幅面是指图纸本身的大小规格。无论图纸是否装订，都应画出图框，在图框范围内绘制图样。制图标准规定，绘图时，所有图纸幅面和图框尺寸应符合表14-1中的规定。

图纸幅面及图框尺寸　　表14-1

尺寸代号＼幅面代号	A0	A1	A2	A3	A4
$b \times l$	841×1189	594×841	420×594	297×420	210×297
c	10			5	
a	25				

图纸的幅面有二种形式，一种是横式幅面，即以短边作垂直边的图纸（图14-1a）），一般$A0$～$A3$图纸宜用横式。另一种是立式幅面，即以短边作为水平边的图纸（图14-1b））。必要时，可按国标GBJ 1—1986的规定加长图纸尺寸。

2．标题栏及会签栏

每张图纸都必须画出标题栏（简称图标）和会签栏。标题栏位置在图纸右下角与图框线相接。它是用来填写设计单位、工程名称、图号、图纸编号等内容的。其格式见图14-2a）。

会签栏是供各工种设计负责人签署专业、姓名、日期用的表格。应画在图纸左侧上方的图框线外（见图14-2b））。

标题栏内的项目，格式应根据实际工程需要来制定。学校学生作业中使用的标题栏，建议采用图14-3的格式。图中数字单位为mm；标题栏内的字体：图名用10号字，校名用7号字，其余均用5号字（见字体部分）；图框线和标题栏的外框线用粗实线，标题栏内分格线用细实线（见图线部分）。

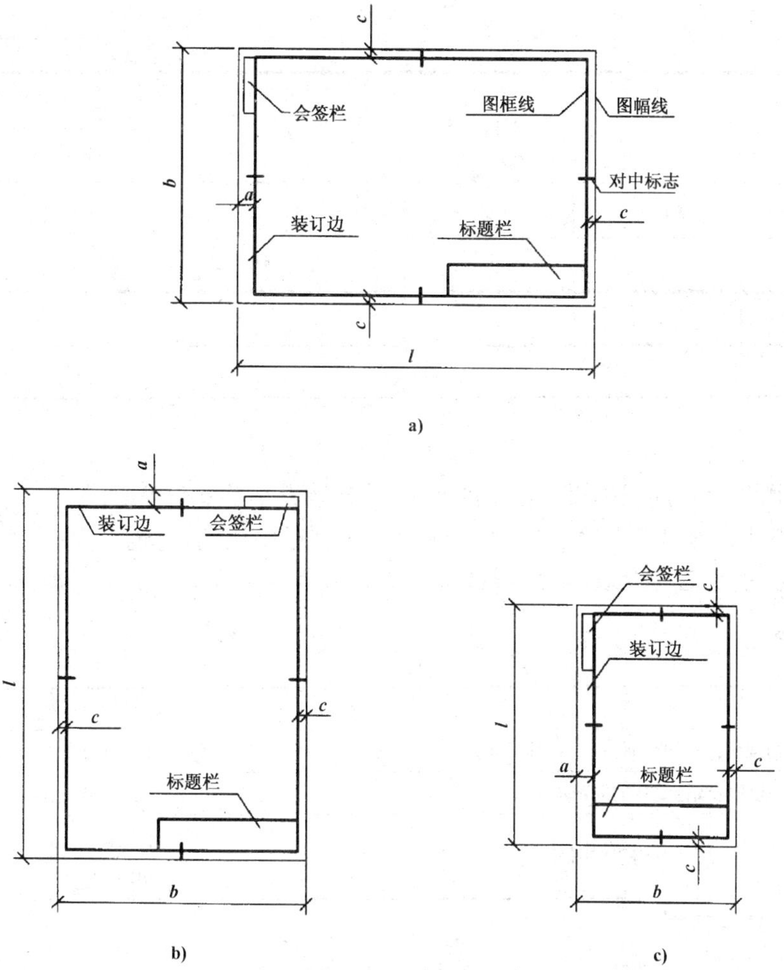

图 14-1　图幅格式

a）A0 ~ A3 横式幅面；b）A0 ~ A3 立式幅面；c）A_4 幅面

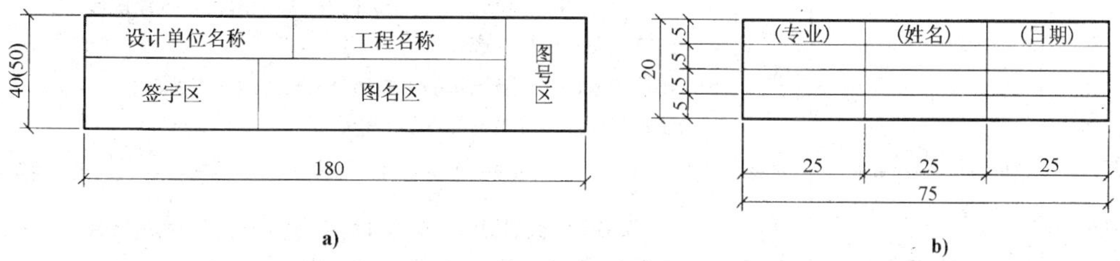

图 14-2　标题栏与会签栏

二、比例（GBJ 104—1987）

图样的比例，应为图形与实物相对应的线性尺寸之比。比例的大小，是指比值的大小，如 1∶50 大于 1∶100。

比例应以阿拉伯数字表示，如 1∶1、1∶2、1∶100 等。

比例宜注写在图名的右侧，字的底线应取平；比例的字高，应比图名的字高小一号或二号（图 14-4）。

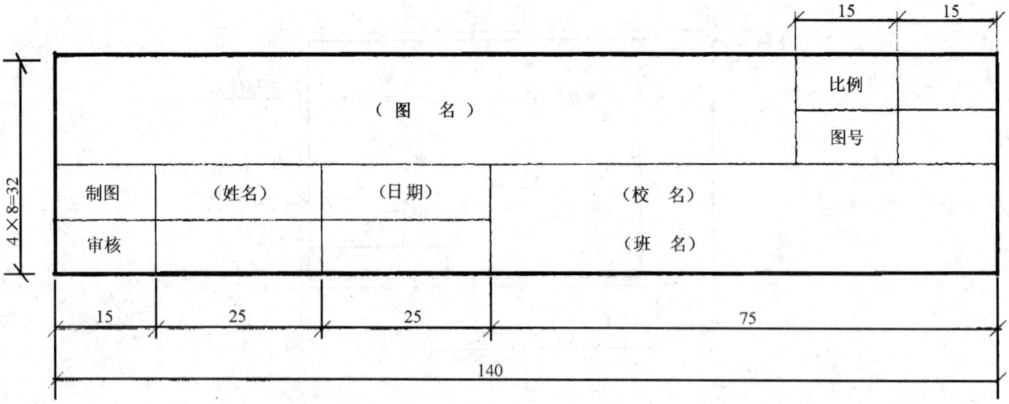

图 14-3　标题栏

绘图所用的比例，应根据设计施工的要求，建筑物大小及复杂程度，考虑把所要表达的内容清晰地表达出来，选取一个合适的比例，建筑工程制图选用的比例，宜符合表 14-2 的规定。

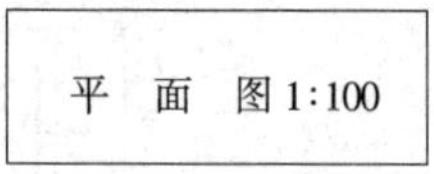

图 14-4　比例的注写

比　　例　　　表 14-2

图　　名	比　　例
建筑物或构筑物的平面图、立面图、剖视图	1:50、1:100、1:200
建筑物或构筑物的局部放大图	1:10、1:20、1:50
配件及构造详图	1:1、1:2、1:5 1:10、1:20、1:50

三、图线及其画法

建筑制图采用的各种线型，应符合表 14-3 的规定。

线　　型（GBJ 104—1987）　　　表 14-3

名　称	线　　型	线　宽	用　　途
粗实线		b	平、剖视图中被剖切的主要建筑构造（包括构配件）的轮廓线 建筑立面图的外轮廓线 建筑构造详图中被剖切的主要部分的轮廓线 建筑构配件详图中构配件的外轮廓线
中实线		$0.5b$	平、剖视图中被剖切的次要建筑构造（包括构配件）的轮廓线 建筑平、立、剖视图中建筑构配件的轮廓线 建筑构造详图及建筑构配件详图中一般轮廓线
细实线		$0.35b$	小于 $0.5b$ 的图形线、尺寸线、尺寸界线、图例线、索引符号、标高符号等

续上表

名 称	线 型	线 宽	用 途
中虚线		0.5b	建筑构造及建筑构配件不可见的轮廓线 平面图中的起重机(吊车)轮廓线 拟扩建的建筑物轮廓线
细虚线		0.35b	图例线,小于 0.5b 的不可见轮廓线
粗点划线		b	起重机(吊车)轨道线
细点划线		0.35b	中心线、对称线、定位轴线
折断线		0.35b	不需画全的断开界线
波浪线		0.35b	不需画全的断开界线 构造层次的断开界线

注：地平线的线宽可用 1.4b。

作图时应注意以下几点：

1. 粗实线宽度 b 的选取应根据图形的复杂程度而定,一般线宽 $b = 0.8$mm 或 1mm。

2. 虚线、点画线或双点画线的线段长度和间隔,宜各自相同。一般图纸上虚线、点画线和折断线的尺寸,大致如图 14-5 所示,可随图形大小而调整。

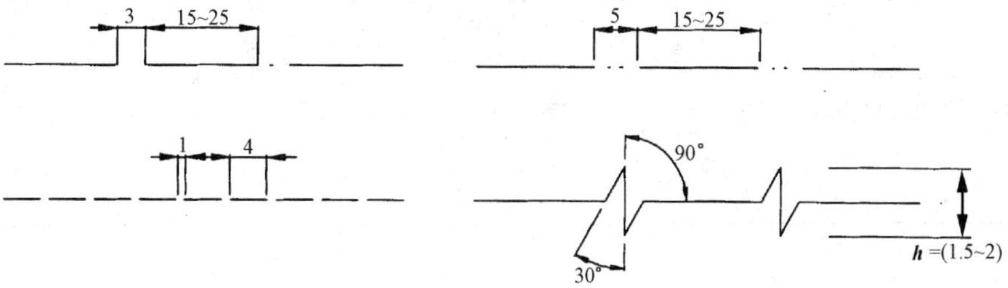

图 14-5 虚线、点画线和折断线画法示例

3．点画线或双点画线，当在较小图形中绘制有困难时，可用细实线代替。

4．点画线或双点画线的两端，不应用点，点画线与点画线交接或点画线与其它图线交接时，应是线段交接(表 14-4)。

5．虚线与虚线交接或虚线与其他图线交接时，应是线段交接(表 14-4)。虚线为实线的延长线时，不得与实线连接，应先留出空隙(表 14-4)。

6．图线不得穿过文字、数字或符号，不可避免时，应断开图线，保证文字清晰。

画图线的注意点 表 14-4

图线相交	图例	
	正确	错误
两粗实线相交时	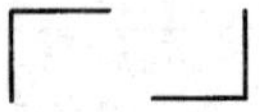	
虚线与粗实线相交时	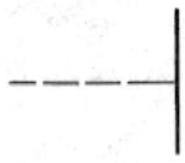	
虚线与粗实线相接时	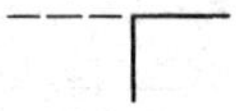	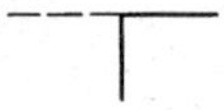
虚线与虚线相交时	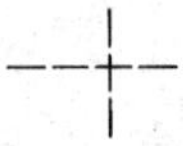	
点划线相交时，必须长线为相交		
点划线与粗实线相交时必须线段相交		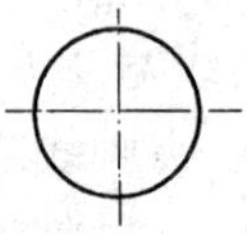
点划线与虚线圆相交时不应有间隔	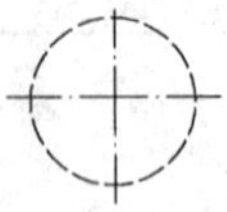	

四、字体

工程图中的字体包括汉字、字母、数字和符号等。

(一)汉字

国标规定工程图中的汉字采用长仿宋体。长仿宋体的字高与字宽的比例为 $1:1/\sqrt{2}$，约 1:

0.7。常用长仿宋体字高和字宽列于表 14-5 中。

长仿宋字体高宽关系(mm)　　表 14-5

字　　高	20	14	10	7	5	3.5	2.5
字　　宽	14	10	7	5	3.5	2.5	1.8

长仿宋体字的书写特点是：

(1)基本笔画　横平竖直,横笔基本要平,可向右上方倾斜一点。竖划要直,笔画要刚劲有力。

(2)起落有锋　横、竖的起笔和收笔,撇的起笔,钩的转角等,都要顿笔,形成小三角形。每一笔划一次写成,不得涂描。

(3)写满方格　字的四周要有笔划顶到格线。遇有日、口等字,要比字格略小。

(4)布局均匀　字的间架结构要合理、匀称。

长仿宋体字的基本笔划及书写方法见表 14-6。

长仿宋字的基本笔划和笔法　　表 14-6

名称	横	竖	撇	捺	挑	点	钩
形状							
笔法							

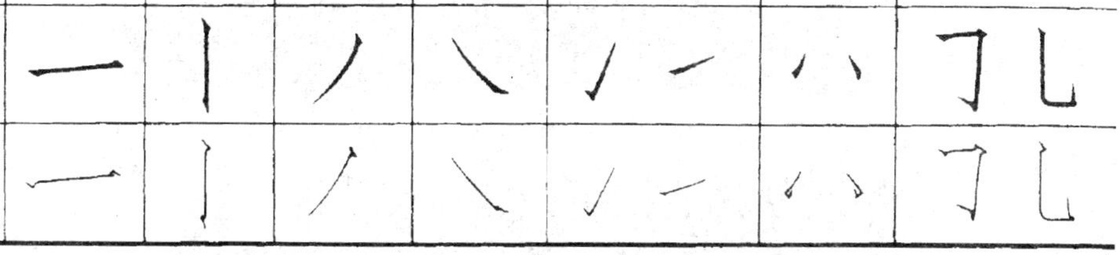

长仿宋字体示例如图 14-6。

10号字

字体工整 笔画清楚 间隔均匀 排列整齐

7号字

横平竖直注意起落结构均匀填满方格

5号字

技术制图机械电子汽车航空船舶土木建筑矿山井坑港口纺织服装

图 14-6　长仿宋体例字

(二)字母和数字

写在工程图中的字母和数字均为黑体字,字母和数字分为 A 型和 B 型,A 型笔划宽为字体高的 1/14,B 型笔划宽为字体高的 1/10。字母和数字可写成直体或斜体,斜体字头向右倾斜,与水平成 75°角,A 型字母和数字字体示例如图 14-7 所示。

a) 大写拉丁字母（斜体）

b) 小写拉丁字母（斜体）

c) 大写拉丁字母（直体）

d) 小写拉丁字母（直体）

e) 阿拉伯数字（斜体）

f) 罗马数字（斜体）

g) 阿拉伯数字（直体）

h) 希腊字母（斜体）

图 14-7　A 型字母和数字字体

五、尺寸标注

(一)尺寸界线、尺寸线、尺寸起止符号

图样上的尺寸,应包括尺寸界线、尺寸线、尺寸起止符号和尺寸数字(图 14-8)。

1. 尺寸界线应用细实线绘制,一般应与被注长度垂直,其一端应离开图样轮廓线不小于 2mm,另一端宜超出尺寸线 2 ~ 3mm。必要时,图样轮廓线可用作尺寸界线(图 14-9)。

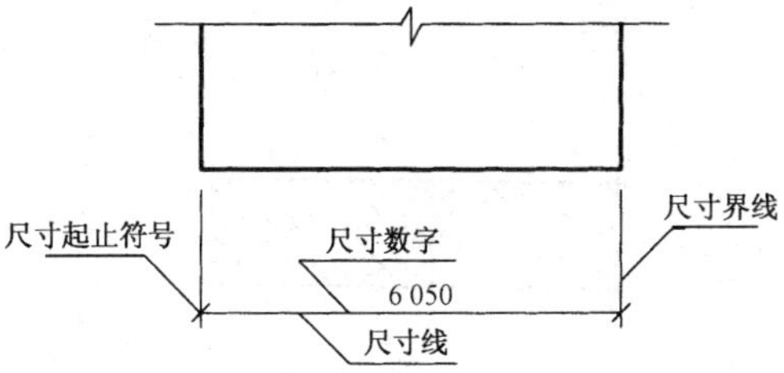

图 14-8　尺寸组成

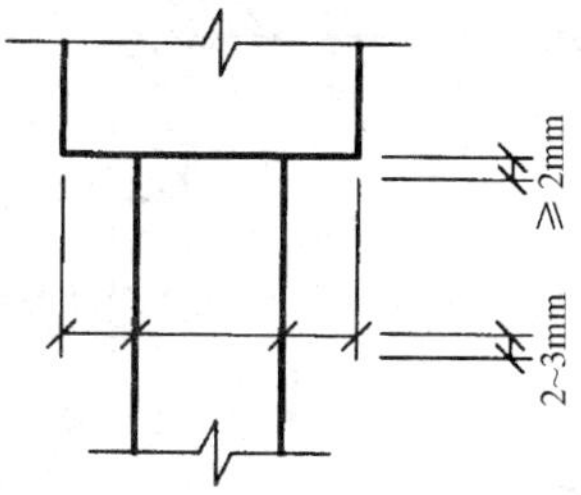

图 14-9　尺寸界线

2. 尺寸线应用细实线绘制,应与被注长度平行,且不宜超出尺寸界线。任何图线均不得用作尺寸线。

3. 尺寸起止符号一般应用中粗斜短线绘制,其倾斜方向应与尺寸界线成顺时针 45°角,长度宜为 2 ~ 3mm(图 14-10a))。

4. 半径、直径、角度与弧长的尺寸起止符号,宜用箭头表示(图 14-10b))。

(二)尺寸数字

1. 图样上的尺寸,应以尺寸数字为准,不得从图上直接量取。

2. 图样上的尺寸单位,除标高及总平面图以 m 为单位外,均必须以 mm 为单位。

3. 尺寸数字的读数方向,应按图 14-11a)的规定注写。若尺寸数字在 30°斜线区内,宜按 14-11b)的形式注写。

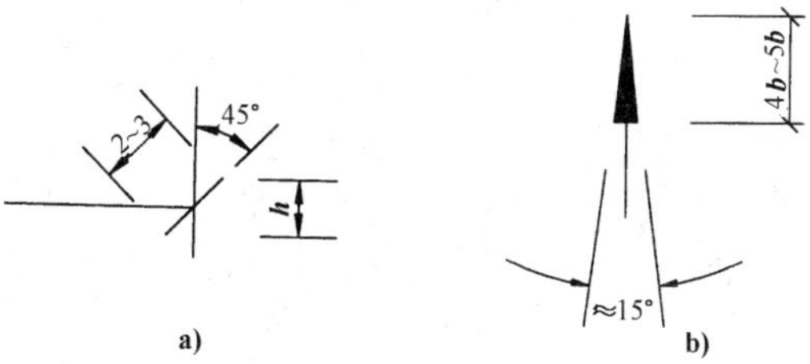

a)　　b)

图 14-10　尺寸起止符号

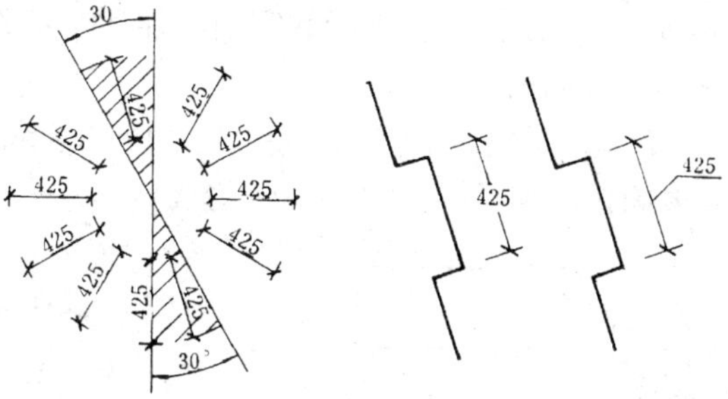

a)　　b)

图 14-11　尺寸数字的读数方向

4. 尺寸数字应依据其读数方向注写在靠近尺寸线的上方中部。如没有足够的注写位置,最外边的尺寸数字可注写在尺寸界线的外侧,中间相邻的尺寸数字可错开注写,也可引出注写(图 14-12)。

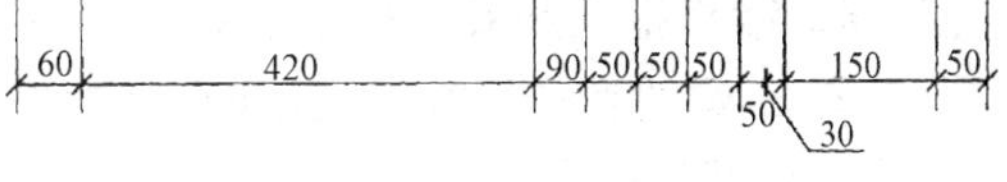

图 14-12　尺寸数字的注写位置

（三）尺寸的排列与布置

1．尺寸宜标注在图样轮廓线以外，不宜与图线、文字及符号等相交（图 14-13）。

2．图线不得穿过尺寸数字，不可避免时，应将尺寸数字处的图线断开（图 14-14）。

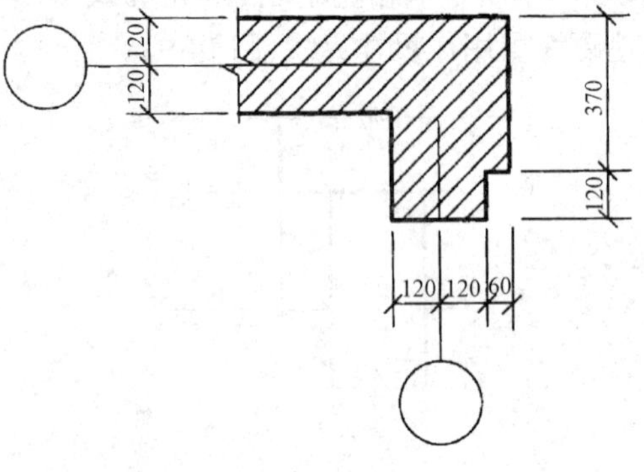

图 14-13　尺寸不宜与图线相交

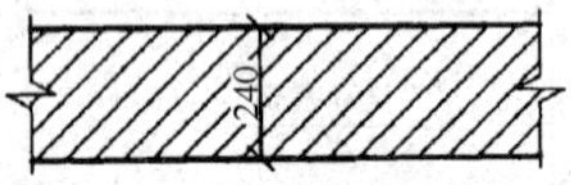

图 14-14　尺寸数字处图线应断开

3．互相平行的尺寸线，应从被注的图样轮廓线由近向远整齐排列，小尺寸应离轮廓线较近，大尺寸应离轮廓线较远（图 14-15）。

4．图样轮廓线以外的尺寸线，距图样最外轮廓线之间的距离，不宜小于 10mm。平行排列的尺寸线的间距，宜为 7 ~ 10mm（图 14-15）。

5．总尺寸的尺寸界线，应靠近所指部位，中间的分尺寸的尺寸界线可稍短，但其长度应相等（图 14-15）。

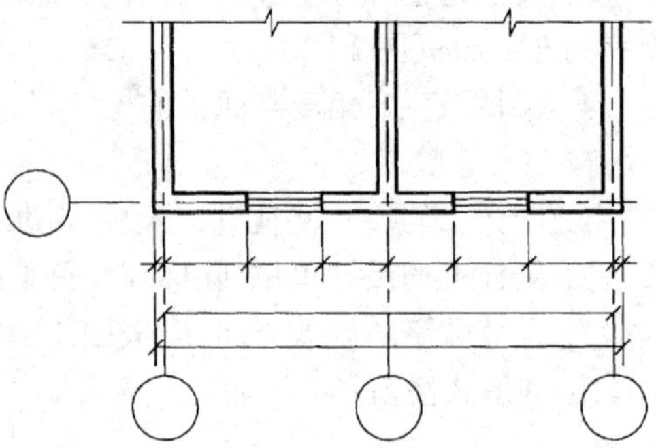

图 14-15　尺寸的排列

（四）半径、直径的尺寸标注

1．半径的尺寸线，应一端从圆心开始，另一端画箭头指至圆弧。半径数字前应加注半径符号“R”（图 14-16）。

2．较小圆弧的半径，可按图 14-17 形式标注。较大圆弧的半径，可按图 14-18 形式标注。

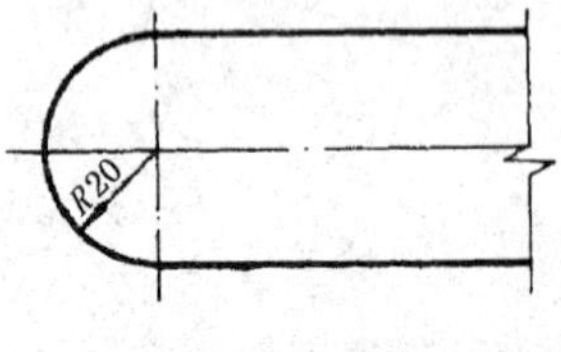

图 14-16　半径标注方法

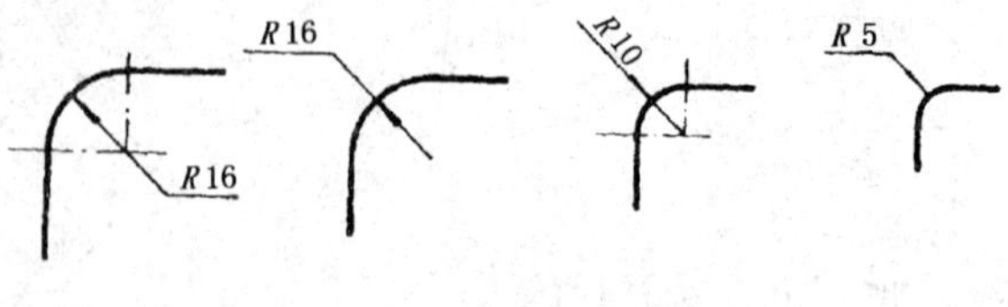

图 14-17　小圆弧半径的标注方法

3．标注圆的直径尺寸时，直径数字前，应加符号“ϕ”。在圆内标注的直径尺寸线应通过圆心，两端画箭头指至圆弧（图 14-19）。

4．较小圆的直径尺寸，可标注在圆外（图 14-20）。

（五）角度的标注

1．角度的尺寸线用圆弧表示。

2．角度数字应水平方向注写。必要时也可注在尺寸线的上方或外边。

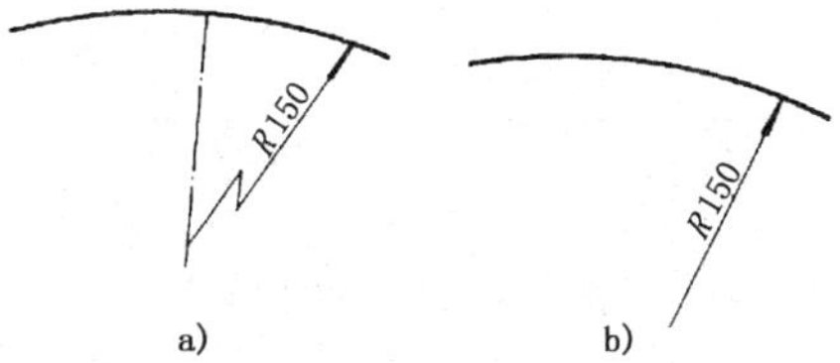

图 14-18　大圆弧半径的标注方法

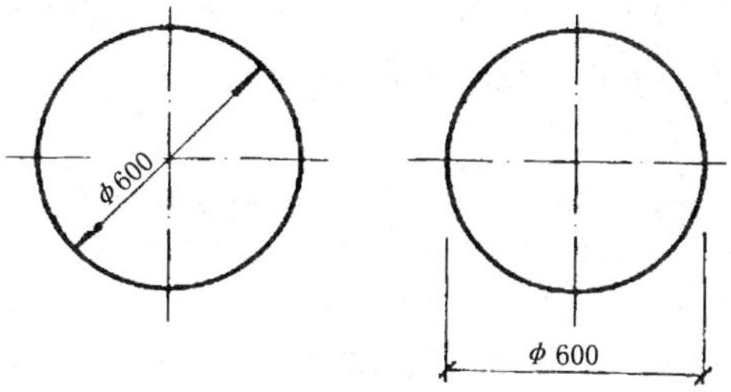

图 14-19　圆直径标注方法

3. 角度的起止符号应以箭头表示，如没有足够位置画箭头，可用圆点代替（图 14-21）。

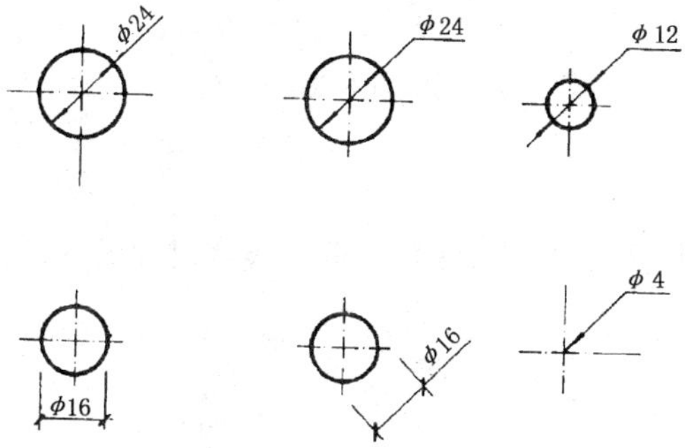

图 14-20　小圆直径的标注方法

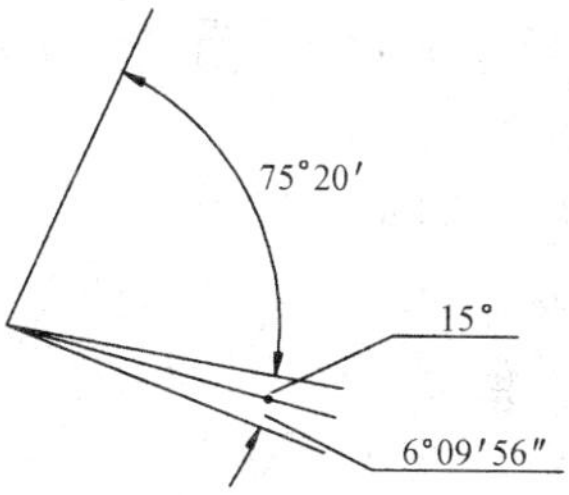

图 14-21　角度标注方法

（六）坡度的标注

1. 标注坡度时，在坡度数字下，应加注坡度符号，坡度符号的箭头，一般应指向下坡方向（图 4-22a）、b））。

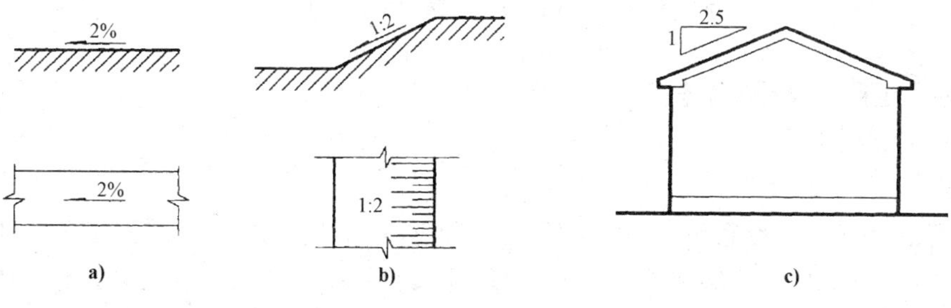

图 14-22　坡度标注方法

2. 坡度也可用直角三角形形式标注（图 14-22c））。

（七）标高的标注

1. 个体建筑物图样上的标高符号，应按图 14-23a）所示形式以细实线绘制，如标注位置不够，可按图 14-23b）所示形式绘制。标高符号的具体画法如图 14-23c）、图 14-23d）所示。

图 4-23 中，l——注写标高数字的长度，应做到注写后匀称；h——高度，视需要而定。

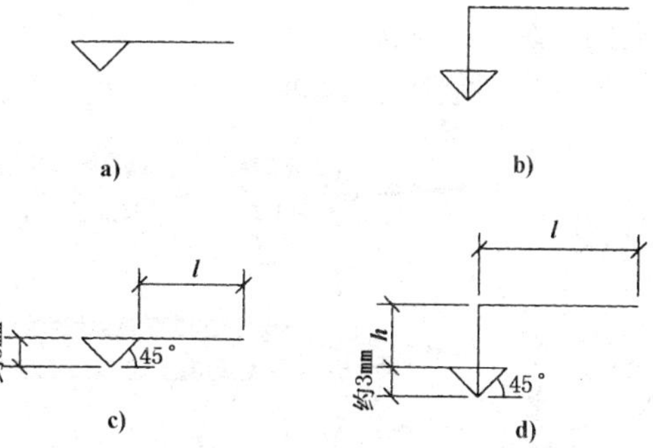

图 14-23　个体建筑标高符号

2. 总平面图上的标高符号，宜用涂黑的三角形表示(图 14-24a))。具体画法如图(14-24b))。

3．标高符号的尖端,应指至被注的高度。尖端可向下,也可向上(图 14-25)。

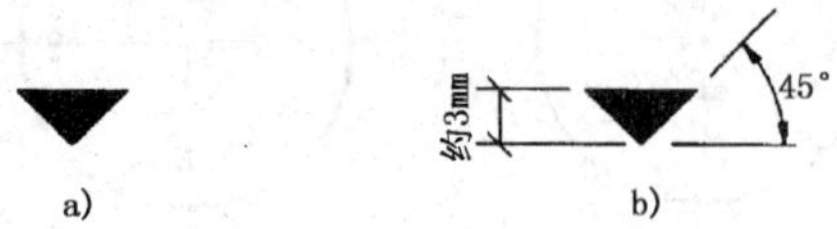

图 14-24　总平面图标高符号

图 14-25　标高的指向

4．标高数字以米为单位,注写到小数点以后第三位。在总平面图中,可注写到小数点以后第二位。零点标高应注写成 ± 0.00,正数标高不注“ + ”,负数标高应注“ - ”,如 3.000、- 0.600。

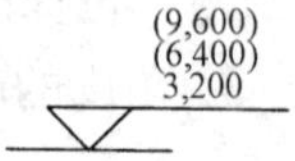

图 14-26　一个标高符号标注数个标高数字

5．在图样的同一位置需表示几个不同标高时,标高数字可按图 14-26 形式注写。

(八)尺寸的简化标注

杆件或管线的长度,在单线图(桁架简图、钢筋简图、管线图等)上,可直接将尺寸数字沿杆件或管线的一侧注写(图 14-27)。

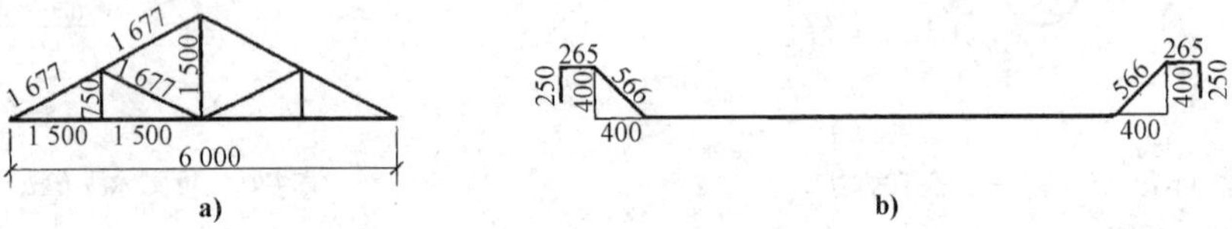

图 14-27　单线图尺寸标注方法

第二节　制图设备及使用方法

一、制图工具、仪器及用法

(一)常用制图工具

1．铅笔

绘图用铅笔有木质铅笔和自动铅笔。铅芯分软硬两类。软芯铅笔标以“B”、“B”越大,则铅芯越软,如 2B ~ 6B,硬芯铅笔标以“H”,“H”越大,铅芯越硬。介于软硬之间的铅笔,标以“HB”。

绘图时,常用 2H 或 3H 铅笔打底稿,用 HB 铅笔加深图线或写字,B 或 2B 削成铅芯装在圆规上用来画圆或圆弧。

铅笔的削法如图 14-28 所示。

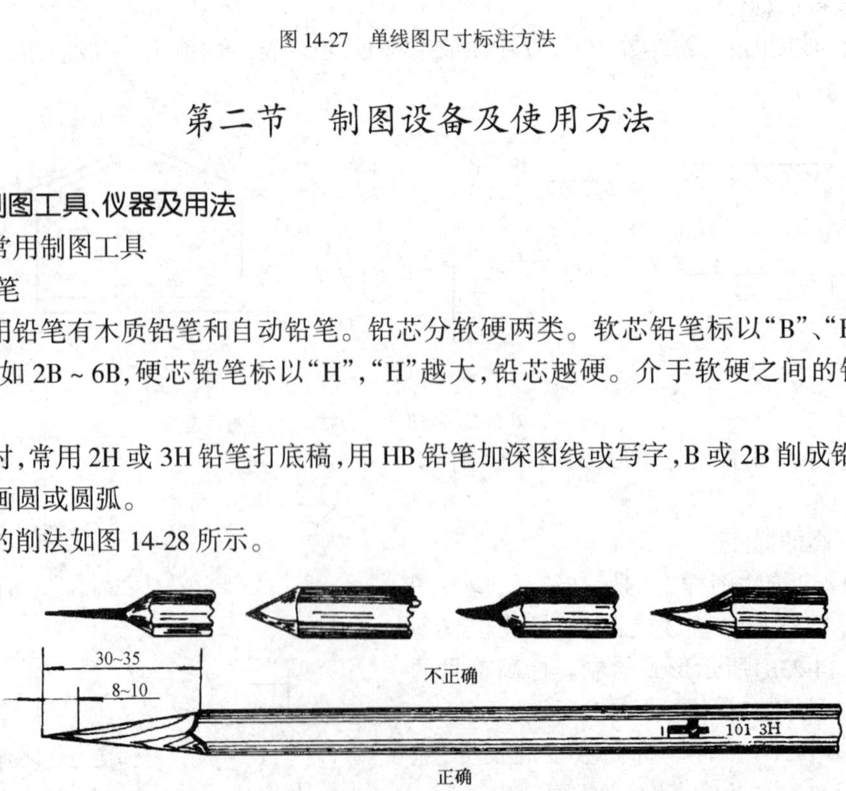

图 14-28　铅笔的削法

2. 图板和丁字尺

以木质表面平整为好。图板的大小依图幅而定。图板的左、右两边镶有工作边,工作边要求平直,以确保作图的准确。如图 14-29 所示。

丁字尺为丁字形尺,由尺头、尺身组成(图 14-29)。丁字尺主要用途是画水平线。画线时,丁字尺尺头紧靠图板工作边(图 14-30)。几种错误的使用方法如图 14-31 所示。

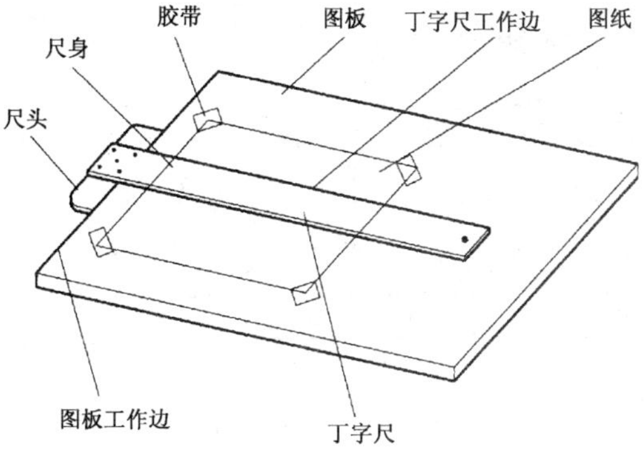

图 14-29 图板和丁字尺各部位名称

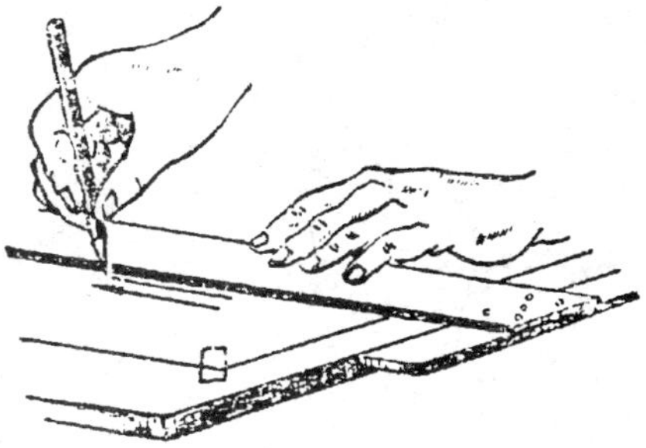
图 14-30 利用丁字尺画水平线

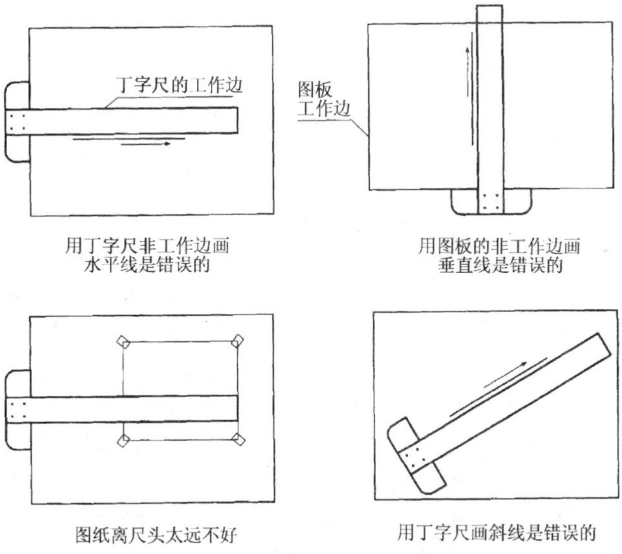

用丁字尺非工作边画水平线是错误的

用图板的非工作边画垂直线是错误的

图纸离尺头太远不好

用丁字尺画斜线是错误的

图 14-31 几种错误的使用方法

3. 三角板

制图时要用一副三角板,三角板的斜边长应大于 250mm。三角板常与丁字尺配合使用画竖直线(图 14-32)。

一副三角板配合丁字尺除了可以画 30°、45°、60°斜线外,还可以画 15°、75°斜线(图 14-33)。

4. 曲线板

曲线板是用来画曲线的工具。用曲线板连曲线通常是要在板上找几段不同的曲线连在一起,为了光滑连接曲线,前后应有一小段搭接,这样,曲线才显得圆滑,如图 14-34 所示。

5. 比例尺

比例是图上线段长度与实际线段长度的比值。放大、缩小比例要借助一定的工具,这种工

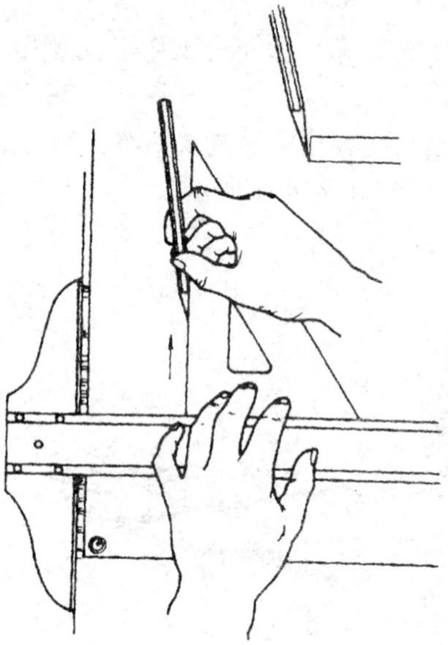

图 14-32　利用丁字尺和三角板画竖直线

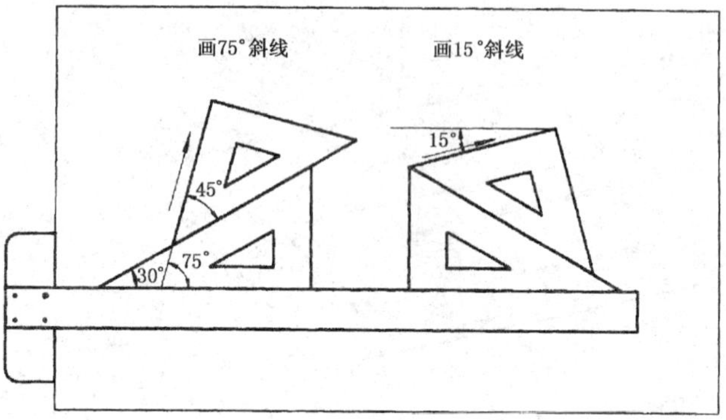

图 14-33　画斜线

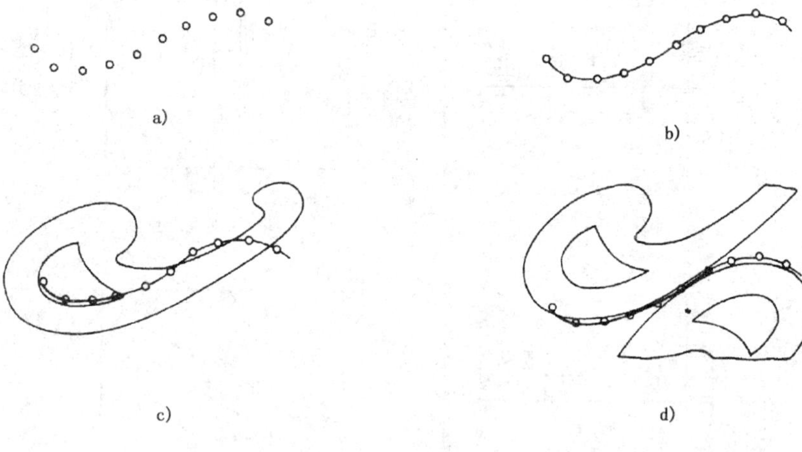

图 14-34　曲线板

a)按相应的作图法作出曲线上一些点；b)用铅笔徒手把各点依次连成曲线；c)找出曲线板与曲线相吻合的一段，画该段曲线；d)同样找出下一段，注意应有一小段与已画曲线段重合，接画曲线才会圆滑

具就是比例尺图 14-35a)，它的作用在于不经过计算，直接在尺上找到缩放后的长度。例如：在 1∶100 的尺面上，尺上 1 厘米就代表实际长度是 100cm(即 1m)，所以在尺上 0 到 1cm 长的地方标有"m"单位。如果要在 1∶100 的图上画 3.6m 长，可在尺上直接按数字量取，如图 14-35b)所示。如果比例为 1∶10，因尺面无 1∶10 比例，也可利用 1∶100 尺面的刻度量取，不过，这里 1cm 表示 0.1m。尺上其他比例也是类似用法。

要注意的是，比例尺只能度量尺寸，不能用作画图的工具。三角板只能画图，不能利用三角板上的刻度量尺寸，因为三角板上的刻度没有经国家鉴定。

(二)绘图仪器

1. 圆规和分规

(1)圆规

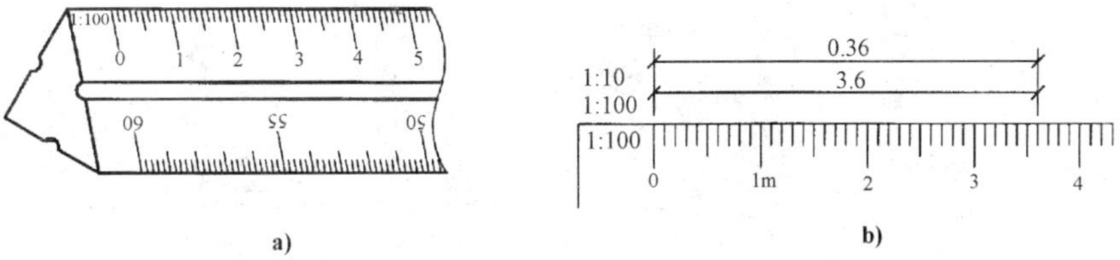

图 14-35　比例尺及其用法

圆规是画圆的仪器。使用前应调整带针插脚，使针尖略长于铅芯。铅芯应削磨成 65°的斜面(图 14-36)。画圆时将带针插脚轻轻插入圆心处，使铅芯与针尖的距离等于所画圆弧的半径，然后转动圆规手柄，顺时针画圆。

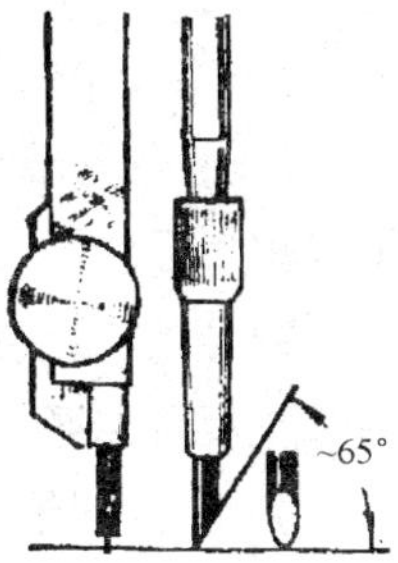

图 14-36　圆规针脚与铅芯

画圆的铅芯型号应比画同类线型所用铅芯软一号。画大圆时，则需加上延伸杆(图 14-37)。

(2)分规

用分规可截取长度或等分线段。比如，当某一尺寸需要在图上多次使用，或画对称图形时，就可用分规从比例尺上截取所需长度，然后移到图纸上。如图 14-38 所示。

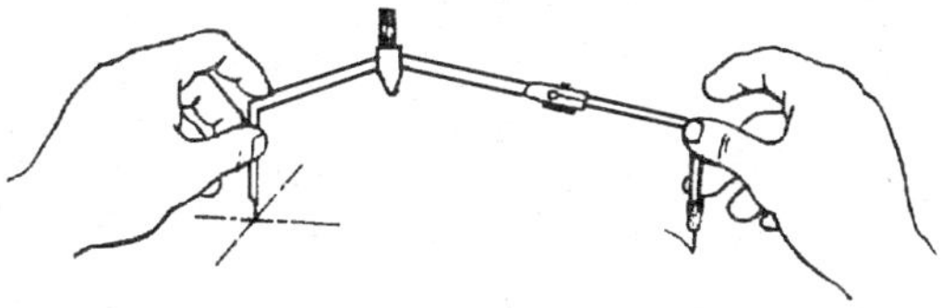

图 14-37　圆规接延伸杆

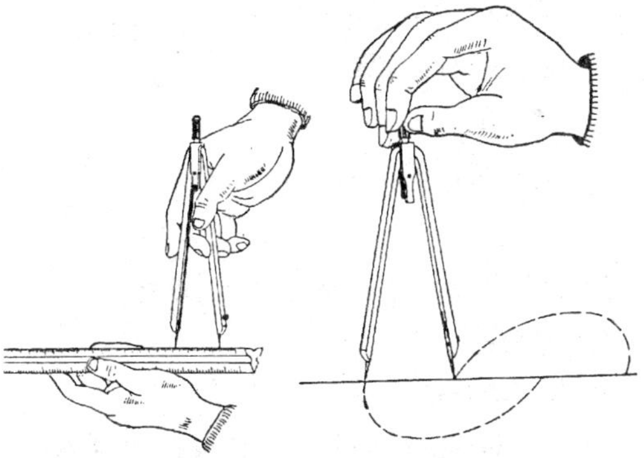

图 14-38　分规使用方法

2．鸭嘴笔(直线笔)和针管笔

(1)鸭嘴笔

鸭嘴笔是描图上墨的画线工具。调整笔尖处的螺钉，以决定墨线的粗细。用完鸭嘴笔后，将螺母放松，钢片擦净，以防笔尖锈蚀和保持钢片的弹性。

使用鸭嘴笔时应注意：

①充墨工具以小钢笔或吸管为好，充墨高度约 6mm 左右。切忌将鸭嘴笔插入墨水瓶内。

②画线时笔杆前后方向应垂直纸面(图 14-39)，并稍向画线方向倾斜约 20°。

③画线速度要均匀，一条线最好一次画完。

(2)针管笔

如图 14-40 所示，笔杆的构造同自来水钢笔，可储墨水。根据笔的规格，可画各种线型。注意的是：用后要及时清洗，防止墨水堵塞针管。

二、仪器绘图步骤和方法

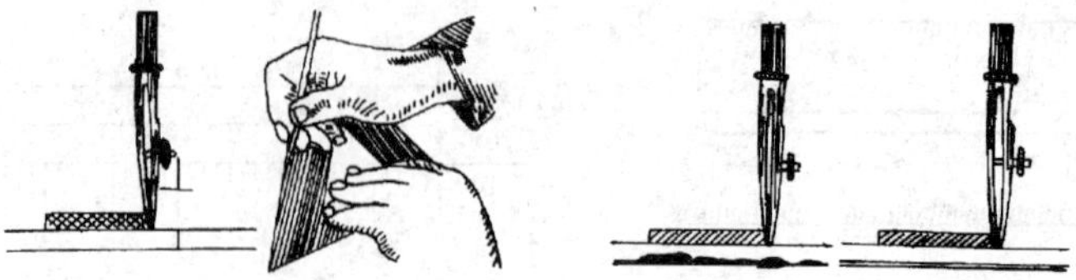

图 14-39　鸭嘴笔用法

(一)制图前的准备工作

1. 深入了解所画图样的内容、要求。

2. 准备必要的绘图工具,把图板、三角板、丁字尺擦干净,把手洗干净。

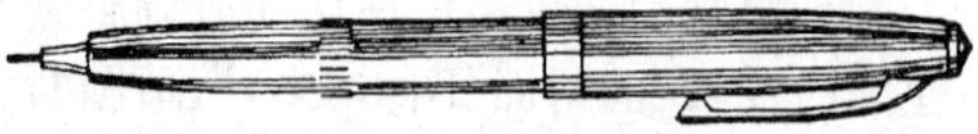

图 14-40　针管笔

3. 鉴别图纸正反面,方法是用橡皮擦图纸的两面,不起毛的一面是正面,用正面画图。若图纸正反面纸质一样,用那面做正面都可。

4. 固定图纸。图纸尽量靠近图板左边,下边要能容得下丁字尺。用丁字尺大致比齐图纸水平边,放正图纸后,用胶纸固定图纸(图 14-28)

(二)画图校底稿

1. 用 3H—4H 铅笔画底稿。

2. 画图框与标题栏。

3. 根据所画图样的比例,布置图面。初学者,可采取剪纸样的方法布图,使所画图样在图纸上的位置适中。

4. 先画图形的对称线,中心线与主要轮廓线,然后画线部。底稿图上,所有线型均为细实线。

5. 检查底稿,擦去不需要的线条。

(三)加深底稿

1. 铅笔加深

(1)用 2H 或 3H 铅笔,加深所有的对称线、中心线。

(2)加深圆或圆弧,使用的铅芯要比加深粗实线的铅芯软一号,一般用 B 或 2B。

(3)加深粗实线,用 HB 铅笔。水平线从左到右,一次加完,竖直线从下到上一次加完。同一张图上,同一种线型,要求粗细、深浅力求一致。

(4)加深虚线,用 2H 铅笔,顺序同粗实线。

(5)注尺寸,标注尺寸数字。

(6)画剖面材料符号。若剖面线内有数字,应先画尺寸线,写数字。然后画剖面材料,遇到数字,材料符号要断开。

(7)填写标题栏及有关的文字说明。HB 铅笔书写。

2. 描图

描图是根据所画的铅笔图,用描图笔把它描绘在描图纸上。铅笔图叫原图,描出的图叫底图,根据底图晒出的图叫蓝图,蓝图是工地上使用的图纸。

(1)描图注意事项

①不得把墨水瓶放在图板上,以免倾翻弄脏图纸和图板。

②上墨的主要仪器是鸭嘴笔和装有鸭嘴插腿的圆规或针管笔。上墨前,把鸭嘴的两叶片

调松，用蘸水笔把墨水装在叶片间，不能直接用鸭嘴笔蘸墨，针管笔用法同钢笔，所吸的墨水为碳素墨水。

鸭嘴笔充墨高度可参看图 14-38a)。充墨太多，中途掉墨(图 14-38b))。充墨太少，中途墨尽，造成搭接困难(图 14-38c))。

③描线时，以底稿线作为中心描绘。鸭嘴笔两叶片要同时接触纸面，否则画的线不光滑。

画线时，鸭嘴笔稍向前方倾斜，移动的速度要均匀，中途不要停顿。

④图中同一种线型一次画完，遇不下水时，可备一块湿布，笔尖在布上划几下，就下水了。

⑤上墨时，如画错图线，或者墨污的地方，不要马上擦修，需干透后，用锋利的刀片，轻轻刮掉错处，然后用橡皮擦干净后，重新上墨。

(2)上墨步骤

①画所有点划线，对称线。

②画所有的圆、圆弧、粗实线。从图的左上方开始，依次画所有的水平粗实线；以图的左下方开始，依次画所有的竖直线；从图的左上方开始依次画所有的倾斜粗实线。

③按画粗实线的顺序画所有的虚线。

④画所有的细线。

⑤用绘图小笔尖书写数字及文字说明。

第三节　几何制图

一、作平行线、垂直线

(一)过已知点作一直线平行于已知直线(图 14-41)。

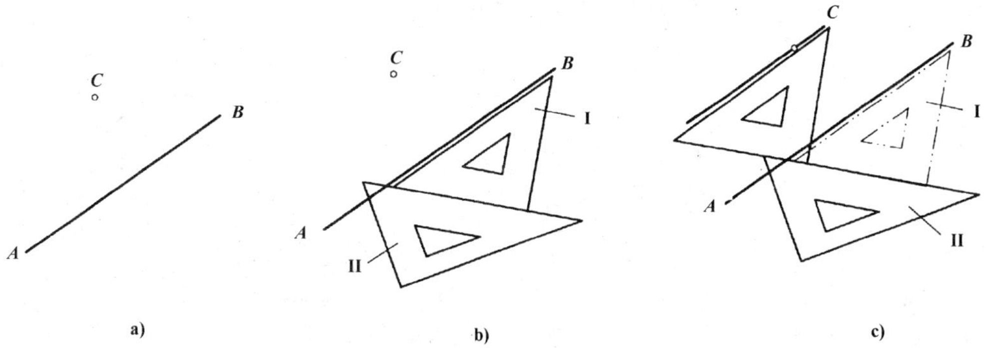

图 14-41　过已知点作直线平行已知直线

a)已知点 c 和直线 AB；b)用三角板 I 的斜边逼近直线 AB，另一三角板 II 靠贴三角板 I 的另一边；c)按住三角板 II，推动三角板 I，沿 II 的一边靠贴 C 点，画一直线即为所求

(二)过已知点作一直线垂直已知直线(图 14-42)

二、任意等分直线段(图 14-43)

三、过三点作圆(图 14-44)

四、作正多边形

(一)作圆的正五边形(图 14-45)

(二)作圆的正六边形(图 14-46)

五、过已知点作圆的切线(图 14-47)

六、圆弧连接

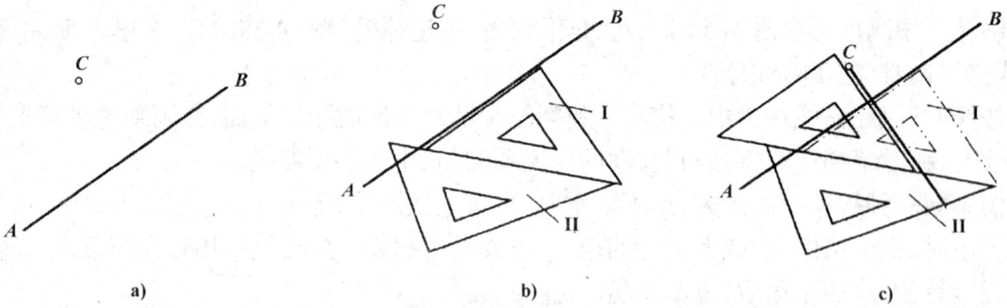

图 14-42　过已知点作垂线

a)已知点 C 和直线 AB；b)三角板 I 的一直角边逼近 AB，其斜边靠另一个三角边 II；c)推动三角板，使其另一直角边靠贴 C 点，画一直线即为所求

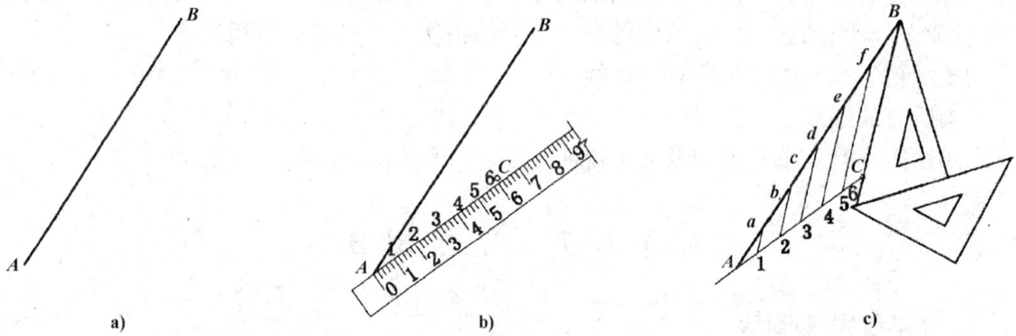

图 14-43　等分直线

a)已知直线为 AB；b)过 A 点作任意直线 AC，用直尺在 AC 上从 A 点起截取任意长度的六等分，得 1、2、3、4、5、6 点；c)连接 $B6(BC)$，过其他点作 BC 的平行线交 AB 于五个等分点即为所求

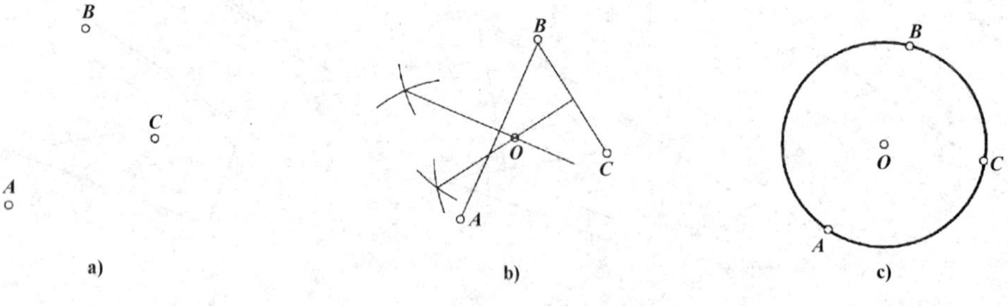

图 14-44　过三点作圆

a)已知 A、B、C 三点；b)作 AB、BC 的垂直平分线，其交点 O 即为圆的圆心；c)以 O 为圆心，OA 为半径作圆，则必通过 A、B、C 三点

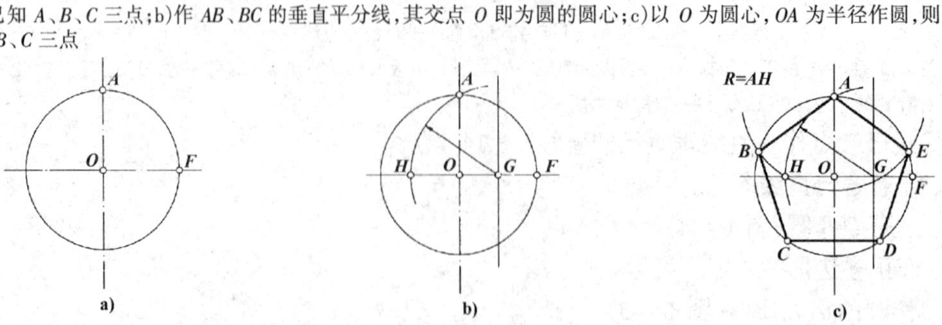

图 14-45　作圆的正五边形

a)已知圆 O 及圆上点 A、F；b)作 OF 的等分点 G，以 G 为圆心 GA 为半径作弧交直径于 H；c)以 AH 为半径将圆周等分，得 A、B、C、D、E 五点，连接各点即为正五边形

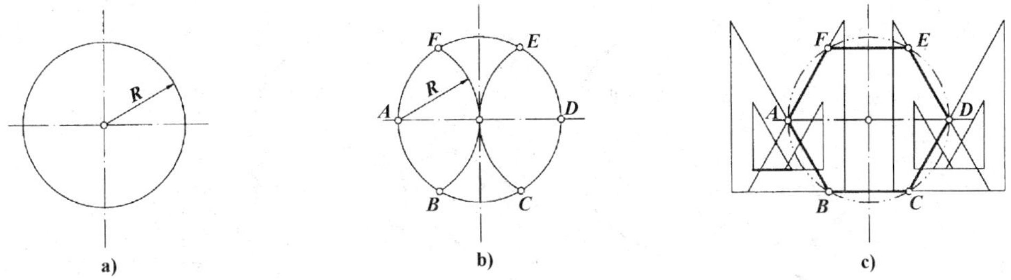

图 14-46　作圆的正六边形

a)已知半径为 R 的圆；b)用圆规将圆周分为六等份，连接 $ABCDEFA$ 各点则为所求；c)或用丁字尺配合 60°三角板作 AF、CD、AB、DE、BC、EF 线，则为所求

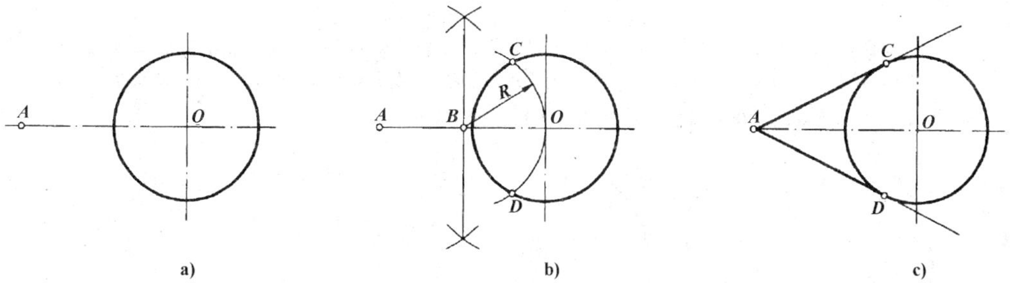

图 14-47　作圆的切线

a)已知点 A 和已知圆 O；b)作 AO 的等分点 B，以 B 为圆心，BO 为半径作圆弧交已知圆于 C、D；c)连 AC 和 AD，即为所求的两条切线

圆弧连接的主要问题是：求连接弧圆心，定切点。

(一)作圆弧与两斜直线连接(图 14-48)

(二)作圆弧与一直线和一圆弧连接(图 14-49)

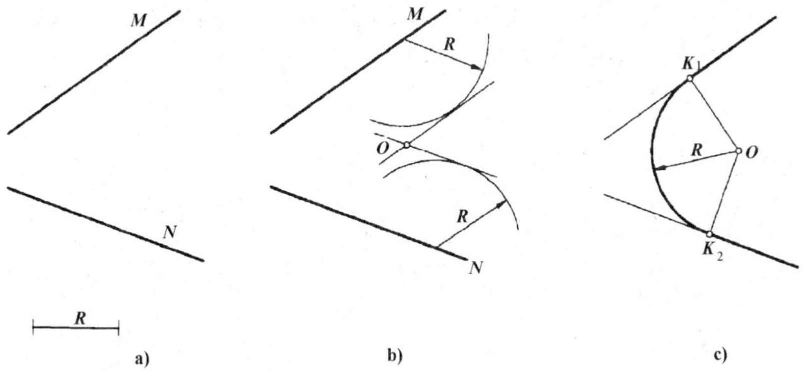

图 14-48　作圆弧连接两直线

a)已知半径 R 和两斜直线 M、N；b)分别作与 M、N 平行并相距为 R 的二直线，交点 O 为所求圆弧圆心；c)过 O 点分别作 M 和 N 线的垂线，得垂足 K_1 和 K_2，以 O 为圆心，R 为半径作圆弧$\widehat{K_1K_2}$即为所求

(三)作圆弧与两已知圆弧连接

1. 作圆弧与两已知圆弧内切连接(图 14-50)

2. 作圆弧与两已知圆弧外切连接(图 14-51)

七、已知长短轴或共轭轴作椭圆

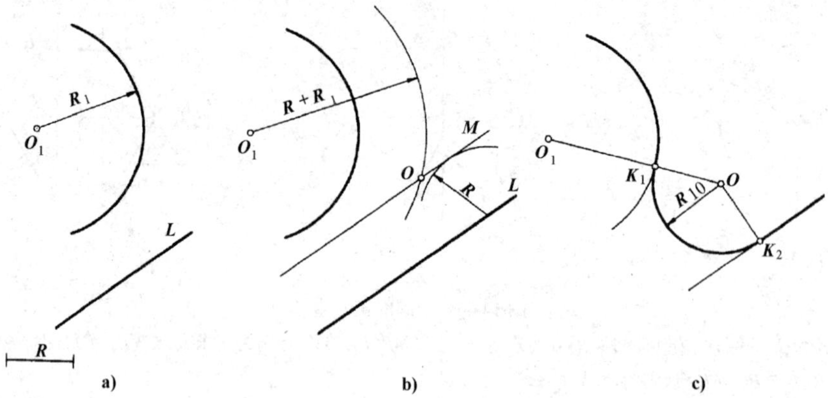

图 14-49　作圆弧连接直线和圆弧

a)已知直线 L,半径为 $R1$ 的圆弧和连接圆弧的半径 R;b)作直线 M 平行于 L 且相距为 R,又以 O_1 为圆心,$R+R_1$ 为半径作圆弧交直径 M 于 O;c)连接 OO_1 交已知圆弧于切点 K_1,又作 OK_2 垂直于 L,得另一切点 K_2,以 O 为圆心,OK_2 为半径作 $\overset{\frown}{K_1K_2}$ 即为所求

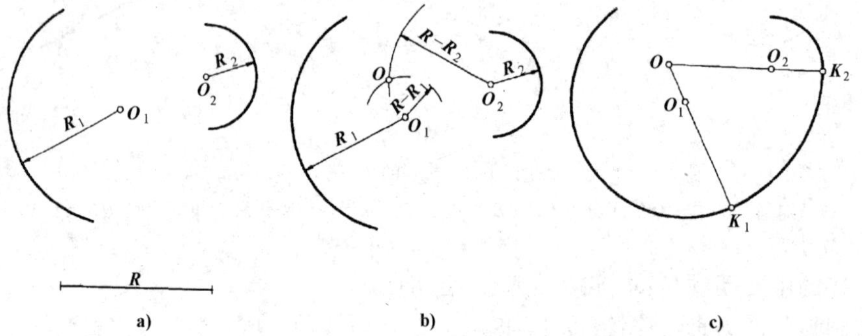

图 14-50　作圆弧内切连接已知圆弧

a)已知内切圆弧的半径 R 和半径为 R_1、R_2 的两已知圆弧;b)以 O_1 为圆心,$R-R_1$ 为半径作圆弧,又以 O_2 为圆心,$R-R_2$ 为半径作圆弧,两圆弧相交于 O 点;c)延长 OO_1 交圆弧 O_1 于 K_1;延长 OO_2 交圆弧 O_2 于 K_2,以 O 为圆心,R 为半径,作 $\overset{\frown}{K_1K_2}$,即为所求

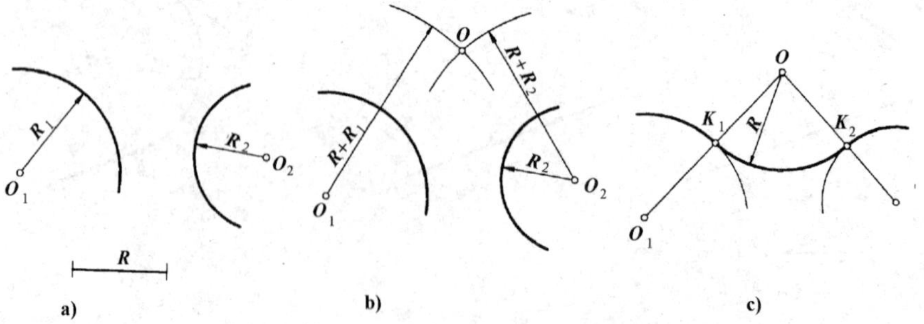

图 14-51　作圆弧外切连接两已知圆弧

a)已知外切连接圆弧的半径 R 和半径 R_1、R_2 的两已知圆弧;b)以 O_1 为圆心,$R+R_1$ 为半径作圆弧,又以 O_2 为圆心,$R+R_2$ 为半径作圆弧,两弧相交于 O;c)连接 OO_1 交圆弧 R_1 于切点 K_1,连接 OO_2 交圆弧 R_2 于切点 K_2,以 O 为圆心,R 为半径,作 $\overset{\frown}{K_1K_2}$ 即为所求

(一)同心圆法(图 14-52)

1. 已知椭圆长、短轴,分别以长、短轴 AB、CD 为直径作两同心圆;

2. 由圆心 O 作一系列放射线,交大圆于 Ⅰ、Ⅱ…,交小圆于 1、2…各点;

3. 过 I、II…各点引垂直线；过 1、2…各点引水平线，交于 M_1、M_2……各点；

4. 连接 M_1、M_2…及 A、C、B、D 各点，即为所求椭圆。

(二)四心法(图 14-53)

1. 已知椭圆长短轴 AB、CD，连接 AC，以 O 为圆心，OA 为半径作圆弧与 OC 的延长线交于 E 点，再以 C 为圆心，CE 为半径作圆弧交 AC 于 F 点。

2. 作 AF 的垂直平分线交长短轴于 1、2 两点，并定出 1、2 两点对圆心 O 的对称点 3、4 点。

3. 以 1、3 为圆心，$1A$ 为半径，以 2、4 为圆心，$2C$ 为半径画圆弧，所作四段圆弧切接于 $K_1K_2J_1J_2$ 的椭圆。

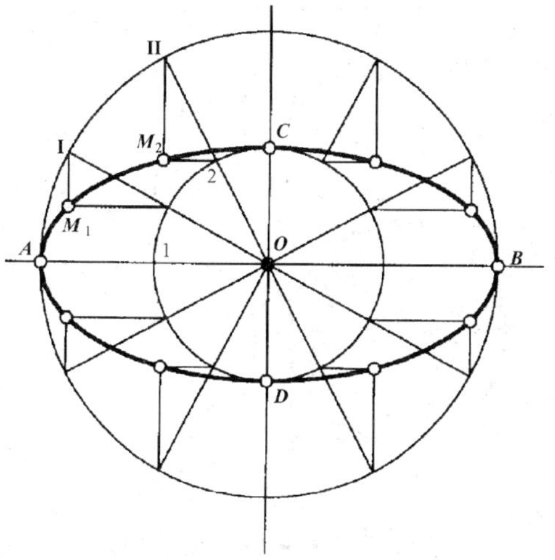

图 14-52　同心圆法画椭圆

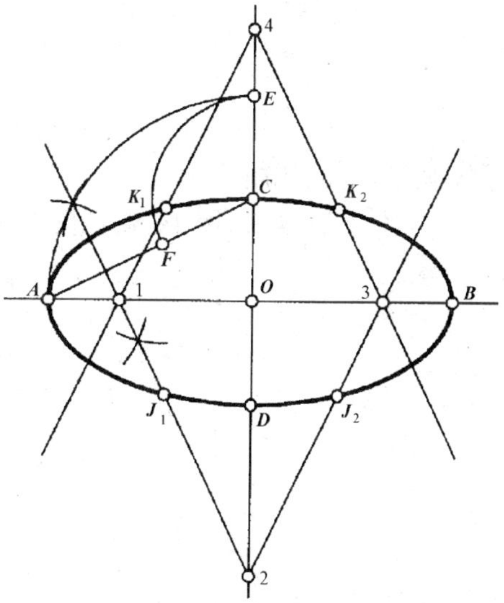

图 14-53　四心法画椭圆

(三)八点法作椭圆

已知一对长短轴或一对共轭轴，图 14-54 为一对共轭轴 AB、CD，求作椭圆。

1. 过共轭轴的端点 A、B、C、D 作平行四边形；

2. 自 A、M 作 45°斜线，交于 N 点；

3. 以 A 为圆心，AN 为半径作圆弧，交于 N_1、N_2 点；

4. 过 N_1、N_2 作 AB 的平行线，与对角线交于 1、2、3、4，再与 A、B、C、D 共计八点，可连成椭圆。

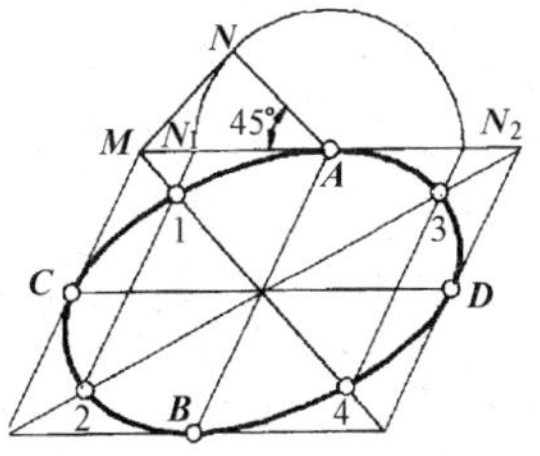

图 14-54　八点法作椭圆

第四节　徒手草图

徒手草图是工程技术人员构思设计方案，或讨论技术问题，或交流想法时徒手作出的图样。徒手作图是工程技术人员必要的基本技能。徒手作图要求对各种图线、图形及其各部分相对比例、投影关系的表达相对正确。要达到这一点必须经常绘图，在使用中积累经验。

一、画直线

画直线应先定两端点的位置，自起点开始，轻轻画出底稿线，然后再修正所画的底稿线。

画水平线时，可将图纸斜放，握笔不要太紧，以手腕动作沿图上水平方向自左向右画出(图 14-55a))；画竖直线时，图纸放正，沿铅直方向以手指动作自上向下画出(图 14-55b))；画斜线时，应从左上端开始(图 14-55c))；也可转动图纸，按水平线画出；画长线时，眼睛盯住终点，用较快的速度画出，然后再慢速修正。

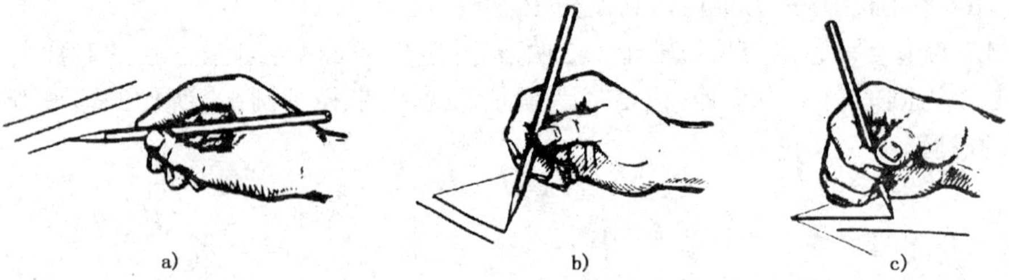

图 14-55　徒手画直线
a)画水平线；b)画竖直线；c)画斜线

二、画圆、椭圆和角度

作图方法见图 14-56、图 14-57 和图 14-58。

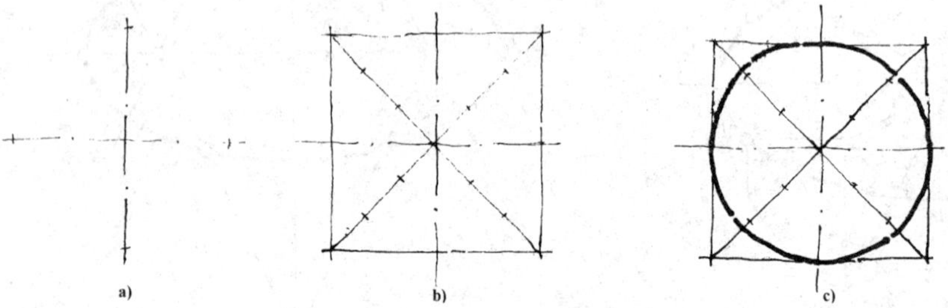

图 14-56　徒手画圆
a)画中心线，在其上定出半径·圆点(*A*、*B*、*C*、*D*、*O*)；b)过 *A*、*B*、*C*、*D* 四点画圆的外切正方形及对角线；c)分任一对角线之半为三等分，在 2 点稍外处定圆周上一点 *K*，再相应地求出其他三点，将 8 点连成圆

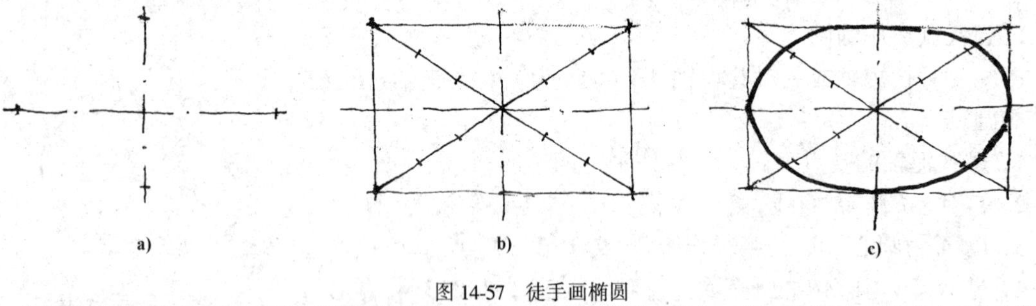

图 14-57　徒手画椭圆
a)徒手画出椭圆的长短轴；b)画外切矩形及对角线，等分对角线的一侧为三等分；c)以圆滑曲线连对角线上的最外等分点(稍偏外一点)和长、短轴的端点

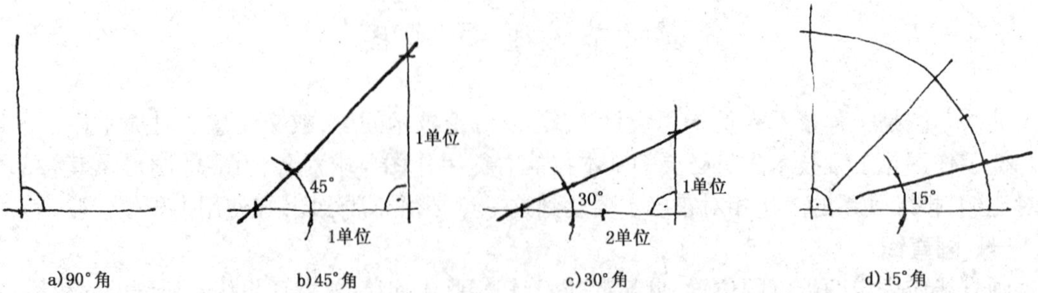

图 14-58　徒手画角度

第十五章　剖视图、断面图和简化画法

第一节　剖视图的概念

画形体的投影图时，规定可见的图线用实线表示，不可见的图线用虚线表示。但如果遇到内部结构比较复杂的形体，就会在投影图中出现许多虚线，使图中虚、实线交叉，不易识别，也不便于注尺寸，如图 15-1a）所示的圆锥形薄壳基础的投影图。

为了能在图中直接表示出形体的内部结构，虚拟一平行投影面的剖切平面切开形体，移去观察者与剖切平面之间的部分，对剩余部分再作投影所得的投影图称为剖视图，简称剖视。15-1b）为设想切去前半个圆锥形薄壳基础后形成的剖视图。

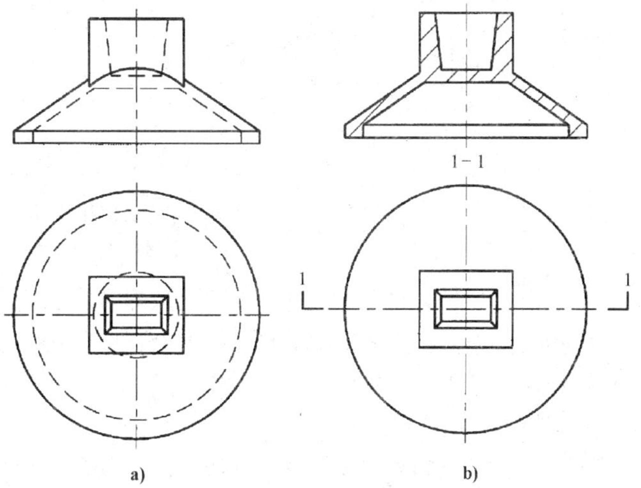

图 15-1　圆锥形薄壳基础的投影图和剖视图
a）投影图；b）剖视图

图 15-2 所示，为剖视图的形成情况。从图中可以看出，剖切平面 P 平行于 V 面，并通过形体的对称轴线剖切形体。将前边部分移去，对后部分作投影，剖切平面与形体相交部分用粗实线表示，并对剖切部分画出材料的图例符号。

第二节　剖视图的规则与表达方式

一、剖视图的规则

（一）剖切的部位与符号

指示剖切面起、迄或转折的位置以及投影方向的符号，称为剖切符号。

1．剖切位置线

用剖切位置线表示剖切平面的剖切位置。剖切位置线的实质是垂直面的积聚投影。剖切位置线是用不穿越图形的粗实线表示，其长度宜为 6～10mm，如图 15-2a）中水平投影图所示。

2．剖视方向

剖切后的剖视方向用垂直于剖切位置线的粗实线表示，长度宜为 4～6mm，粗实线的指向即为投影方向，例如图 15-2a）中观看方向是从前向后看，故画在剖切线的后面。

3．剖切符号的编号

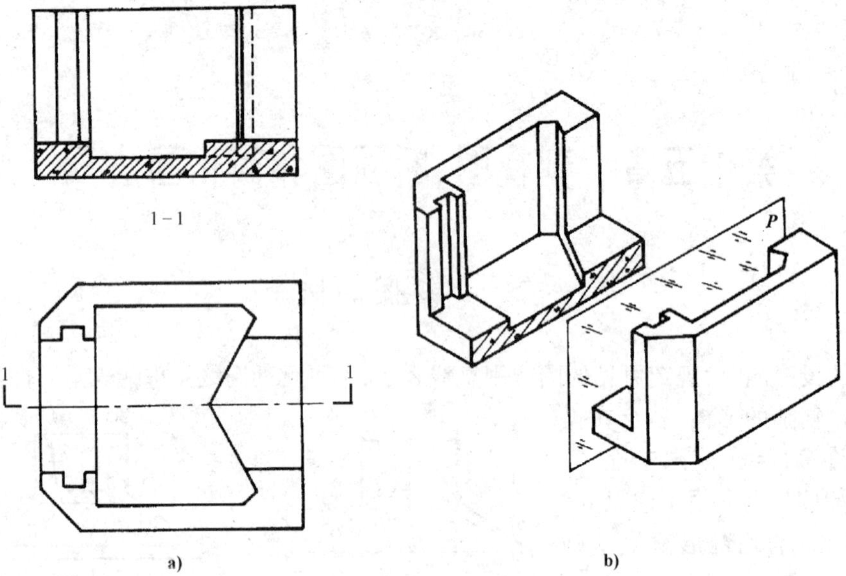

图 15-2 剖视图的形成

a)剖视图；b)剖切情况

剖视图剖切符号的编号，规定采用阿拉伯数字（或英文字母），按顺序由左至右、由下至上连续编排，并注写在剖视方向线的端部。剖视图的名称要用与剖切符号相同的编号命名，并注写在剖视图的下方，如图 15-2a）中的“1－1”。

4．剖切的方式

根据形体的结构特点和需要，可选择以下剖切方式：

（1）单一剖切面（图 15-3a））。

（2）两个或三个平行的剖切平面（图 15-3b））。

（3）两个相交的剖切面（图 15-3c））。

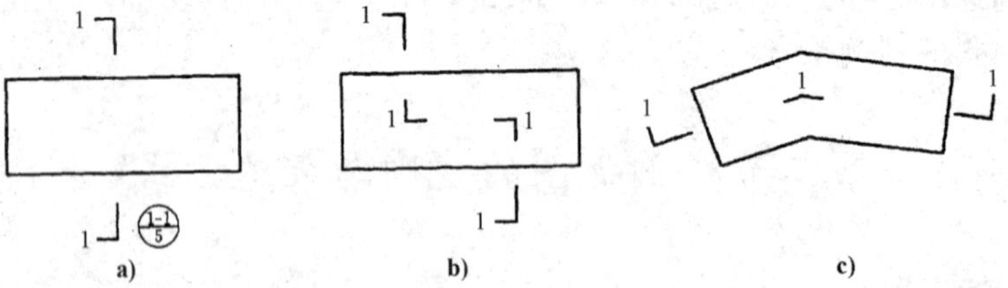

图 15-3 剖切方式

a)一个剖切面剖切；b)两个平行的剖切面剖切；c)两个相交的剖切面剖切

5．剖视图如与剖切部位的图样不在同一张图纸时，可在剖切位置线的另一侧标注该剖切图的索引符号，如图 15-3a），说明 1－1 剖视图在第五页图纸上。

（二）剖截面的表示法

假想用剖切面剖开形体，剖切面与形体的接触部分称为剖截面（又称断面）。在建筑工程图样中的剖截面上，应根据不同材料画出建筑材料图例。常用建筑材料图例见表 15-1。但在画组合体投影图时，若不需要表示材料的种类，则可采用通用剖（截）面线表示（见 GB/T17453）。通用剖面线的表示方法如下：

常用建筑材料图例 表 15-1

名称	图　例	说　明
自然土壤		包括各种自然土壤
夯实土壤		
普通砖	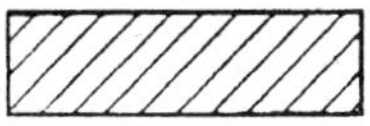	1.包括砌体、砌块 2.当断面较窄、不易画出图例线时,可涂红
混凝土	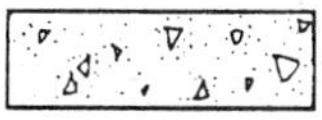	1.本图例仅适用于能承重的混凝土及钢筋混凝土 2.包括各种标号、骨料、添加剂的混凝土 3.断面较窄、不易画出图例线时,可涂黑 4.在剖面图上画出钢筋时,不画图例线
钢筋混凝土	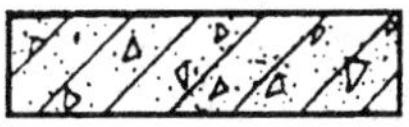	
饰面砖		包括铺地砖、马赛克、陶瓷锦砖、人造大理石等
砂、灰土	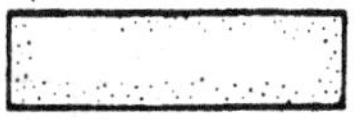	靠近轮廓线点较密的点
毛　石		
金　属		1.包括各种金属 2.图形小时可涂黑
木　材		1.上图为横断面,左上图为垫木、木砖、木龙骨 2.下图为纵断面

续上表

名称	图　　例	说　　明
防水材料		构造层次较多或比例较大时，采用上面图例
塑　　料		包括各种软、硬塑料及有机玻璃等
粉　　刷		本图例点以较稀的点

1.通用剖面线应以适当角度的细实线绘制，最好与主要轮廓线或剖面的对称线成 45°角(图 15-4)。

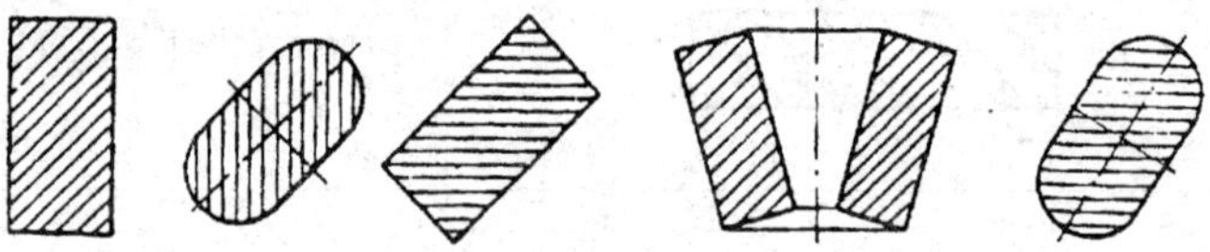

图 15-4　通用剖面线画法

2.同一形体的各个剖截面，其剖面线画法应一致。相邻形体的剖面线必须以不同的方向或以不同的间隔画出(图 15-5)。

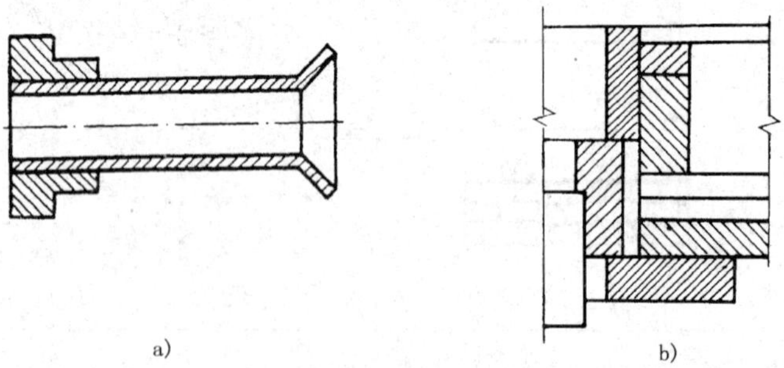

a)　　b)

图 15-5　相邻形体剖面线画法

3.在保证最小间隔要求的前提下，剖面线间隔应按剖面区域的大小选择。

4.当同一形体在两平行面上的剖切图紧靠在一起画出时，剖面线应相同。若要表示的更清楚，可沿轴线将两剖截面图的剖面线错开(图 15-6)。

5.当绘制面积过大的建筑材料图例时，可在剖截面内，沿轮廓线局部表示(图 15-7)。

此外，GB/T17453 中允许采用加粗轮廓线的方法突出表示剖截面(图 15-8)；若剖截面的范围很小，剖截面中的建筑材料可以全部涂黑表示(图 15-9)，但两个相邻剖截面之间必须留有不小于 0.7mm 的间隙。

二、剖视图表达方式

(一)全剖视图

假想用一个剖切平面将形体某一部位整个切开后所作的剖视图,称为全剖视图,也即通常所称的剖视图。如图 15-1b)即为圆锥形薄壳基础的全剖视图。全部视图一般都要标注剖切线,只有当剖切平面与形体的对称面重合,且全部视图又置于基本投影图的位置时,可省去标注,如图 15-10 所示。

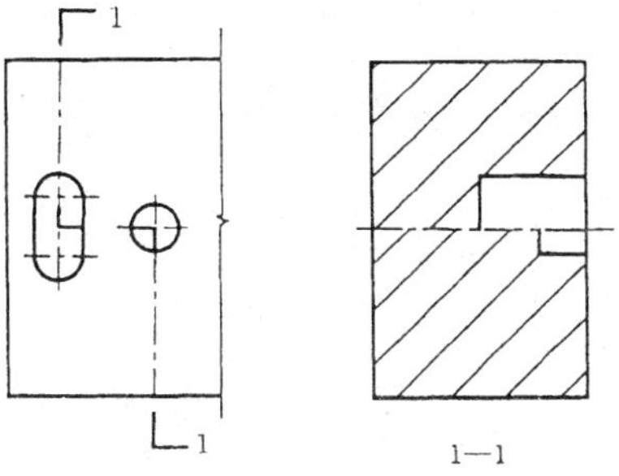

图 15-6 剖面线错开

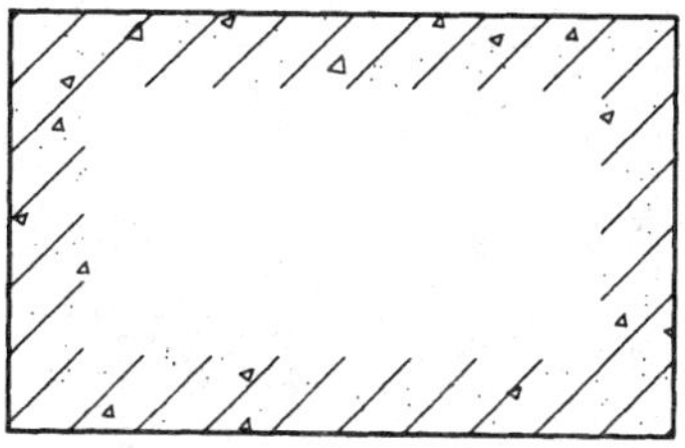

图 15-7 部分表示图例

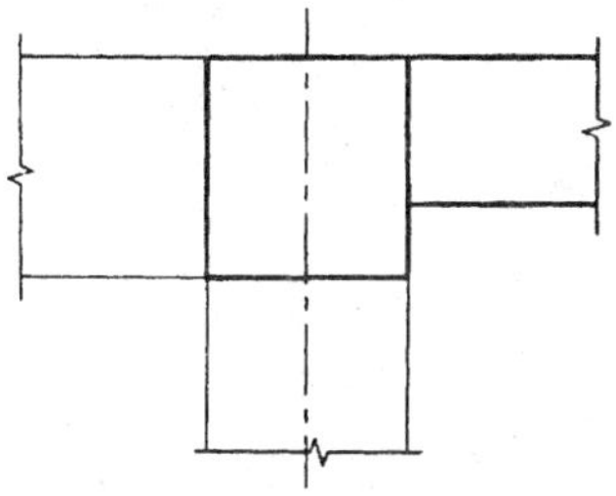

图 15-8 加粗轮廓线表示

图 15-9 相邻图例涂黑表示

图 15-11a)为一幢房屋的投影图(南立面图与平面图)。建筑工程的平面图实质是水平剖视图。建筑制图标准中规定,“建筑物平面图应在建筑物的门窗洞口处水平剖切俯视”。因而不称剖视图,也不在正立面图中标注剖切符号。在平面图中,门、窗的剖面按标准图例画出。从图中可以看出房屋的平面形状、大小和房间的布置等情况。同理,1 – 1 剖视图也是全剖视图,它是设想用一个侧平面将房屋切开,移去房屋的右边部分,再从右向左正投影而得(图15-11c))。1 – 1 剖视图清楚地表达了屋顶、门窗的形状及高度。由于采用了两个全剖视图,房屋的内部结构已表示清楚,所以正立面图中不再画虚线。在房屋的全剖视图中,比例尺小时(1/100 以下),砖墙图例可省略不画,而用粗实线画出砖墙断面轮廓线或涂黑。

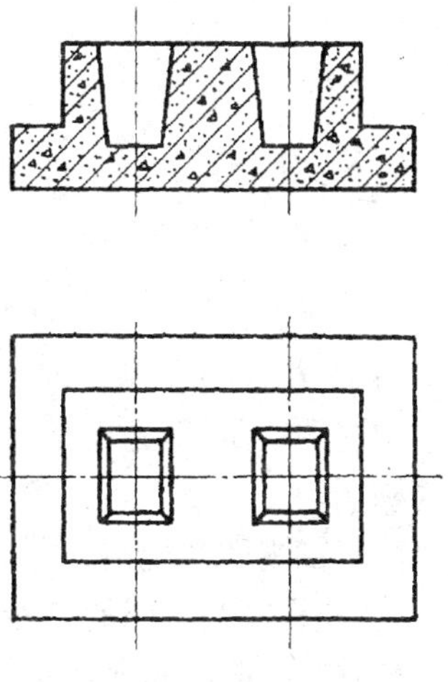

图 15-10 全剖视图

(二)半剖视图

当形体的内、外结构对称时,可以以图形的对称轴线作为分界,一半画投影图,一半画剖视图,这种图称为半剖视图。半剖视图可以理解为形体被切去 1/4 按截切后作出的投影图。

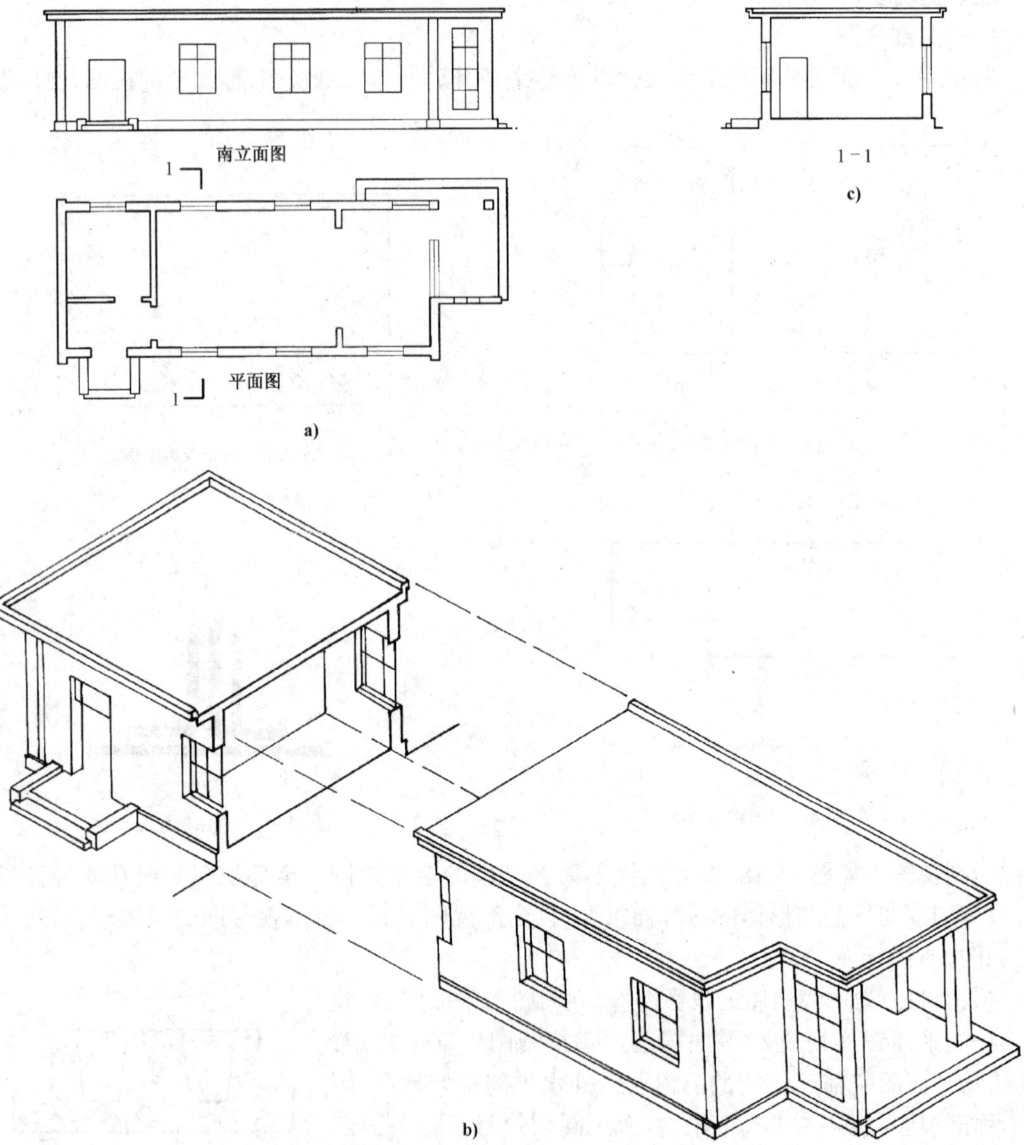

图 15-11　房屋的全剖视图

图 15-12 为杯形基础的半剖视图。从水平投影可以看出，该基础前后、左右对称，可以采用半剖视图表示，即画出半个视图以表示基础的外形，另外半个画上相应的剖视图表示基础的内部构造。

画半剖视图的规则：

(1)剖视图与视图的分界线应是形体的对称轴线，不可再画截切面的图形线。

(2)在 V 或 W 面上画半剖，要“左外、右剖”，即对称轴线的左边画外形视图，右边画形体的内部结构剖视图。在 H 面上画半剖，要“后外、前剖”或“左外、右剖”，即以对称轴线为分界，后边(或左边)画外形视图，前边(或右边)画内部剖视。

(3)因形体对称，从半个剖视图可以认识形体的内部结构，从半个图可以认识整个形体的外部形状，所以画形体的半剖视图时，虚线可不画。

(4)当剖切平面与形体的对称面重合，且半剖视图又置于基本投影图的位置时，其标注可以省略，如图 15-13 的正立面图和侧立面图位置的半剖视图。当剖切面不是形体的对称面，则要标注。如图 15-13 平面图位置的 1 – 1 剖视图。但有时为了明显起见，仍可标注出完整的剖面剖切符号，如图 15-12 的 1 – 1、2 – 2剖视图。

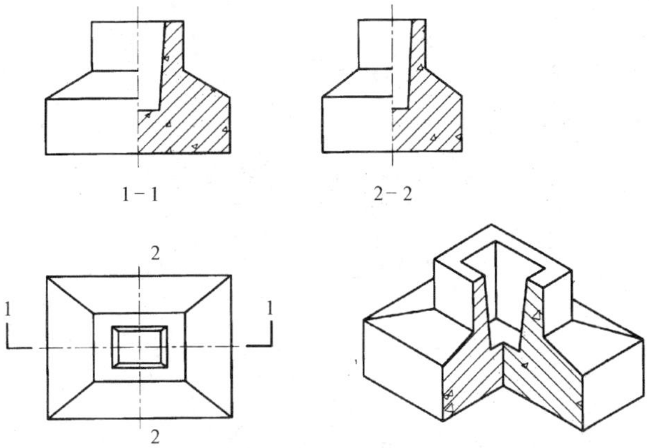

图 15-12　杯形基础的半剖视图

(三)阶梯剖视图

当采用一个剖切平面切开形体，不能清楚地表示出它的内部构造时，可设想用两个或三个(最多三个)平行投影面的剖切平面，把形体作阶梯状切开后，同样把前部分移去，对剩余部分作投影所得的视图称为阶梯剖视图。如图 15-14a)所示，形体具有两个孔洞，但这两个孔洞不在同一轴线上，如果仅作一个全剖视图，势必不能同时剖切到两个孔洞。因此，对这种形体，可采用阶梯剖表达，用两个互相平行的平面通过两个孔洞剖切形体，于是得到处于正面投影位置的剖视图，从而能同时反映出两个孔洞。图 15-14b)为阶梯剖视图的剖切情况。

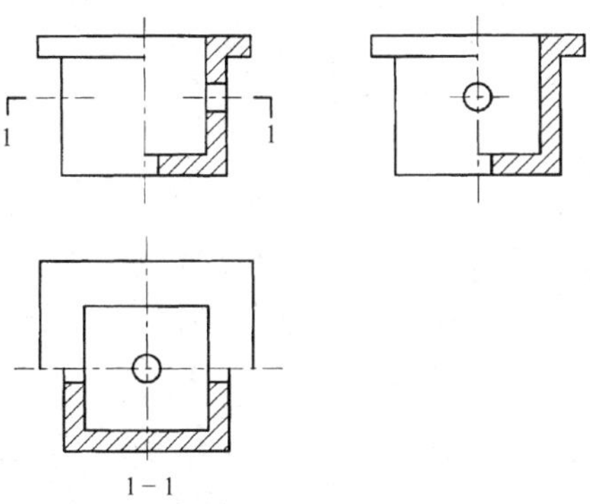

图 15-13　半剖视图

画阶梯剖视图的规则：

(1)在剖切平面的起迄和转折处要标注剖切位置；

(2)由于剖切平面是虚拟的，所以在剖视图上，剖切平面的转折处不应画图线(实际上不存在此图线)。

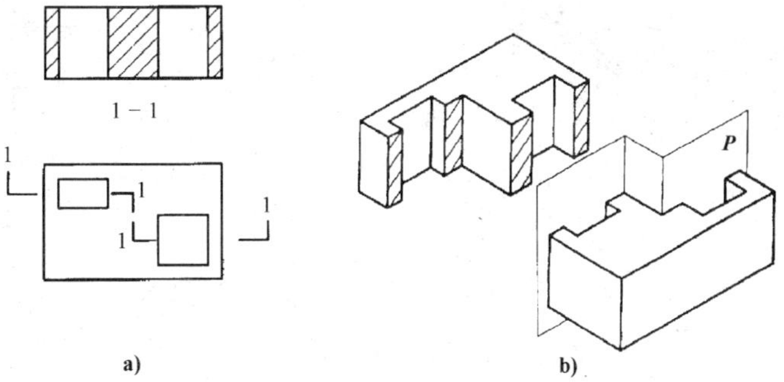

图 15-14　阶梯剖视图

a)剖视图；b)剖切情况

(四)旋转剖视图

虚拟两个相交的剖切平面(交线垂直某一投影面)剖切形体，将倾斜于投影面的剖切平面绕两剖切平面的交线旋转到与选定的投影面平行的位置后，再向投影面投影，所得的剖视图称为旋转剖视图，如图 15-15 所示。用此法剖切时，应在剖视图的图名后加注“展开”字样。

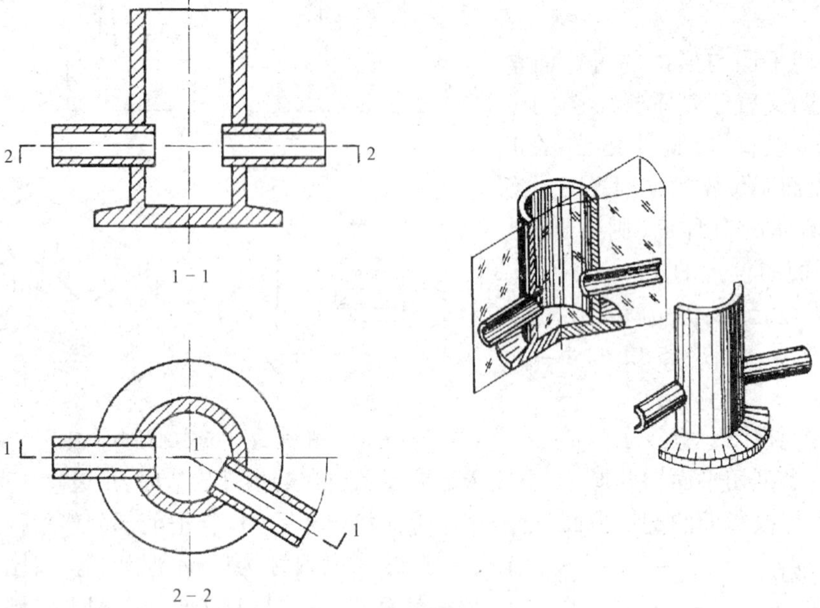

图 15-15　旋转剖视图

(五)局部剖视图

当只要表示形体局部的内部结构时,可以切开形体的一部分,将这一局部画成剖视图,其余部分仍画外形投影图,这种剖视图称为局部剖视图。图 15-16 表示应用局部剖视图来反映楼面构造层所用的材料及其做法。

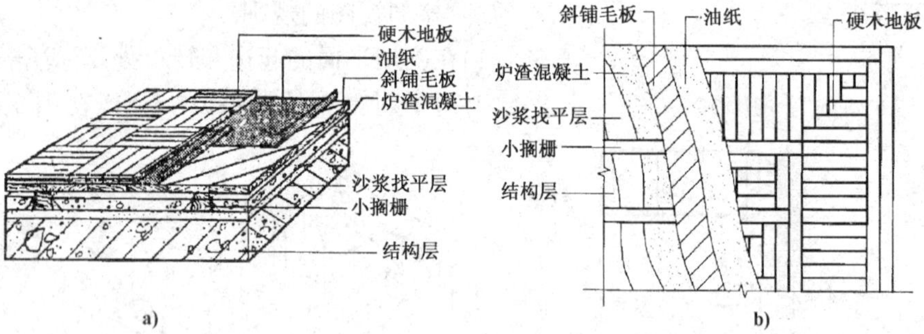

图 15-16　局部剖视图

a)立体图;b)平面图

在局部剖视图上,用波浪折断线表示剖切的范围,波浪折断线的两端不能超出投影图的轮廓线,也不能与其他图线重叠,它只是一种符号。局部剖视图的图名仍用原来投影图的名称,而且不标注剖切符号。

三、涵洞工程图的表达

涵洞是排泄小量水流的水工建筑物,呈狭长形,它的一端为进口,另一端为出口,其顶部被土覆盖(图 15-17)。对这种工程建筑物,要根据它的实际情况进行投影图选择,综合运用上述表达物体的各种方法,如剖视、断面图等,将建筑物完整清楚地表示出来。

图 15-17 是涵洞的半剖视图,图 15-18 是涵洞纵向剖切后的轴测图,现以该图为例,说明其涵洞的表达方法。

(一)分析涵洞的组成

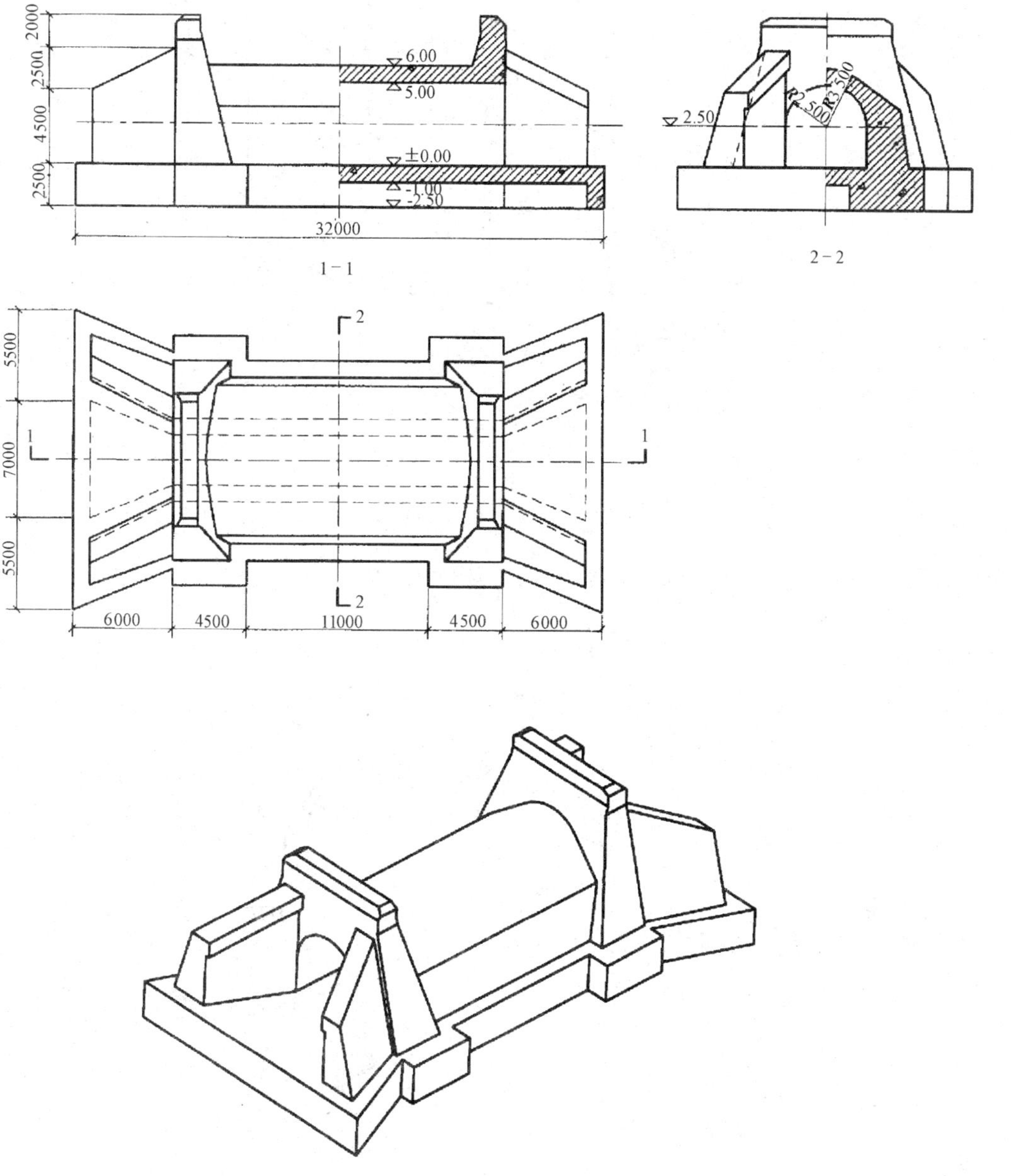

图 15-17　涵洞半剖视图

涵洞是由底板、洞身和洞口组成。

1. 底板

底板由长方体切割而成,从左至右,贯穿全洞。底板的底面中间部分是空的(图 15-19a)),底板顶面高程为 ± 0.00m(图 15-18),底面高程为 – 2.5m,板厚为 2.5m,中间部分厚 1.00m。

2. 洞身

洞身由边墙和拱圈组成,一般每节为 3 ~ 5m。边墙位于底板上面,两边是斜面,上部与拱圈相切,拱圈是等厚的圆拱(图 15-19b))。

3. 洞口

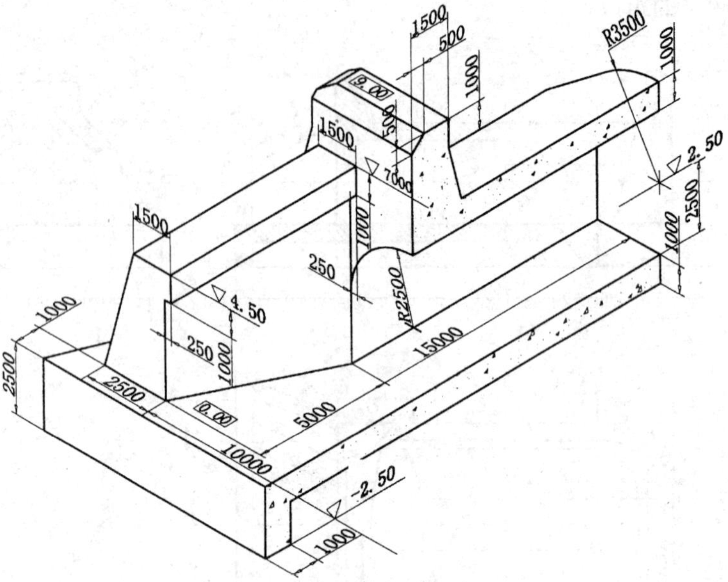

图 15-18 涵洞轴测剖视图

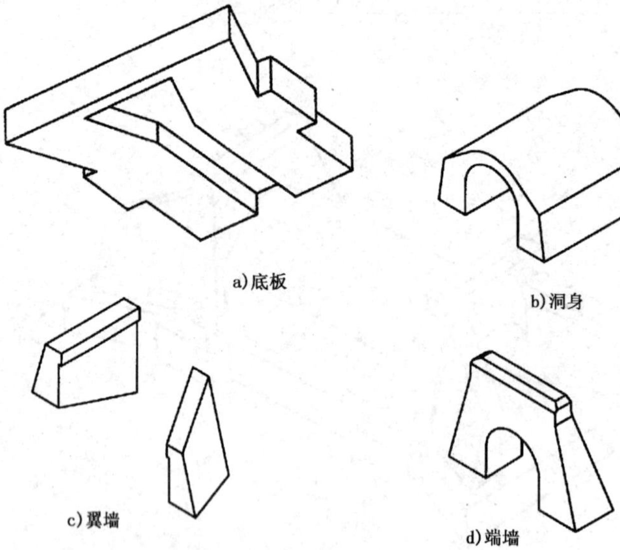

a)底板 b)洞身

c)翼墙 d)端墙

图 15-19 涵洞的组成

洞口包括翼墙和端墙组成。

(1)翼墙

翼墙是一垛挡土墙,出口、入口的翼墙对称于涵洞的中心线,呈八字形,翼墙顶面倾斜,左端顶高程为 4.5m,右端顶高程为 7.00m,翼墙右端靠在直立的端墙上(图 15-19c))。

(2)端墙

端墙可看作是一块高 9.0m、宽 12.0m、长 3.5m 的长方体经切割穿孔而成。其中端墙的顶部,左侧以正垂面截切面 I 面,形成高 1.0m、宽 0.5m 的转角,又以侧垂面截切成 II 面,形成高 0.3m、宽 0.5m 的抹角。墙面的中部呈⌂形穿孔,并与洞身连接(图 15-19d))。

(二)涵洞图的表达

如图 15-17 所示。根据本例涵洞的组成及特点，绘图时一般按正常工作位置放置，并使建筑物的主要轴线平行于正立面图，左边为迎水面。

为了清楚地表示洞身、面墙、底板等内部构造和上下游翼墙的形状，鉴于该建筑物前后、左右对称，所以正面视图和侧面视图采用了半剖视图的表达方法；平面视图采用了外形视图，并采用省略覆盖土的表达方法。即没有画出洞身上面的填土。有了这样一组视图，整个涵洞的内外结构形状和材料就表示清楚了。

除上述三种视图外，还应画出必要的构造详图和结构图，如翼墙断面图、钢筋布置图等。

第三节 断面图的规则与表达方式

一、断面图的基本概念

虚拟一个垂直剖切部位的剖切平面截切形体，只画出该剖切平面与形体相交部分的图形称为断面图，简称断面，图 15-20 为梯形梁的断面图。

二、断面图的规划

(一)断面图的剖切符号

断面图的剖切符号应只用剖切位置线表示；并应以粗实线绘制，长度为 6 ~ 10mm(图 15-20)。

(二)断面图剖切符号的编号

规定采用阿拉伯数字(或英文字母)，按顺序编排(图 15-21)。投影方向是通过编号的标注位置来表示的，如编号写在剖切位置线的上方，则表示向后投影，如图 15-22 所示台阶的 1 – 1 断面图。

断面图的其他规则同剖视图。

三、断面图的表达方法

(一)移出断面

将形体某一部分剖切后所形成的断面图，移画在原投影图外，称为移出断面图，如图 15-23 所示。

若一个形体有多个断面时，断面图可以按顺序依次排列，并且可以采用较大比例画出，以利于标注尺寸和识图(图 15-23)。

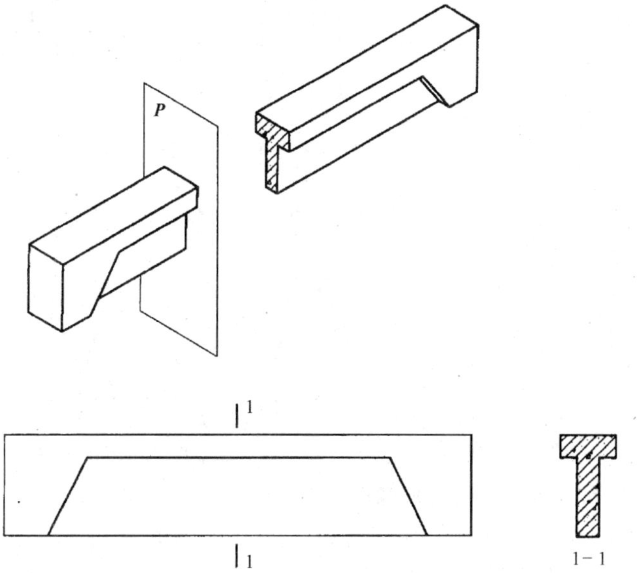

图 15-20 断面图的形成

当断面形状对称时，可将断面的对称轴线延至剖切的位置，则可不必再标注断面符号与编号，如图 15-24 所示。

(二)重合断面

将断面图直接画在原投影图的剖切位置上，二者图形重合在一起的称为重合断面。当投影图的图形线与重合断面图形重叠时，原投影图中的图形线仍应连续画出，不可间断。

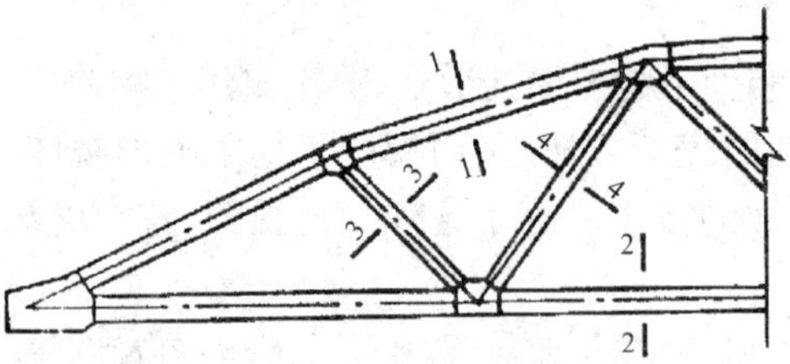

图 15-21　断面剖切编号

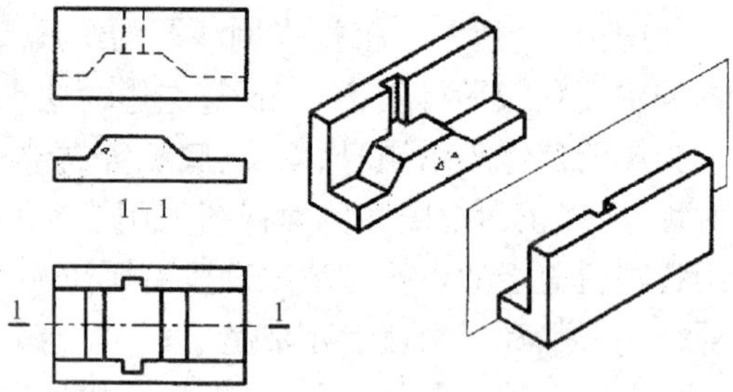

图 15-22　闸室的断面图

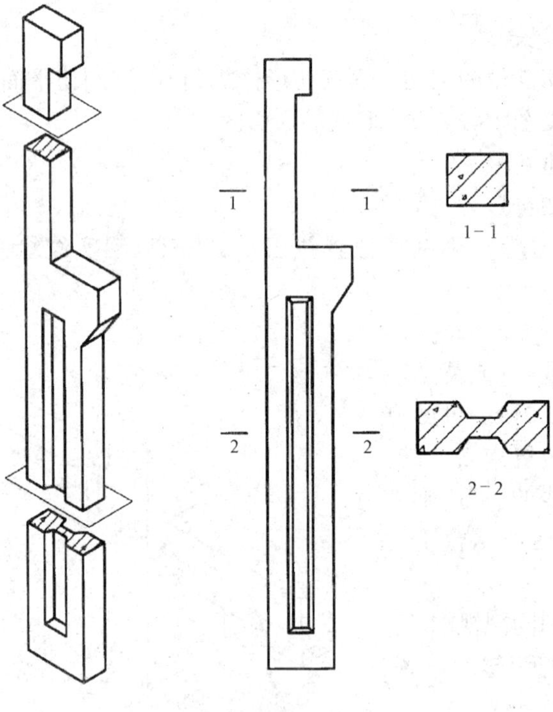

图 15-23　移出断面

画重合断面图时，用粗实线画出，通常不加任何标注，只需画出断面图的材料图例。图 15-25a）为一角钢的重合断面图，断面部分用钢的材料图例（或涂黑）表示，图 15-25b）为对称断面，以剖切位置线为对称中心线而画出的断面图。

当断面图尺寸较小时，可将断面图涂黑，如图 15-26 所示为屋面结构梁、板重合在屋顶结构平面图上，因断面图形较窄，可涂黑表示。

（三）中断断面图

位于投影图断处的断面图，称为中断断面图。该断面图适用于较长的杆件。如图 15-27 所示，

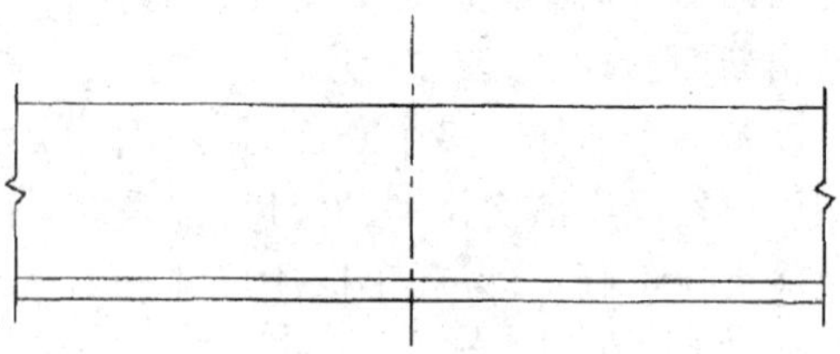

图 15-24　断面对称

在钢屋架杆件的断开位置，画出杆件的断面，以表示型钢的形状及组合情况，这时不必标出剖切位置符号及编号。

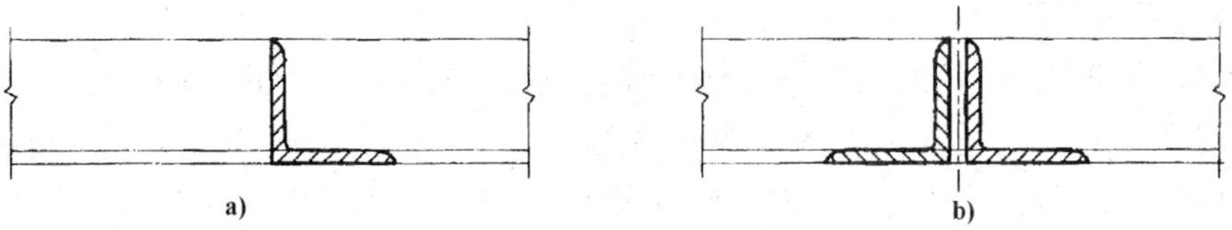

图 15-25　重合断面

a)断面不对称；b)断面对称

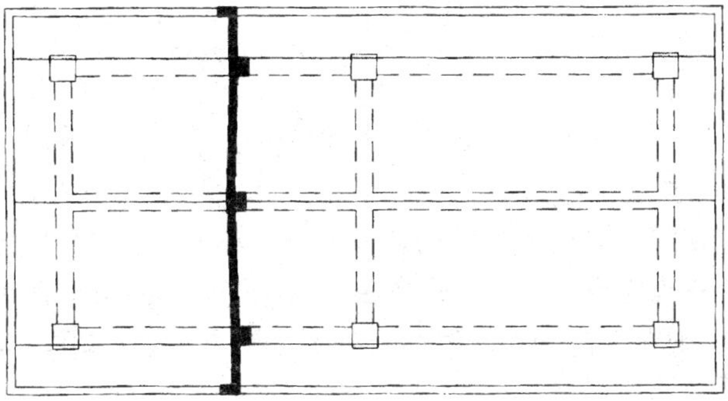

图 15-26　梁、板结构重合断面图

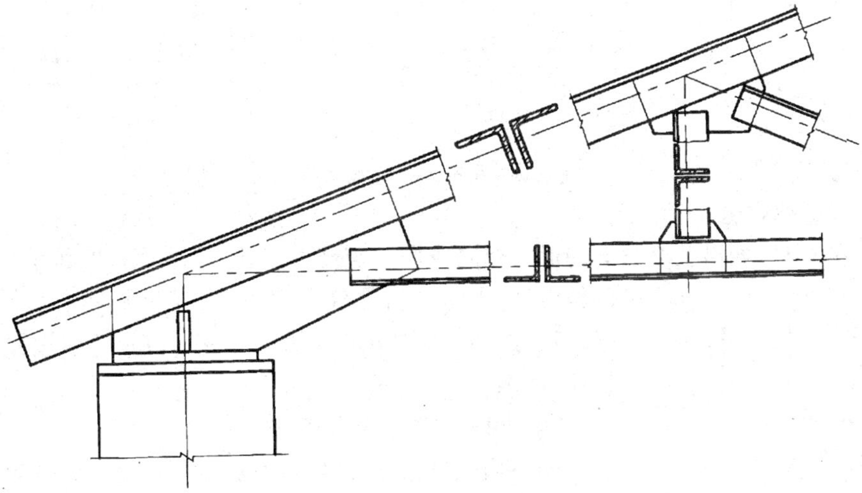

图 15-27　钢屋架杆件中断断面图

第四节　视图的简化画法

为减少画图工作量，提高工作效率，“国标”中规定有简化画法。

一、对称图形的画法

如果形体的图形对称，可以对称中心线为界，只画出该对称图形的一半，并画出对称符号。对称符号用两条垂直于对称轴线的平行等长细实线绘制，长度一般为 6 ~ 10mm，间距为 2 ~ 3mm，画在对称轴线两端，且平行线在对称线两侧长度相等，如图 15-28a)所示。若将对称图形画出部分稍超过对称线时（即大于半个图形时），可省去对称符号，如图 15-28b)所示。

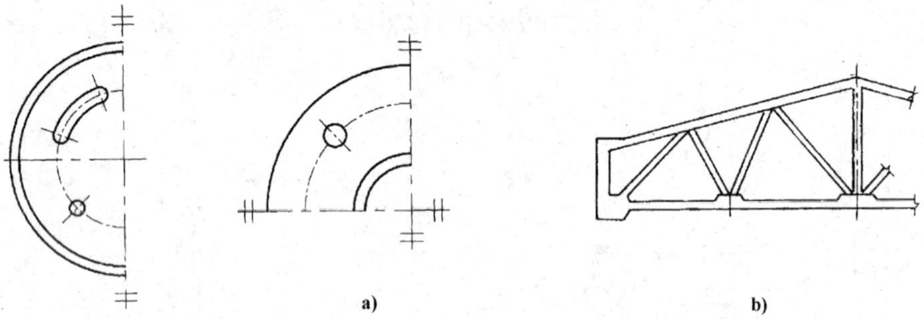

a)　　　　b)

图 15-28　对称图形简化画法

二、相同构造要素的画法

形体内有多个完全相同而连续排列的构造要素，可仅在两端或适当位置画出其完整图形，其余部分以中心线或中心线交点表示，如图 15-29a)、b)所示。如果形体中相同构造要素只在某一些中心线交点上有，则在相应的中心线交点处用小圆点表示，如图 15-29c)所示。

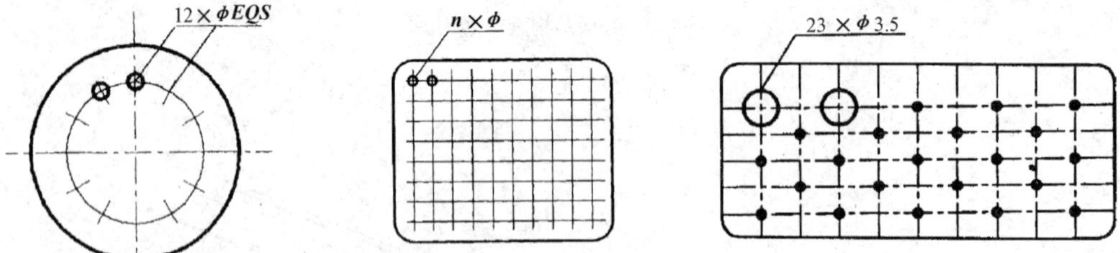

a)　　　　b)　　　　c)

图 15-29　相同要素的省略画示

三、折断省略画法

对于长的构件，如沿长度方向的形状相同或按一定规律变化，可采用折断画法，只画构件的两端，将中间折断部分省去不画，在折断处，应以折断线表示，折断线两端应超出图形线 2 ~ 3mm，其尺寸应按原构件长度标注，如图 15-30 所示。

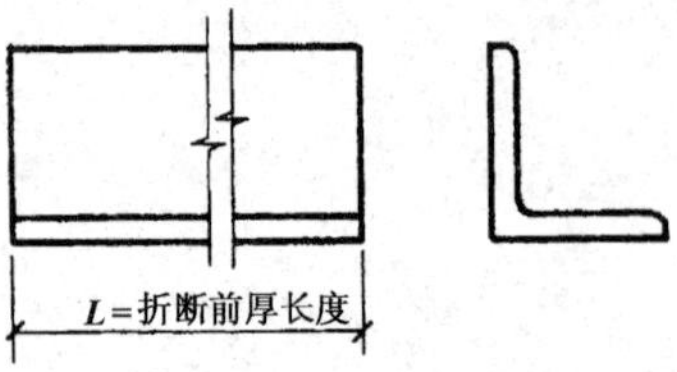

图 15-30　折断省略画法

四、同一构件的分段画法

同一构配件，如绘制位置不够，可分段绘制，并应以连接符号表示相连，连接符号应以折断线表示连接的部位，并用相同的字母编号，如图 15-31 所示。

五、构件局部不同的画法

一个构配件，如与另一构配件仅部分不相同，该构配件可只画不同部分，但应在两个构配件的相同部分与不同部分的分界线处，分别绘制连接符号，两个连接符号应对准在同一位置上，如图15-32所示。

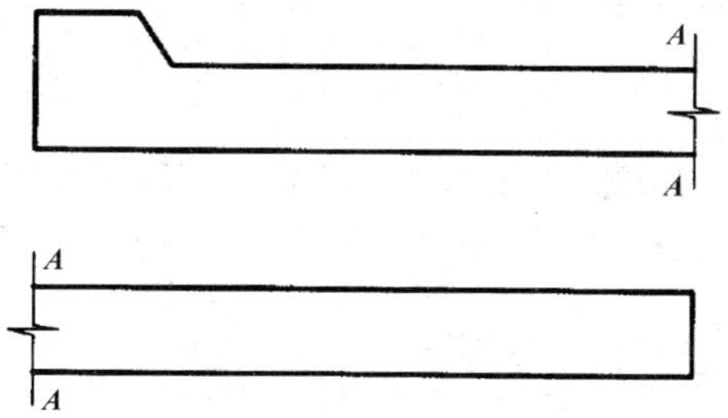

图15-31　同一构件的分段画法

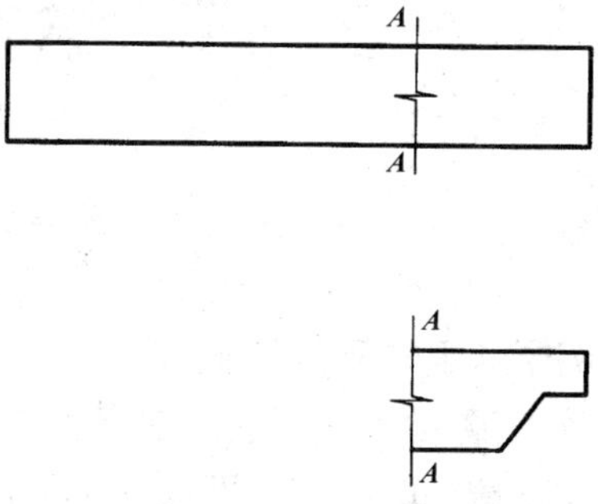

图15-32　构件局部不同时的简化画法

第十六章　房屋建筑图

第一节　概　　述

一、房屋的组成及其作用

为了能看懂房屋建筑图,对房屋各组成部分的名称和作用先作一简单介绍(见图 16-1)。

1. 基础:是建筑物地下部分的承重结构,用以承担建筑物的上部荷载,并把荷载传到地基上。

2. 墙与柱:是建筑物垂直方向的承重结构,承担楼层、屋顶荷载及墙身的自重,并向下传递荷载。外墙还起有防寒、保温作用,内墙起有分隔作用。

3. 楼面与地面:是建筑物的水平承重构件,用以承受各种家具、设备、人的重量及楼板的自重,并把它传到墙、柱上去。

4. 屋顶:是建筑物最上部的构造,用以隔绝风、雨、雪等对建筑物的侵袭。

5. 楼梯、台阶:建筑物内垂直的交通设施,解决上下层之间的联系。

6. 门、窗:用以解决隔离和采光、通风之用。

7. 天沟、雨水管、散水:起排水的作用。

8. 勒脚:起保护墙身的作用。

其余部分的名称见图 16-1。

二、房屋建筑图的分类

一套房屋建筑图,根据其内容和工种不同,一般分为:

1. 建筑施工图(简称建施)

建筑施工图主要反映建筑物的规划位置、内外装修、构造及施工要求等。建筑施工图包括:

(1)总平面图:是表示建筑用地及其周围总体情况的图纸。它是施工现场平面布置及新建房屋定位、放线的依据。

(2)建筑平面图:是表示建筑物房间内部布局、内部交通组织、门窗位置及尺寸大小的图纸。

(3)建筑立面图:是表示建筑物外观的图,用它来表示建筑物的立面形状、尺寸、标高及用料作法等。

(4)建筑剖视图:是表示房屋内部空间的高度关系及构造做法的图纸。

(5)详图:是表示建筑物各主要部位细部构造情况的放大图。

2. 结构施工图(简称结施)

结构施工图主要反映建筑物承重结构的布置、构件类型、材料、尺寸和构造作法等。结构施工图包括:

(1)结构设计总说明,含有设计依据、结构选型、建筑材料及施工要求等。

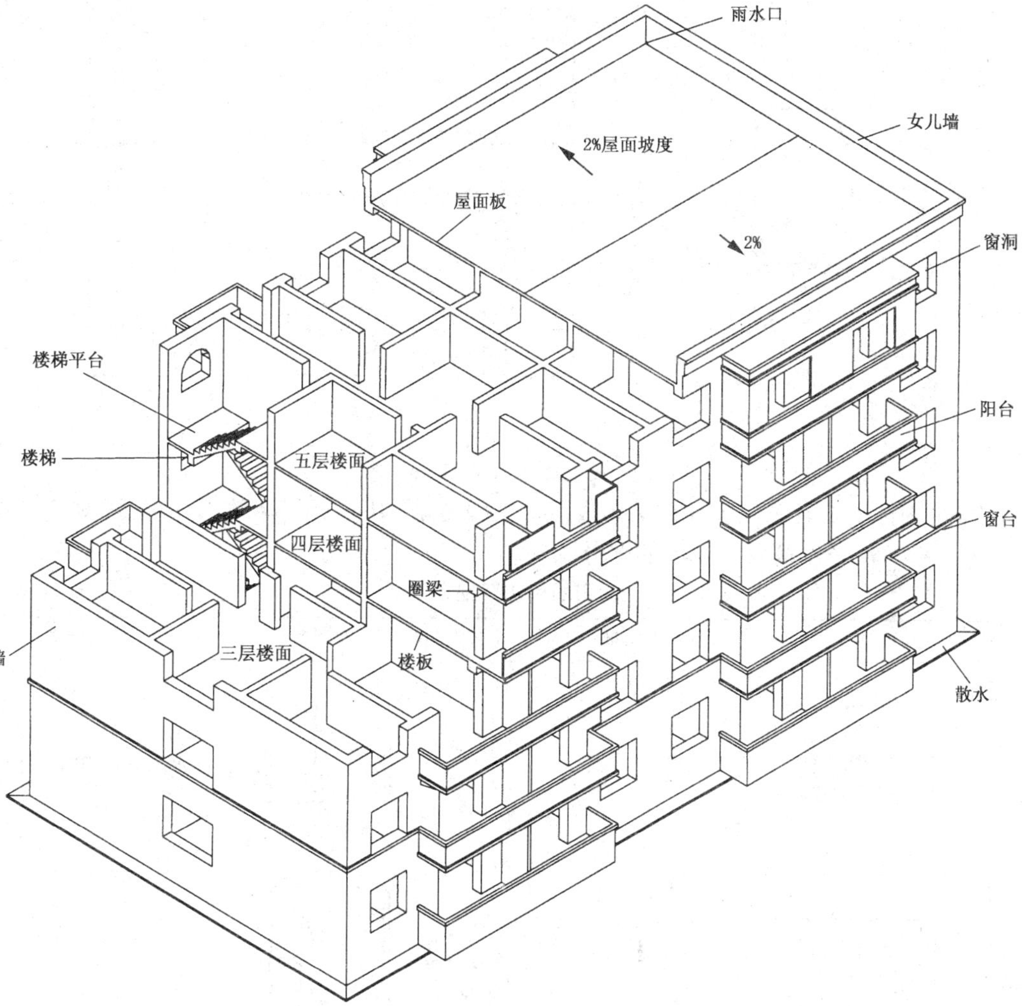

图 16-1　房屋轴测图

(2)结构平面布置图,又可分为基础平面图和楼层结构构件平面布置图。

(3)结构构件详图。

3. 设备施工图(简称设施)

设备施工图主要反映建筑物的给排水、采暖、通风、电气等设备的布置和施工要求等。设备施工图包括各种设备的平面布置图、系统图和详图。

三、房屋建筑图的图示特点

1. 图示方法。房屋建筑图中的各种图样,应依据正投影原理,并遵守《房屋建筑制图统一标准》(GBJ1－1986)进行绘制。为了表示建筑物的全面情况,可以选用六个投影面,画出六个视图。图 16-2 为六个视图图名称。

2. 比例。由于建筑物很大,绘图时常需按比例缩小。房屋建筑图常用的比例为1:50、1:100、1:200。为了反映建筑物的细部构造及具体作法,常配以 1:20、1:10 甚至更大比例的详图,并用文字和符号加以说明。

3. 图例。由于建筑施工图常采用较小比例绘制,图样中的一些构造和配件无法如实画

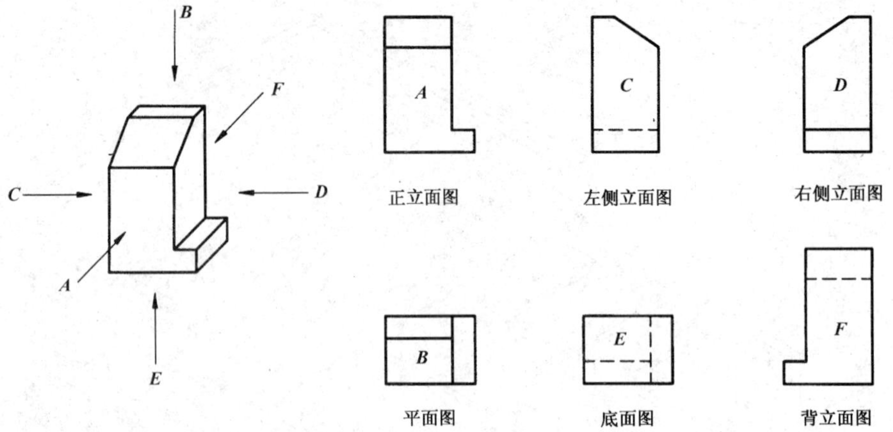

图 16-2　六面视图名称

出，常采用国标中的有关规定和图例来表示。建筑专业制图采用《建筑制图标准》规定的构造及配件图例。表 16-1 摘录了其中的部分图例。

常用的构造及配件图例　　　　表 16-1

名称	图例	说明	名称	图例	说明
楼梯	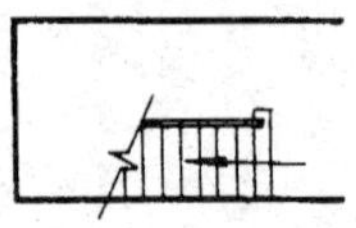	1. 上图为底层楼梯平面，中图为中间层楼梯平面。下图为顶层楼梯平面 2. 楼梯的形式及步数应按实际情况绘制	墙内单扇推拉门	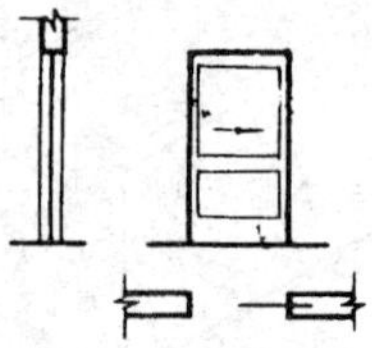	同单扇门说明中的 1、2、5
	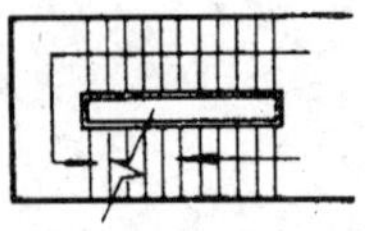		单扇双面弹簧门	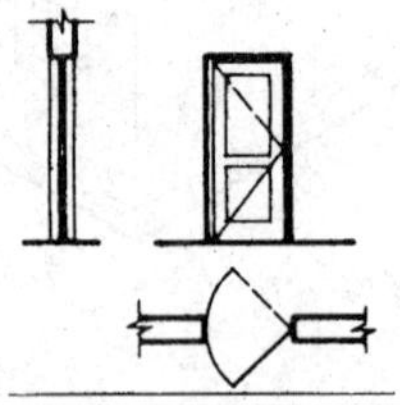	同单扇门说明
	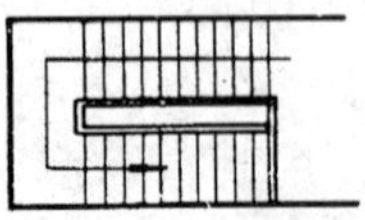		双扇双面弹簧门	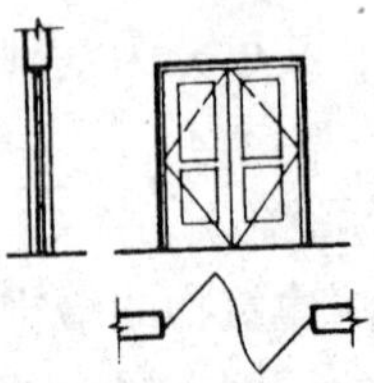	
检查孔		左图为可见检查孔。 右图为不可见检查孔	单层固定窗	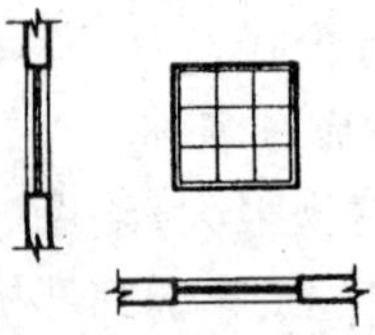	1. 窗的名称代号用 C 表示 2. 立面图中的斜线表示窗的开关方向，实线为外开，虚线为内开；开启方向线交角的一侧为安装合页的一侧，一般设计图中可不表示
孔洞					
坑槽					

续上表

名称	图例	说明	名称	图例	说明
烟道	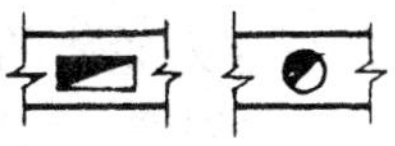		单层外开上悬窗	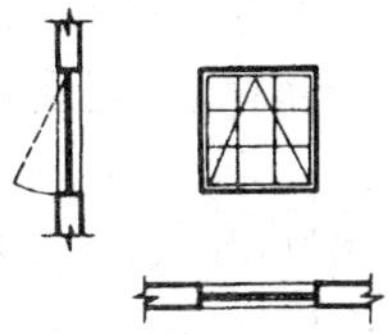	3.在剖视图中,左为外,右为内;在平面图中,下为外,上为内 4.平、剖视图中的虚线,仅说明开关方式,在设计图中不需要表示 5.窗的立面图形式应按实际情况绘制
通风道	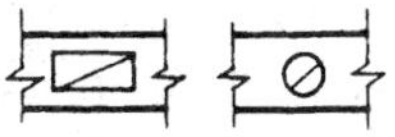				
单扇门(包括平开或单面弹簧)	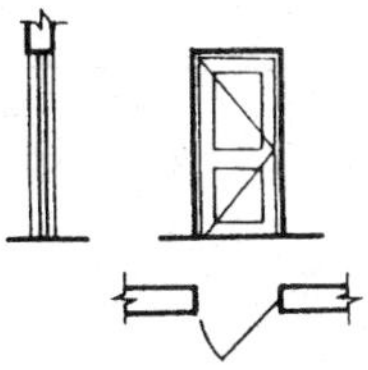	1.门的名称代号用M表示 2.在剖视图中,左为外,右为内;在平面图中,下为外、上为内 3.在立面图中,开启方向线交角的一侧,为安装合页的一侧。实线为外开,虚线为内开 4.平面图中的开启弧线及立面图中的开启方向线,在一般的设计图上不表示,仅在制作图上表示 5.立面开式应按实际情况绘制	单层中悬窗	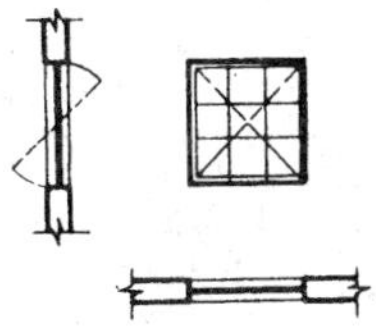	
双扇门(包括平开或单面弹簧)	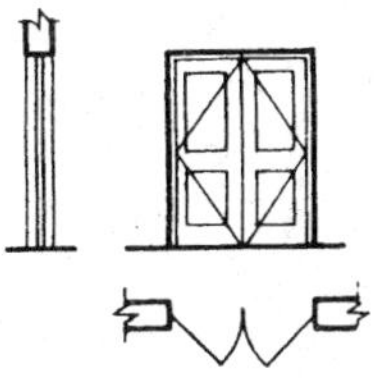		单层外开平开窗	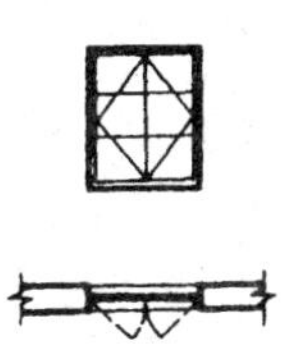	
对开折叠门	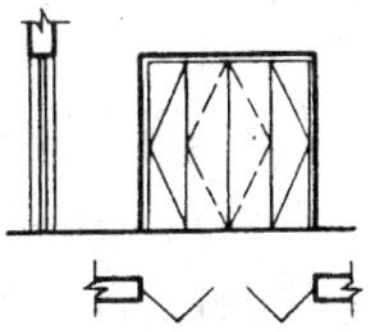		双层内外开平开窗	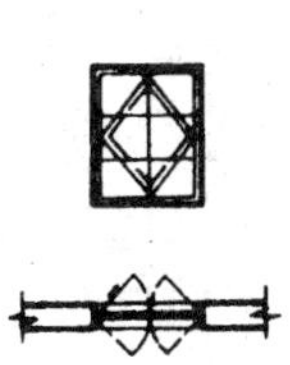	

4.尺寸。房屋建筑图的尺寸除标高以m为单位外,其余均以mm为单位。平面图中尺寸常注三排。一般将外部尺寸与内部尺寸分开标注。标注尺寸的基本原则是完整、清晰、正确、合理。

第二节 建筑施工图

一套房屋建筑图,简单的有几张图纸,复杂的有十几张、几十张甚至几百张。一般的读图程序是先看图纸的目录和总说明,对该房屋有一概略的了解,然后按顺序阅读建筑施工图、结构施工图、设备施工图。看建筑施工图时,应先看总平面图,了解周围的环境,然后再看平面图、立面图、剖视图和详图等。

本节列出了一幢住宅建筑的主要建筑施工图纸。

一、总平面图

在画有等高线或加上坐标方格网的地形图上，画出已有的和拟建的房屋外轮廓的水平投影、道路、绿化等，即为总平面图。它反映出房屋的平面形状、位置、朝向及与周围的地形、地物的关系。

总平面图常用的比例是 1∶500、1∶1000 及 1∶2000。

总平面图是新建房屋施工定位、土方施工以及其他专业（如给水、排水、供暖、电气、煤气等工程）管线总平面图和施工总平面设计布置的依据。

总平面图中常用的图例画法及线型要求见表 16-2。

总平面图中的常用图例 表 16-2

名称	图例	说明	名称	图例	说明
新建的建筑物	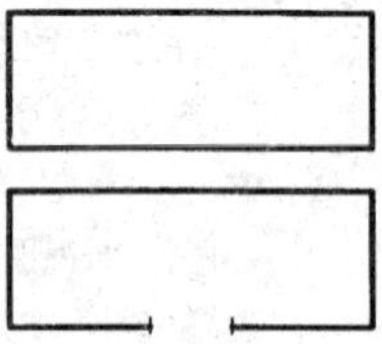	1. 上图为不画出入口图例，下图为画出入口图例 2. 需要时，可在图形内右上角以点数或数字（高层宜用数字）表示层数 3. 用粗实线表示	原有的道路		
原有的建筑物	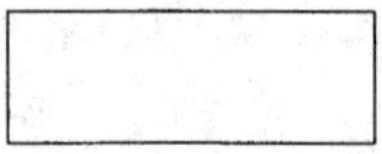	1. 应注明拟利用者 2. 用细实线表示	计划扩建的道路		
计划扩建的预留地或建筑物		用中虚线表示	人行道	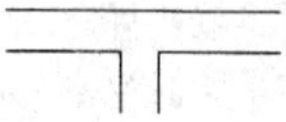	
拆除的建筑物	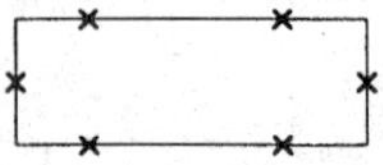	用细实线表示	桥梁（公路桥）	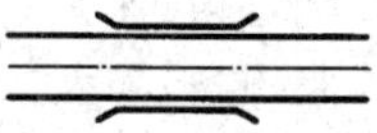	用于旱桥时应注明
新建的地下建筑物或构筑物	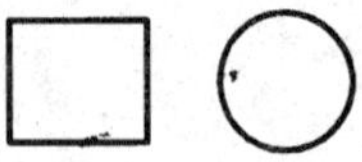	用粗虚线表示			
敞棚或敞廊	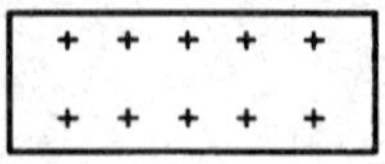		雨水井与消火栓井		上图表示雨水井，下图表示消火栓井
围墙及大门	 	上图为砖石、混凝土或金属材料的围墙 下图为镀锌铁丝网、篱笆等围墙 如仅表示围墙时，不画大门	针叶乔木		
坐标	 	上图表示测量坐标，下图表示施工坐标	阔叶乔木		

名称	图　　例	说　　明
填挖边坡	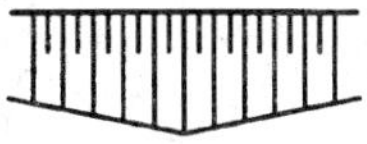	边坡较长时，可在一端或两端局部表示
护　坡	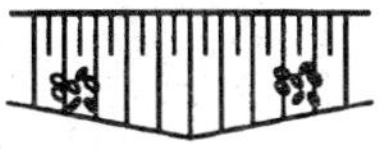	
室内标高	151.00 ▽	
室外标高	▼143.00	
新建的道路	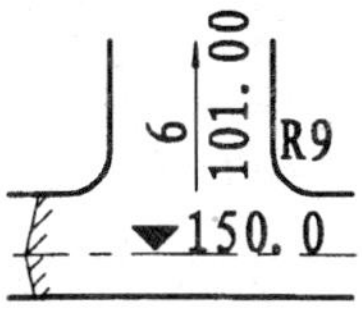	1．“R9”表示道路转弯半径为9m，“150.00”为路面中心的标高，“6”表示6%，为纵向坡度，“101.00”表示变坡点间距离 2．图中斜线为道路断面示意，根据实际需要绘制

名称	图　　例	说　　明
针叶灌木		
阔叶灌木		
修剪的树篱	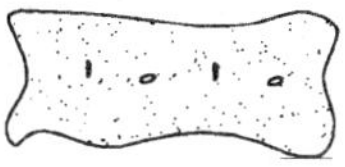	
草　地		
花　坛		

下面以图16-3为例说明总平面包括的内容：

1．新建建筑物的名称、层数、室内外地面的标高。建筑物轮廓线内的小黑点表示楼房的层数。

2．新建道路、绿化、场地排水方向和管线的布置。

3．原有建筑物的名称、层数以及与新建房屋的关系。

4．原有的道路、绿化和管线情况。

5．将来拟建的房屋建筑、道路及绿化等。

6．地形（坡、坎、坑、塘）、地物（树木、线杆、井等）。

7．指北针、风向玫瑰图等。

由图16-3的总平面图可以看出，该地区为一住宅小区，新建工程为20号楼，共五层。周围除原有的住宅楼处，在8号楼的南面有要拆除的房层；该地区的东北部有一拟建的建筑物；东南角有一坡地，地势由北向南逐渐降低。由图中还可以看出新建住宅楼的尺寸、室内外绝对标高。与12号楼和7号楼的相对位置及周围的道路情况。由风玫瑰可知该地区的住宅楼均为正南正北向。

二、建筑平面图

平面图是假想用水平剖切面沿房屋门、窗洞把房屋剖切后，对切平面以下部分所作出的水平剖视图。它表示房屋的平面形状、大小和房间布置；墙（或柱）的位置、厚度和材料；门窗的类型和位置等情况。它是施工中最基本的图样之一。

一般说来，楼房有几层，就应该画出几个平面图，如底层平面图、二层平面图等。如果上下各层的布置与大小完全相同，则相同的楼层可用一个平面图表示，称为标准层平面图。如果房屋平面图左右对称，也可将两层平面图画在一个平面图上，各画一半，用点划线分开，在点划线

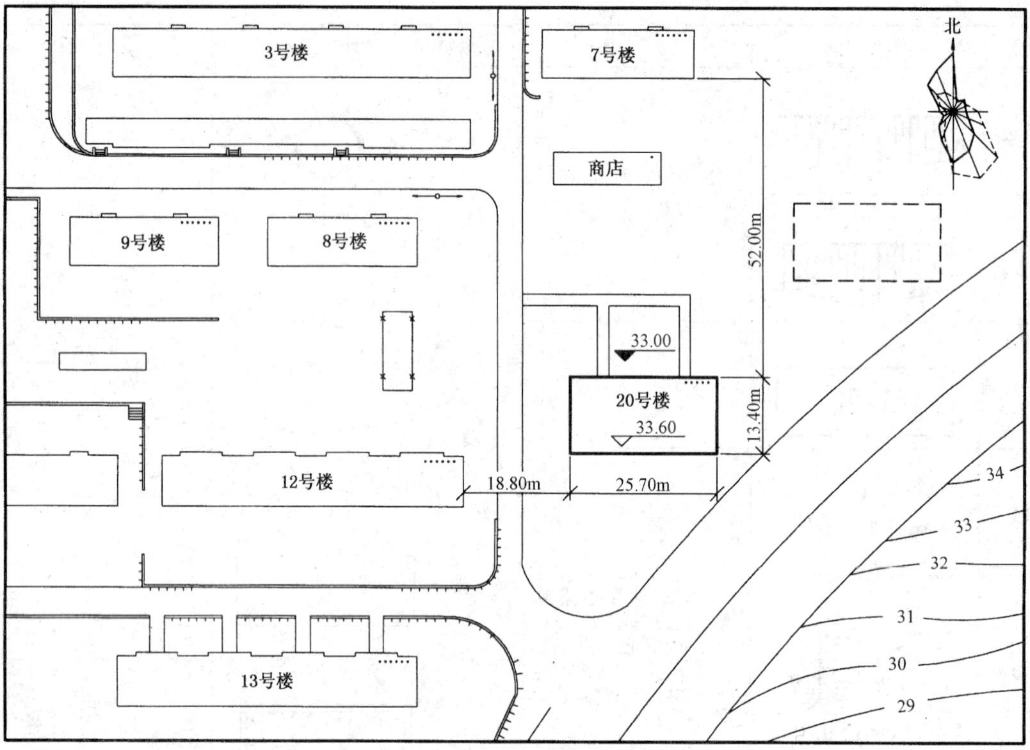

图 16-3　总平面图(1:1000)

两端画出对称符号，并在图的下方分别注出图名。

平面图上的线型粗细要分明。凡被水平剖切面剖到的墙、柱等断面轮廓线用粗实线画出，门的开启线用中粗实线，其余可见的轮廓线和尺寸线等均用细实线画出。

平面图上的断面，当比例大于 1:50 时，应画出材料图例，当比例小于等于 1:100 时，断面材料符号可简化画出，如砖墙涂红色，钢筋混凝土涂黑色等。

本例中，图 16-4 为底层平面图，图 16-5 为二层平面图。由于二、三、四、五层房间布置完全相同，故只画出底层平面图和二层平面图。从图中可以看出以下内容：

1. 从图名可了解该图为哪一层的平面，该图的比例是多少。本例画的是底层平面图和二层平面图，比例均为 1:100。

2. 在底层平面图形外，画有一指北针，所指方向应与总平面图一致。指北针应按"统一标准"规定绘制，圆宜用细实线，圆的直径为 24mm，指针尾部宽度宜为 3mm。从图中可知，本例房屋座北朝南。

3. 从平面图的形状与总长总宽尺寸(指从房屋的一端外墙面到另一端外墙面的长度)，可以计算出房屋的用地面积。本例房屋的总长为 25.70m、总宽为 13.40m。

4. 从图中墙的分隔情况和房间的名称，可看出房间的布置、用途、数量和相互间的联系情况。这幢住宅楼有两个单元，每个单元每层有两套房间，每套房间有三间卧室、一间客厅，以及厨房，卫生间、南北阳台等。房屋北面③～⑤轴线间及⑨～⑪轴线间为单元的出入口，房屋四周有散水(在房屋转角处对散水作了局部表示)。

5. 从图中定位轴线的编号及其间距，可了解到各承重构件的位置及房间的大小。

所谓定位轴线，就是把房屋中的墙、柱和屋架等承重构件的轴线画出，并进行编号，以便于

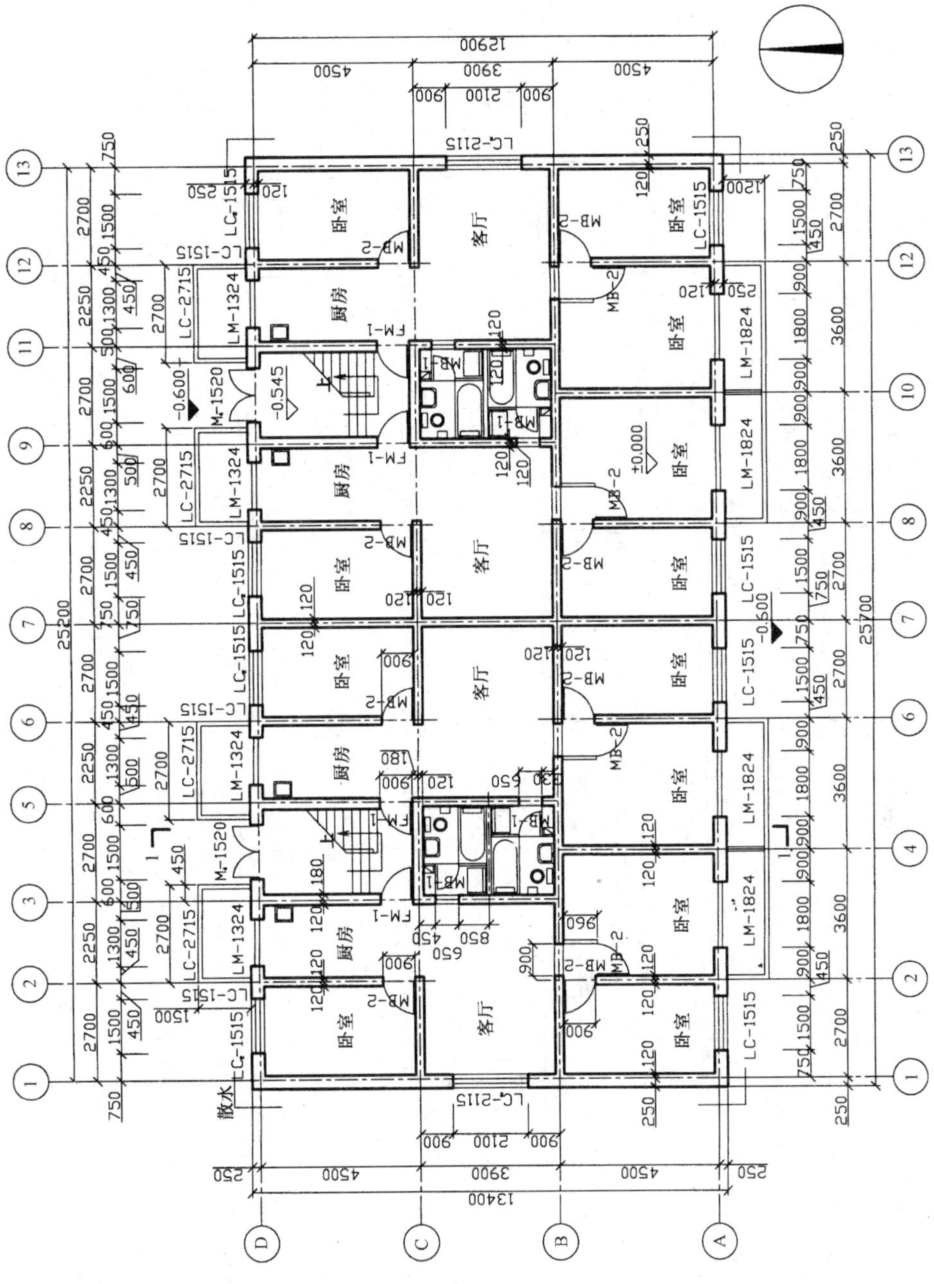

底层平面图 1:100

图 16-4 底层平面图

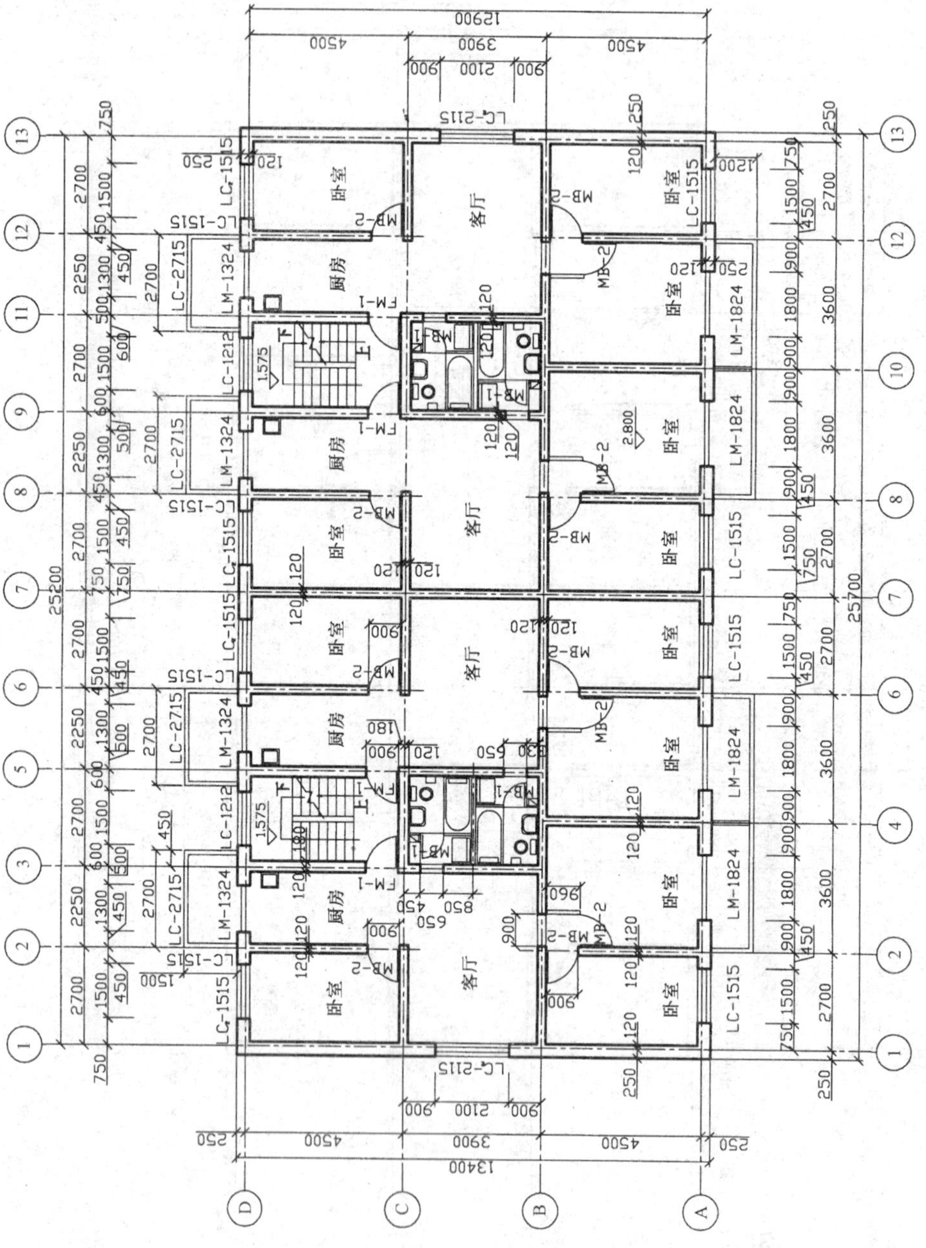

二层平面图 1:100

图 16-5 二层平面图

施工时定位放线和查阅图纸。定位轴线用细点划线绘制，轴线编号的圆圈用细实线，直径为8mm，在圆圈内写上编号，水平方向的编号采用阿拉伯数字，从左向右依次编写。竖直方向的编号采用大写的拉丁字母，从下向上依次编写。

对于一些与主要承重构件相联系的次要构件，其定位轴线一般作为附加轴线，编号可用分数表示，分母表示前一轴线的编号，分子表示附加轴线的编号，用阿拉伯数字顺序编号。如(1/2)表示2号轴线后附加的第一根轴线，(3/C)表示 *C* 号轴线后附加的第三根轴线。

本例中竖向轴线有4根，为Ⓐ～Ⓓ，横向轴线有13根，为①～⑬(见图16-4、图16-5)。

6. 根据图中标注的内部和外部尺寸，可了解各房间的开间、进深、外墙与门、窗及室内设备的大小和位置。

底层外部尺寸标注分三道：

第一道为房屋外轮廓的总尺寸，即总长和总宽。

第二道为表示轴线距离的尺寸，用以说明房间和开间和进深。本例中房屋的开间有2.70m、3.60m等，房间的进深有4.50m等。

第三道尺寸表明门、窗的宽度和位置，位置是以轴线为基准的，如窗LC－1515，宽度为1.50m，窗边距轴线的距离为0.75m和0.45m。

内部尺寸包括纵横方向的尺寸，说明房间的大小、墙厚、内墙上门、窗洞的大小和位置，固定设备的大小和位置等。

室内外地面的高度用标高表示，一般以底层主要房间的地面标高为零，标注为±0.000。

7. 从图中门窗的图例及其编号，可了解到门窗的类型、数量及其位置。“图标”中规定门的代号为M，窗的代号为C，代号后面的数字为编号。当采用标准门窗时，要写标准门窗的编号。如图16-4中，因是铝合金窗，故代号为LC，后面的数字为铝合金窗的宽、高尺寸。一般在建筑施工图总说明或建筑平面图上附有门窗表，列出它们的编号、名称、尺寸、数量以及选用的标准图集编号等(见表16-3)。

门 窗 表 表16-3

门窗编号	洞口尺寸(宽×高)	挡数	采用图集
LC_2－1515	1500×1500	24	铝合金窗(推拉窗)
LC_2－2115	2100×1500	24	铝合金窗(推拉窗)
LC－1515	1500×1500	24	铝合金窗(推拉窗)
LC－1212	1200×120	10	铝合金窗(推拉窗)
LC－2715	2700×1500	20	阳台封闭铝合金窗
LC－1815	1800×1500	8	阳台封闭铝合金窗
LC－0915	900×1500	4	阳台封闭铝合金窗
LC－1215	1200×1500	4	阳台封闭铝合金窗
LM－1324	1300×2400	24	铝合金推拉门

续上表

门　窗　编　号	洞口尺寸(宽×高)	挡数	采　用　图　集
LM－1824	1800×2400	24	铝合金推拉门
MB－1	600×2000	24	88J4(－) $\frac{MB1}{90}$
MB－2	900×2000	72	88J4(－) $\frac{MB1}{90}$
M_4－1520	1500×2000	2	DJ831.1
FM－0920	900×2000	24	三防门

要注意的是,门窗虽然用图例表示,但门窗洞的大小及其构造形式应按投影关系画出。

8. 从图中还可了解其他细部(如楼梯、厨房、卫生间设备等)的配置情况。

9. 在底层平面图上,还要标注出剖视图的剖切位置,以便与剖视图对照查阅。图16-4中注有1－1剖视图的剖切位置。

三、建筑立面图

在与房屋立面平行的投影面上所作的房屋正投影图称为建筑立面图,简称立面图。其中反映主要出入口或比较显著地反映出房屋外貌特征的那一面的立面图,称为正立面图,其余相应称为背立面图和侧立面图。但通常也按房屋的朝向来命名,如南立面图、北立面图、东立面图和西立面图等。有时也按轴线编号来命名,如①~⑬立面图、Ⓐ~Ⓓ立面图等。

立面图主要反映房屋的外貌和立面装修的做法。按投影规律,立面图上应将立面上所有看得见的细部都表示出来。但由于立面图的比例较小,如门窗、檐口构造和墙面复杂的装修等细部,往往只用图例表示,它们构造和做法,有另有详图或文字说明。

在立面图上,往往选用各种不同的线型,以使外形清晰、层次分明。屋脊和外墙等最外轮廓线用粗实线;勒脚、窗台、门窗洞、阳台、台阶等轮廓线用中实线;门窗扇、拦杆、雨水管及尺寸线等均用细实线;地坪线用特粗实线。

本例以图16-6、图16-7、图16-8的南立面、北立面图及东立面图为例,说明建筑立面图的内容。

1. 从图名可知该图为哪一面的立面图,比例是多少。本例立面图的比例的为1∶100,以便与平面图对照阅读。

2. 从图上可看到该房屋的整个外貌形状,也可了解该房屋的屋面、门窗、阳台等细部的形式和位置。该房屋为五层楼房、南、北西侧都设有阳台,屋顶为平屋顶。

3. 图上表示了外墙表面的装修做法,可用材料图例或文字来说明粉刷材料的类型、配合比和颜色等。

4. 图中注有高度方向的外形尺寸,在室外地坪、楼面、檐口等处注写标高,用相对标高表示,注在图形的外面,窗口高度方向的位置和尺寸标注在另一侧,均要求在铅垂方向排列整齐。

标高符号应大小一致,以细实线绘制,等腰直角三角形的两直角边与水平线成45°,高约为3mm。在所需标注高程的地方作一引出线,三角形的直角顶点应指至引出线,可向上,也可向下(见图16-9)。

白水泥抹面
15.000
咖啡色弹涂
11.200 五层楼面
8.400 四层楼面
5.600 三层楼面
2.800 二层楼面
±0.000 底层楼面
-0.600 室外地坪
2/12
1/12
1
13
3800
2800
2800
2800
2800
570
830
1500
900
400
600
南立面图 1:100

图 16-6　南立面图

北立面图 1:100

图 16-7 北立面图

5．有时在图上还标有详图索引符号，表示详图的位置。

四、建筑剖视图

假想用平行于房屋正面或侧面的剖切平面将房屋剖开后，所画的剖视图，称为建筑剖视图。它主要表达房屋内部的结构、构造、分层情况，及各部位之间的联系、高度、材料等。它与平面图，立面图同样重要。

剖视图的数量是根据房屋的具体情况和施工实际需要来决定的。剖切位置应选择在房屋内部结构和构造比较复杂的地方，一般通过门、窗洞和楼梯间。

剖视图中可不画基础。断面上的材料图例和图中的线型选择，均与平面图相同。

图 16-10 为本例房屋中的 1－1 剖视图，剖切位置参见图 16-4 的底层平面图。由图 16-10 可看出剖视图的内容：

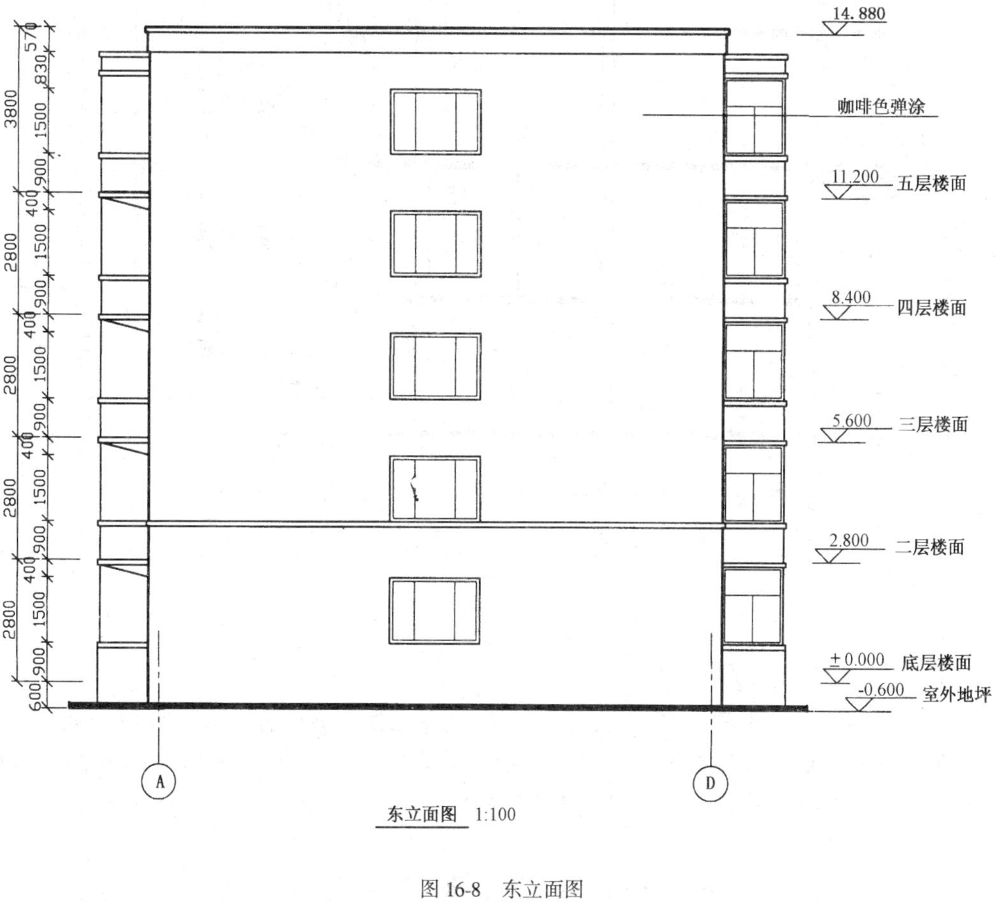

图 16-8　东立面图

1．从图名和轴线编号与平面图上的剖切位置和轴线编号相对照，可知 1－1 剖视图是一个剖切平面通过楼梯间、卫生间剖切后向左投影得到的剖视图。剖视图的比例与平面图、立面图一致，为 1∶100。

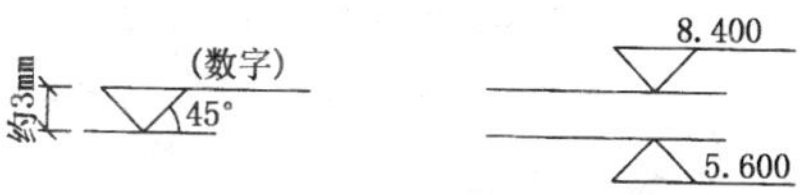

图 16-9　立面图与剖视图的标高符号

2．图中画出了房屋从地面到屋面的内部构造和结构形式，如各层梁、板、楼梯、屋面的结构形式、位置及其与墙（柱）的相互关系等。可看出房屋的垂直方向的承重构件（墙）是用砖砌成的，水平方向的承重构件（梁和板）是用钢筋混凝土

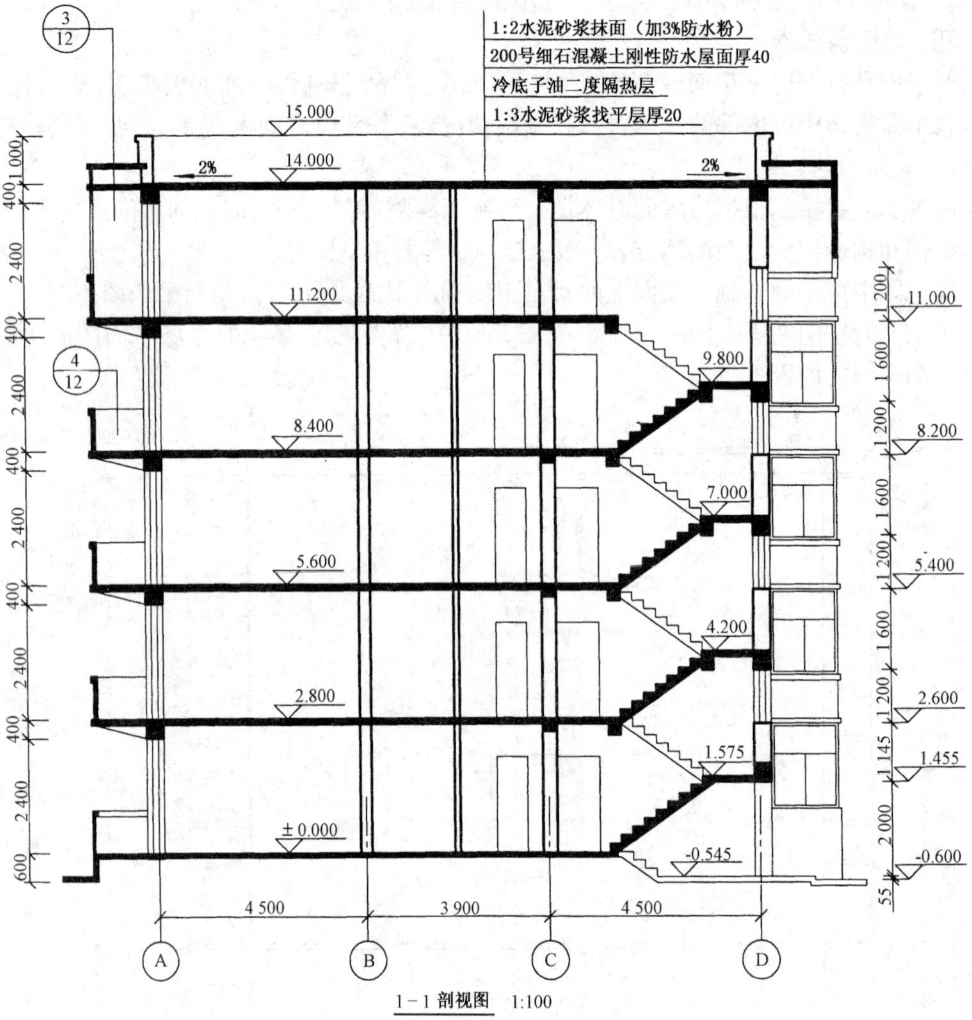

1-1 剖视图 1:100

图 16-10 1-1 剖视图

构成的,该房屋属于砖混混合结构形式。

3. 该房屋的屋顶为平屋顶,但根据排水的需要,有 2% 的坡度,箭头表示流水方向。

4. 图上标注有房屋高度方向的尺寸。外部尺寸有在室外地坪、窗台、门窗顶、阳台等处标注的标高尺寸及竖向尺寸。内部尺寸有在底层地面、各层楼面及楼梯平台面标注的标高尺寸。

5. 房屋的楼地面、屋面等是用多层材料构成的,应在剖视图中加以说明。方法是用一引出线指向所说明的部位,并按其构造的层次顺序,逐层加以文字说明。如图 16-10 中屋面的构造说明。

五、建筑详图

建筑平、立、剖图一般比例较小,许多细部难以表达清楚,因此在建筑图中常用较大比例绘制出房屋的细部或构、配件,将其形状、大小、材料和做法按正投影的画法详细地表示出来,这种图样称为建筑详图(大样图)。其常用的比例为 1:20、1:10、1:5、1:2、1:1 等。

1. 索引符号和详图符号

(1)索引符号

为了便于查阅详图，在平、立、剖图中某些需要绘制详图的地方应注明详图的编号和详图所在的图纸编号，这种符号称为索引符号。其表达方法是，用一引出线（细实线）指出要画详图的地方，在线的另一端画一直径为 10mm 的细实线图，引出线应对准圆心。圆内过圆心画一水平线，线的上方用阿拉伯数字注明该详图的编号，线的下方用阿拉伯数字注明详图所在的图纸编号（见图 16-11a））。如果详图与被索引的图样画在同一张图纸上，则把详图所在的图纸编号改画成一水平线（见图 16-11b））。如果详图采用标准图集，则在索引符号水平直径的延长线上加注该标准图集的编号（见图 16-11c））。

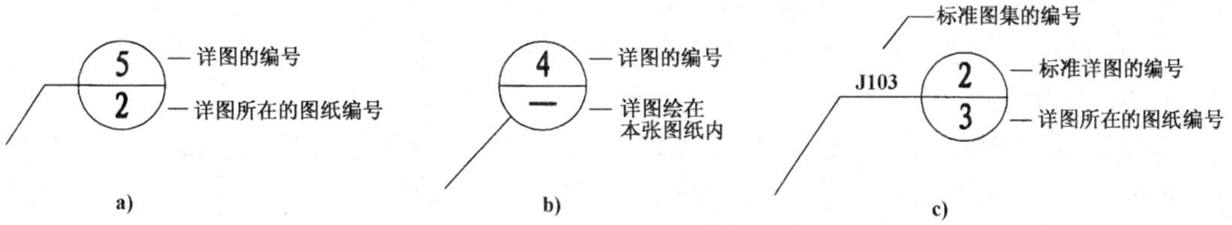

图 16-11　索引符号

当索引符号用于索引剖视详图时，应在被剖切的部位绘制剖切位置线，并以引出线引出索引符号，引出线所在一侧为剖视方向。索引符号编号同图 16-11 的规定。图 16-12 为用于索引剖视详图的索引符号。图 16-12a）、b）、c）、d）分别表示向左、向右、向上、向下剖视。

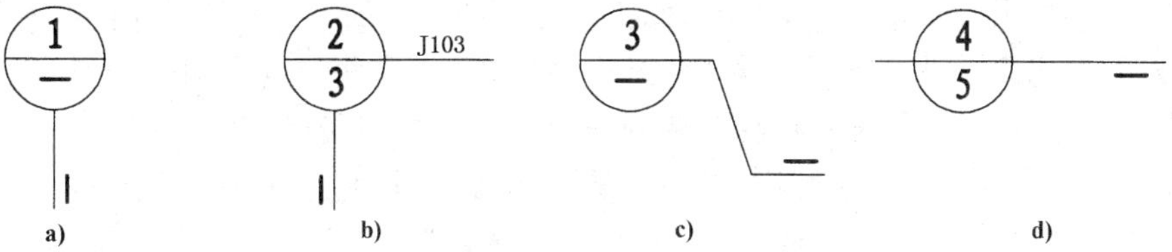

图 16-12　用于索引剖视详图的索引符号

（2）详图符号

在所画的详图下，相应地用详图符号表示详图的编号。详图符号用一粗实线圆绘制，直径为 14mm。详图与被索引的图样同在一张图纸内时，应在符号内用阿拉伯数字注明详图编号（见图 16-13a）），如不在同一张图纸内，可用细实线在符号内画一水平直径，水平直径上方注明详图编号，水平直径下方注明被索引的详图所在图纸的编号（见图 16-13b））。通常在详图符号的右侧注明详图的比例。

2. 节点详图

图 16-13　详图符号

节点详图是建筑立面图、剖视图的局部放大图，它表达房屋的屋面、楼面、楼板与墙的连接、阳台构造、门窗立口，室内外装修、檐口构造、散水等处构造的情况，是施工的重要依据。绘图时，有时将几个节点详图组合在一起，如墙身详图，将墙身从防潮层到屋顶各主要节点的构造和做法全部绘出。有时把各个节点的详图分别单独绘制。详图的线型要求与立面图、剖视图相同。

图 16-14 为本例中墙身、阳台节点详图，其中图 16-14a）为节点立面详图，图 16-14 为节点剖视详图。详图的内容有：

(1)从详图符号可看出详图的编号，对照索引符号可知该详图表明的结构部位。参照图16-6和图16-10，该详图为②～⑥轴线的立面详图及Ⓐ轴线的剖视详图，表明了墙身和阳台的构造，详图的比例为1∶20。

(2)对照图16-14a)与b)，可看出阳台顶部的构造、尺寸及与女儿墙的搭接关系。

(3)图16-14a)、b)表明了阳台的细部构造。

(4)图16-14b)表明Ⓐ轴线墙的厚度以及墙皮距轴线的距离。

(5)表明门窗洞口的高度、立口位置。

(6)表明室内各层的标高及楼板的构造

(7)表明女儿墙的构造及屋面和女儿墙顶部标高。

3. 楼梯详图

楼梯是多层房屋垂直交通的重要设施，它由楼梯段、平台和栏杆组成。楼梯段简称梯段，包括梯横梁、梯斜梁和踏步。踏步的水平面称为踏面，垂直面称为踢面。平台包括平台板和平台梁。楼梯的构造一般较复杂，需画详图才能满足施工要求。楼梯详图一般包括平面图、剖视图及踏步、栏杆的详图，它主要表示楼梯类型、结构形式、尺寸和装修作法，是楼梯施工放样的主要依据。

图16-15及图16-16为本例中的楼梯平面图和剖视图，其主要内容有：

(1)楼梯平面图

楼梯平面图是用一假想水平剖切平面，沿某层楼向上走的第一梯段的中间剖开楼梯间，向下投影而得的剖视图。被剖切的梯段用45°折断线表示，在每一梯段处画一个箭头，并注写"上"或"下"和踏步数。一般每层楼梯都要画一个平面图。三层以上的房层，若中间各层楼梯的梯段数、踏步数和大小尺寸都相同时，通常只画出底层、中间层和顶层三个平面图。

图16-15为本例中的楼梯平面图。二层楼梯平面图"下17"表示二层楼往下走17步级可达底层楼面，"上16"表示二层楼面向上走16步级可到达三层楼面。各层平面图中标有该楼梯间的轴线，底层平面图中注有楼梯剖视图的剖切位置和投影方向。

楼梯平面图中，除注出楼梯间的开间和进深尺寸、楼地面和平台面的标高尺寸外，还需注出各细部的详细尺寸。通常把梯段长度尺寸与踏面数、踏面宽的尺寸合并写在一起。如底层平面图中的8×250=2000，表示该梯段有8个踏面，每一踏面宽为250mm，梯段长为2000mm。

(2)楼梯剖视图

假想用一个铅垂剖切平面通过各层的一个梯段和门、窗洞将楼梯剖开，向另一个没有剖到的梯段方向投影所得的剖视图，即为楼梯剖视图。图16-16为剖在2－2位置的楼梯剖视图，其剖切位置见图16-15中的底层平面图。

由图16-16的剖视图可了解到楼房的层数、梯段数、步级数和楼梯的构造形式。每层只有两个梯段的楼梯称为双跑式楼梯，本例中的楼梯即为双跑式楼梯。由图中还可看出这是一个现浇钢筋混凝土板式楼梯。被剖到的楼梯段用粗实线画出，未被剖到的梯段用细线画出。若未被剖到的梯段被栏板遮挡而不可见，则其踏步可用虚线表示，也可不画，但要注出其步级数和高度尺寸。

剖视图中要注有地面、平台、楼面的标高以及各梯段的高度尺寸。梯段的高度尺寸将步级数、每步级高度和梯段高合并标注在一起。如图16-16中的高度尺寸9×175=1575，其中9为步级数，175mm为每步级高度，1575mm为梯段高。由于梯段最高一级的踏面与平台面或楼面共面，因此每一梯段的步级数总比踏面数多1。

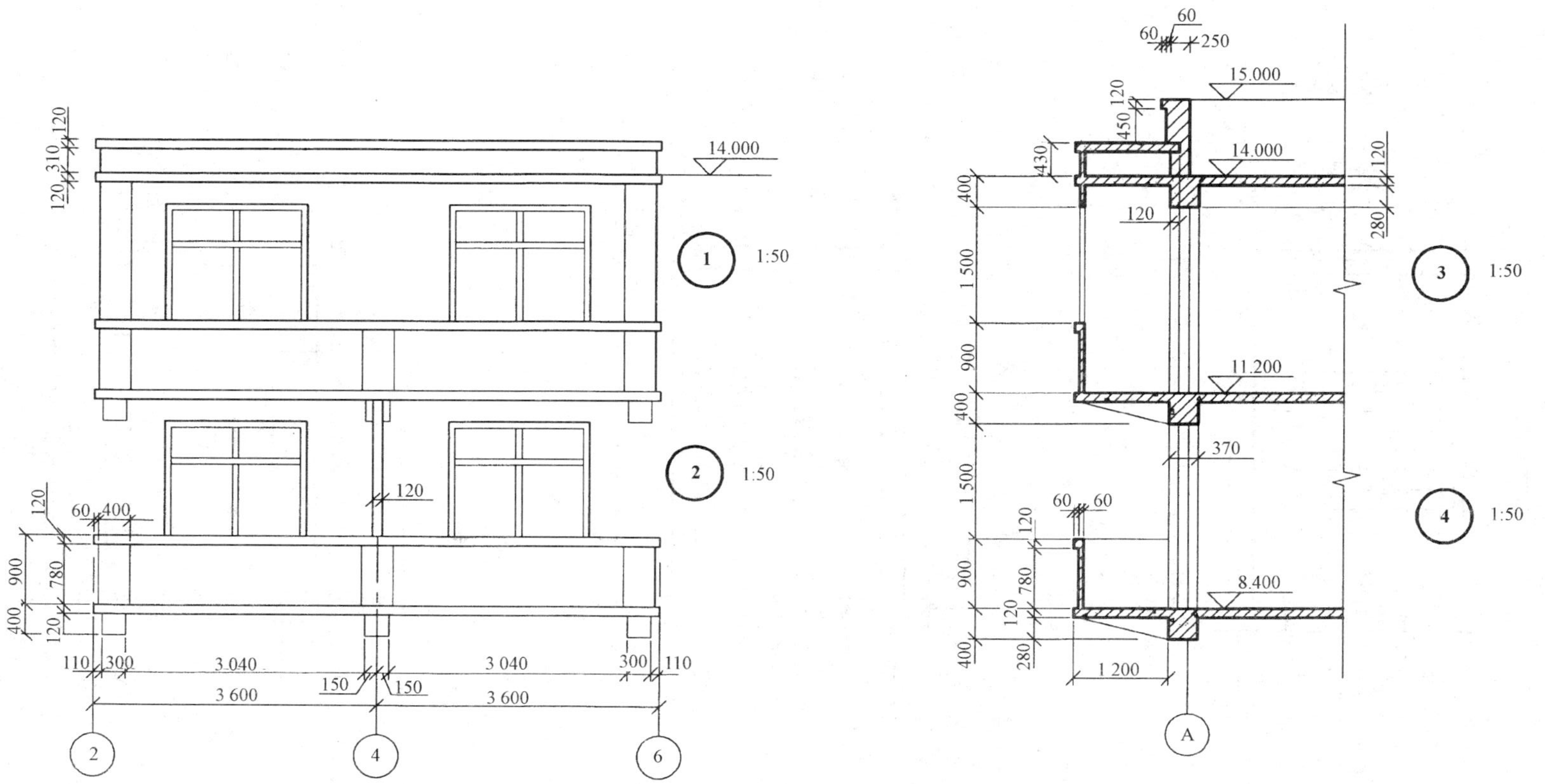

图 16-14　墙身、阳台节点详图

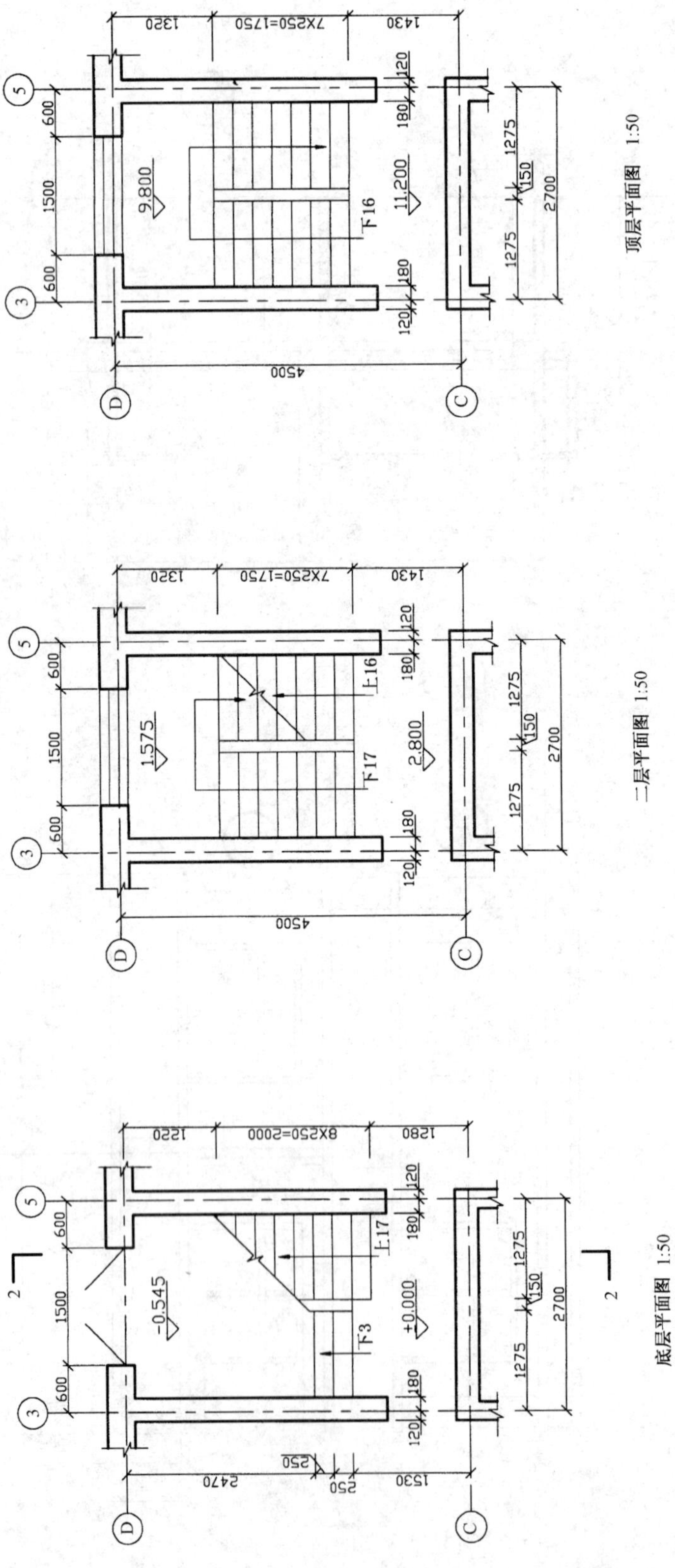
底层平面图 1:50
-0.545
±0.000
上17
下3
二层平面图 1:50
1.575
2.800
上16
下17
顶层平面图 1:50
9.800
11.200
下16

图 16-15　楼梯平面图

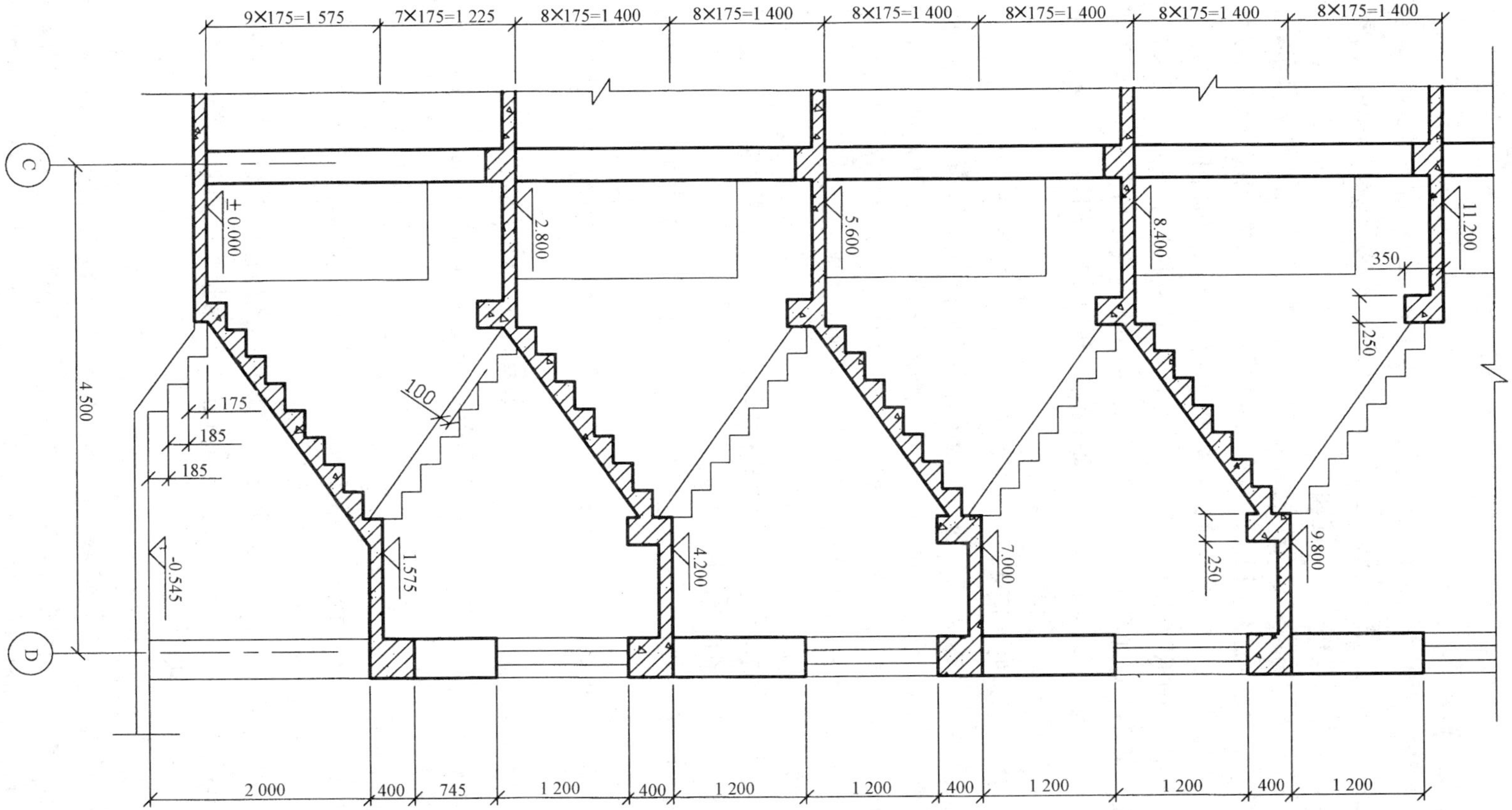

2-2剖视图 1:50

图 16-16 楼梯剖视图

第三节　建筑结构图

一、楼层结构布置图

楼层结构布置平面图是表示建筑物室内地面以上各层的梁、板、柱、墙等承重构件的平面布置，或现浇楼板的构造与配筋，以及它们之间的结构关系的图样。图 16-17 为第二节所介绍的某住宅楼的二楼楼层结构布置平面图。

楼层结构布置平面图是假想沿楼板面将房屋水平剖开后所作的水平投影。可见的墙身、柱轮廓线用中实线表示，被楼板挡住而看不见的柱和墙的轮廓线用虚线表示，以粗点划线表示不可见梁的中心位置。定位轴线及其编号必须与相应的建筑平面图一致。楼层上的各种梁、板构件，在图上都用"图标"规定的代号和编号标记。预制楼板的布置可用一条对角线（细实线）表示楼板的布置范围，并沿对角线方向写出预制楼板的块数和型号。还可用细实线将预制板全部或部分分块画出，显示铺设方向。构件布置相同的房间可用代号表示，如甲、乙、丙等。

由图 16-17 可看出以下内容：

1. 该图为住宅建筑的二楼楼层结构布置平面图，比例为 1:100。

2. 这幢楼房属混合结构，砖墙的相交处设有构造柱，柱的断面符号同建筑剖视图。

3. 查看板、梁的规定代号和编号标记，可了解这样构件的位置和数量。楼板 5YB39 – 1 中"5"表示构件的块数，"YB"表示预制楼板，"39"表示板的跨度为 3900，"1"表示活荷重等级。5YB39 – 1 表示 5 块跨度为 3900，活荷重为 1 级的预制钢筋混凝土楼板。

4. 乙、丁、戊处楼板为现浇楼板，画出了板的钢筋详图，表明了受力筋的配置情况，并注明钢筋的编号、规格、直径、间距等。每种规格的钢筋只画一根，按其立面形状画在钢筋安放的相应位置上。图中还注明了现浇楼板的厚度。

5. 楼梯间的结构布置较复杂，在楼层结构布置平面图中难以表明，可在另处单独画出。

二、基础图

基础图是表达房屋室内地面以下基础部分的平面布置和详细构造的图样。通常包括基础平面图和基础详图。

基础是在建筑物地面以下承受房屋全部荷载的构件。基础的型式一般取决于上部承重结构的型式及地基的情况。常用的型式有条形基础、单独基础和桩基础（见图 16-19）。现以本例中的桩基础为例，介绍如下：

（一）基础平面图

基础平面图是假想用一水平剖面沿房屋的室内地面与基础之间把整幢房屋剖开后，移开上层房屋和泥土后画出的水平剖视图（图 16-18）。

本例中，由于地基持力层为强风化板岩，故采用钻孔灌注桩基础。在基础平面图中，用粗实线画出墙（或柱）的边线，用细实线画出基础边线（通常指垫层底面边线，本例为承台梁轮廓线）。由图 16-19 可看出如下内容：

1. 该基础平面图的比例为 1:100。

2. 该基础为桩基础，纵横向轴线两侧的粗实线是基础墙边线，细实线为承台梁轮廓线，特粗实线圆为基础桩 ZJ。内墙承台梁的中心线与墙的轴线一致，外墙轴线向外侧偏移 65 后为外墙承台梁的中心线。基础桩的轴线位于承台梁的中心线上。外墙承台梁为 CTL_1，内墙承台梁为 CTL_2，图中还标注了承台梁的轮廓到轴线的距离。

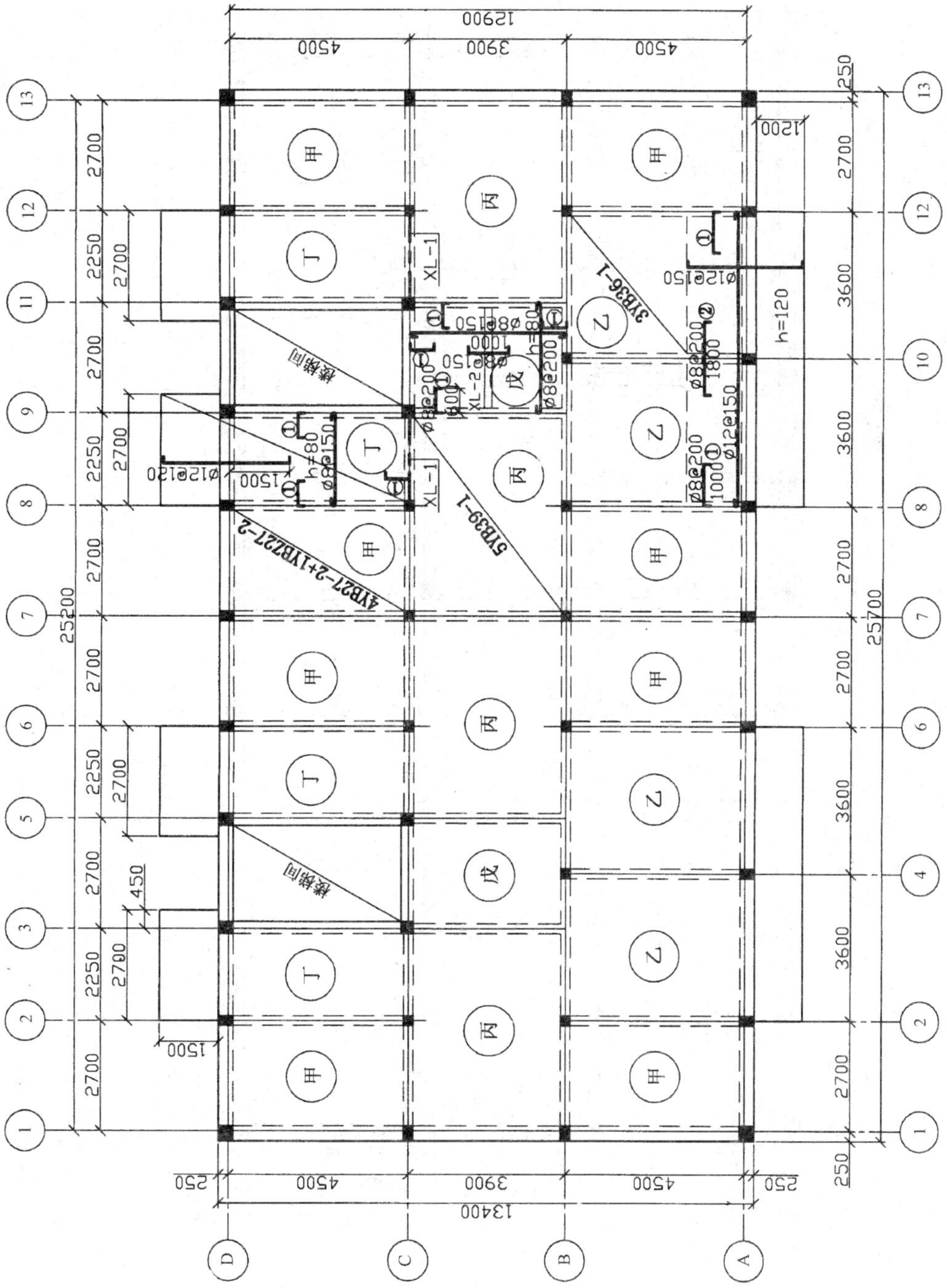

图 16-17　二楼楼层结构布置平面图(1:100)

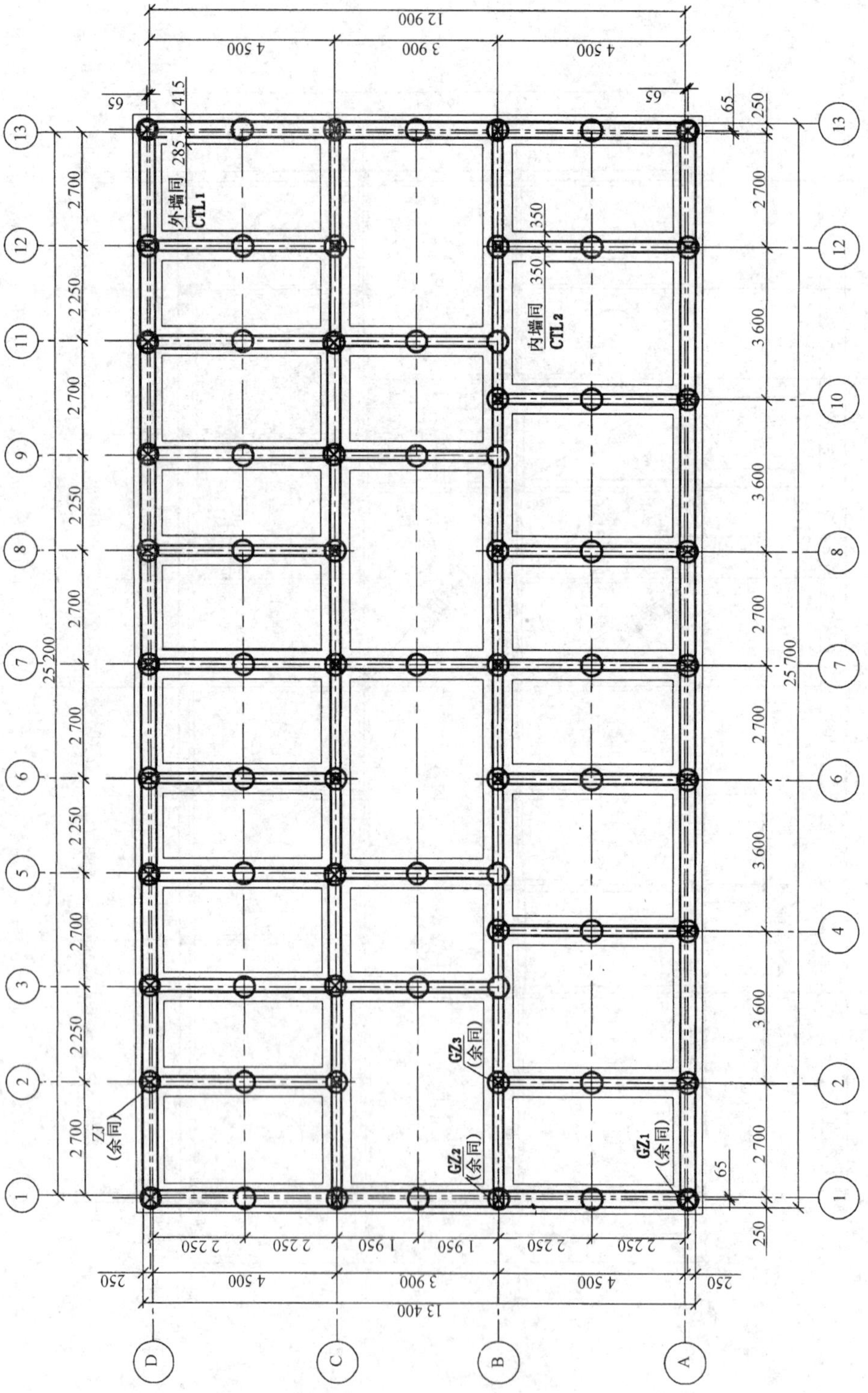

图 16-18　基础平面图(1:100)

3．外墙与外墙相交处为角柱 GZ_1，外墙与内墙相交处为边柱 GZ_2，内墙与内墙相交处为中柱 GZ_3。

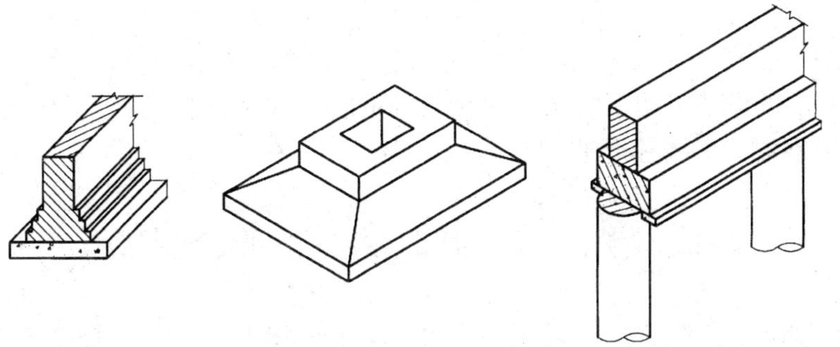

图 16-19　基础的型式

a)条形基础；b)单独基础；c)桩基础

(二)基础详图

图 16-20 为基础详图，其内容如下：

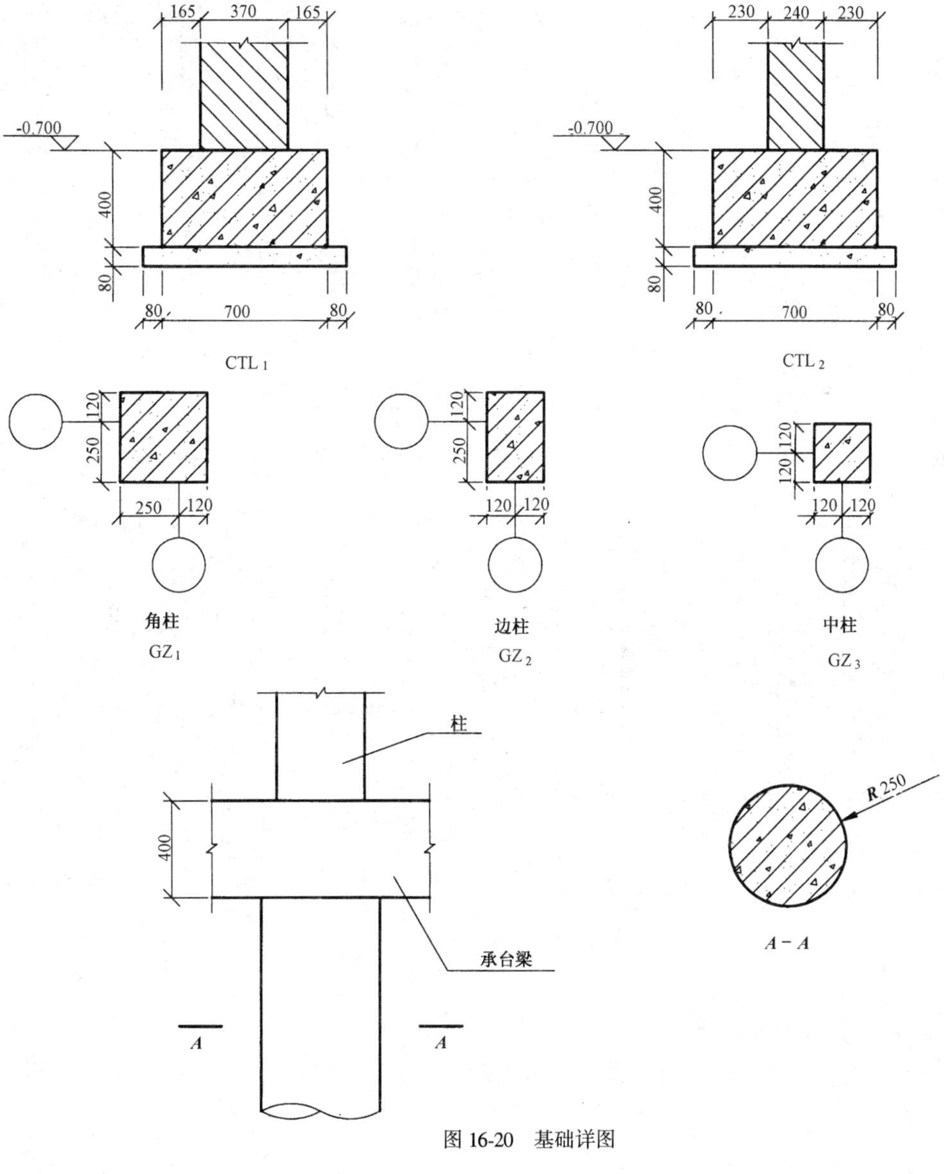

图 16-20　基础详图

1. 承台梁 CTL_1 和 CTL_2 的详图表明了承台梁与墙及混凝土垫层的位置关系、尺寸及承台梁的配筋情况。

2. 角柱、边柱、中柱的详图表明了这些构造柱与轴线的位置关系及柱的尺寸。

3. 基础柱(ZJ)的详图表明了桩与承台梁及柱的相互关系及桩的截面尺寸。该基础桩为半径 250mm 的钢筋混凝土圆柱形桩。

第四节　房屋建筑施工图的绘制

施工图的绘制除了必须掌握平、立、剖及详图的内容和图示特点外,还必须遵照绘制施工图的方法步骤。一般先绘平面图,然后再绘立面图,剖视图、详图等。

现以本例中住宅楼的建筑平、立、剖为例,说明绘图的几个步骤。

一、平面图的绘制步骤(图 16-21)

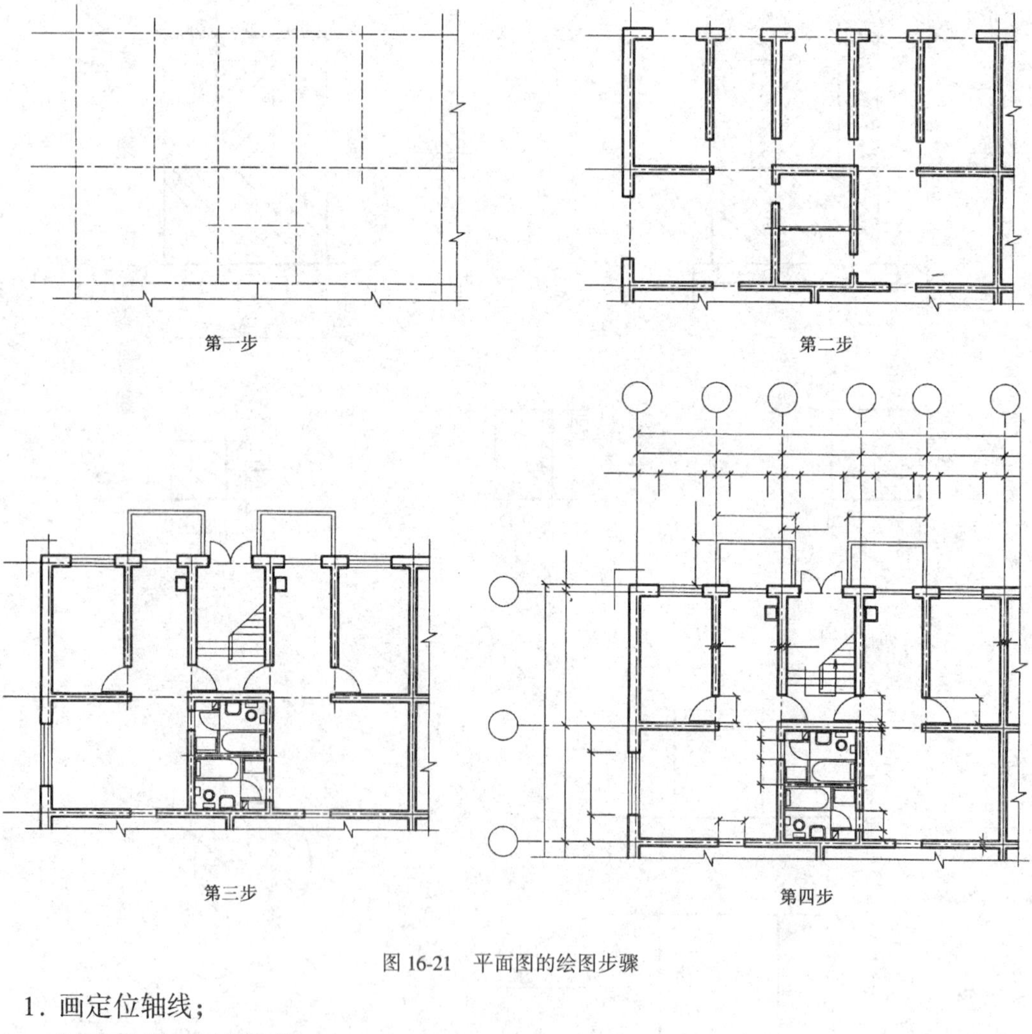

图 16-21　平面图的绘图步骤

1. 画定位轴线;
2. 画墙身线和门窗位置;
3. 画门窗、楼梯、台阶、阳台、厨房、散水、卫生间等细部;
4. 画尺寸线、标高符号等。

完成底图后，认真检查，确定无误后，按图线粗细要求加深，注写尺寸、标高数字、轴线编号、文字说明，剖切符号等。

二、立面图的绘图步骤

1. 画地坪线、轴线、楼面线、屋面线和外墙轮廓线；

2. 定门窗位置，画细部，如檐口、门窗洞、阳台等。

3. 画门窗扇、窗台、台阶及尺寸线等；

4. 检查底图无误后，加深图线，注写尺寸、标高数字、详图索引符号及装修说明等。

三、剖视图的绘图步骤

1. 画室内外地坪线，楼面线、墙身轴线及轮廓线、楼梯位置线；

2. 画门窗位置、楼板、屋面板、楼梯平台板、楼梯轮廓线；

3. 画窗扇、窗台、门窗过梁、檐口、阳台、楼梯等细部；

4. 画尺寸线、标高符号等；

5. 检查底图，加深图线，注写尺寸及有关文字说明等。

第十七章 钢筋混凝土结构图

第一节 钢筋混凝土结构的基本知识

一、钢筋混凝土结构简介

混凝土是一种人造石料，是由水泥、砂子、小石子和水按一定比例拌和硬化而成。凝固后坚硬如石，受压能力好，但受拉能力差，容易因受拉而断裂(图 17-1a))。而钢筋的抗压能力和抗拉能力都很强，且与混凝土之间有良好的粘结力，其膨胀系数与混凝土相近，因此，可在混凝土的受拉区域内加入一定数量的钢筋，使两种材料粘结成一整体，共同承受外力，这种配有钢筋的混凝土称为钢筋混凝土(图 17-1b))。用钢筋混凝制成的梁、板、柱、基础等构件，称为钢筋混凝土构件。为了提高构件的抗拉和抗裂性能，有的构件在制做过程中，通过张拉钢筋对混凝土预加一定的压力，称为预应力钢筋混凝土构件。全部用钢筋混凝土构件承重的结构物，称为钢筋混凝土结构。

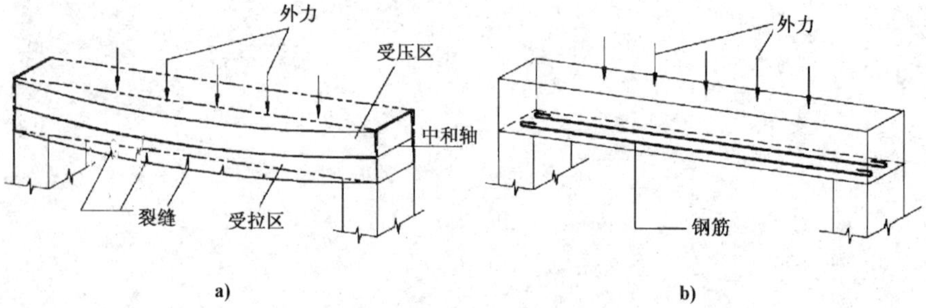

图 17-1 钢筋混凝土简支梁受力情况示意图

钢筋混凝土构件按施工方法的不同，分为现浇和预制两种。现浇构件是指在建筑工地上现场浇制的构件。预制构件是指在预制厂或工地以外先制做好，然后运到工地吊装的构件。

二、钢筋

(一)钢筋的级别和符号

钢筋按其强度和品种不同，可分为不同等级，如表 17-1 所示。

其中 I 级钢筋是材料牌号为 Q235 的光圆钢筋，强度最低；II、III、IV 级钢筋分别是成分不同的合金钢制成的带纹钢筋，强度逐渐提高。钢丝经冷拉或冷拔后，也能提高强度。冷拔钢丝是将细钢筋通过模孔拉拔成更细的钢丝。在结构施工图中，为了便于识别钢筋，每一种钢筋都用一个符号表示，常用的钢筋及钢丝的符号见表 17-1。

(二)钢筋的分类与作用

钢筋按其在构件中所起的作用分为下列几种(图 17-2)。

1. 受力筋——承受拉力或压力的钢筋，用于梁、板、柱等各种钢筋混凝土构件。

2. 架立筋——一般只在梁中使用，与受力筋、箍筋一起形成钢筋骨架，用以固定箍筋位置。

钢筋品种与符号 表 17-1

钢筋品种	符号	钢筋品种	符号
I 级钢筋(3 号钢 Q235,外形光圆)	Φ	IV 级钢筋(锰硅钒或锰硅钛低合金钢,外形螺纹或光圆)	Φ
II 级钢筋(16 锰硅钢,外形螺纹,人字纹)	$\underline{\Phi}$	冷拔低碳钢丝	Φ^b
III 级钢筋(22 硅钢,外形螺纹,人字纹)	Φ	冷拔 I 形钢筋	Φ^l

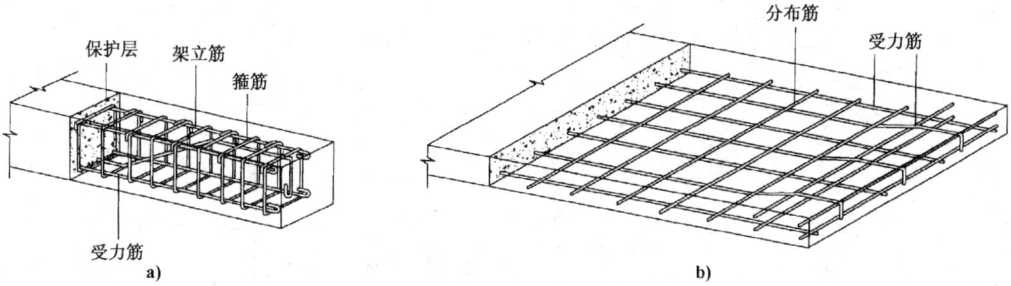

图 17-2 钢筋混凝土梁、板配筋示意图

a)梁;b)板

3. 箍筋(钢箍)——一般用于梁、柱内,用以固定受力钢筋位置,并承受一部分斜拉应力。

4. 分布筋——一般用于屋面板、楼板内,用以固定受力筋的位置,将承受的重量均匀地传给受力筋。

5. 构造筋——因构件构造要求或施工安装需要而配置的钢筋,如腰筋,预埋锚固筋,吊筋等。

(三)保护层

为了保护钢筋,防腐蚀、防火以及加强钢筋与混凝土的粘结力,钢筋混凝土的钢筋不能外露,在钢筋的外边缘与构件表面之间要留有一定厚度的混凝土保护层(图 17-2)。保护层的最小厚度由构件、环境、混凝土强度等级决定。混凝土的强度等级分为 C7.5、C10、C15、C20、C25、C30、C35、C40、C45、C50、C55、C60 十二个等级,数字越大,混凝土的抗压强度越高。

保护层的厚度可参考表 17-2。

混凝土保护层最小厚度 表 17-2

钢筋	构件种类		保护层厚度(mm)
受力筋	板	断面厚度≤100mm	10
		断面厚度 > 100mm	15
	梁和柱		25
	基础	有垫层	35
		无垫层	70
钢筋	梁和柱		15
分布筋	板		10

(四)钢筋的弯钩型式及钢筋的弯起

为了使钢筋和混凝土具有良好的粘结力,避免钢筋在受拉时滑动,应在光圆钢筋两端做成半弯钩或直弯钩;带纹钢筋与混凝土的粘结力强,两端不做弯钩;钢箍两端在交接处也要做出弯钩,弯钩的长度一般分别在两端各伸长 50mm 左右。弯钩的常见形式和画法如图 17-3 所示。一般施工图上都按简化画法。

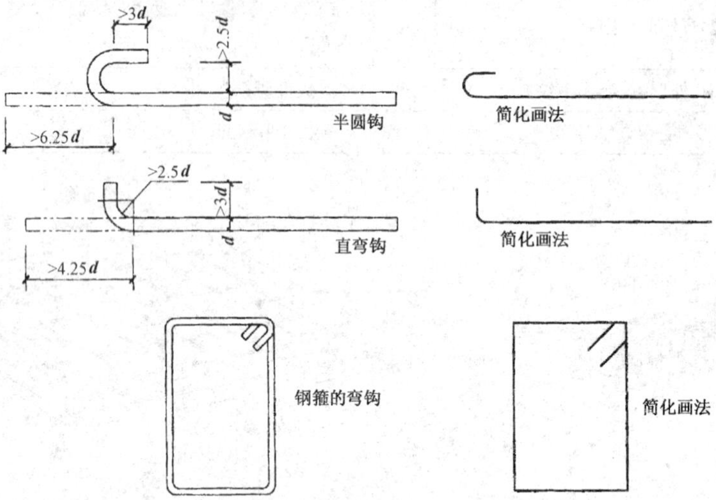

图 17-3 钢筋及箍筋的弯钩

根据构件受力需要,常需在构件中设置弯起钢筋,梁中的弯起钢筋的弯起角一般为 45°,当梁高 $h > 800$mm 时,可采用 60°。

第二节 钢筋混凝土结构施工图的图示特点和一般规定

一、钢筋混凝土结构施工图的图示特点

(一)为了明显表示钢筋混凝土构件中钢筋的配置情况,在构件的立面图和断面图上,假想混凝土为透明体,图内不画材料图例,外轮廓线用细实线画出,配筋图中的钢筋用粗实线画出,在断面中被剖切到的钢筋用黑圆点表示,未被剖切到的钢筋仍用粗实线表示。

(二)对钢筋的类别、数量、直径、长度及间距等要加以标注,参见图 17-4 所示。

(三)若构件左右对称,可在其立面图的对称位置上,画出对称符号,一半表示外形,另一半表示配筋的情况。

二、钢筋混凝土结构施工图的一般规定

(一)钢筋在配筋图上的具体画法

钢筋在配筋图上的具体画法如表 17-3、表 17-4 所示。

一般钢筋表示方法 表 17-3

序　号	名　　称	图　　例	说　　明
1	钢筋横断面		
2	无弯钩的钢筋端部		其中下图表示长短钢筋投影重叠时可在短钢筋的端部用 45° 短划线表示

续上表

序 号	名 称	图 例	说 明
3	带半圆形弯钩的钢筋端部		
4	带直钩的钢筋端部		
5	带丝扣的钢筋端部		
6	无弯钩的钢筋搭接		
7	带半圆弯钩的钢筋搭接		
8	带直钩的钢筋搭接		
9	套管接头(花蓝螺纹)		

钢 筋 画 法 图 例

表 17-4

序 号	说 明	图 例
1	在平面图中配置双层钢筋时,底层钢筋弯钩应向上或向左,顶层钢筋则向下或向右	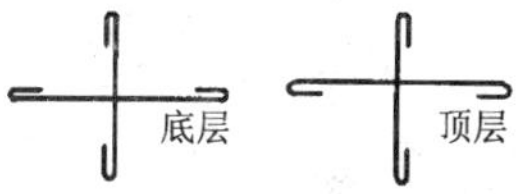
2	配双层钢筋的墙体,在配筋立面图中,远面钢筋的弯钩应向上或向左,而近面钢筋则向下或向右(GM:近面;YM:远面)	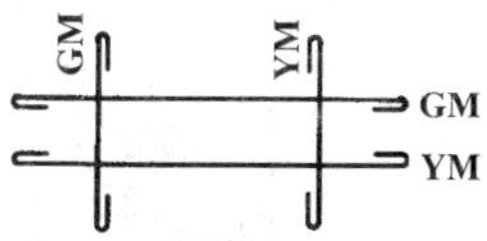
3	如在断面图中不能清楚表示钢筋布置,应在断面图外面增加钢筋大样图	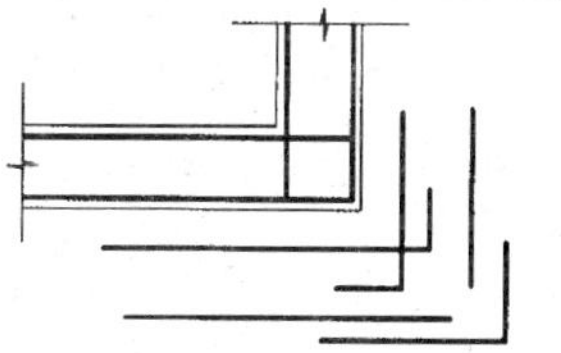
4	图中所表示的箍筋、环筋,如布置复杂,应加画钢筋大样及说明	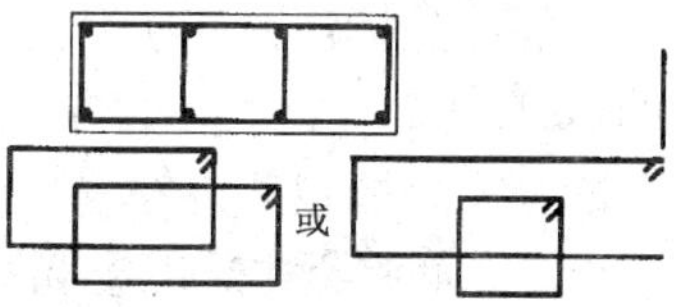

续上表

序　号	说　　明	图　　例
5	每组相同的钢筋、箍筋或环筋,可以用粗实线画出其中一根来表示,同时用一横穿的细线表示其余的钢筋、箍筋或环筋,横线的两端带斜短划表示该号钢筋的起止范围	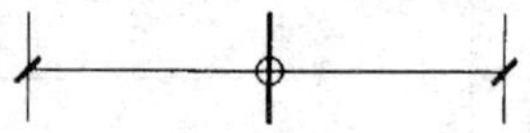

(二)钢筋的标注

为了区分各种类型、不同直径和数量的钢筋,要求对所表示的各种钢筋加以标注。通常采用引出线的方式标注,有以下两种标注型式:

1. 标注钢筋级别、根数、直径,如:“① $\overline{3\Phi 20}$ ”其中 3 表示钢筋根数(3 根),Φ 表示钢筋等级符号(Ⅱ级钢),20 表示钢筋直径(20mm)。①表示钢筋编号,圆圈直径为 6mm,斜线为引出线。

2. 标注钢筋级别、钢筋直径及相邻中心距,如:“ $\phi 8@250$ ⑥ ”,其中@为相等中心距符号,250 表示相邻钢筋中心距(≤250mm),其他表示钢筋根数、直径和等级。

(三)钢筋的简化表示方法

当构件配筋较简单时,可在其模板图的一角用局部剖视的方式,绘出其钢筋布置(图 17-4a))。

当构件对称时,在同一图中一半表示模板,一半表示配筋(图 17-4b))。

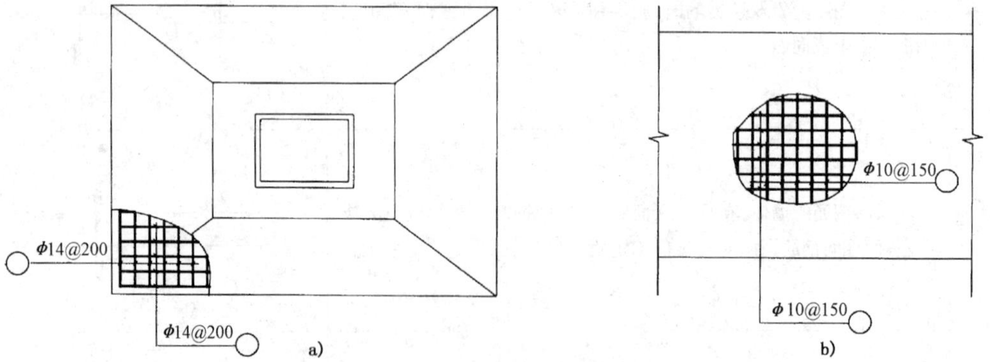

图 17-4　钢筋简化表示法

第三节　配筋图的阅读

配筋图是标注钢筋在混凝土中准确位置、直径、形状、长度、数量、间距等的图纸,是钢筋施工的依据。

配筋图一般包括构件配筋立面图、断面图、钢筋详图和钢筋表。

一、钢筋混凝土梁的配筋图

图 17-5 为钢筋混凝土 T 型梁的配筋图,读图时先看图名,然后按立面图、断面图、详图的

顺序阅读。

(一)立面图

立面图表示出梁的轮廓,梁内钢筋总的配置情况。其中有①②③④⑤⑥⑦⑧八个编号,①②③④号为受力钢筋,(②③④号为弯起钢筋,弯起角度为 45°)。⑤号是架立筋,⑥⑦号是箍筋,其引出线上写的 ϕ8@250,表示直径为 8mm 的钢箍每隔 250mm 放一根,“@”是相等中心距的代号,⑧号是吊筋。

为使图面清晰和简化作图,配置在全梁的等距钢箍一般只画出 3—4 根,并注明其间距。

画立面图时,先用细实线画出梁的外形轮廓,后画各类钢筋,钢筋用粗实线画出,钢箍用中粗线,钢筋、钢箍的引出线应尽量采用 45°细实线或转折成 90°的细实线,注意留出保护层的厚度 25mm。

(二)断面图

梁的断面图表示梁的断面形状,大小和钢筋前后的排列情况,例如 1 - 1 断面是个梯形,尺寸如图 17-5 中 1 - 1 断面图所示,图中黑圆点表示钢筋的断面。梁下部有四个黑圆点,其编号为①,共 4 根,直径为 22mm。上部有十个黑圆点,编号为⑤②,⑤号共 8 根,直径为 12mm,②号 2 根,直径为 19mm。另外,剖切位置宜选择在钢筋排列位置有变化的区域,但不要在弯起段内取剖面。

(三)钢筋详图

对于配筋较复杂的钢筋混凝土构件,应把每种钢筋抽出另画详图,表示钢筋的形状、大小、长度、弯起点等,以便加工。

钢筋详图应按钢筋在梁中的位置由上向下逐类抽出,用粗实线画在相应梁的立面图的下方或旁边,比例与梁立面图比例相同。钢筋的位置与梁的立面图相应的钢筋对齐,同一编号的钢筋只需画一根,其中③,从标注 1ϕ13 可知,这种钢筋只有一根,$d = 13$, $l = 406$mm。

钢筋每分段的长度直接注在各该段处,不画尺寸线。钢筋的弯钩有标准尺寸,图上不注出,在钢筋表中另作计算。

(四)箍筋详图

箍筋详图应画在梁的剖面的旁边,比例与剖面图相同,并注尺寸。本例中采用的是四肢箍筋,在 1—1 断面图中,围往黑圆点的矩形线框就是⑥⑦号箍筋,直径为 8mm,其排列情况如图 17-5 所示。

(五)钢筋表

钢筋表中列出了梁中所有钢筋的编号、形状、直径,长度及根数等,它主要是用作编造施工预算统计用料以及加工成型等。

二、钢筋混凝土柱的配筋图

预制钢筋混凝土柱结构详图的图示方法基本上和梁相同,但对于工业厂房的钢筋混凝土柱等复杂构件,除绘出其配筋图外,还绘出其模板图和预埋件详图。以图 17-6 所示某单层工业厂房单跨车间的 Z-1 预制钢筋混凝土柱结构详图为例。

对于图 17-6 所示的钢筋混凝土牛腿柱,模板图可让我们知道柱的外形、尺寸、标高,以及预埋件的位置等,制作、安装模板和预埋件应以此为依据。从图中看出,该柱分为上柱和下柱两部分,上柱支撑屋架,上下柱之间突出的牛腿用来支撑吊车梁。与断面图对照可以看出上柱是方形实心柱,其断面尺寸为 400mm × 400mm。下柱是矩形柱,其断面尺寸为 400mm × 600mm。牛腿的 2-2 断面处的尺寸为 400mm × 950mm,柱总高为 10800mm。柱顶标高为 9.400m,牛腿面

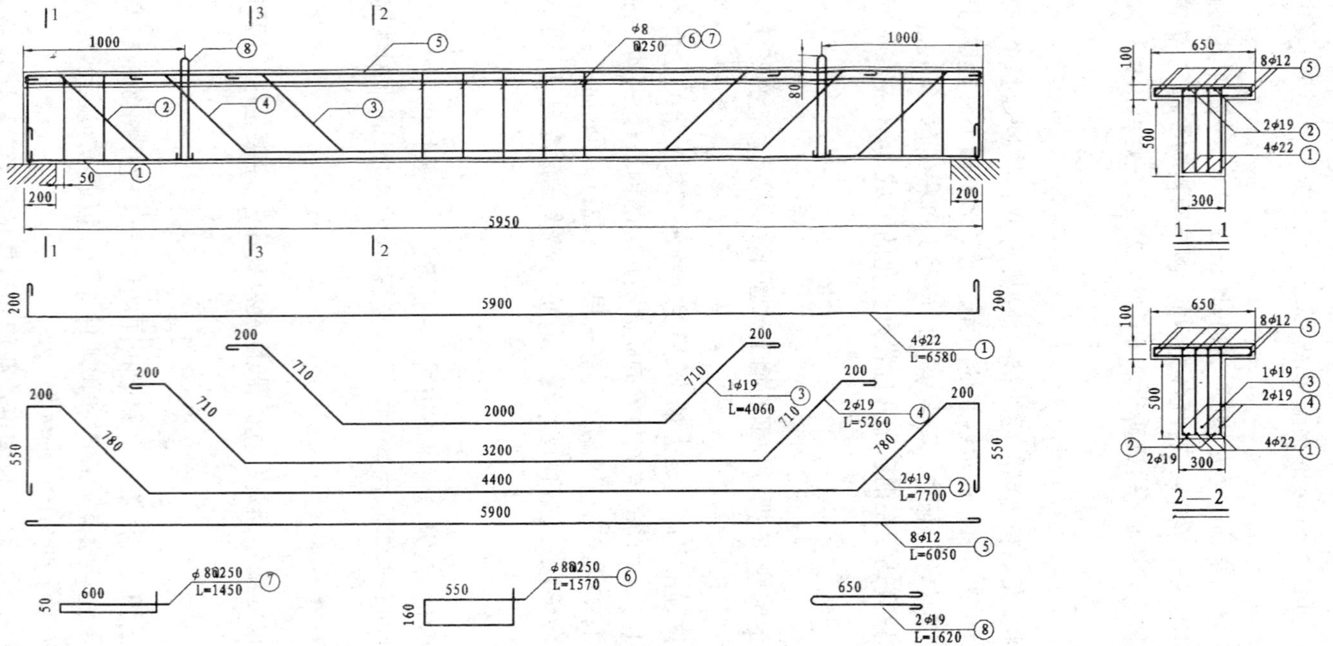

钢 筋 表

编号	形 状	直径	长度	根 数	全部构件用量			备注
					总根数	总长度(米)	总重量	
①		22	6580	4	80	526.40	1568.00	
②		19	7700	2	40	308.00	1482.00	
③		19	4060	1	20	81.20	862.00	
④		19	5260	2	40	210.40	4958.00	
⑤		12	6050	8	160	968.00	860.00	
⑥		8	1570	50	1000	1570.00	620.00	
⑦		8	1450	25	500	725.00	286.00	
⑧		19	1620	2	40	64.80	69.00	

说明：

1. 混凝土标号200号；
2. 弯起钢筋均弯起45°。

钢筋混凝土T形梁			图号	
			比例	
制图				
审核				

图 17-5　钢筋混凝土 T 形梁配筋图

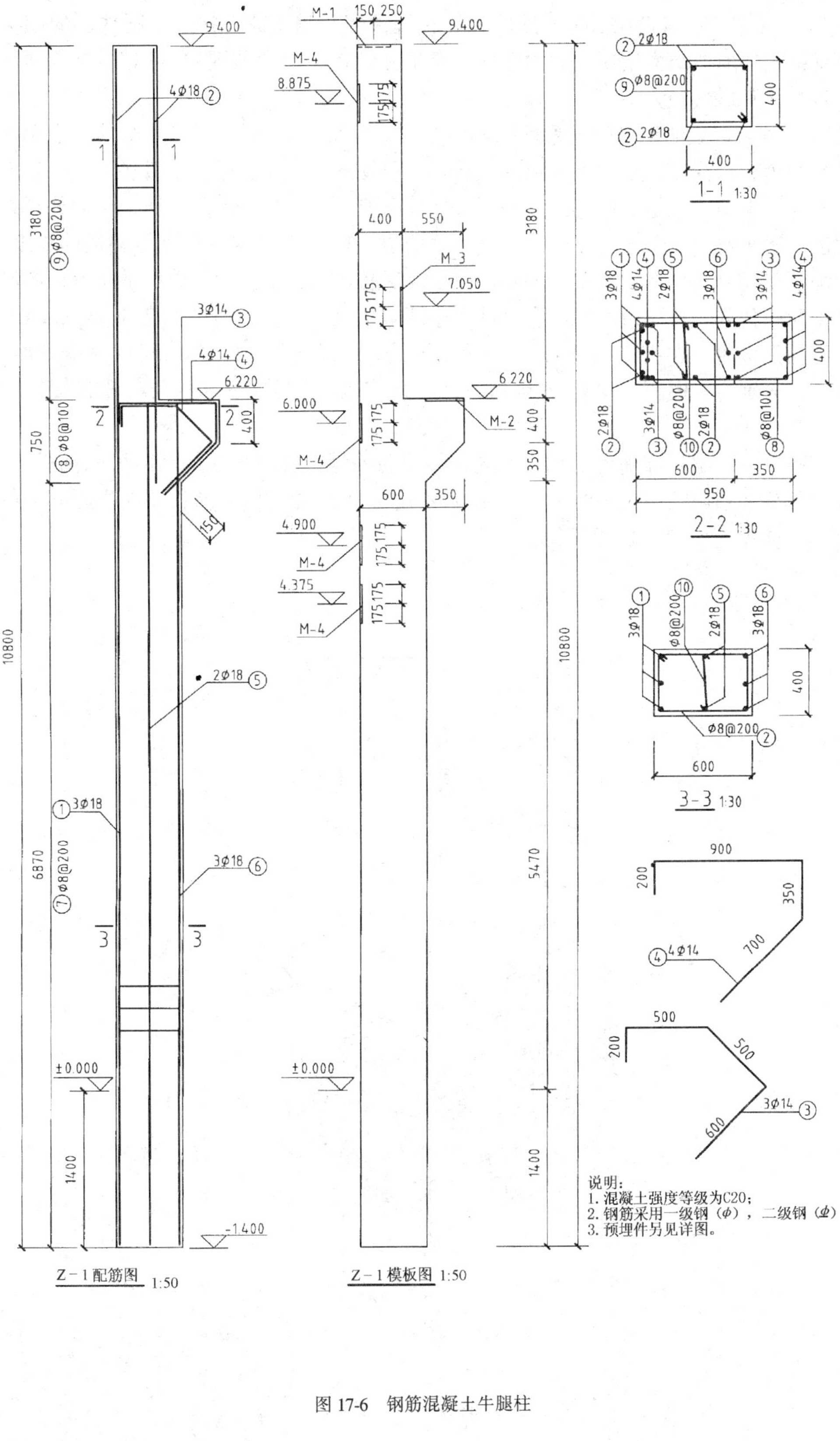

说明:
1. 混凝土强度等级为C20;
2. 钢筋采用一级钢（Φ），二级钢（Φ）;
3. 预埋件另见详图。

图 17-6　钢筋混凝土牛腿柱

标高为 6.220m。柱顶处 M-1 表示 1 号预埋件，用于层架焊接。牛腿顶面标高为 6.220m 处的 M-2 预埋件和在上柱标高为 7.050m 处的 M-3 预埋件将与吊车梁焊接。牛腿柱侧的 M-4 是将要与连系梁或外围护结构相连接的预埋件。对于柱模板图中的预埋件，可对照查阅预埋件详图进一步了解其形状和大小。

从图 17-6 可以表明钢筋的配置情况。上柱的②号筋是 4 根直径为 18mm 的 II 级钢筋，分放在柱的四角，从柱顶一直伸到牛腿内 750mm。下柱的①号钢筋是 3 根直径为 18mm 的 II 级钢筋，与⑥号钢筋（也是 3 根直径为 18mm 的 II 级钢筋）共同作为受力筋，均匀分布在下柱的受拉区。不难看出，①号与⑥号筋的编号之所以不同是因为这两种编号的钢筋长度不同。下中间配的是⑤号筋，即 2 根直径 18mm 的 II 级钢筋。①、⑤、⑥号筋都是从下柱的底部一直伸到牛腿的顶部。柱左边的②和①号筋在牛腿处搭接成整体，搭接长度为 750mm（两根无弯钩的钢筋搭接时，在搭接两端各画 45°粗短划线，参见表 17-3 第 6 条）。牛腿处配有③、④号弯筋，分别为 3 根和 4 根直径为 14mm 的 II 级钢筋，其弯曲形状与各段长度尺寸详见③、④号筋详图。

上下柱箍筋的编号分别为⑨、⑦，牛腿处的箍筋编号为⑧。箍筋的间距可从图中读出，如该柱牛腿部分的箍筋间距为 100mm。要注意，牛腿变断面处的箍筋周长要随牛腿断面的变化逐个计算。参见图 17-7 牛腿示意图。

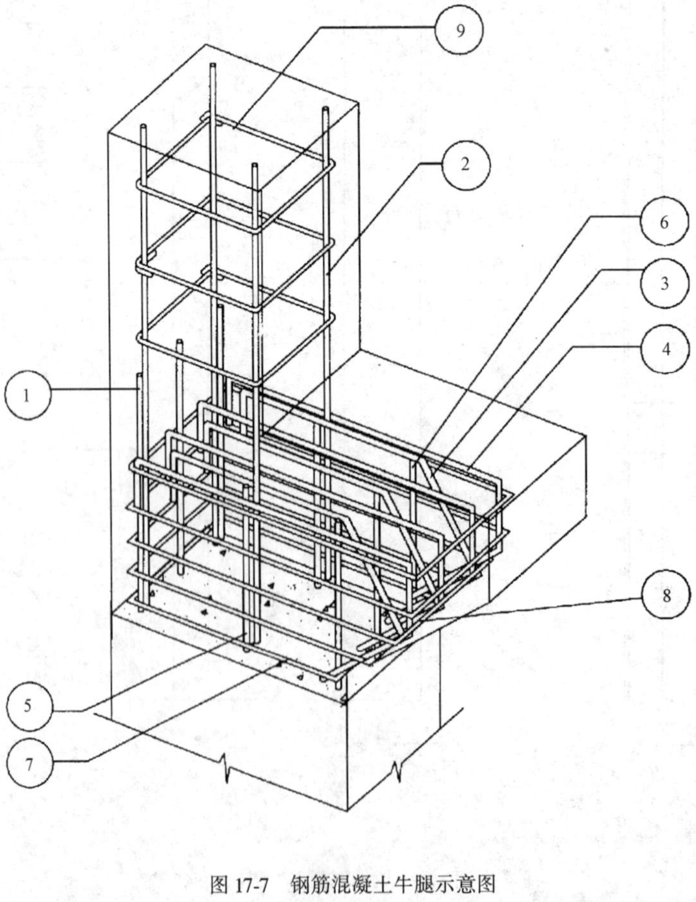

图 17-7　钢筋混凝土牛腿示意图

一般情况下,柱的模板图和配筋图用 1:50、1:30、1:20 的比例绘出,断面图用 1:20、1:10 绘出。读图时应注意以下的尺寸标注:(1)柱的总高与分段高度;(2)各断面大小和牛腿尺寸;(3)纵向钢筋的搭接长度;(4)柱身各段长度中箍筋的编号和间距;(5)柱底、牛腿面和柱顶等的标高。

三、钢筋混凝土板的配筋图

钢筋混凝土板有预制也有现浇的。预制钢筋混凝土板如果是采用标准图集中的构件,一般不画构件详图,可根据标注的型号查阅有关图集了解板的长度、宽度和高度以及板内配筋等;若不是采用标准图集中的构件,则应另绘出构件详图。而现浇钢筋混凝土板的配筋常直接绘在楼层结构平面图中,再配上适当的剖视图来说明钢筋在板内的布置。

如图 17-8 现浇楼板,图中可见楼层梁、柱、墙的布置平面;板的钢筋详图;受力筋的配置和弯曲情况以及钢筋编号、规格、直径、间距等。

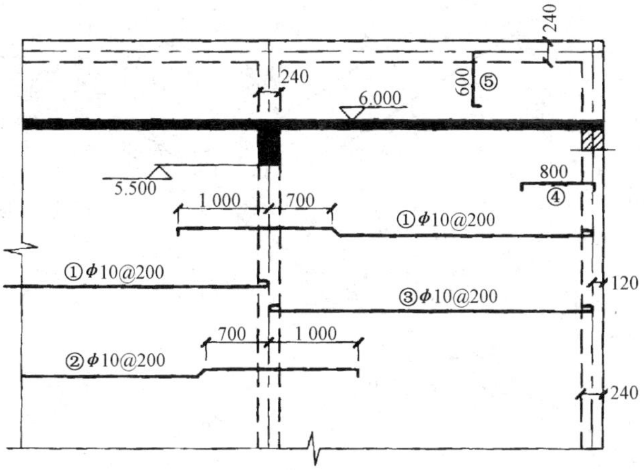

图 17-8 现浇楼板配筋平面图

(1)每种规格的钢筋只画出了一根,是按其立面形状画在相应的安放位置上;

(2)对弯筋,轴线到弯起点的距离以及弯筋伸入邻板的长度应标明(如图 17-8 中的①、②号筋的 700mm 和 1000mm);

(3)与受力筋垂直配置的分布筋有时没有画出,但必须在图中说明,或在钢筋表中注明其直径、间距(或数量)及总长;

(4)在楼板范围内画一对角线,注明相同板号的楼板是配筋相同的楼板;

(5)有时在结构布置平面图上可直接读出梁、板断面图的重合断面(把钢筋混凝土的断面部分涂黑),并读出楼板和梁底的标高。

四、钢筋混凝土楼梯配筋图

如图 17-9 所示为楼梯配筋图。从图中可以看出,楼梯下层的受力筋采用 ϕ@100(③号筋)和 ϕ8@120(⑥号筋),分布筋采用 ϕ6@200。当在配筋图中不能清楚读出钢筋布置,应能在配筋图外面找到增画的钢筋大样图(即钢筋详图)。本图中虚线表示的钢筋是指没有剖切到的另一跑楼梯内的配筋。

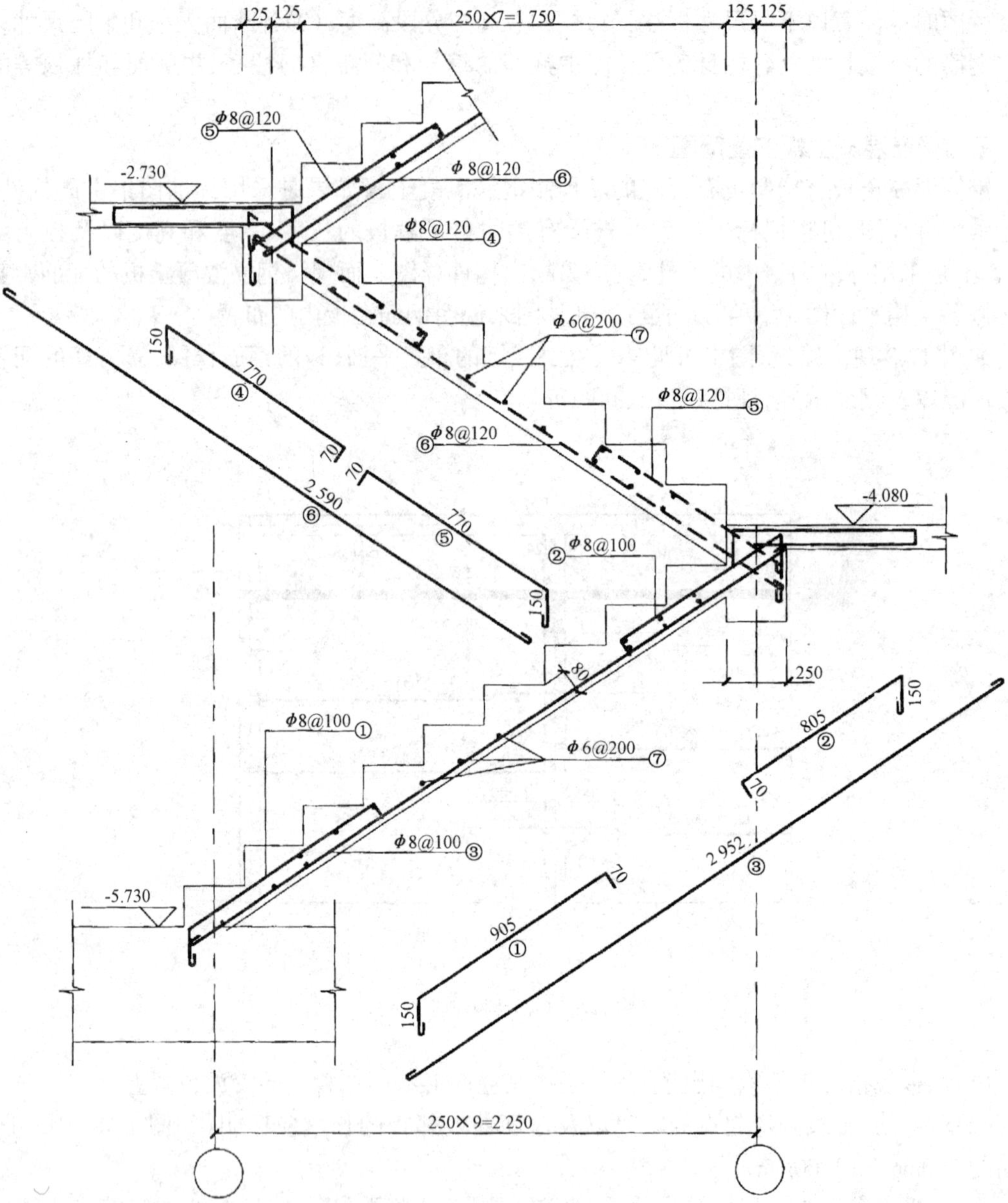

图 17-9　钢筋混凝土楼梯配筋图

第十八章　钢结构图

第一节　钢结构图阅读基本知识

钢结构是由钢板、角钢、槽钢、钢管和圆钢等热轧钢材或冷加工成型的薄壁型钢制造而成的结构。钢结构具有材料强度高、重量轻、安全可靠、制作简便等优点。在房屋建筑中，主要用于厂房、高层建筑和大跨度建筑。常见的钢结构构件有屋架、檩条梁、柱、支撑系统等。

一、型钢及其连接

（一）常用型钢的代号及标注方法

钢结构用的钢材，是按国家标准轧制的型钢。表 18-1 列出了常用建筑型钢的种类及标注方法（本章使用《建筑制图标准》GBJ 105—87）。

型钢标注方法　　表 18-1

序　号	名　称	断　面	标　注	说　明
1	等边角钢		∟ $b\times d$	b 为肢宽，d 为肢厚
2	不等边角钢		∟ $B\times b\times d$	b 为长肢宽
3	工　字　钢		IN，QIN	轻型工字钢时加注 Q 字
4	槽　钢		⊏N，Q⊏N	轻型槽钢时加注 Q 字
5	方　钢	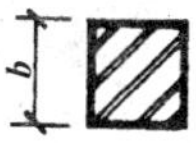	□b	
6	扁　钢	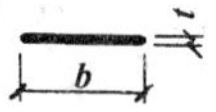	$-b\times t$	

续上表

序　号	名　称	断　面	标　注	说　明
7	钢　板		$-t$	
8	圆　钢		ϕd	
9	钢　管		$\phi d \times t$	t 为管壁厚
10	薄壁方钢管		B□$h \times t$	薄壁型钢时加注 B 字
11	薄壁等肢角钢		B∟$h \times t$	
12	薄壁等肢卷边角钢		B⊏□$b \times a \times t$	
13	薄壁槽钢	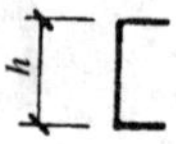	B　$h \times b \times t$	
14	薄壁卷边槽钢		B⊏$h \times b \times a \times t$	
15	薄壁卷边 Z 型钢	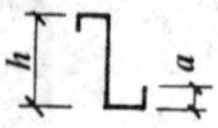	B ⊓$h \times b \times a \times t$	
16	起重机钢轨		QU××	××为起重机钢轨型号
17	轻轨和钢轨		××kg/m 钢轨	××为轻轨和钢轨型号

(二)焊缝代号及标注方法

钢结构的构件通常采用焊接、螺栓和铆钉连接。其中最常用的是焊接(图 18-1),它的优点是不削弱杆件断面,构造简单施工方便。

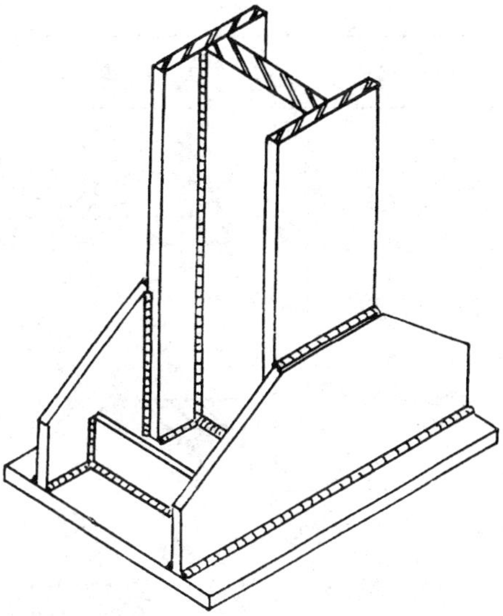

图 18-1　焊接连接示意图

焊接接头形式分为:对接接头、T 形接头、角接接头和搭接接头(图 18-2)。型钢熔接处称为焊缝。按焊缝结合型式分为对接焊缝、角焊缝和点焊缝三种(图 18-2)。在焊接的钢结构图纸上,必须把焊缝的位置、型式和尺寸标注清楚。焊缝要按“国标”的规定,采用“焊缝代号”标注。焊缝代号主要由基本符号、补充符号和指引线等部分组成。其中基本符号表示焊缝断面的基本型式,补充符号表示焊缝某些特征的辅助要求,指引线则表示焊缝的位置。

常用焊缝符号及标注和焊缝补充符号及标注分别如表 18-2、表 18-3 所示。

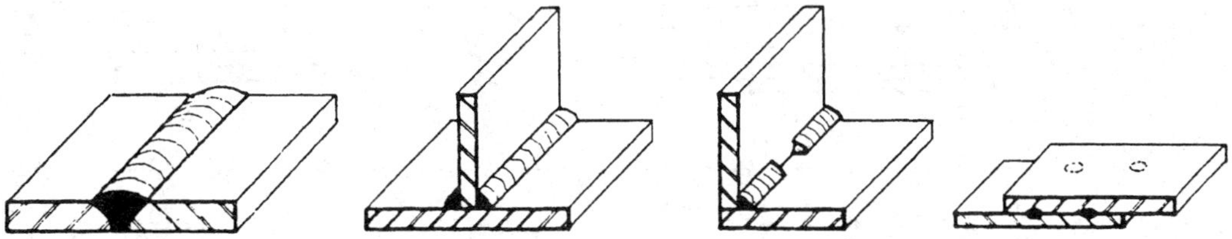

对接接头　T形接头　角接接头　搭接接头

a)　b)　c)

图 18-2　焊接接头及焊缝型式

a)对接焊缝;b)角焊缝;c)点焊缝

常用焊缝符号及标注示例　表 18-2

焊缝名称	焊缝型式	基本符号	标注示例
I 形焊缝			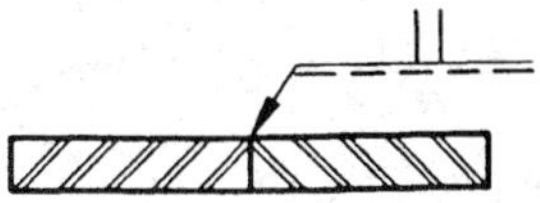
V 形焊缝	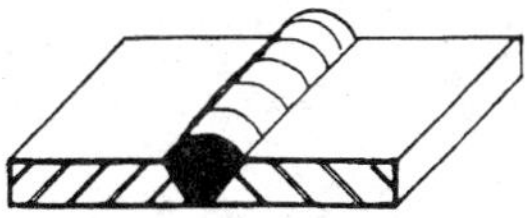		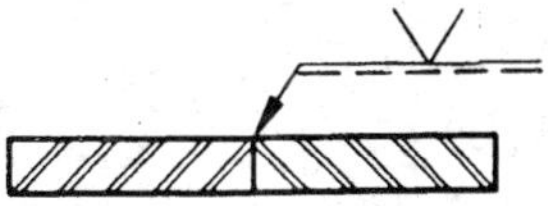
单边 V 形焊缝	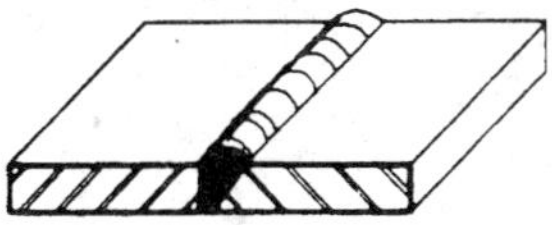		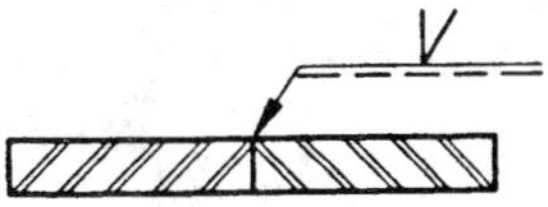

续上表

焊缝名称	焊 缝 型 式	基本符号	标 注 示 例
角焊缝	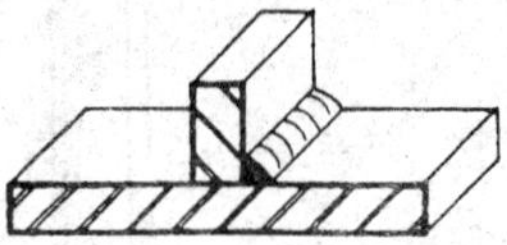		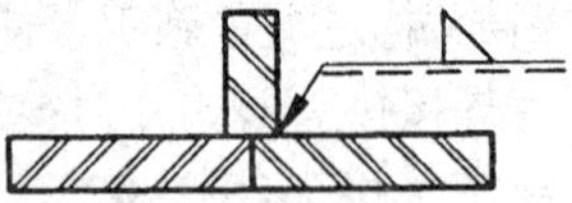
带钝边 U 形焊缝	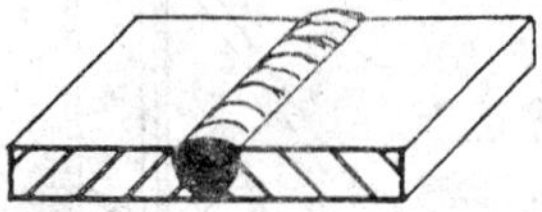		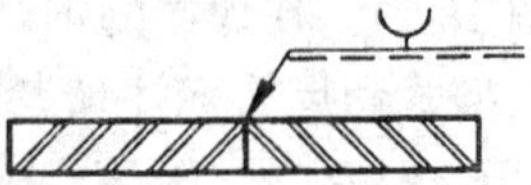
封底焊缝			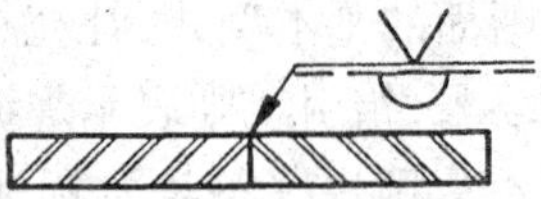
点焊缝			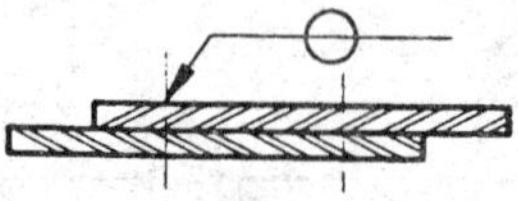
塞焊缝	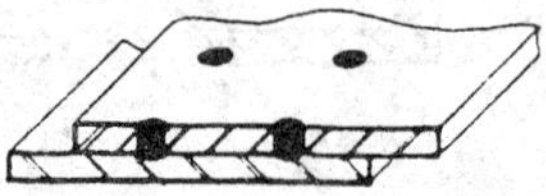		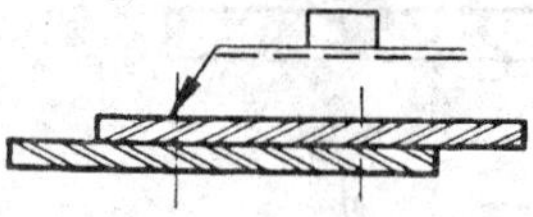

焊缝补充符号及标注示例　　表 18-3

名　　称	补 充 符 号	形式及标注示例	说　　明
三面焊缝符号		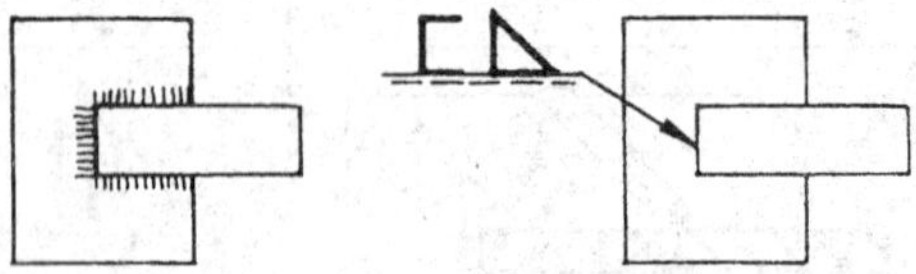	工件三面施焊,开口方向与实际方向一致
周围焊缝符号		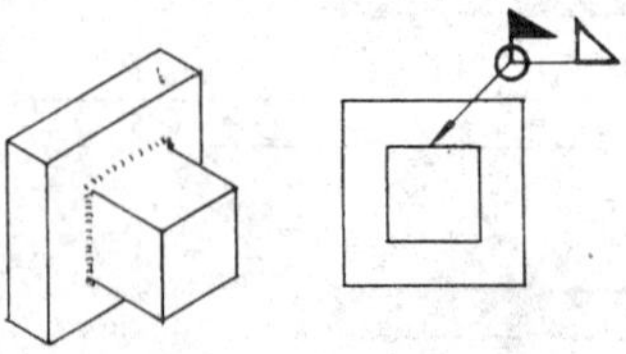	表示现场沿工件周围施焊
现场施焊符号			

续上表

名　　称	补 充 符 号	形式及标注示例	说　　明
带垫板符号		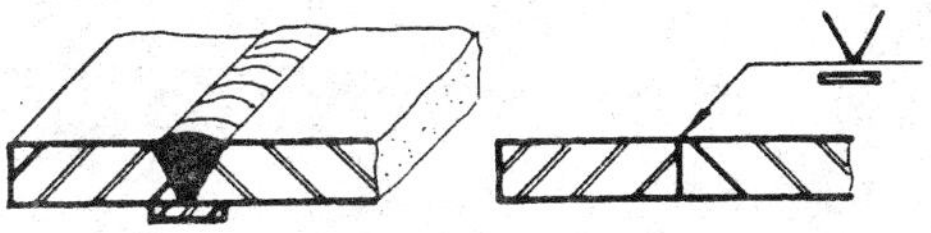	表示 V 形焊缝的背面底部有垫板
尾部符号	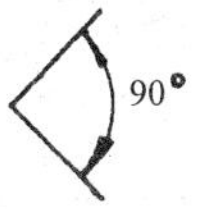	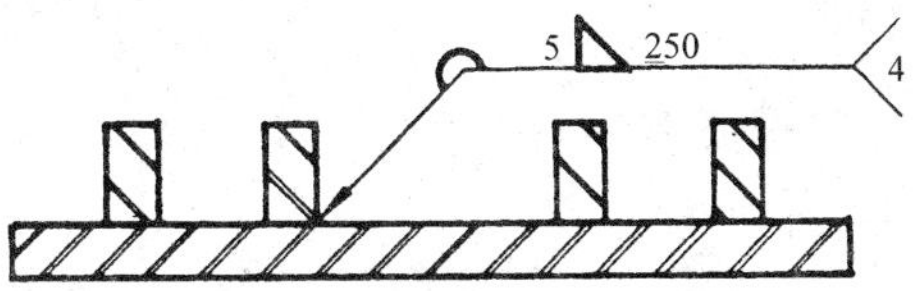	表示有 4 条相同的角焊缝

指引线一般由箭头和两条基准线(一条细实线,一条细虚线)组成(图 18-3a))。

箭头用以将整个符号指示到图的焊缝处,必要时允许转折一次,如图 18-3b)所示。

基准线的上、下面用来标记焊缝的有关符号。虚线既可以画在实线的下面,也可画在上面。基准线一般应与图样的底边平行。

在标注焊缝符号时,如箭头指向施焊面,则焊缝符号应注在基准线的实线一侧(图 18-4)。

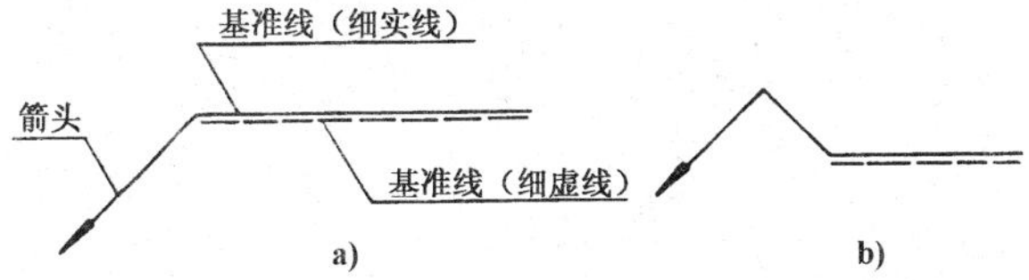

图 18-3　指引线式样

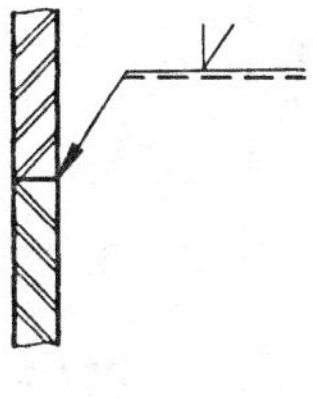

图 18-4　施焊面在正面时的标记

若欲标注的是所指的施焊面的背面,则将焊缝符号标记在基准线的虚线一侧(图 18-5)。

标注对称焊缝及双面焊缝时,基准线的虚线可以省略不画(图 18-6)。

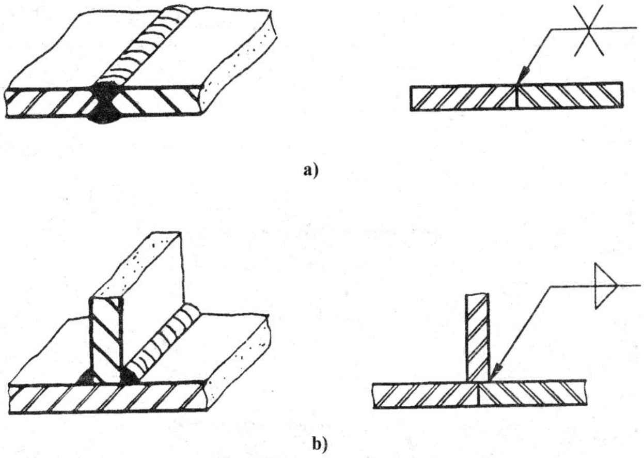

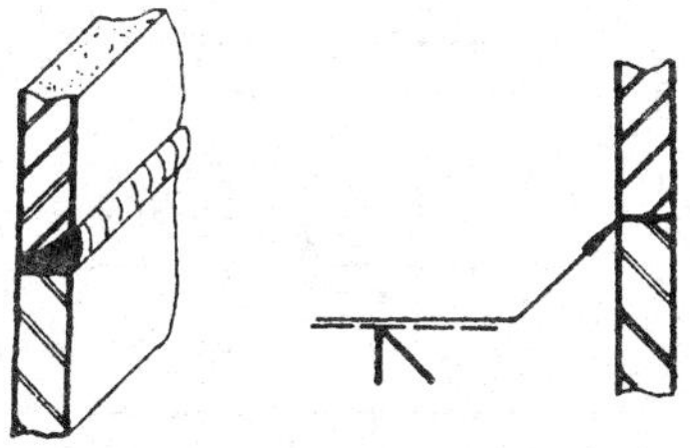

图 18-5　施焊面在背面时的标记

图 18-6　省略基准线的虚线
a)对称焊缝;b)双面焊缝

三个或三个以上焊件相互焊接的焊缝，不得作为双面焊缝，其焊缝符号和尺寸应分别标注(图 18-7)。

在相互焊接的两个焊件中，当只有一焊件带坡口时(如单边 V 形焊缝)，箭头必须指向带坡口的焊件(图 18-8)。

互相焊接的两个焊件，当为单面带双边不对称坡口焊缝时，箭头必须指向较大坡口的焊件(图 18-9)。

常用的焊缝尺寸符号见表 18-4。

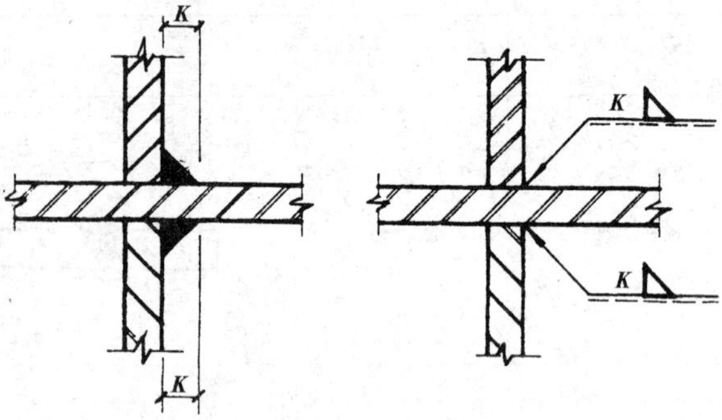

图 18-7　三个或三个以上焊件的标注

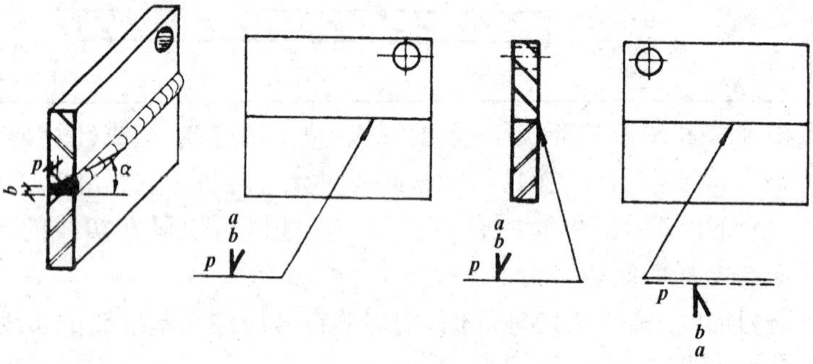

图 18-8　单边 V 形焊缝的标注

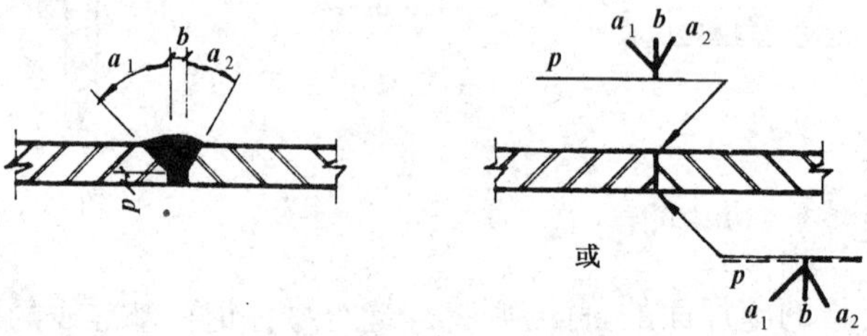

图 18-9　单面带双边不对称坡口焊缝的标注

常用焊缝的尺寸符号及标注位置　　表 18-4

名　称	符号	示意图及标注	名　称	符号	示意图及标注
工件厚度	δ	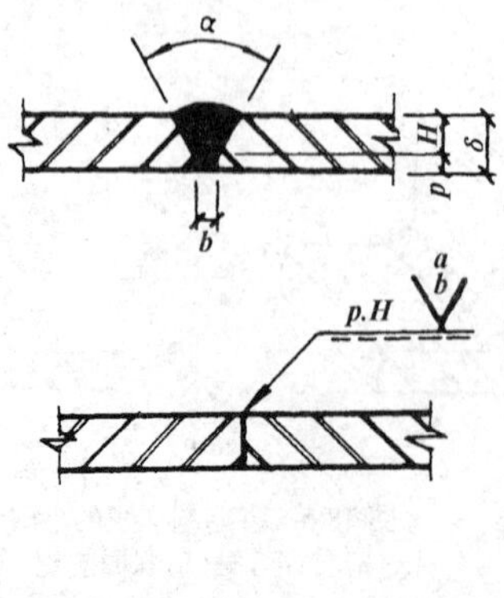	焊缝段数	n	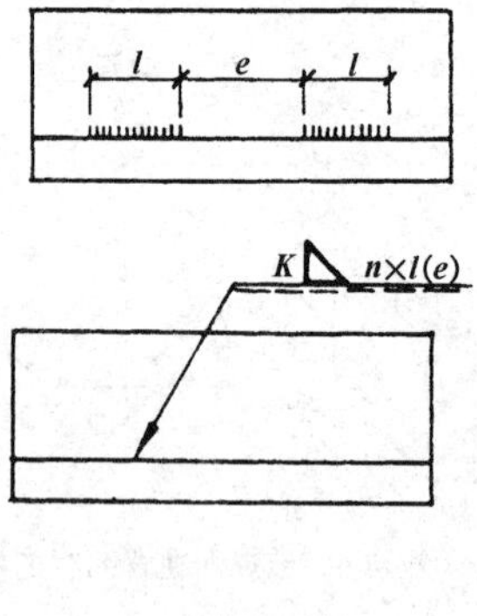
坡口角度	α		焊缝间距	e	
根部间隙	b		焊缝长度	l	
钝边高度	p		焊缝高度	K	
坡口深度	H		相同焊缝数量代号	N	
熔核直径	d				

焊缝尺寸标注的位置规定如图 18-10 所示。

当焊缝分布不规则时,在标注焊缝的同时,宜在焊缝处加粗线(表示可见焊缝)或栅线(表示不可见焊缝)(图 18-11)。

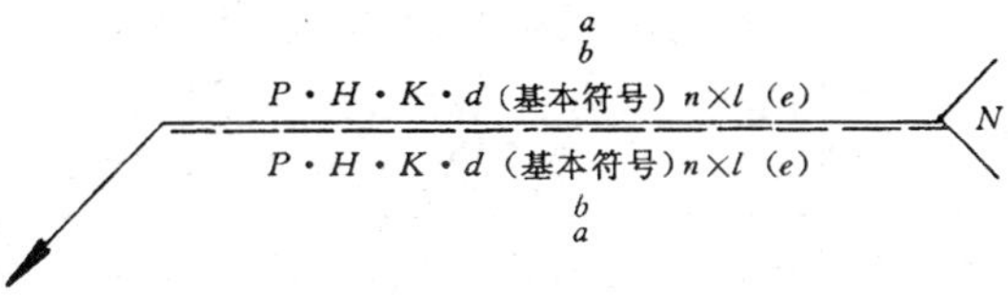

图 18-10 焊缝尺寸标注位置

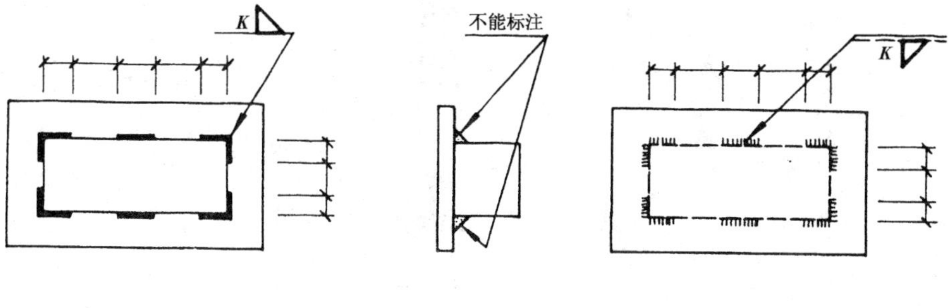

图 18-11 分布不规则焊缝的标注

相同焊缝符号应按下列方法表示:

• 在同一图形上,当焊缝型式、断面尺寸和辅助要求均相同时,可只选择一处标注代号,并加注“相同焊缝符号”(图 18-12a))。

• 在同一图形上,当有数种相同焊缝时,可将焊缝分类编注,在同一类焊缝中可选择一处标注代号,分别编号采用 A、B、C、……,如图 18-12b)所示。

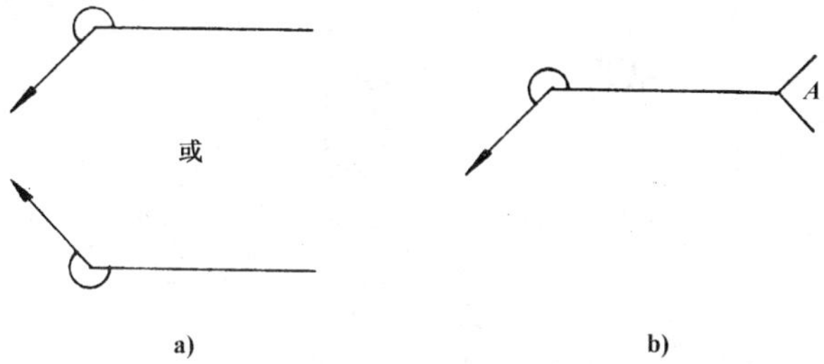

图 18-12 相同焊缝符号

图形中较长的贴角焊缝(如焊接实腹梁的翼缘焊缝),可不用引出线标注,而直接在贴角焊缝旁标出焊缝高度 K 值(图 18-13)。

熔透角焊缝符号及其标注见图 18-14。

局部焊缝应按图 18-15 的方法标注。

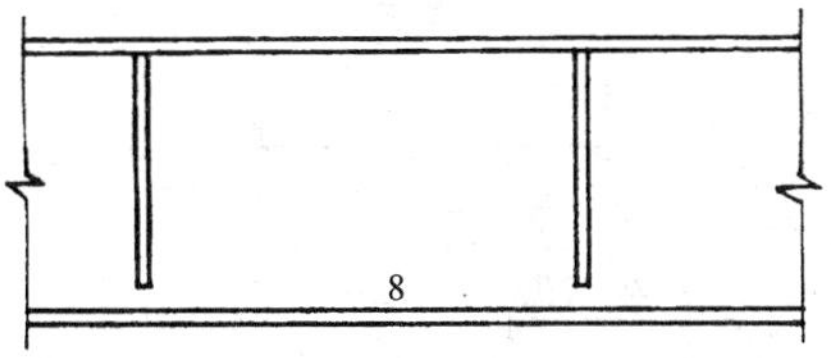

图 18-13 较长焊缝的标注

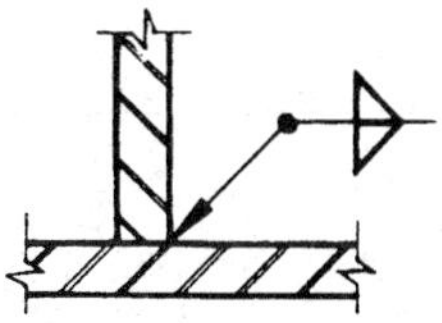

图 18-14 熔透角焊缝的标注

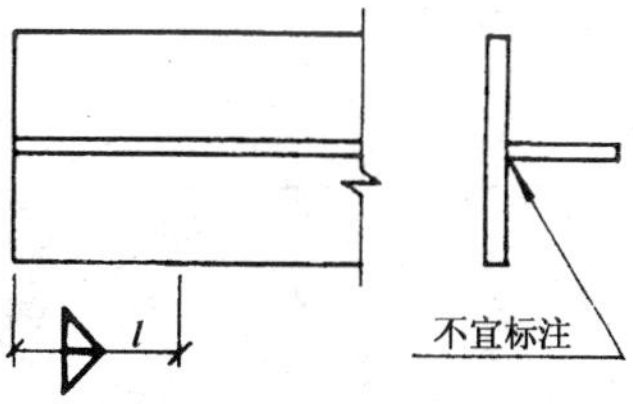

图 18-15 局部焊缝的标注

二、螺栓、孔、电焊铆钉图例及标注

钢结构构件图中的螺栓、孔、电焊铆钉，应按表 18-5 规定的图例绘制。

螺栓、孔、电焊铆钉图例 表 18-5

序号	名称	图例	说明
1	永久螺栓	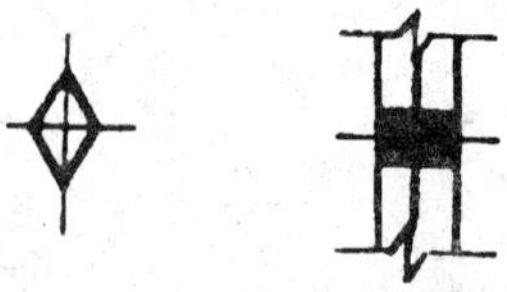	1. 细"+"线表示定位线　2. 必须标注螺栓孔、电焊铆钉的直径
2	高强螺栓	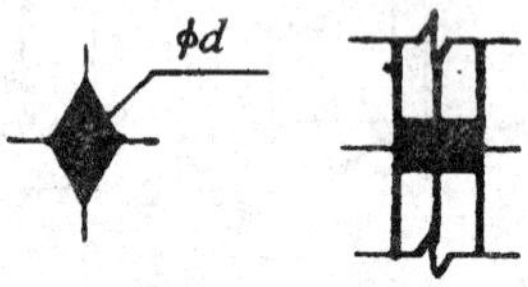	
3	安装螺栓	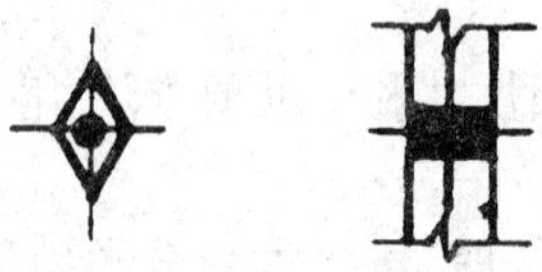	
4	圆形螺栓孔	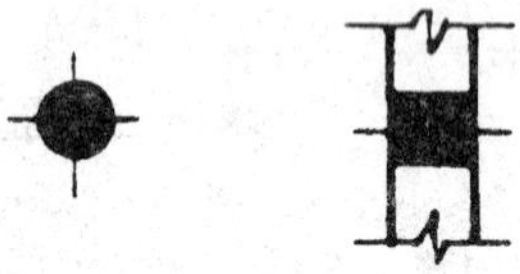	
5	长圆形螺栓孔	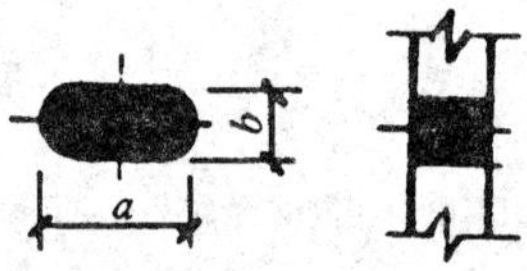	
6	电焊铆钉	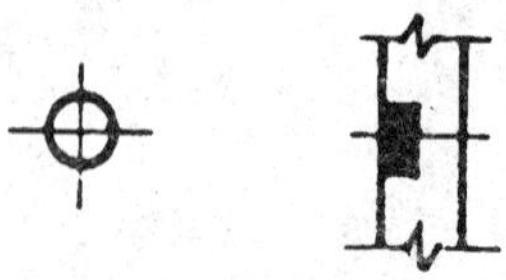	

第二节　钢结构图的尺寸标注

钢结构杆件的加工和连接安装要求较高。因此标注尺寸时，除遵守尺寸标注的一般规定外，还应遵守 GBJ 105—87 的以下规定：

1．两构件的两条很近的重心线，应在交汇处将其各自向外错开（图 18-16）。

2．弯曲构件的尺寸，应沿其弧度的曲线标注（图18-17）。

3．切割的板材，应标明各线段的长度和位置（图18-18）。

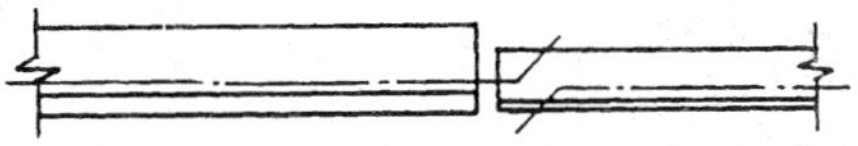

图 18-16　两重心线很近时的处理

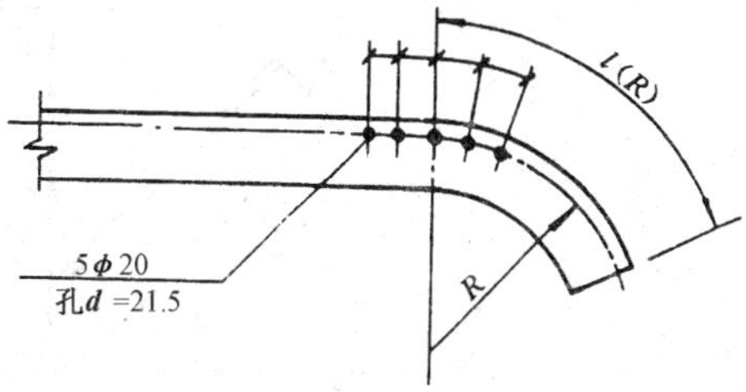

图 18-17　弯曲构件的尺寸注法

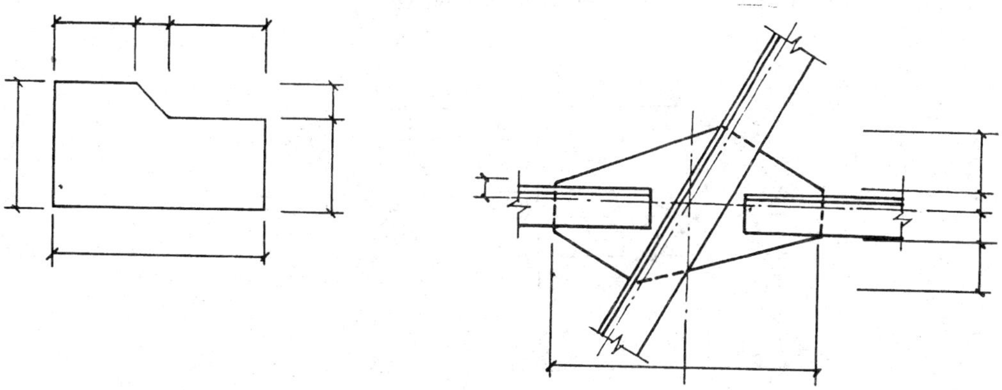

a)　　b)

图 18-18　切割板材及节点的尺寸标注

4．节点尺寸，应标明各节点板的尺寸和各杆件螺栓孔中心，以及杆件端部至几何中心线交点的距离（图 18-19a））。

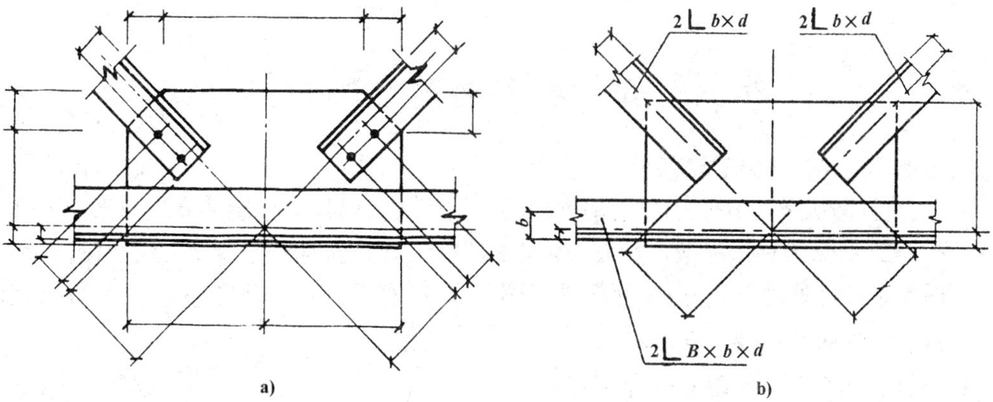

a)　　b)

图 18-19　节点处尺寸标注

5．不等边角钢的构件，必须注出角钢一肢的尺寸（图 18-19b））。

6．双型钢组合断面的构件，应注明联接板的数量及尺寸（图 18-20）。

7．非焊接的节点板，应注明节点板尺寸和螺栓孔中心与几何中心线交点的距离（图 18-21）。

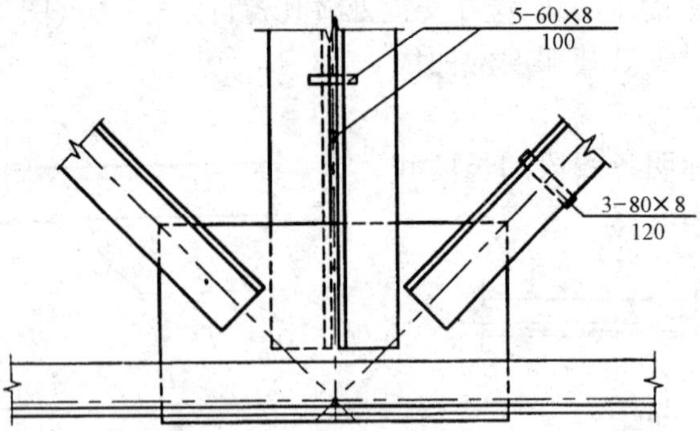

图 18-20　联接板的尺寸注法

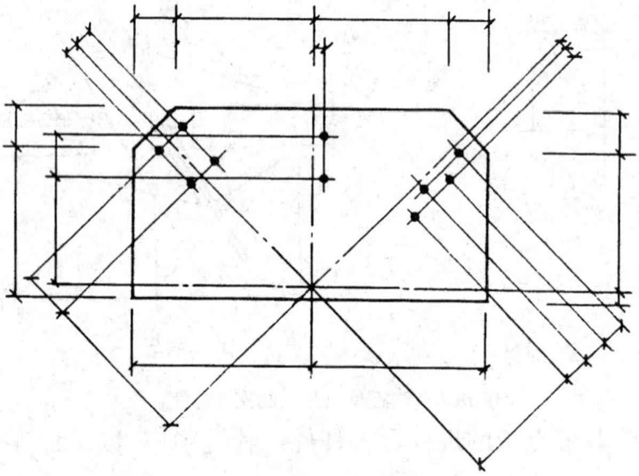

图 18-21　非焊接节点板的尺寸标注

第三节　钢屋架结构施工图的阅读

一、钢屋架的结构形式及其杆件

钢屋架是在较大跨度建筑的屋盖中常用的结构型式。常用的钢屋架有三角形屋架和梯形屋架。图 18-22 所示为梯形屋架的简图,屋架由杆件组合连接而成。屋架的上面斜杆称为上弦杆;下面水平杆件称为下弦杆;中间杆件统称为腹杆(有竖杆和斜杆之分)。各杆件交接的部位称为节点,如支座节点、跨中节点等。

钢屋架结构施工图的内容包括:屋架简图、屋架详图(立面图、上、下弦杆的平面图、节点图)、杆件详图以及钢材用量表等。

二、钢屋架结构施工图的阅读

现以某厂房钢屋架结构施工图(图 18-23)为例,说明其图示特点和阅读方法。

图 18-23 是跨度为 18m 的梯形钢屋架结

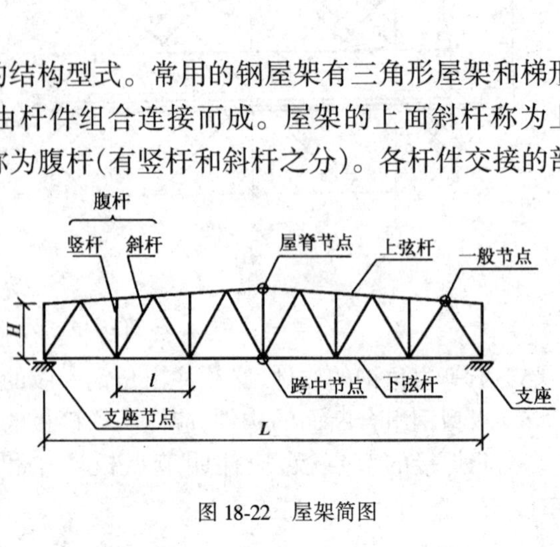

图 18-22　屋架简图

构施工图,它由屋架简图、屋架详图和材料表组成。

(一)钢屋架简图

图 18-23 左上角绘一钢屋架简图,该图也叫屋架杆件几何尺寸图,是用以表达屋架的结构型式、跨度、高度和各杆件的几何轴线长度,是屋架设计时杆件内力分析和制作时放样的依据。在简图中,屋架杆件用单线图表示,杆件的轴线长度尺寸应标注在构件的一侧。如需要时,可在屋架的左半边注写尺寸(以 mm 为单位),右边注内力(以 kN 为单位)比例常用 1∶100 或 1∶200。

(二)钢屋架详图

钢屋架详图主要表明各杆件（型钢）规格和组成、连接方式、节点构造以及详细尺寸等。由于该屋架对称，故可采用对称画法。为了表明屋脊节点和跨中节点的连接和拼接情况，图 18-23 中画出了半榀屋架。钢屋架详图以立面图（GWJ 18—$1A_1$）为主，分别画出了上、下弦杆的平面图，屋架端部和屋架跨中的侧面图。此外，还画有节点板、垫板等的形状和大小。

现以钢屋架立面图为例(图 18-23),介绍钢屋架立面图的图示特点及阅读方法。

1. 屋架立面图的比例

在同一屋架立面图中,因杆件长度与断面尺寸相差较大,为把细部表示清楚,故经常采用两种比例。屋架轴线长度采用较小的比例(本例用 1∶20 的比例),杆件的断面用较大的比例(本例用 1∶10 的比例)。

2. 各杆件断面及尺寸

屋架由上弦杆、下弦杆和腹杆三部分组成,其中腹杆包括斜杆和竖杆。各杆件均为双角钢制成。上(下)弦杆断面采用两根不等边角钢,以短边拼合的 T 形断面或倒 T 形断面(图 18-24a)、b))。腹杆断面采用两根等边角钢,拼合成 T 形断面。屋架跨中的竖杆,拼合成十字形断面(图 18-24c))。

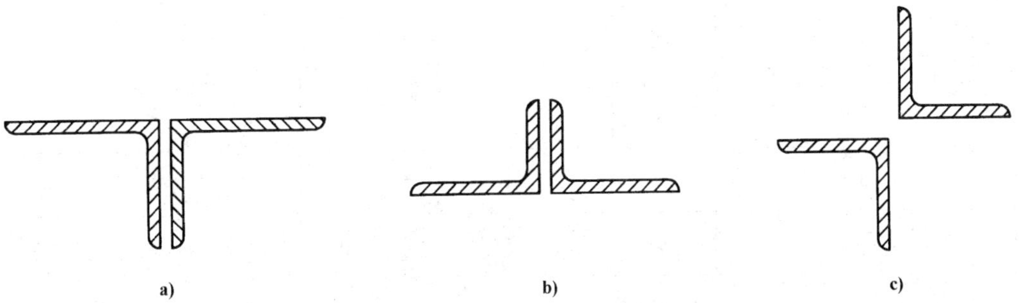

图 18-24　杆件断面

图中对每种不同形状、不同尺寸的杆件和零件进行了编号,编号位置在直径为 6mm 细实线的圆圈内,并用引出线指向杆件。

杆①为上弦杆,是由两根不等边角钢(∟100 × 80 × 6),以短边拼合组成的 T 形断面,由材料表 18-6 查得长度为 9030mm。

杆②为下弦杆,由两根不等边角钢(∟90 × 56 × 6),以短边拼合组成的倒 T 形断面,长度为 8810mm。

材 料 表 表 18-6

零件号	断 面	长 度 (mm)	数 量		重 量 (kg)			备 注
			正	反	每个	共计	合计	
1	∟100×80×6	9030	2	2	75.4	302		
2	∟90×56×6	8810	2	2	59.2	237		
3	∟63×5	1865	4		9.0	36		
4	∟100×63×6	2300	4		17.4	70		
5	∟50×5	2425	4		9.2	37		
6	∟50×5	2160	4		8.1	32		
7	∟75×5	2620	4		15.2	61		
8	∟50×5	2685	4		10.1	40		
9	∟50×5	2460	4		9.3	37		
10	∟63×5	2885	4		13.9	56		
11	∟63×5	2840	2		13.9	27		
12	∟63×5	2840	2		13.7	27		
13	∟63×5	2750	2		13.3	27		
14	∟100×80×6	400	2		3.3	27		
15	∟90×56×6	410	2		2.7	5		
16	-150×8	200	2		1.9	4		
17	-315×10	430	2		10.5	21		
18	-300×20	380	2		17.9	36	1209	
19	-80×8	430	4		2.1	8		
20	-80×8	135	4		0.7	3		
21	-100×20	100	4		1.6	6		
22	-235×8	325	2		4.8	10		
23	-250×8	305	2		4.8	10		
24	-160×8	180	4		1.8	7		

续上表

零件号	断面	长度(mm)	数量		重量(kg)			备注
			正	反	每个	共计	合计	
25	–210×8	265	2		3.5	7		
26	–240×8	375	2		5.6	11		
27	–205×8	225	2		2.9	6		
28	–290×8	370	1		6.7	7		
29	–185×8	300	1		3.5	4		
30	–70×8	90	16		0.4	6		
31	–60×8	100	19		0.4	8		
32	–60×8	80	42		0.3	13		
33	–60×8	120	4		0.5	2		
34	–140×8	210	2		1.9	4		
35	–140×8	205	2		1.8	4		
36	–145×8	225	4		2.1	8		
37	–135×8	195	4		1.7	7		
38	–145×8	215	4		2.0	8		
39	–145×8	210	4		1.9	8		

由于屋架较长，考虑到运输方便，一般在工厂加工时将屋架做成左、右两个半榀屋架，运到现场后，再就地拼接安装。所以在表18-6中，上、下弦杆角钢的数量各有4根。

竖杆③、斜杆⑩、⑪、⑫，由两根等边角钢(∟63×5)，拼合组成的T形断面，长度查材料表(表18-6)。

杆④为斜杆，由两根不等边角钢(∟100×63×6)，以长边拼合组成T形断面，长度查材料表(表18-6)。

斜杆⑤、⑧，竖杆⑥、⑨，是由两根等边角钢(∟50×5)拼合组成T形断面，长度查材料表(表18-6)。

杆⑦为斜杆，由两根等边角钢(∟75×5)拼合组成T形断面，长度查材料表(表18-6)。

杆⑬为竖杆，是由两根等边角钢(∟63×5)组成十字形断面，长度查材料表(表18-6)。

㉛、㉜和㉝为杆件中的垫板，尺寸查材料表(表18-6)。

㉚为加劲板,尺寸见材料表(表 18-6)。

⑯、⑰、㉒、㉓、㉔、㉕、㉖、㉗、㉘、㉙为节点板,尺寸见材料表(表 18-6),材料表中所列腹杆的角钢数量,是加工一跨屋架所需的。

3. 杆件中的垫板

由于各杆件均由双角钢组成的组合断面，为了保证两根角钢能共同工作，必须每隔一定距离在两根角钢间加设垫板，垫板的宽度由构造要求决定，一般为 50 ~ 80mm。长度由角钢尺寸及组合断面的型式决定，T 形断面的垫板应伸出角钢肢背、肢尖各 10 ~ 15mm，如图 18-25。十字形断面的垫板，则从肢尖缩进 10 ~ 15mm，以便焊接，且应一横一竖交替设置，如图 18-26。垫板的厚度应与节点板的厚度一致。垫板的间距 L_d，与杆件的受拉或受压有关，通过计算决定。

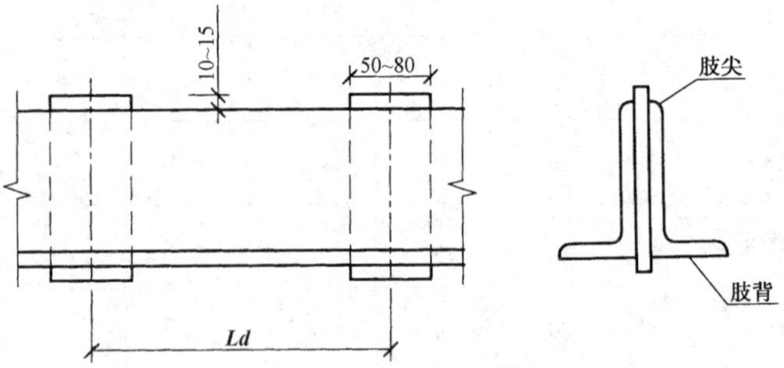

图 18-25 T 形杆件断面型式

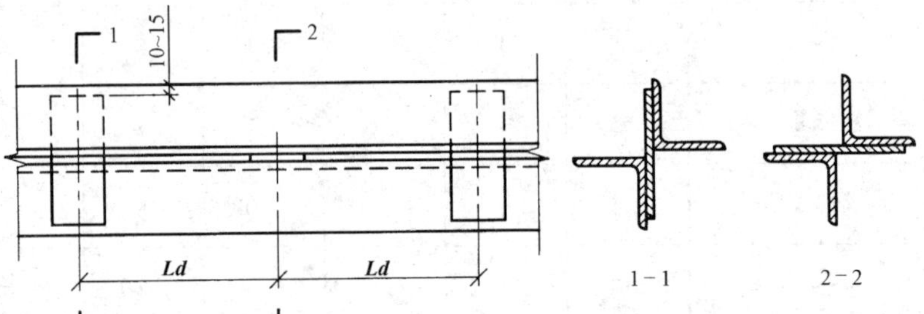

图 18-26 十字形杆件断面型式

4. 屋架的节点

在钢屋架中,各汇交的杆件焊在节点板上,组成屋架的节点,各杆件的内力通过节点板上的焊缝互相传递。

(1)节点板的形状和厚度

节点板的形状为矩形、梯形或平行四边形。它的轮廓尺寸决定于腹杆和弦杆的宽度,斜杆的斜度以及腹杆的焊缝长度。

(2)支座节点

支座节点是下弦杆②、竖杆③和斜杆④的连接点,见图 18-27,用节点板⑰连接这些杆件,在它的下端连接一块底板⑱,底板⑱上有两个缺口,便于柱顶内的预埋螺栓穿过,然后把垫板

㉑套在螺栓上拧以螺母。垫板是在安装后再与底板⑱焊接的，用现场安装焊缝表示，见图18-27的1—1剖视图。为了加强连接的刚度，在节点板⑰与底板⑱之间焊了两块劲板⑲、⑳和两块－135×8/195劲板。各种板的尺寸可查材料表（表18-6）。

卸去斜杆④后的支座节点示意图见图18-28。

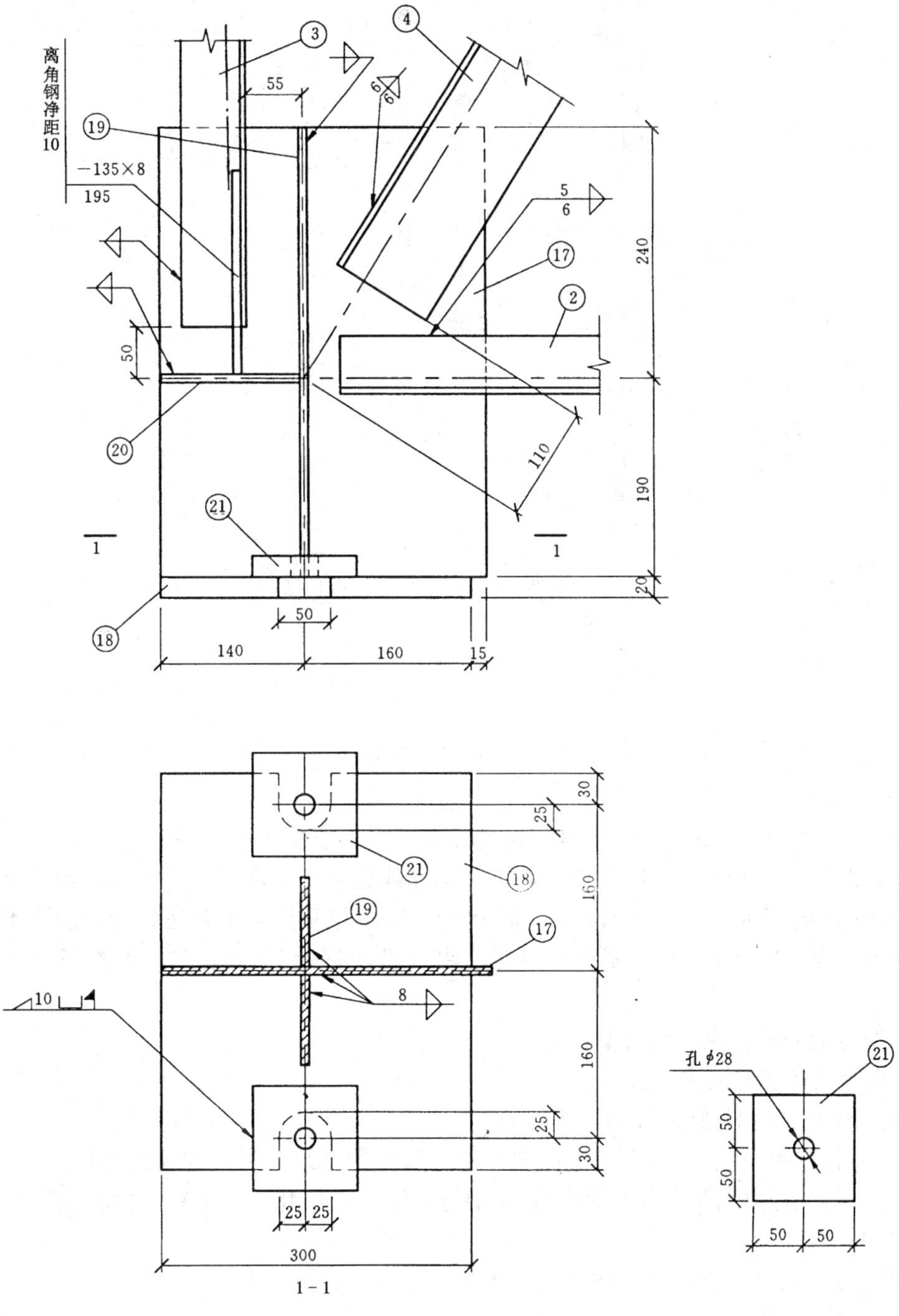

图18-27　支座节点详图

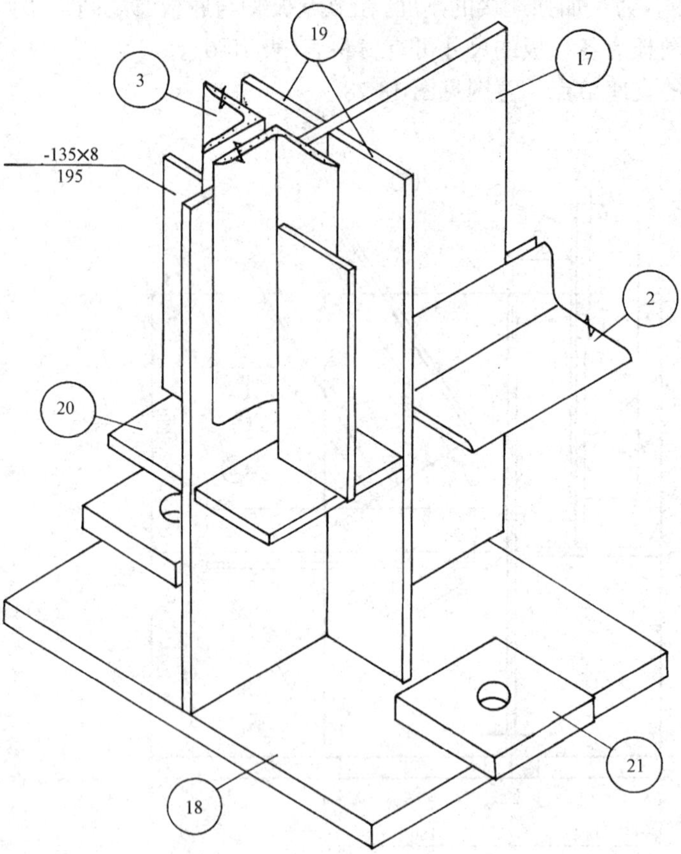

图 18-28　支座节点示意图

(3)下弦杆的跨中节点

跨中节点连接了下弦杆②竖杆⑬和斜杆⑪、⑫,用节点板㉘连接这些杆件,在跨中节点处,下弦杆②是断开的。为了保证弦杆断开处的强度和刚度,在下弦杆②的外侧焊接拼接角钢⑮,它应与杆②的型号相同。拼接角钢的棱角须切去,以便与弦杆角钢紧密贴合,见图 18-29 的 2—2断面图。为了加强下弦杆与竖杆的刚度,焊接了两块钢板 – 80 × 8/200,见图 18-29 的 1—1 断面图。

跨中节点的局部示意图见图 18-30。

三、钢屋架详图的绘图步骤

1. 按 1:100 的比例画出钢屋架简图。

2. 按规定 1:20 的比例,根据屋架简图画出各杆件的轴线。屋架的轴线与杆件的重心线重合(杆件轴线就是角钢断面重心的连线,角钢重心位置见图 18-31,这些尺寸可从有关钢结构设计手册中查得)。

3. 按 1:10 的比例画出各杆件的轮廓线、节点板和拼接角钢等。

4. 按 1:5 的比例画出节点详图。

5. 标注焊缝代号、图形符号和尺寸。

6. 加粗线型,注写尺寸、材料代号、编号、比例及有关的文字说明。

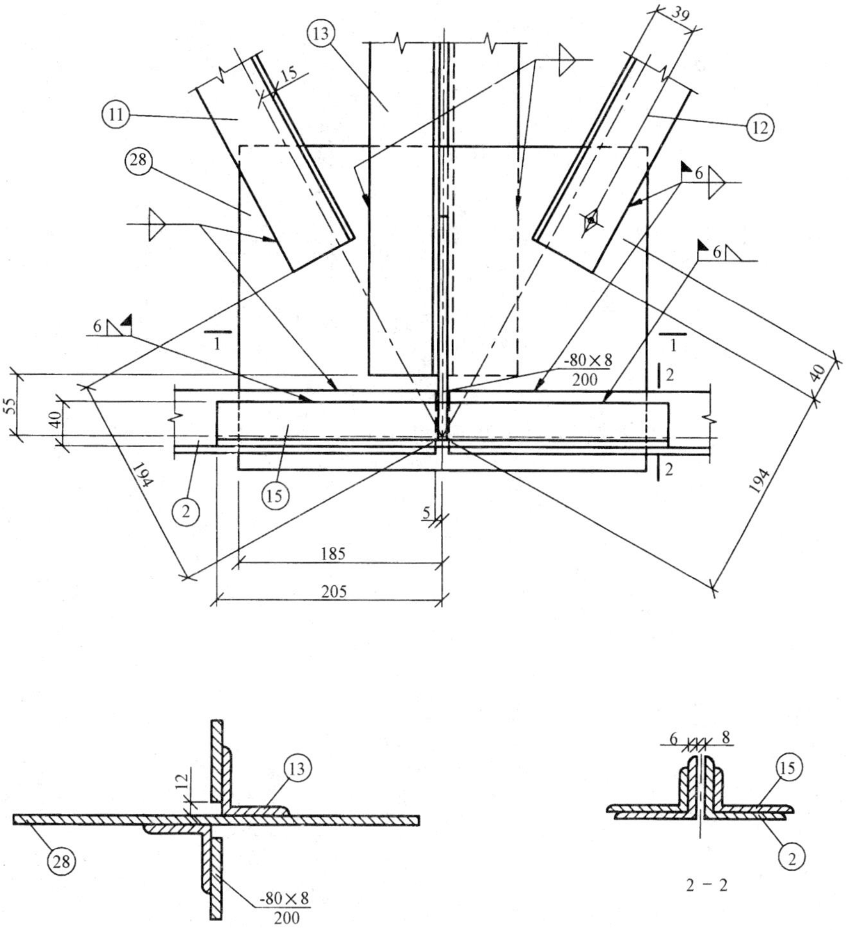

图 18-29　跨中节点详图

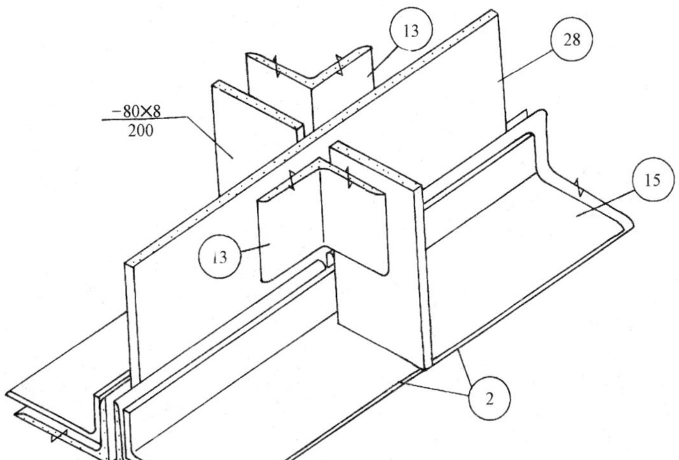

图 18-30　跨中节点示意图

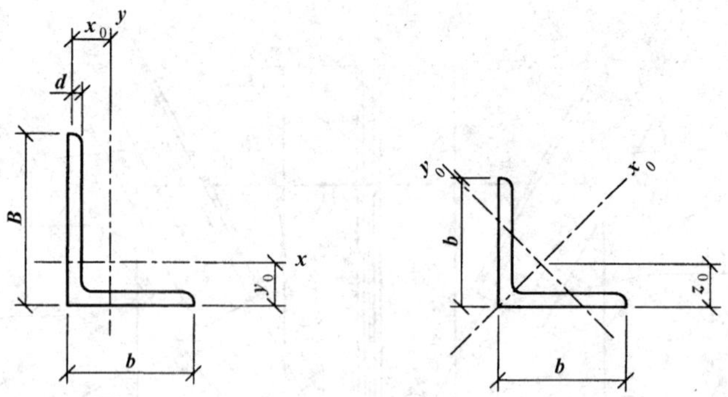

图 18-31

B-长肢宽；*b*-短肢宽；*d*-肢厚；x_0、y_0、z_0-重心距离

第十九章　计算机绘图

第一节　AutoCAD 简介

AutoCAD 是一种通用计算机辅助设计和绘图软件包，广泛用于机械、电子、建筑、地理等各行业。CAD 是 Computer Aided Design（计算机辅助设计）的缩写，也称 Computer Aided Drafting（计算机辅助绘图）。

AutoDesk 公司于 1982 年推出 AutoCAD 第一个版本 V1.0，到目前已推出 AutoCAD2000 版本，在此期间，AutoCAD 经过不断的修改，功能日臻完善。近期的高级版本，除了可以绘制二维图，而且能实现三维造型，并集数据库管理、渲染着色、Intenet 等功能于一体，从而倍受广大用户青睐。AutoCAD 已成为设计绘图领域，特别是在建筑设计中应用最广的平台。

第二节　AutoCAD 使用简介

本书以现今使用最广泛的 AutoCAD R14 为例，介绍 AutoCAD 的使用。

一、AutoCAD R14 的启动

如果计算机中已安装了 AutoCAD R14，就可以通过下述步骤来启动它。

1．单击 Windows 屏幕左下角的开始→程序→AutoCAD R14→AutoCAD R14（或在桌面上双击 AutoCAD R14 图标），打开 AutoCAD R14。

2．启动后出现“创建新图形” Create New Drawing 对话框，单击 Cancel 或 Ok 按钮，退出此对话框。出现 AutoCAD R14 的用户界面。

注：本书中对菜单的级联操作，或命令的连续操作，使用“→”表示。“”中的文字表示其中文意思，方框 中为英文，英汉对照能帮助大家更好地理解其含义。

二、AutoCAD R14 界面

AutoCAD R14 用户界面包括以下几部分：

1．下拉菜单

下拉菜单位于窗口的顶部，其中每一个菜单中包含相关的一系列命令，用户通过下拉菜单可以实现命令的操作。

2．工具条

AutoCAD 窗口中有许多由基本命令的快捷方式图标组成的工具条，对于初学者来说，通过快捷方式图标可非常方便地实现对命令的快速使用。工具条上的每一个命令均有一个很形象的图标示意，通过它可基本看出命令功能，如果不知道其含义，可将鼠标在其上稍停留一下，图标右下方和状态行位置上就会显示该命令的名称。

工具条的增减：在实际的绘图中，为了尽可能获得较大的绘图区，通常令一些工具条不显示，而只有在用到该工具条的时候才将其调出。在任何一个工具条上单击鼠标右键，都会出现

“工具条”Toolbars对话框。如果不想显示窗口中的某个工具条，则可以将该工具条名称前的叉号去掉(用鼠标左键单击)；同样，如果要显示某个工具条，则可将其前面的叉号加上即可。

3．绘图区

窗口中间的区域为绘图区，是用户绘制图形的地方，它是一个无限大的电子画面，用户所绘制图形在这里完成。

4．命令提示行

窗口底部的小空白区称为命令提示行，是显示命令及其相关提示的地方。

在不知道下一步做什么的时候，请看命令提示行。

5．状态行

窗口的最底部为状态行，通过它可知道当前光标位于绘图区的精确位置，还可以改变绘图状态，比如改变当前的捕捉方式或正交状态等。

三、人机交互的工作模式

1．命令的输入

AutoCAD 可通过下列几种方式实现一个命令的操作：

* 利用下拉菜单
* 用鼠标点击工具条中的命令图标
* 直接通过键盘输入命令名

无论用何种方式调入一个命令，在命令提示行Command：后面会出现相应的命令名及其相关提示，并且在提示窗口出现相应的操作提示，要求用户做出相应操作以完成该命令。

2．人机交互的工作模式

AutoCAD 充分考虑绘图过程中的各种可能操作，将它们变成一条条命令，绘图的过程就是命令的执行过程，每一个命令对应一个操作过程，在命令执行过程中，系统通过命令提示行和对话框提示用户输入各种参数，即用户必须告诉计算机要干什么，计算机才能做出相应的反应，再反馈给用户，从而完成一个命令任务。这种通过系统与使用者不断交流信息(人机对话)来完成相应操作的绘图模式称为交互式绘图，这是 AutoCAD 绘图的一大特点。

四、文件的建立、存盘、打开及打印

通过点击下列图标可以完成新文件的建立、存盘；以及已有文件的打开、打印：

 建立一个新文件。

 打开一个已存在的文件。

 快速存盘，第一次点击该图标时要求确定保存文件的名称。

 打印。点击后出现打印图形对话框，在此对话框中设定打印范围、纸的大小、线宽、打印比例等内容后，点击 OK 按钮即可打印输出。

第三节　基本图形元素的绘制

一、坐标系统

AutoCAD 作图的最大特点就是精确，要做到这一点就要先了解其坐标系统。

续上表

零件号	断　面	长　度 (mm)	数　量		重　量　(kg)			备　注
			正	反	每个	共计	合计	
25	－210×8	265	2		3.5	7		
26	－240×8	375	2		5.6	11		
27	－205×8	225	2		2.9	6		
28	－290×8	370	1		6.7	7		
29	－185×8	300	1		3.5	4		
30	－70×8	90	16		0.4	6		
31	－60×8	100	19		0.4	8		
32	－60×8	80	42		0.3	13		
33	－60×8	120	4		0.5	2		
34	－140×8	210	2		1.9	4		
35	－140×8	205	2		1.8	4		
36	－145×8	225	4		2.1	8		
37	－135×8	195	4		1.7	7		
38	－145×8	215	4		2.0	8		
39	－145×8	210	4		1.9	8		

由于屋架较长，考虑到运输方便，一般在工厂加工时将屋架做成左、右两个半榀屋架，运到现场后，再就地拼接安装。所以在表 18-6 中，上、下弦杆角钢的数量各有 4 根。

竖杆③、斜杆⑩、⑪、⑫，由两根等边角钢(∟63×5)，拼合组成的 T 形断面，长度查材料表(表 18-6)。

杆④为斜杆，由两根不等边角钢(∟100×63×6)，以长边拼合组成 T 形断面，长度查材料表(表 18-6)。

斜杆⑤、⑧，竖杆⑥、⑨，是由两根等边角钢(∟50×5)拼合组成 T 形断面，长度查材料表(表 18-6)。

杆⑦为斜杆，由两根等边角钢(∟75×5)拼合组成 T 形断面，长度查材料表(表 18-6)。

杆⑬为竖杆，是由两根等边角钢(∟63×5)组成十字形断面，长度查材料表(表 18-6)。

㉛、㉜和㉝为杆件中的垫板，尺寸查材料表(表 18-6)。

在 AutoCAD 中有两种坐标系统，即绝对坐标和相对坐标。绝对坐标是在 AutoCAD 中的实际坐标值。相对坐标则是相对于一个参考点的坐标。每种坐标系统中又分为直角坐标和极坐标。表示如下：

* 绝对直角坐标：*x*，*y*　　（实际执行时，*x*，*y* 用相应数字代替，如：3，4）

* 相对直角坐标：@*x*，*y*　　（即在绝对直角坐标值前加"@"，表示相对于最后输入点的坐标值）

* 绝对极坐标：距离 < 角度　　（"距离"为该点到原点距离，"角度"为该点与原点的连线与 x 轴正方向的夹角，逆时针为正，如：5 < 30）

* 相对极坐标：@距离 < 角度　　（即在绝对极坐标值前加"@"）

二、绘图命令 Draw

在下拉菜单中有"画图" Draw 下拉菜单，凡与绘制实体有关的命令都在该下拉菜单中。下面对其中的常用命令加以介绍。

1. Line(绘直线) 

功能：该命令通过给定直线的起点和终点画出直线，并可以将上一直线的终点作为下一直线的起点，实现连续画直线，直到用回车键、空格键或鼠标右键确定结束命令。

例：

[Command:]	Line	(调入命令)
[From point:]	100,100	(输入起点 A)
[To point:]	@100 < 30	(输入终点 B，相对极坐标)
[To point:]	@20,100	(输入第二段直线终点 C，相对直角坐标)
[To point:]	c	(连接终点 C 与起点 A，形成闭合图形)
[To point:]	回车	(结束命令)
[Command:]		(等待输入下一命令)

[ ]内为屏幕提示行内容；斜体字为键盘输入命令；( )内为注释内容，下同。

如果在绘图过程中用户发现某一点不理想，可在不结束命令的情况下从键盘键入 U(Undo 的缩写)或点击标准工具条上的  图标，来取消绘制的当前点。Undo 这一操作在 AutoCAD 中适用于很多命令，用户在使用过程中要善于运用。

在绘图过程中对命令的确认可通过三种途径来完成：按回车键、空格键或点击鼠标右键。

2. Circle(画圆) 

功能：通过给定圆心、半径或圆周上的点来绘制圆。

例：

[Command:]	Circle	(调入命令)
[3P/2P/TTR/ <Center point> :]	200,200	(输入圆心 A)
[Diameter/ <Radius> :]	50	(输入半径，或点击 B 点，由 AB 之间距离确定半径)
[Command:]		(等待输入下一命令)

< > 中为省缺选项，如想执行其它选项，只需键入该项中大写字母即可。

上例为省缺画圆方式(圆心和半径),AutoCAD 中有 5 种画圆的方式。分别是:

a.圆心和半径(省缺)　b.圆心和直径(D 选项)　c.两点画圆(2P 选项)　d.三点画圆(3P 选项)　e.相切圆(TTR 选项)

本书因篇幅有限,只介绍了各命令的省缺选项操作及常用操作,其它方式用户可自行练习。

3. Arc(圆弧) 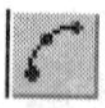

功能:绘制圆弧。

例:

[Command:]	Arc	(调入命令)
[Center/ < start point > :]		(拾取圆弧端点 A)
[Center/End/ < Second point > :]		(拾取圆弧上第二点 B)
[End point:]		(拾取圆弧另一端点 C)
[Command:]		(等待输入下一命令)

上例为省缺画弧方式(三点画弧),在命令执行的过程中还有许多其他选项,各选项的意义如下:

A——included Angle(包含角)　　C——Center(圆心)

D——starting Direction(起始方向)　　E——End point(终点)

L——Length of chord(弦长)　　R——Radius(半径)

S——Start point(起始点)

通过它们的不同组合,可实现多种画弧的方式。该命令选项较多,但只要时刻关注提示,操作起来还是比较方便的。绘制的时候只需注意圆弧的方向,通常情况下都是按逆时针方向由起始点向终止点画弧。其它画弧方式用户可在绘制时实际体验一下,灵活地运用不同的画弧方式,可达到不同的效果。

4. DOnut(画环) 

功能:以给定的内径及外径绘制圆环或实心圆。

例:

[Command:]	DOnut	(调入命令)
[Inside diameter < 10.00 > :]	200	(输入圆环内径值,如内径值为 0,将画出实心圆)
[Outside diameter < 20.00 > :]	400	(输入圆环外径值)
[Center of doughnut:]		(拾取圆环中心)
[Center of doughnut:]		(拾取圆环中心,可连续画出多个圆环)
[Center of doughnut:]	回车	(结束命令)
[Command:]		(等待输入下一命令)

5. ELlipse(画椭圆) 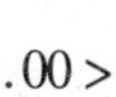

功能:以给定的椭圆长、短轴绘制椭圆。

例:

[Command:]	ELlipse	(调入命令)

[Arc/Center/ < Axis endpoint 1 > :]　　(拾取第一个轴端点 A)
[Axis endpoint 2:]　　(拾取轴上第二端点 B)
[< Other axis distance > /Rotation:]　　(拾取第二个轴端点 C,根据 C 点位置确定哪一个是长轴哪一个是短轴)
[Command:]　　(等待输入下一命令)

其他选项意义:

A——Arc(绘制椭圆弧)　C——Center(给定椭圆中心画椭圆)　R——Rotation(绕指定的第一个轴旋转形成椭圆)

6. RECtangle(画矩形) 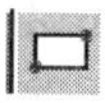

功能:给定矩形两对角点绘制矩形。

例:

[Command:]　　RECtangle　　(调入命令)
[Chamfer/Elevation/Fillet/Thickness/Width/ < First corner > :]　　(拾取第一个角点 A)
[Other corner:]　　(拾取另一角点 B)
[Command:]　　(等待输入下一命令)

其他选项意义:

B——Chamfer(绘制带有倒斜角的矩形)　E——Elevation(确定矩形的标高)
F——Fillet(绘制带有倒圆角的矩形)　T——Thickness(确定所绘制矩形的厚度)
W——Width(确定画矩形的线宽,AutoCAD 可绘制带有宽度的线)

7. POLygon(画正多边形) 

功能:该命令用于画出指定边数(3-1024)的正多边形,构成正多边形的方法有三种:圆内接正多边形、圆外切正多边形、指定正多边形边长。

例:

[Command:]　　POLygon　(调入命令)
[polygon Number of sides < 4 > :]　　5　(确定多边形边数)
[Edge/ < Center of polygon > :]　　(拾取多边形中心 A)
[Inscribed in circle/Circumscribed about circle(I/C) < I > :]　c　(确定画多边形方式)
[Radius of circle:]　　50　(给出外切圆半径)
[Command:]　　(等待输入下一命令)

其它选项意义:

E——Edge(给定边长画多边形)　I——Inscribed in circle(画圆内接多边形)
C——Circumscribed about circle(画圆外切多边形)

8. PolyLine(画多义线) 

功能:该命令用于绘制由不同宽度的线条组成的连续线段,该线条可以包含直线和弧线,而且所绘制对象为一个单一实体。

例:

[Command:]　　PolyLine　(调入命令)
[From point:]　　(拾取多义线起点 A)

[Current line-width is 0.0000　　　　　　　　　　　　　　　　　　　(提示多义线当前宽度)

Arc/Close/Halfwidth/Length/Undo/Width/ < End-point of line > :]　　　　(拾取直线终点 B)

[Arc/Close/Halfwidth/Length/Undo/Width/ < End-point of line > :]　w　(改变多义线宽度)

[Starting width < 0.0000 > :]　　　　　　　　　　　　　　　　10　(确定起点线宽)

[Ending width < 10.0000 > :]　　　　　　　　　　　　　　　　0　(确定终点线宽)

[Arc/Close/Halfwidth/Length/Undo/Width/ < End-point of line > :]　　　(拾取多义线终点 C)

[Arc/Close/Halfwidth/Length/Undo/Width/ < End-point of line > :]　a　(接圆弧)

[Arc/CEnter/CLose/Direction/Halfwidth/Line/Radius/Second pt/Undo/Width/ < End-point of arc > :]　　　　(拾取圆弧终点 D)

[Arc/CEnter/CLose/Direction/Halfwidth/Line/Radius/Second pt/Undo/Width/ < End-point of arc > :]　　　　l　(接直线)

[Arc/Close/Halfwidth/Length/Undo/Width/ < End-point of line > :]　　　(拾取直线终点 E)

[Arc/Close/Halfwidth/Length/Undo/Width/ < End-point of line > :]　回车　(结束命令)

[Command:]　　　　　　　　　　　　　　　　　　　　　　　　　　(等待输入下一命令)

其他选项意义:

A——Arc(切换至圆弧状态)　　　　　　　　　H——Halfwidth(确定多义线半宽)

U——Undo(取消上一步绘制不理想的操作)　　W——Width(确定多义线宽度)

C——Close(画封闭多义线,即将最后一段的终点与第一段起点连接)

L——Length(按指定的长度以与前段相同的角度绘制直线)

9. MultiLine(多行平行线) 

功能:该命令可同时绘制多达 16 条的平行线,每一条线可具有不同的颜色、不同的线型以及不同的偏移距离,且所绘制的平行线为一个整体。

例:

[Command:]　　　　MultiLine　　　　　　　　(调入命令)

[Justification = Top, Scale = 20.00, Style = STANDARD　(提示多线基准、比例及当前样式)

Justification/Scale/Style/ < From point > :]　　　　　(确定平行线的起点 A)

[To point > :]　　　　　　　　　　　　　　　　　　　(拾取直线终点 B)

[Undo/ < To point > :]　　　　　　　　　　　　　　　(拾取第二段直线终点 C)

[Close/Undo/ < To point > :]　　　　　　　　　　　　(拾取第三段直线终点 D)

[Close/Undo/ < To point > :]　　　　　　　　　　　　(拾取第四段直线终点 E)

[Close/Undo/ < To point > :]　　　回车　　　　　　　(结束命令)

[Command:]　　　　　　　　　　　　　　　　　　　　　　(等待输入下一命令)

值得注意的问题:

以上为计算机默认情况下命令的执行过程。当按照实际比例绘制图形的时候,在执行第二步之前,必须先执行 Scale 选项,将其值改为 1.0,否则画出的平行线的间隔将被放大 20 倍。另外,在省缺状态下,只能画出间隔为 1 个单位的一对平行线,如果想绘制其它类型的平行线,必须在执行该命令之前先执行定义多行平行线类型的命令,其命令的执行过程如下:

将光标移至屏幕上方的下拉菜单,点击"样式" Format 选中"多线样式" Multiline Style 可弹出 Multiline Styles 对话框，该对话框分为四个区域：

1. Multiline Style 区域给出了当前平行线的名称，用户可通过该区域下方的四个复选框进行“加载” Load 、“保存” Save 、“添加” Add 、和“重命名” Rename 操作。

2. Multiline Style 区域下方是预览区，可观察当前平行线的外观形式。

3. 点击预览区下方的“元素特性” Element Properties 按钮，可弹出 Element Properties 对话框，通过该对话框可“添加” Add 平行线元素并对其特性进行设置，其特性包括“偏移值” Offset 、“颜色” Color 、“线型” Linetype 。设置完平行线元素的各项特性之后，点击 OK 按钮返回 Multiline Styles 对话框。

4. 点击 Element Properties 按钮下方的“多线特性” Multiline Properties 按钮将弹出另一个对话框，通过选取其中的各个复选框，可对平行线端部样式，以及内部是否填充等形式进行设置，点击 OK 按钮返回 Multiline Styles 对话框。

这时对话框中的预览区将显示新设置的平行线的样式。设置完各选项后单击 OK 按钮返回绘图区。

第四节　图形编辑命令

在下拉菜单中有“编辑” Modify 下拉菜单，凡与编辑实体有关的命令都在该下拉菜单中。下面对其中的常用命令一一加以介绍。

在学习编辑命令之前，首先给大家介绍一下 AutoCAD 中选择实体对象的方式。通常情况下，用户可通过以下三种方式选择实体：

* 利用拾取框拾取对象
* 采用窗口方式
* 采用交叉窗口方式

位于绘图区内的光标，处于待命状态时是一个中心带有方框的十字光标，处于绘图状态的光标是一个十字光标，而处于选择实体状态的光标是一个拾取框。用户可将拾取框移到待选实体上，通过点击的方式选中物体，但每次只能选中一个对象。利用窗口方式可以一次选中多个实体，方法如下：

在绘图区左上角点取一点，向绘图区右下角拖动，拖动过程中会出现一个由实线围起来的矩形框，将待选实体全部框在矩形框中并点击鼠标左键，此时矩形框中物体即被全部选中。交叉窗口方式与窗口方式类似，只不过交叉窗口是从右向左拖动，同时出现的是一个虚线框，而且无论是位于窗口中的实体还是与窗口相交的实体全部被选中。

1. Erase(擦除实体) 

功能：擦除选中实体。

例：

[Command:]	Erase	(调入命令)
[Select objects:]		(采取以上三种方式选择欲删除实体)
[Select objects:]	回车	(结束命令)
[Command:]		(等待输入下一命令)

2. COpy(复制实体) 

功能:利用此命令可复制指定的对象,也可以做多次复制。

例:

[Command:]	COpy	(调入命令)
[Select objects:]		(选择欲复制实体)
[Select objects:]	回车	(确认选中实体)
[< Base point or displacement > /Multiple:]		(拾取基点)
[Second point of displacement:]		(拾取目标点)
[Command:]		(等待输入下一命令)

如果在第四步选择 M 选项,可连续复制多个实体。

3. MIrror(镜像实体) 

功能:利用此命令可生成与原对象轴对称的实体,镜像时可删除或保留原对象。

例:

[Command:]	MIrror	(调入命令)
[Select objects:]		(选择欲镜像实体)
[Select objects:]	回车	(确认选中实体)
[First point of mirror line:]		(拾取对称轴上第一点 A)
[Second point:]		(拾取对称轴上第二点 B)
[Delete old objects? (N):]	回车	(保留原实体)
[Command:]		(等待输入下一命令)

如果在第六步中键入 Y 后回车确认,将删除原实体。

4. Offset(偏移实体) 

功能:利用此命令可画出指定实体对象的偏移对象,也就是创建原对象的等距线。

例:

[Command:]	Offset	(调入命令)
[Offset distance or Through < 1.0000 > :]	20	(改变偏移距离)
[Select objects to offset:]		(选择欲偏移实体)
[Side to offset?:]		(在欲偏移方向上点取一点)
[Select objects to offset:]		(可继续执行此命令或回车退出)
[Command:]		(等待输入下一命令)

如果在第二步中选择 T 选项,表示偏移对象将通过指定点。

5. ARray(阵列命令) 

功能:利用此命令可将指定的对象按一定的行间距和列间距作矩形阵列复制,或绕某点作环形阵列复制。

例:

[Command:]	ARray	(调入命令)
[Select objects:]		(选择欲作环形阵列的实体)

[Select objects:]　　回车　(确认选中实体)
[Rectangular or Polar array(< R > /P):]　　回车　(选择阵列方式,默认矩形阵列)
[Number of rows(———) < 1 > :]　　3　(选择行数)
[Number of columns(| | |) < 1 > :]　　4　(选择列数)
[Unit cell or distance between rows(———):]　　300　(确定行间距)
[Distance between columns(| | |):]　　400　(确定列间距)
[Command:]　　(等待输入下一命令)

如果在第四步选择 R 选项,可以作环形阵列,操作如下:

[Rectangular or Polar array(< R > /P):]　　P　(选择环形阵列)
[Base/ < Specify center point of array > :]　　(确定环形阵列中心)
[Number of items:]　　8　(确定作阵列实体数)
[Angle to fill(+ = ccw, - = cw) < 360 > :]　　回车　(确定阵列占用角度,默认 360 度)
[Rotate objects as they are copied? < Y > :]　　回车　(确定阵列时实体是否旋转)
[Command:]　　(等待输入下一命令)

6. Move(移动实体) 

功能:利用此命令可对指定的实体进行平移。

例:

[Command:]　　Move　(调入命令)
[Select objects:]　　(选择欲平移实体)
[Select objects:]　　回车　(确认选中实体)
[Base point or displacement:]　　(拾取基点)
[Second point of displacement:]　　(拾取目标点)
[Command:]　　(等待输入下一命令)

7. ROtate(旋转实体) 

功能:利用此命令可实现实体绕某个指定的基点旋转。

例:

[Command:]　　ROtate　(调入命令)
[Select objects:]　　(选择欲旋转实体)
[Select objects:]　　回车　(确认选中实体)
[Base point:]　　(拾取基点)
[< Rotation Angle > /Reference:]　　(输入旋转的角度)
[Command:]　　(等待输入下一命令)

8. SCale(缩放实体) 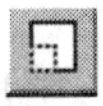

功能:利用此命令可把指定的实体相对于指定基点进行缩小或放大。

例:

[Command:]　　SCale　(调入命令)
[Select objects:]　　(选择欲缩放实体)
[Select objects:]　　回车　(确认选中实体)

[Base point:]		(拾取基点)
[< Scale factor > /Reference:]	2	(确定放缩比例,>1 为放大;<1 为缩小)
[Command:]		(等待输入下一命令)

9. Stretch(拉伸实体) 

功能:利用此命令可将选定的实体进行局部拉伸和平移。使用此命令时,必须用交叉窗口的方式选中欲拉伸实体的一部分,才能对实体进行拉伸,否则,如果将实体全部选中将对选中实体进行平移。

例:

[Command:]	Stretch	(调入命令)
[Select objects:]		(选择欲拉伸实体)
[Select objects:]	回车	(确认选中实体)
[Base point or displacement:]		(拾取基点)
[Second point or displacement:]		(拾取目标点)
[Command:]		(等待输入下一命令)

10. LENgthen(缩放实体) 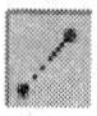

功能:利用此命令可把指定的直线段、圆弧段进行延长或缩短。

例:

[Command:]	LENgthen	(调入命令)
[DElta/Percent/Total/Dynamic/ < Select object > :]	P	(选择操作)
[Enter percent length < 100.0000 > :]	120	(确定延长百分比:>100 延长;<100 缩短)
[Select object to change/Undo:]		(选择欲延长实体)
[Select object to change/Undo:]		(可继续选择欲延长实体或回车结束命令)
[Command:]		(等待输入下一命令)

其它选项意义:

DE——DElta(通过指定从对象端点到屏幕拾取点之间的距离来改变长度)

T——Total(指定对象的新长度或角度)　　DY——DYnamic(动态改变对象长度)

11. TRim(修剪实体) 

功能:利用此命令可将实体沿指定的剪切边界进行修剪。

例:

[Command:]	TRim	(调入命令)
[Select objects:]		(选择剪切边界)
[Select objects:]	回车	(确认剪切边界)
[< Select objects to trim > Project/Edge/Undo:]		(选择欲修剪实体)
[< Select objects to trim > Project/Edge/Undo:]		(可继续选择欲修剪实体或回车确认)
[Command:]		(等待输入下一命)

如果在第四步选择 E 选项,对出现的选择仍以 E 响应,可以以选定的边界的延长线为剪

切边界进行剪切。

12. EXtend(延伸实体) 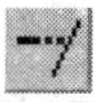

功能:利用此命令可将实体延伸到指定的边界。

例:

[Command:]	EXtend	(调入命令)
[Select objects:]		(选择延伸边界)
[Select objects:]	回车	(确认延伸边界)
[< Select objects to extend > Project/Edge/Undo:]		(选择欲延伸实体)
[< Select objects to extend > Project/Edge/Undo:]		(可继续选择欲延伸实体或回车确认)
[Command:]		(等待输入下一命)

如果在第四步选择 E 选项,对出现的选择仍以 E 响应,可以以选定的边界的延长线为延伸边界进行延伸。

13. BReak(断开实体) 

功能:利用此命令可将指定的对象切断成两部分或切掉其中的一部分。

例:

[Command:]	BReak	(调入命令)
[Select objects:]		(选择欲断开实体同时此点可作为第一断点)
[Enter second point (or F for first point):]		(给出第二断点或输入 F 重新确定第一断点)
[Command:]		(等待输入下一命令)

14. CHAmfer(倒斜角命令) 

功能:利用此命令可对两条相交或延长后相交的直线进行倒斜角。

例:

[Command:]	CHAmfer	(调入命令)
[(TRIM mode)Current chamfer Dist1 = 10.0000, Dist2 = 10.0000		(提示系统默认倒角值)
Polyline/Distance/Angle/Trim/Method/ < Select first line > :]		(选择倒角第一边)
[Select second line:]		(选择倒角第二边)
[Command:]		(等待输入下一命令)

其它选项意义:

D——Distance(改变倒角两边的长度)　　T——Trim(选择是否剪切原有直角边)

P——Polyline(利用此命令可一次将用 Polyine 或 Rectangle 命令绘制实体的所有角都进行倒斜角)

A——Angle(给出倒角第一边长度,以及相对第二边转角来进行倒角)

M——Method(选择是用 Distance 或 Angle 方式倒角)

15. Fillet(倒圆角命令) 

功能:利用此命令可实现在直线、圆弧或圆间按指定的半径作圆角。

例:

[Command:]　Fillet　(调入命令)
[(TRIM mode)Current fillet radius = 10.0000　(系统默认倒圆角半径值)
[Polyline/Radius/ /Trim/Method/ <Select first object> :]　(选择第一个实体)
[Select second object:]　(选择第二个实体)
[Command:]　(等待输入下一命令)

R——Radius(改变倒圆角半径值),其他选项意义同倒斜角命令。

16. eXplode(分解实体) 

功能:利用此命令可将组合实体,如多义线、块、尺寸标注、填充图案等实体分解为单个实体,以便进一步加以编辑。

例:

[Command:]　eXplode　(调入命令)
[Select objects:]　(选择实体)
[Select second object:]　回车　(可继续选择实体或回车结束命令)
[Command:]　(等待输入下一命令)

第五节　图形显示控制

在绘图过程中,有时要观察整幅图,有时又要对某一局部放大,进行局部的详细绘制,所以屏幕操作是绘图时使用非常频繁的操作。熟练地掌握这些操作命令,可大大提高绘图的效率。在标准工具条中有这样四个图标  它们分别表示:

 实时平移:按住鼠标左键并拖动,可看到屏幕上的图形也跟着移动。

 实时缩放:按住鼠标左键,向加号方向拖动为放大,向减号方向拖动为缩小。

 此图标包含一组缩放命令,用鼠标左键按住该图标并停留一会,会拖动出一组图标。

 窗口缩放:通过鼠标在屏幕拾取一个窗口,将其放大到全屏幕。

 通过视图框确定放大范围。

 通过输入比例值进行缩放,输入值 > 1 为放大,输入值 < 1 为缩小。

 中心缩放,此选项允许用户选择缩放的中心。

 放大一倍。

 缩小一倍。

 全屏幕显示,将绘制的整幅图全部显示在屏幕上。

极限放大,显示全图。

返回前一屏幕缩放比例。

以上几项屏幕显示命令配合使用,将迅速达到缩放图形的目的,提高作图速度。

第六节　作业工具

在绘图过程中,我们经常需要画水平线或垂直线,或精确的捕捉某一特征点。在 AutoCAD 屏幕界面最下方的状态行中有六个按钮,通过对其进行打开和关闭操作,实现对绘图状态的控制。其中前四个按钮呈灰色显示,表明其处于关闭状态,如果想激活某一状态,只需用鼠标左键双击该按钮即可,此时该按钮变为明显显示。

一、正交方式

ORTHO 按钮用于控制垂直状态的打开或关闭。在打开状态下,光标只能沿垂直或水平方向移动,此时通过鼠标拾取只能画水平或垂直的线。再次双击该按钮将关闭该状态,可以向任意方向画线。

二、捕捉

OSNAP 按钮用于控制特征点捕捉状态的打开或关闭。在打开状态下,在激活了某一绘图命令后,当光标移近线段端点、中点、圆的中心点等特征点时,光标将变为呈特殊形状的彩色显示,并且像有磁性一样吸附到该点上,此时便精确地捕捉到了该点,点击鼠标左键,该点将被选中。光标呈不同状态时所代表的意义如下:

Endpoint	端点	Midpoint	中点
Center	中心点	Node	节点
Quadrant	象限点	Intersection	交点
Perpendicular	垂点	Insertion	插入点
Tangent	切点	Nearest	最近点
Apparent Int	外观交点		

若想改变对象捕捉的选项,可点击"工具" tools →"对象捕捉设置" Object Sanp Settings 即可打开"对象捕捉设置" Object Sanp Settings 对话框,重新设置捕捉方式。

第七节　图层管理

图层是 AutoCAD 中的一个极为重要的图形组织工具。一张图可以包含多个图层,每一层可以想象为一张透明纸,在不同的透明纸上绘制出一幅图的不同部分,然后将这些透明纸叠加起来，形成一幅完整的图形。因为各部分位于不同的图层上，我们又可以对各个部分分别进行修改而不影响其他部分。例如在绘制房屋平面图时，除了墙体外轮廓外，还包括给排水管线的布置、电器设备的分布、以及家具和卫生间洁具设备的布置情况。我们可以把它们绘制在不同的图层上，以便可以分别显示和绘制它们，或以不同的方式组织它们。

下面给大家介绍如何使用图层控制命令：

点击对象特征工具条上的  图标弹出"图层及线型控制"Layer & Linetype Properties 对话框，此对话框包括"图层"Layer 和"线型"Linetype 两大部分。

一、"图层"Layer 部分用于图层的各项管理

1. 新建图层：点击 New 按钮可创建新图层，新图层省缺的名称以 Layer 开头，后接阿拉伯数字，用户可以将其改为更易识别的名称。

2. 删除图层：点击 Delete 按钮可删除选中图层，但此层必须是空层，且 0 层、DefPoints 层和外部引用的层不能删除。（特别提示：DefPoints 层为计算机自动生成的层，该层内容只能显示但不能打印出来，所以一定不能在 DefPoints 层中绘制图形。）

3. 打开或关闭图层：单击层名使其醒目显示，然后单击灯泡图标。灯泡呈黄色为打开，灯泡呈灰蓝色为关闭。被关闭图层上的图形不可见也不可以打印。

4. 冻结或解冻图层：单击层名使其醒目显示，然后单击太阳或雪花图标。图标呈太阳状为解冻，图标呈雪花状为冻结。被冻结图层上的图形不可见也不可以打印。

被关闭图层上的图形和被冻结图层上的图形均不可见也不可以打印，其主要区别在于：被关闭图层上的图形在图形重新生成时参与其生成计算，而被冻结图层上的图形则不参与其计算。

这样，在复杂的图形中冻结暂时不用的有大量实体的层，可以加快系统重新生成图形的速度。

5. 锁定或解锁：单击层名使其醒目显示，然后单击挂锁图标。挂锁打开为解锁，挂锁关上为锁定。被锁定图层上的图形可见但不可以被编辑。

6. 设定层颜色：单击层名使其醒目显示，然后单击挂锁后面的黑色图标，弹出"选择颜色"SelectColor 对话框，用户可以在其中选中想要的颜色（提醒大家用前十种颜色，否则会给打印时线宽及线的颜色设置带来麻烦）。

7.设定层线型：单击层名使其醒目显示，然后单击最后一个图标，弹出"选择线型"Select Linetype 对话框，省缺状态下，AutoCAD 只加载了"实线"Continuous 一种线型，如果要使用其他线型，必须先加载。单击对话框中的 Load 按钮，弹出"加载线型"Load or Rload Linetypes 对话框，从该对话框中选择要加载的线型。（AutoCAD 提供了 60 多种可供选择的线型，我们作图时虚线选择 Dashed 线型，点划线选择 Center 线型。）

二、"线型"Linetype 部分用于加载线型

单击对话框中的 Load 按钮，弹出"加载线型"Load or Rload Linetypes 对话框，从该对话框中选择要加载的线型。其作用与图层部分的第 7 步大致相同，但又多了几个选项。单击 Detals > > 按钮，使原对话框加长，在"线型比例"Global scale factor 复选框中可设定线型的比例，其值大致与出图比例一致，可上下稍作调整。只有选择合适的线型比例，才能使所选线型显示在屏幕上，否则将全显示为实线。(从命令行输入 Lts 也可执行该命令。)

三、改变实体的图层

在绘图过程中，随着图形内容的增加，可能要把原来同一层中的内容分层放置，这时就用到了物体属性和属性刷这两个命令。他们的使用方法如下：

 属性刷，启动该命令后，先左键点击目的对象，再左键点击目标对象，即可使目标对象具有和目的对象相同的属性。(其属性包括图层、颜色、线型等。)

 属性命令，启动该命令后，选取欲改变属性实体，然后点击右键确定，弹出“改变属性”Change Propeties 对话框，通过此对话框可改变选中对象的属性。

第八节　尺寸标注

在一张完整的工程图中，除了要有实体轮廓图形外，还要有完整的尺寸标注。尺寸标注是工程施工的重要依据。尺寸标注描述工程图中物体各部分的实际尺寸大小和相对位置，如建筑工程图中的墙厚尺寸、楼层高度尺寸等。

AutoCAD 具有很强大的尺寸标注功能，它可以自动测量图形的尺寸大小，用户标注尺寸时既可以直接使用尺寸测量值，也可以另外输入具体值。此外，还可以对已有的尺寸标注方便地进行编辑修改。

不同行业的工程图，或者同一行业的不同工程图，对尺寸标注外观形式的要求都不一样，AutoCAD 允许用户设置不同的尺寸标注样式。尺寸标注样式是一组尺寸变量设置的集合，它用于控制尺寸标注的外观形式，如控制基线尺寸标注的各标注线间的距离、尺寸箭头的大小、标注文字的大小和位置、文字是否引出等。这些变量可以在对话框中十分直观地进行设置和修改。

在工程图上进行标注，需要先建立尺寸标注样式，然后再进行标注。

一、尺寸组成

一个完整的尺寸标注包括四部分：

尺寸线、尺寸界线、尺寸数字、尺寸起止符号。

二、尺寸标注样式

创建尺寸标注样式的步骤为：

1. 调用创建尺寸标注样式的命令。创建尺寸标注样式的命令是 DDIM，(从命令行输入 DDIM；点击  图标；下拉菜单 style→dimension style；)弹出“尺寸标注样式”Dimension Style 对话框，通过此对话框用户可根据需要创建尺寸标注样式。

2. 在“名称”Name 编辑框内输入新样式名。

3. 点击“几何”Geometry 按钮出现“几何”Geometry 对话框：

此对话框分为五个区域：

a. 在“标注线”Dimension Line 区域内可设置标注线的颜色、两道尺寸线之间的间距，同时还可以控制是否不显示第一或第二条标注线。

b. 在“尺寸界线”Extension Line 区域内可设置尺寸界线的颜色、尺寸界线与被注物体间间距以及尺寸界线超出尺寸线的长度,同时也可以控制是否不显示第一或第二条尺寸界线。

c."箭头"Arrowheads区域可设置箭头的大小及样式。

d."中心点"Center区域设置圆中心点的标注样式及大小。

e."比例"Scale区域可设置标注的"总体尺寸"(Overall Scale复选框)或选择"按图纸空间缩放" Scale to Paper Space复选框,基于模型和图纸空间的给出的比例因子缩放)。

设置完各选项后单击 OK 按钮返回"尺寸标注样式"Dimension Style对话框。

4.点击"格式"Format按钮出现"样式"Format对话框:

此对话框分为四个区域:

a.在"文字"Text区域可设置文字的方向是沿尺寸线还是强制水平放置。

b."水平对齐"Horizontal Justification区域内可设置文本的位置,(省缺为尺寸线中部),点击右侧按钮上黑色三角块可选择其他方式。

c."垂直对齐"Vertical Justification区域可设置文本是放在尺寸线上方、中部、还是下方,(省缺为中部)土木工程图样选择上方。

d.除上述三个区域外,还另有三个选项:

"用户定义"User Defined选项被选中后,"水平对齐"Horizontal Justification区域将失效,用户可根据实际需要确定文本的水平位置。

"强制内部标注线"Force Line Inside选项被选中后,尺寸线总是放在尺寸界线之间,若空间不够,箭头和文本被置于引出线外侧。

"调整"Fit区域可控制当尺寸界线之间距离太窄时,尺寸文本和箭头的安放位置,(省缺为最佳效果)。其中各选项意义如下:

Text and Arrows:强制把尺寸线总是放在尺寸界线之间,但空间不够,箭头和文本会被置于尺寸界线外侧。

Text Only:如空间不够,只把尺寸文本放在尺寸界线之间,而箭头置于外侧。

Arrows only:如果空间只够箭头时,把箭头放在尺寸界线之间。

Leader:没有足够的空间安放尺寸文本时,在尺寸线和文本间画引线。

No Leader:当文本不合适时,不能绘制引线。

设置完各选项后单击 OK 按钮返回"尺寸标注样式"Dimension Style对话框。

5.点击"注释"Annotation按钮显示"注释"Annotation对话框:

该对话框分为四个区域:

a."主单位"Primary Units区域,用户可指定尺寸标注的单位以及尺寸文本是否带前缀或后缀。在Prefix或Suffix文本框中输入字符,该字符将被作为标注的前缀或后缀。点击"单位"Units按钮会出现"主单位"Primary Units对话框,在"单位"Units区域中选"十进制"Decimal,在"角度"Angles区域选"十进制度数"Decimal Degrees。

b."文字"Text区域可选取文本样式名(此样式为创建文字样式时创建),指定文本高度,尺寸线和文本间距,以及文本颜色。

其它两个区域为公差和替换单位区域,初学者可不予考虑。

设置完各选项后单击 OK 按钮返回"尺寸标注样式"Dimension Style对话框。

三、尺寸标注类型

AutoCAD 提供了多种尺寸标注方式,他们的意义如下:

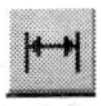 Linear:用水平、垂直或旋转尺寸进行尺寸标注。

 Aligned:画平行于对象或平行于用户指定尺寸引出线的尺寸线。

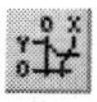 Oridinate:相对于指定点标注对象的 X 或 Y 坐标。

 Radius:构造标注圆弧或圆半径的尺寸线。

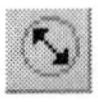 Diameter:构造标注圆弧或圆直径的尺寸线。

 Angular:标注两条非平行线的角度。

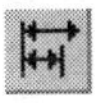 Baseline:在尺寸链标注中,相对于第一尺寸标注线的第一条尺寸引出线来构造第二条尺寸线。

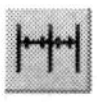 Continue:用户标好一个尺寸后,接着依次标注下一个尺寸。

 CenterMark:在圆或圆弧上画中心符或中心线。

 Leader:文字连在带箭头的线段后。

 Tolerrance:显示对话框以便用户选择公差代号。

四、尺寸标注的编辑

由于尺寸标注是由 CAD 自动设定,有些标注可能不符合我们的要求,那么我们可以通过尺寸编辑命令来改变尺寸值和尺寸文本。

 Dimedit:此编辑命令可以改变尺寸文本的值(New 选项)、可以使尺寸引出线倾斜于被注物体(Oblique 选项)、可以使尺寸文本旋转一定的角度(Rotate 选项)、还可以将修改过的尺寸恢复到其省缺状态(Home 选项)。

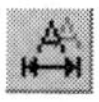 DimTedit:此编辑命令可以改变尺寸文本的位置,将尺寸文本移动到指定的位置。其中 Left 选项使尺寸文本移向尺寸线左侧, Right 选项使尺寸文本移向尺寸线右侧, Home 选项使文本恢复到省缺位置, Angle 选项使文本旋转一定的角度。

第九节 AutoCAD 的文字

一幅完整的工程图中,除了要有实体轮廓图形外,一般还有图纸说明、尺寸标注、注释、技术要求以及标题栏等内容,它们将与图形一起完整地表达设计者的设计思想和设计意图,所以文字是工程图中不可缺少的组成部分。AutoCAD 提供了很强的文字处理功能,用户可很轻松的创建所需文字。

一、创建文字样式

在工程图中，不同的地方用到的文字的样式可能不一样；而不同的工程图用到的文字也可能不一样，如采用不同的字体、字高、字宽等。在标注文字中还需确定文字的放置方式，确定文字是竖排还是水平放置，是否要倾斜一定的角度等。AutoCAD 提供了常用的字体文件，用户可以利用这些字体根据需要建立多种文字样式。AutoCAD 省缺文字样式为 STANDARD 样式。

创建文字样式的步骤：

调用命令（Format→Text Style；命令行输入：Style）出现“文字样式” Text style 对话框，该对话框由四个选项组和三个复选框组成：

a. “样式名” Style Name 选项组，本栏用于文字样式的操作。如新建、删除、重命名等操作。

下拉列表：显示已设置并保存的文字样式名，可选择某一样式是作为当前样式。

“新建” New：用于创建新的文字样式，在弹出的对话框中输入新样式名并点击 OK 按钮。

“重命名” Rename：用于修改已存在的样式名。

“删除” Delete：用于清除选中样式。

b. “字体” Font 选项组，本栏用于设置文字样式所使用的字体。

“字体名” Font Name 下拉列表：显示字体名，用户可选择所需字体。

“高度” Height：系统省缺高度为 0，用户每次用该样式标注文字时，都要给出高度值，若为非 0，则说明已指定该样式的文字高度值，标注文字时不必再确定文字高度。

c. “效果” Effects：本栏用于确定文字的放置特性，相应的效果显示在右边的预览栏，用户可以根据预览结果作进一步的修改。

“倒置” Upside Down 复选框：确定是否倒置放置文字。

“反向” Backward 复选框：确定是否反向放置文字。

“垂直” Vertical 复选框：确定是否垂直放置文字。

“宽度比例” Width Factor 复选框：确定文字的宽与高的比例，省缺为 1。

“倾斜角” Oblique Angle 复选框：确定文字的倾斜角度。向右倾斜为正，向左倾斜为负。

d. “预览” Preview：在预览区可直观地显示出当前文字样式的设置效果。

设置完以上各项后，点击“应用” Apply 按钮，再点击“关闭” Close 按钮退出该对话框。

二、创建文字

Dtext 命令用于创建文字，该命令用于按指定文字样式、标注位置和倾斜角度标注一行或多行文字。下面以输入“大连理工大学”为例说明用 Dtext 命令创建文字的步骤：

[Command:]	DText	（调入命令）
[Justify/Style/ < Start point > :]		（确定文字基线的起点）
[Height < 2.5000 > :]	7	（确定字高）
[Roation angle < 0 > :]	回车	（确定倾斜角度，省缺为 0）
[Text:]	大连理工大学	（输入文字后，回车确认）
[Text:]	回车	（可继续输入文字或回车结束命令）
[Command:]		（等待输入下一命令）

在第二步中另有其它两个选项其意义是：

style:选择文字样式。

Justify:设定文字的对齐方式,执行该选项后系统提示:

[Align/Fit/Center/Middle/Right/TL/TC/TR/ML/MC/MR/BL/BC/BR:]

Align:该方式要求给出文字基线的起点和终点位置,所标注的文字按在文字样式中设定的宽度比例因子均匀分布在这两点之间。

Fit:该方式要求给出文字基线的起点和终点以及文字高度,所标注的文字按指定的高度均匀分布在这两点之间。

Center:该方式要求给出文字基线的中点,不管文字是单行还是多行,各行的中点都以该点对齐。

Middle:该方式要求给出一点,文字的高度方向和宽度方向都以该点为中心自动调整对齐。

Right:该方式要求给出文字基线的终点,单行文字或多行文字都与该点对齐。

第十节 填 充

在绘制工程图时,经常需要进行图案填充,如在绘制墙体剖切图时,就要在被剖切到的墙体处填充材料符号,AutoCAD的图案填充功能为用户提供了简单、方便的填充图案方法,填充时用户可以选择不同的填充图案,也可以选择不同的填充方式。

下面举例说明填充的步骤:

1. 点击  图标弹出"填充"Boundary Hatch对话框,此对话框包括四个区域和两个按钮。

2. "图案类型"Pattern Style区域用于选择填充图案的类型,单击"图案"Pattern按钮,弹出"填充图案"Hatch pattern palette对话框,AutoCAD预定义了60余种填充图案,用户可通过用鼠标点击的方式来选择填充图案。

3. "图案特性"Pattern Properties区域显示选中的填充图案名称以及确定填充图案的比例和旋转角度。

4. "边界"Boundary区域用于确定填充的范围,用户可以用两种方式选择填充范围。点击"拾取点"Pick Points按钮,对话框消失,通过点击一个封闭区域内部来确定填充范围;点击"选择对象"Select Objects按钮,对话框消失,AutoCAD通过选择的对象自动构造一个填充边界。点击"高级"Advanced按钮,用户可选择多重填充的方式。

5. "属性"Attributes区域用于设置填充图案是"关联"Associative还是"分解"Exploded,若选择关联,那么当填充边界变化时,填充图案可以随着填充边界的变化而变化,若选择分解则当填充边界变化时,填充图案不随填充边界的变化而变化。

6. 点击"继承特性"Inherit Properties按钮,对话框消失,用户可以选择一个已经存在的填充,使新的填充图案继承其特性。

7. 点击"图案填充预览"Preview Hatch按钮,可以预览填充的效果。

有两点值得注意:1. 填充边界必须是闭合的区域。

2. 填充时填充边界必须完全显示在屏幕中。

第十一节　图块操作

为了有效地使用 AutoCAD,加快作图速度,提高效率,AutoCAD 提供了图块操作功能,可将图形的一部分创建成块,且图块能被存盘并可在任意时候重新取出。此外,也可将整个文件作为块来使用。

一、创建块

下面以创建名为"洁具"的块为例说明块的创建步骤:

1. 点击  图标 弹出"定义块" Block Definition 对话框。

2. 在"块名" Block name 文本框中输入"洁具"作为块名。

3. 点击"选择对象" Select Objects 按钮,对话框消失,选择要定义为块的物体后回车返回对话框。

4. 点击"选择基点" Select Point 按钮选择基点,此点作为将来插入块的基准点。

5. "保留对象" Retain Objects 复选框省缺状态下是处于打开状态,如果将其关闭,被定义为块的物体将在屏幕上消失。

6. "列出块名" List Block Names 按钮,可列出当前已存在的所有块的名称。

7. 点击 OK 按钮完成定义块。

二、插入块

现在插入已定义好的图块,其步骤为:

1. 点击  图标弹出"插入块" Insert 对话框。

2. 单击"块" Block 按钮,弹出"已定义的块" Defined Blocks 对话框,其中列出当前图形中可选用块的名称。如选择"洁具"。

3. AutoCAD 也允许将一已存在的文件作为块插入,单击"文件" File 按钮,弹出"选取图形文件" Select Drawing File 对话框,用户可通过此对话框选择欲插入的文件。

4. "在屏幕上指定参数" Specify Parameters on Screen 复选框省缺状态下是处于打开状态,如果将其关闭,用户可在此处设置插入基点、比例以及旋转角度,否则将在插入时通过提示行确定。

5. "分解" Explode 复选框省缺状态下是处于关闭状态,如果将其打开,插入的块在插入的同时被分解,只有被分解的块才能对其各部分进行编辑,否则插入的块只能作为一个整个实体进行编辑。

6. 点击 OK 按钮,对话框消失,此时图块已连在了光标上,块的基点落在光标点上。根据提示行给出的提示,分别确定插入点、X 比例因子、Y 比例因子及旋转角度后,图块"洁具"就插入到指定插入点处。

参 考 文 献

1. 房屋建筑制图统一标准(GBJ 1—1986).
2. 建筑制图标准(GBJ 104—1987).
3. 技术制图标准(GB/T 17451 ~ 17453—1998).
4. 王子茹.房屋建筑识图.北京:中国建材工业出版社,2001.
5. 王子茹、黄红武.房屋建筑结构识图.北京:中国建材工业出版社,2001.
6. 谢步瀛.工程图学.上海:上海科学技术出版社,2000.
7. 朱育万.土木工程制图.北京:高等教育出版社,1994.
8. 朱福熙、何斌.建筑制图.北京:高等教育出版社,1993.
9. 何铭新、陈文耀、陈启梁.建筑制图.北京:高等教育出版社,1994.
10. 孙天杰.工程制图.天津:天津大学出版社,1991.
11. 方庆、徐约素.画法几何及水利工程制图.北京:高等教育出版社,1982.
12. 苏宕庆.画法几何及水利工程制图.成都:四川科学技术出版社,1986.
13. 闫凤英.计算机绘制建筑图实用教程.北京:高等教育出版社,2000.
14.〔美〕Alan Jefferis.Michael Jones 著.北京康博创作室译.Auto CAD R14 使用教程.北京:中国水利水电出版社,1999.